물고기가 우리에게 어떤 도움을 줄까?

의사가 알려주는 생활어보

물고기, 자연, 그리고 나

—

김종성

물고기가 우리에게 어떤 도움을 줄까?
의사가 알려주는 생활어보

물고기, 자연, 그리고 나

—

지은이 김종성
발행일 2021년 3월 5일 **발행인** 이진숙
펴낸곳 충남대학교출판문화원 **주소** 대전광역시 유성구 대학로 99
전화 042-821-6045 **홈페이지** http://www.cnupress.co.kr **E-mail** cnupress@cnu.ac.kr

ISBN 979-11-6503-110-7 03000
정가 20,000원

물고기가 우리에게 어떤 도움을 줄까?

의사가 알려주는 **생.활.어.보**

물고기, 자연, 그리고 나

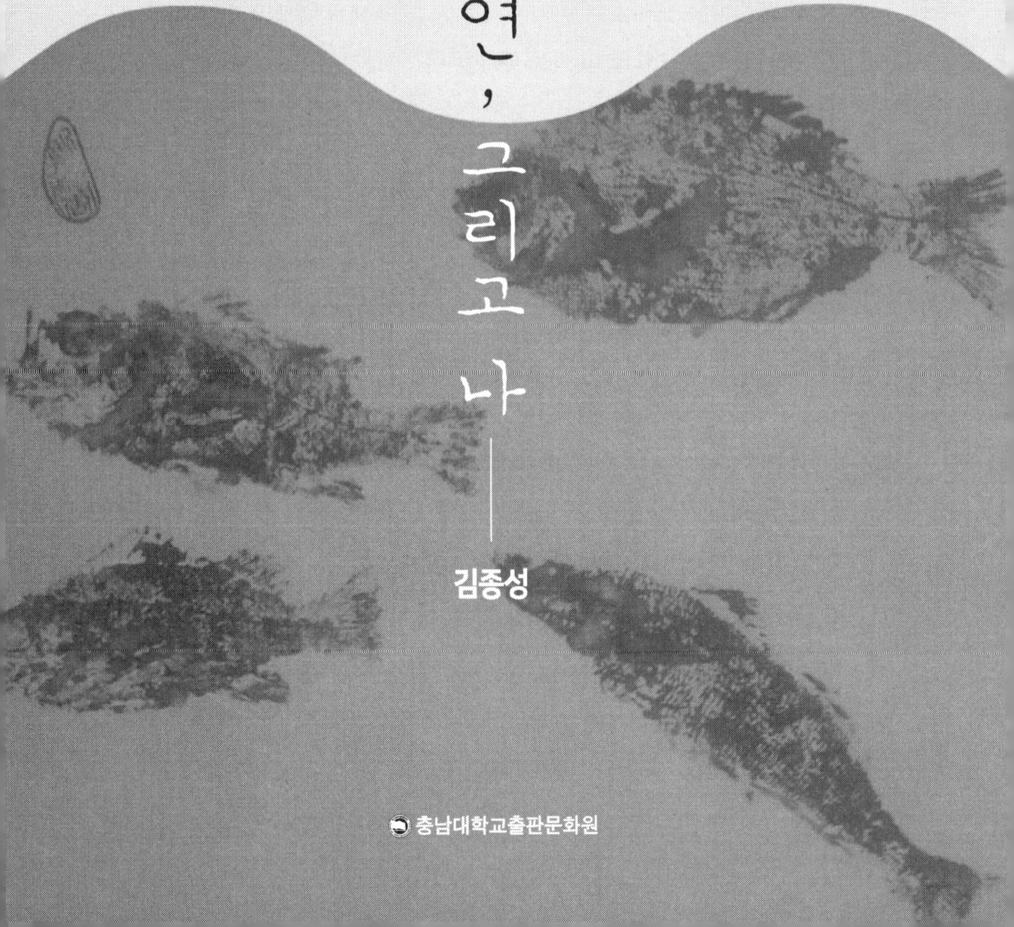

김종성

충남대학교출판문화원

머리말

Preface

의학은 인체의 세포 속에서 일어나는 일상의 자연현상을 관찰해서 어떤 특정한 과학적인 법칙을 추출하는 것에서 출발하지요. 마찬가지로, 모든 공부는 자연을 관찰하고 탐구하는 것에서 시작하는 것이 아닐까요?

저는 물고기들을 만나면서, 물고기들이 소개해주는 자연을 만나고, 나아가 나 자신을 만나보게 되더군요. <외부 대상에 대한 공부>와 <나의 내면 삶에 대한 공부>가 만나는 것이라고도 할 수 있겠습니다.

여명이 밝아오는 새벽 바다나 강가에 도착해서 커피 한잔을 마실 때는, 자연과 내가 일체가 되고, 나도 대자연의 일부인 것을 깨닫게 되지요. 마치 내가 자연의 주인공이 된 것 같은 느낌도 듭니다. 인간, 지렁이, 쑥, 돌미나리, 이름 없는 풀, 모기, 개미… 모든 존재가 자연의 주인공인 거지요.

크기를 알 수 없는 무한(無限)의 커다란 자연 앞에, 유한(有限)의 시공(視空)에 갇혀있는 한없이 작은 나의 생활을 비추어보며, 자연과 대화합니다. 언어를 통해서만 대화하는 것은 아니지요. 물 위에 던져진 찌를 바라보며 자연과 대화하고, 나 자신과 대화하고, 나의 과거와 대화하고, 나의 미래와 대화하고, 가족과 대화하고, 돌아가신 분과 대화하고, 그리운 사람과 대화합니다.

공자(BC 551~479)께서는

"지혜로운 사람은 물을 좋아하고, 어진 사람은 산을 좋아한다."

[智者樂水/지자요수 仁者樂山/인자요산][1)]

라고 하셨는데, 지자(智者)이든 인자(仁者)이든 자연을 배우고 사랑함에는 차이가 없는 것 같습니다.

저는 물고기와의 만남, 자연과 만남을 통해 순수한 동심(童心)을

1) 『논어(論語)』 옹야(雍也) 편.

갖게 되는 것 같기도 하고, 조금씩 더 착해지는 것 같기도 합니다. 물소리, 새소리, 고라니 울음소리, 파도 소리, 바람 소리, 나무, 돌, 바위, 냉이, 풀, 꽃, 하늘, 구름, 물안개, 먼동, 석양…. 말하자면 자연을 통해 제 일상이 치료를 받는 것이라고 해야 옳을 것 같습니다. <Fishing psychotherapy(낚시 정신치료)>라는 말이 있는지 모르겠군요.

일찍이 의학의 아버지인 히포크라테스(BC 460~370)도 같은 생각을 했었나 봅니다. 히포크라테스는

> "자연은 그 자체로 가장 훌륭한 의사이다."
> [Nature itself is the best physician.][2)]

라고 했더군요. 물고기 또한 자연이니,

> "물고기는 그 자체로 가장 훌륭한 의사이다."
> [Fish itself is the best physician.]

라고 말할 수도 있겠습니다.

자연과의 대화는, 물욕과 경쟁으로 둘러싸여 허둥대는 나의 삶을 치료합니다. 자연과의 대화를, 삶을 치료한다는 의미에서, '절대자와의 대화' 또는 '진리와의 대화'라고 해야 할 것 같기도 합니다.

마음의 치료적 대화라는 소중한 선물 외에도, 자연은 붕어, 빠가사리, 학공치, 감성돔, 참돔, 벵에돔, 자리돔, 용치놀래기, 우럭, 노래미, 백조기, 갑오징어, 볼락, 전어, 숭어, 망둥어, 열기 등 사시사철 다양한 수산물들을 늘 보너스로 제공해주었습니다. 제가 자주 만나는 주꾸미, 고등어, 갈치는 우리 집 가계에 보탬이 되는 주요 어종이기도 합니다.

2) 김종성. 『마음이 편하지 않을 때는 한 걸음 걸어라』. 2018, 충남대학교출판문화원. p.162.

저는 낚시의 기법은 문외한입니다. 장비도 제대로 없습니다. 제가 낚시하러 자주 가는 이유는 그냥 자연이 좋아서입니다. 바다는 바다대로, 민물은 민물대로 물고기들과 함께 자연 속에 파묻히는 것이 너무 좋더군요.

500여 년 전, 대학자 퇴계(退溪) 이황(李滉, 본관 진성, 1501~1570) 선생께서는

"고인를 몯 봐도 녀던 길 알ᄑᆡ 잇ᄂᆡ
녀던 길 알ᄑᆡ 잇거든 아니 녀고 엇뎔고."[3)]

라고, 노래하시면서 공부하셨지요. 3년 전부터 매일 새벽 제가 연구실에서 조용히 듣기도 하고, 따라부르기도 하는 노래의 한 구절이기도 한데요. 퇴계 선생께서 지으신 도산십이곡 중 제9곡의 한 부분입니다. 요즈음 말로는 아래와 같습니다.

"옛사람 뵙지 못해도 가시던 길 앞에 있네.
가시던 길 앞에 있으니 아니 가고 어쩌겠나."[4)]
"Though we never met ever before, what lies ahead is their way.
As the way lies ahead, with a favor I will follow them."[5)]

같은 것에 대해, 옛사람이 탐구했던 것을 살펴보고, 또 나의 관점에서 새롭게 관찰하고 묵상하여 보완해나가는 것이 학문인 것 같기도 합니다. <그분들이 가신 길>과 <나의 길>이 합쳐진다고나 할까요? 그것이 창조적인 공부로 나아가는 길이겠지요.

---

3) 퇴계. 도산십이곡 제9곡. 『정본퇴계전서: 시(定本退溪全書: 詩) 15』. 서울: 퇴계학연구원, 2007. p.296.

4) 도산서원 참공부 모임. 『도산잡영』. 예인, 2017. p.96.

5) 김종성. 「음音은 사람의 마음에서 생겨나는 것이며 악樂은 마음의 움직임이다」 충남대학교출판문화원, 2019. p.85~86.

이 책을 쓰면서, 200여 년 전 손암(巽庵) 정약전(丁若銓, 본관 나주, 1758~1816) 선생께서 가셨던 길, 즉 『자산어보』 원문을 꼭 확인해 보고 싶었는데요. 현대 의학에만 평생 몸을 담은 제가 한문 고전 원문을 접하는 작업이 어렵더군요. 고민을 거듭하다가, 평소 한문에 대해 모르는 것을 질문하면 아주 시원하게 가르쳐주시곤 하는, 고려대 계헌(契軒) 김언종 교수님께 도움을 청했습니다. 한문학의 대가이신 김언종 교수님께서는 열정적으로, <한잘알>이라는 유튜브 방송을 통해, 일반인들에게 쉽고 유머러스하게 한문을 가르치고 계시기도 하지요. 김언종 교수님께서 『자산어보』 원문을 볼 수 있도록 자상하게 지도해주셨습니다. 김언종 교수님께 큰절을 올립니다.

저에게 낚시 사부님이 되어주신 박형식 선생님 생전에, 사부님과 같이 물고기들을 만나면서 즐겁게 나누었던 이야기들을, 정리해서 보여드렸으면 참으로 기뻐하셨을 텐데요. 제가 너무나 게으른 탓에, 사부님께서 고인(故人)이 되시고야 영전(靈殿)에 바칩니다. 사부님, 정말 죄송합니다….

인간의 노화 과정은 의사인 저도 어쩔 수 없는가 봅니다. 점차 눈이 나빠지더니, 작년부터 물체와 글씨가 두 개로 겹쳐 보이기 시작하더군요. 우리 병원의 안과에 가서 여러 가지 복잡한 검사를 통해 정밀 진단을 받아보니, <중심와 이동 증후군(Dragged Fovea syndrome)>이라는 아주 희귀한 망막 질환이라고 합니다. 그런데, 치료 방법이 없다는군요. 그냥 적응해서 살아야 할 모양입니다. 모든 물체가 둘로 보여서 많이 불편하기는 하지만, 좋은 점도 있는 것 같더군요. 물고기 한 마리를 잡으면, 제 눈에는 두 마리로 보이니까요. 많은 오탈자를 교정해주시고 자료를 찾아주신, 안지윤, 고경미, 김남희 선생님께 감사드립니다.

졸저(拙著)를 2020년도 충남대학교출판지원사업의 우수도서로 선정해주신 충남대학교, 그리고 기꺼이 출판을 맡아 수고해주신 충남대학교출판문화원 임직원 여러분께 깊은 감사를 올립니다.

2021년 봄에 목천재(牧川齋)에서,

김종성(金鍾聲) 경상(敬上).

물고기 님들과

보고 싶은 인간(人間) 박형식(1954~2020) 사부님께

이 책을 바칩니다.

차례

Contents

Chapter 01

물고기, 자연, 그리고 나

01/ 물고기, 자연, 그리고 나

어린 시절

저는 1959년에 서울 상암동에서 태어났습니다. 서울에서 내가 태어났을 때, 아버님(휘諱 시탁時卓)께서는 충주 집에 계셨지요.

아버님께서는 네 형제분 중 둘째이십니다. 안동 내앞의 의성(義城) 김(金)가 문중의 귀봉공 6대손 휘(諱) 도하(道河) 할배의 8대 종손이신 큰아버님(휘諱 시원時元)께서 장로교회의 목사가 되시어 문중에서 나가시는(?) 바람에, 애꿎은 할머님(휘諱 논실論室, 진성이씨 부父 휘諱 창수暢修 녀)만 고생을 많이 하셨답니다. 장손이 제사도 안 지내고, 문중 행사에도 참여하지 않는다고 문중 본부에 자주 불려가시어 야단을 맞는 일이 다반사였다지요. 할 수 없이 아버님과 어머님께서 종손과 종부의 역할을 하시며 일가친척들을 통솔하셨다는군요.

어머님(휘諱 분향粉香, 옹천 강씨 부父 휘諱 대문大文 녀)께서 줄줄이 딸만 낳는 바람에, 아버님께서는 후사를 이을 아들이 없음을 걱정하셨던 모양입니다. 큰집의 사촌 형님을 양자로 들일까 고민도 하시다가, 결국 아들을 얻기 위해, 내가 태어나기 한참 전인 1950년대 초 6.25 전쟁 무렵에, 작은어머님을 들여, 주로 충주에서 생활하셨지요.

안동에 남아 집안의 종부 역할을 하시던 어머님께서도, 마침내 가슴 아픈 사연이 담긴 안동을 떠나, 서울로 거처를 옮기시고 기독교 신앙에만 의지하시면서 사셨다지요. 어머님께서 서른아홉에 나를 낳으셨으니, 삼십 대 초반의 여인이 홀로 지내면서 겪어야 할 마음의 고통은 이루 말할 수 없었겠습니다. 아버님 덕분에(?) 저는 줄곧 어머님 그늘에서 살게 되었습니다.

네 살까지 서울에서 살던 시절에, 어머님과 삼각산의 부흥회에 가면서 제가 까치걸음으로 앞서가니, 뒤에 따라오시던 어머님께서

"우리 종선이는 까치걸음도 잘 뛰네."

라고 하시며 즐거워하셨던 기억이 납니다. 그 외에도 수색 예배당에 선교사 차를 타고 다녔던 일, 우리 집 뒤에 기호라는 친구가 살았는데 그 친구의 아버님께서 엿장수를 했던 기억도 어렴풋하군요.

제가 네 살 때, 아버님께서 계신 충주 칠금리에서 잠시 살았는데요. 1년 정도 살았던 충주에서는 네 살 아래의 울 여동생이 태어났던 일, 집 주위의 논과 보리밭들, 마당에서 동네 사람들이 모여 수수 빗자루를 대량으로 만들어 충주역에 실어나르던 일, 충주의 이복형님들을 따라서 달래강 강변에 나갔던 기억들이 아련합니다. 충주에서 사과를 잘 먹는 저를 보고, 어머님께서는 웃으시며

"종성이는 사과 벌레란다."

라고도 하셨지요. 그 후 한동안 집에서 제 별명은 <사과 벌레>였습니다.

내가 물고기들과 일대일로 만난 것은, 다섯 살 무렵 대전 목동이라는 곳에서 살면서 시작된 것 같습니다. 어머님은, 충주를 떠나, 대전 목동의 박 집사님 댁에 잠시 얹혀살다가, 목동의 언덕에 있던 나사렛교회 옆에 흙벽돌로 단칸집을 마련하셨지요.

대전에 터를 잡으신 어머님께서는, 큰매형과 함께 수침교 아래 하류의 유등천변을 개간하시면서, 그곳에 농사를 시작하셨습니다. 보리, 고구마, 땅콩, 무, 배추, 시금치, 들깨, 참깨 등을 심어 가꾸시고 내다 팔기도 하셨지요.

어려웠던 살림살이로 인해 겨울에는, 방 윗목에 가마니 두 개를 위아래로 나란히 연결해서 그 속에 고구마를 가득 담아 쌓아놓고, 고구마로 끼니를 때우기도 했습니다. 겨울에는 집 뒤에 묻어놓은 무를 꺼내다가 썰어서 간식으로 먹곤 했지요. 땅콩을 방에서 널어 말릴 때는, 단칸방이라서, 펼쳐놓은 땅콩 위에서 자기도 했습니다.

밭일하시는 어머님을 따라가 도와드리다가 때때로 유등천에서 발가벗고 물놀이하는 것이 내 어린 시절의 주된 일과였습니다. 보문산 옆구리에서 시작되는 유등천은, 목동초등학교 시절 내 마음의 고향이기도 합니다. 목동초등학교가, 그때는, 목동국민학교였지요. 상수도 시설이 제대로 갖추어지지 않았던 1960년대에는 물이 귀해서, 우물에서 물지게로 물을 길어다 먹었습니다. 그리고 목욕을 제대로 하지 못하는 경우도 많았지요.

언젠가 초등학교 3학년 봄에, 교육청 장학사님의 학교 현장 시찰이 있었습니다. 학교에서는 비누를 준비하여, 장학사님이 오기 전날, 전교생을 유등천으로 데리고 가서 단체로 때를 닦게 했지요. 때를 제대로 잘 씻었는지 한 사람씩 담임선생님께 나가서, 배꼽을 내보이며 개인위생 검사를 받았던 가난한 시대의 추억이 유등천에 담겨 있기도 합니다. 지금도 수침교를 지날 때면 그때의 추억들이 엊그제 일처럼 선명합니다.

유등천은 나와 동무들의 주된 놀이터였습니다. 옆집에는 어린 시절의 내 동무 임재원이 살고 있었지요. 겨울에는 꽁꽁 언 얼음 위에서 같이 썰매를 타기도 하고, 여름에는 얼굴과 온몸의 피부가 새까맣게 타도록 거의 매일 유등천으로 출근했습니다. 물가의 모래밭에서 동무들과 씨름을 하기도 하고, 수침교 위의 상류에서는 조개를 잡으며 놀았습니다. 물안경이나 스노클 같은 기구들은 본 적도 없었지요. 그냥 맨눈으로 유등천에 잠수하여 물속의 물고기들을 구경하고 잡는 것이 그렇게 즐거울 수가 없었습니다.

냇물에서 자라는 풀이나 물속의 돌 밑에 조용히 손을 들이밀어 물고기들을 삽았을 때, 물고기늘이 요동치는 몸짓 언어들이 내 손을 통해 전해져오면 나를 흥분의 도가니로 이끌곤 했습니다. 때로는 집에서 쓰는 소쿠리나 체 같은 것을 가지고 나가서 물고기들을 잡았지요. 체는 가루나 액체를 곱게 거르는 도구입니다.

붕어, 피라미, 미꾸라지, 모래무지, 기름 챙이, 메기, 무지개 색깔의 간다리…. 하나하나 서로 다른 물고기들의 생김새나 색깔이 신기하고 아름다웠지요. 특히 붕어는 보면 볼수록 언제나 이쁘고 우아했습니다.

냉장고도 없고 얼음이 귀했기 때문에, 잡은 물고기들은, 손으로 비늘과 내장을 손질해서, 냇가의 넓적한 돌 위에 잠깐씩 말렸다가 집에 가져왔습니다. 미꾸라지는 산 채로 집에 가져와서, 세숫대야에 넣고 소금을 뿌리면 미꾸라지들이 요동을 치며 저절로 손질되었지요. 어머님께서는 물고기를 잡아 온 나를 대견하게 여겨주시기도 하고, 손질한 물고기에 무와 고추 등을 넣어 주로 조림이나 추어탕으로 요리를 해주셨습니다. 유등천에서 물고기를 잡는다는 것이, 어린 나에게는 행복이자 큰 자랑거리로 자리를 잡았지요.

초등학교 몇 학년 때였던가…. 물고기 잡는 것을 좋아했으나 변변한 도구가 없던 나는 족대라는 것을 너무나 갖고 싶었습니다. 족대는 물고기를 잡는 작은 그물 도구인데요. 어려운 시절에 족대를 살 800원 정도의 거금을 장만할 길이 없었지요.

그러던 어느 날 다락방에서 혼자 놀다가 오백 원짜리 새 지폐가 가득 들어 있는 돈 봉투를 발견했습니다. 나는 그 돈이 어떤 용도의 돈인지도 모르고

'이렇게 많은 지폐 중에 한두 장을 빼도 아무도 모르겠지….'

라는 마음으로, 지폐 두 장을 몰래 빼서 족대를 샀습니다. 나중에 알고 보니, 어머님께서 중요한 일에 쓰시려고 빚을 내어둔 돈이었지요. 참으로 철없던 시절이었습니다.

족대라는 어마어마한 장비를 장착한 후에는, 나는 더 열심히 물고기들을 만나러 유등천 곳곳을 헤집고 다녔습니다. 급기야 중촌동에 살던 큰누이 집의 어린 조카들에게까지

"우리 외삼촌은 고기 잘 잡는 선수다."

라고 각인되었는가 봅니다.

어느 명절에 조카들이 우리 집에 놀러 왔는데요. 어른들이 둘러 앉아 마른 멸치를 잔뜩 사다가 펼쳐놓고 다듬는 것을 보고는, 큰조카 윤병이가 놀라면서

"세상에, 외삼촌이 물고기를 이렇게 많이 잡아 왔어요?"

라고 하는 바람에 온 식구가 웃기도 했지요.

유등천의 물고기들이, 검정 고무신을 신고 철없이 뛰놀던, 내 어린 시절의 하얀 도화지를 파스텔 톤의 색깔들로 채워주었습니다.

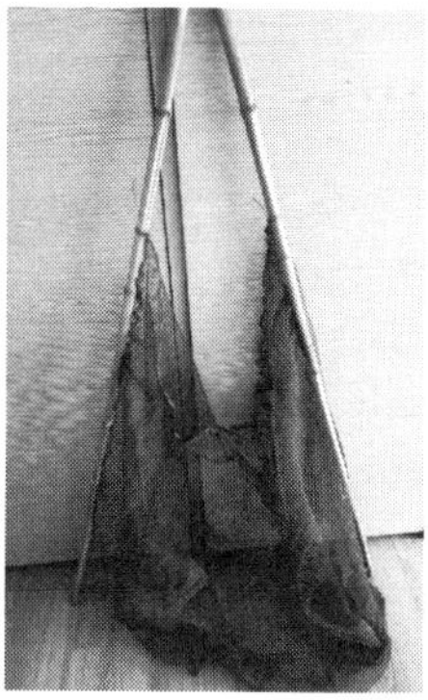

족대를 볼 때마다 어머님께 불효했던 어린 시절의 제 모습이 떠오릅니다.

1969년 목동 나사렛교회 목사님 사택 앞. 왼쪽부터 조카 윤병, 사촌 여동생, 여동생 은혜, 나, 박 목사님 딸 미경, 조카 영숙

대학·레지던트·군의관 시절

낚싯대를 처음으로 잡아본 것은 스무 살 때인 1979년입니다. 고등학교를 졸업할 때까지, 어항이나 족대 등은 접해 보았지만, 낚싯대를 만져본 적은 없었지요. 충남대학교 의예과에 입학하여, 서대전고등학교 동문회에서 한 학년 위의, 김동수 선배님을 만났습니다. 김동수 선배는 '루까회(LUKE)'[6]라는 가톨릭 학생동아리의 선배이기도 하지요. 김 선배는 낚시뿐 아니라 기타와 색소폰 연주 등 여러 분야에 다재다능한 분이었습니다.

의예과는 교양과목의 과정이라서 공부가 힘들지도 않고 마음이나 시간적인 측면에서 여유가 많을 때이지요. 의예과 시절에 김동수 선배에게 끌려다니며 반강제적으로(?) 민물낚시라는 것을 배우게 되었습니다. 당시의 의과대학은 선후배 간의 위계질서가 하도 엄해서 선배가 시키면, 그것이 무엇이든, 거역할 수 없는 문화였지요.

김동수 선배는 틈만 나면 나를 데리고 경부고속도로의 금강휴게소에 가곤 했습니다. 승용차가 없던 때라, 고속버스를 타고 갔지요. 금강휴게소 근교를 누비며, 바늘 묶는 법, 줄 연결하는 법 등을 자상하게 가르쳐주었습니다.

의과대학의 본과 과정은 인간의 뇌가 지닌 암기 능력의 한계가 어디까지인지 늘 실험하는 것 같습니다. 의대의 본과에 올라가서는

6) 루까(Luke)라는 사람은, 시리아 안티오키아에서 출생한 의사이다. 사도바울을 수행하고, 루가복음(누가복음)과 사도행전 등의 신약성경 저자이기도 하다.

공부할 분량이 너무 많아서, 김동수 선배와도 함께 낚시 갈 시간적 여유가 없었지요.

고등학교 친구 중에 유재권이라는 벗이 있었는데, 그 친구의 아버님께서 낚시를 좋아하셨습니다. 의과대학 본과에 다닐 때, 친구 아버님께서 대청호 주변의 어부동 등으로 낚시 가실 때, 아주 간간이, 시내버스를 타고 따라가곤 했습니다. 때때로 초등학교 때 유등천에서 함께 놀았던 임재원 벗과, 시외버스를 타고 공주로 넘어가, 청벽대교 밑의 강가에서 밤낚시를 하며 메기를 십여 마리씩 잡곤 했지요.

시험과 공부의 중압감에 시달리던 의과대학 시절에, 두꺼운 의학책들 속에 파묻혀 있다가, 가끔 물가에 앉아 한가롭게 자연을 대한다는 것이 내게는 너무나 좋았습니다.

연세의대 레지던트 시절에는 혹독한 수련 업무의 특성상 낚시라는 것을 엄두도 낼 수 없었지요. 1년 차 시절의 겨울에 강화병원에 파견 갔을 때, 같이 근무하던 인턴 이범용 선생님을 만났는데요. 이범용 선생님은 연세의대 의예과 시절에 '꿈의 대화'라는 노래로 1980년 대학가요제에서 대상을 받았었지요. 이 노래는 요절 가수 김정호가 1974년에 발표한 '꿈을 찾아'라는 노래와 표절 시비가 있었던 노래이기도 합니다.

학교 시절의 음악에 대한 공통 경험이 서로 가깝게 여겨지게 했나 봅니다. 저는 대학에 다닐 때, <코머스(COMUS)>라는, 그룹사운드 학생동아리를 했었거든요. 둘이서 강화도의 어느 수로에 가서 얼음을 깨고, 레지던트 시절에, 딱 한 번 붕어낚시를 했을 뿐입니다. 이때의 조황은 붕어 한 마리였지요.

전문의 수련 과정이 끝나고 군의관으로 강원도 춘천, 전라남도 강진, 충청북도 증평에서 각 1년씩 3년을 근무했는데요. 의과대학에 입학해서 전문의 과정이 끝날 때까지 방대한 분량의 책과 논문에 파묻혀 정신없이 살았던 것에 비해, 군의관 시절에는 담당 부대에 환자도 많지 않고 비교적 한가한 시간이 많았습니다.

군의관 첫해인 1989년 춘천의 군단 본부에 근무할 때는, 민물 낚싯대 2개를 마련하여 간간이 소양강 주변에서 소일하곤 했지요.

1년 후 1990년에는 강진 연대본부의 군의관으로 발령이 났습니다. 이때 처음으로 내 차를 갖게 되었지요. 맵시나 하이디럭스라는 하얀색의 중고차였는데요. 4기통의 엔진인데, 가끔 3개밖에 안 뛸 때는 경운기 소리가 나기도 했습니다. 이 멋진 차를 타고, 일요일이면 가족과 함께 점심 도시락을 싸서 강진 공소에 가서 일요일 아침 성당 미사를 보고는, 곧바로 완도의 해변으로 달려가곤 했습니다. '공소'는, 신부님이 상주하지 않는 작은 가톨릭 예배소를 말하지요.

허름한 릴낚싯대 2개를 장만하여 완도의 정도리 해변에서, 갯지렁이를 미끼로 달고, 바다에 묶음 추 원투 낚시를 던져 놓고는, 점심을 먹으면서 아내와 아이들과 시간을 보냈습니다. 원투 낚시는 무거운 봉돌을 달아 먼 거리에 투척하는 낚시를 말하지요. 그렇게 오후에 잡은 노래미 서너 마리를 군의관 관사로 가져와 저녁 반찬으로 생선 조림을 해 먹곤 했습니다.

바다에 낚싯대를 담가본 것은 이때가 처음입니다. 같은 자연이지만, 바다는, 민물과 다르게, 파도, 해변, 색다른 물고기들 등 또 다른 풍요로운 풍경들을 내게 선물해주었지요. 민물의 풍경이 고요함과 아기자기함이 특징이라면, 바다는 웅장하고 역동적이라고 할 수 있겠습니다.

군의관 복무 마지막 해인 1991년에는 근무지가 증평 사단본부였는데, 근처에 초평 저수지를 비롯하여 낚시할 곳이 많더군요. 마침 장인어른께서 젊어서 쓰시던 민물낚시 장비를 저에게 주셨습니다. 증평에서도 위생병들과 함께 주변의 저수지나 물가를 자주 찾았지요.

1990년 완도 정도리 해변의 두 아들. 동생 수한이가 물속으로 기어가려 하니, 위험하다고 못 가게 안고 있는 지한이.

1990년 전남 해남 땅끝마을 갯바위.

1991년 충북 증평. 장인어른께서 쓰시던 민물 낚싯대로 사병들과 낚시.

2004년 2월, 전공의들과 함께 다시 찾은 해남 땅끝마을. 왼쪽부터 정암(正岩) 김성민님, 연암(然岩) 이동훈님, 나, 현암(賢岩) 박한주님, 은암(恩岩) 김경민님.

직장생활하면서

1992년 봄에 군의관을 제대한 후, 대전 한일병원에서 첫 직장 생활을 시작했습니다. 한일병원에서 김갑중 원장님과 알코올 치료센터를 만들어서, 센터장을 맡았지요. 중환자들이 많아서 시간이 잘 나지 않았습니다. 그러나 완도 해변에서의 추억이 그리워서, 간간이 가족들을 데리고 서해안 대천 앞바다의 죽도라는 섬에 자주 갔습니다.

여전히 바다낚시 기법은 모르고, 묶음 추 원투 낚시로만 던져 놓고, 주변 자연과 대화하는 방식이었습니다. 고기를 잡든 못 잡든 그것은 제게 중요하지 않았고, 라면 하나 끓여 먹으며 바다 주변의 풍경에 파묻히는 것이 너무나 좋았습니다.

1997년에 대전의 알코올 치료센터를 떠나 강릉아산병원에 근무하던 때에는, 마치 천국에 온 것같이 좋더군요. 내가 그렇게 좋아하는 바다가 바로 앞에 있었기 때문이지요. 강릉, 사천, 영진항, 주문진 소돌의 아들바위 등 동해안 앞바다에 자주 나가서, 역시 해변에서 묶음 추 원투 낚시를 던졌습니다.

1998년 봄 강릉에서의 어느 날, 귀에 익은 목소리의 전화를 받았습니다. 인천에서 내과로 개업하고 있는 김동수 선배님이 어찌하다가 내 주소를 알고 연락을 한 것입니다. 1979년에 내게 처음으로 민물낚시를 가르쳐준 사람이 김동수 선배님이지요.

그렇게 20여 년 만에 다시 김동수 선배님을 만났습니다. 김 선배는 그동안 쌍둥이 아들을 낳았다는 둥, 나는 결혼해서 아들을 둘 낳았다는 둥, 서로 반갑게 안부를 물은 후 전화를 끊었습니다.

그런데, 그 주 일요일 새벽 2시에 누군가 우리 집 아파트 현관문을 막 두드리는 겁니다. 한밤중에 누군가 궁금해하면서 문을 열어보니,

"빨리 낚시 가자!"

라고 하며, 인천에서 밤새 달려온 김동수 선배님이 낚싯대를 들고 떡하니 서 있는 겁니다. 자다가 갑자기 새벽에 붙들려 나가 강릉의 연곡천에서 민물 플라이낚시라는 것을 처음 하게 되었지요.

플라이낚시는 파리, 모기 등 각종 곤충 모양으로 만든 인조 플라이를 수면 위로 던지는 낚시였습니다. 봉돌이나 찌가 없이 낚싯줄의 무게로만 던지기 때문에 일반 낚싯줄보다 원줄이 아주 굵더군요. <흐르는 강물처럼>이라는 영화에서, 아버지와 두 아들이 하던 낚시이지요.

그 후로 김동수 선배님은 주말만 되면 강릉으로 내려와서, 또 반강제적으로(?), 민물 플라이낚시 기법을 가르쳐주었습니다. 이번에는 나 혼자가 아니라, 초등학교 6학년인 큰아들 지한이와 초등학교 2학년인 작은아들 수한이도 함께 붙들려 나가, 플라이 던지는 8자 동작을 배워야만 했지요.

김동수 선배님은 플라이낚시를 내게 가르쳐주면서, 자신이 사용하던 아주 좋은 플라이 낚싯대를 내게 물려주셨습니다.

1998년 가을에 충남대학교병원으로 직장을 옮긴 후, 아버님께서 2000년에, 장인어른께서 2002년에 돌아가셨습니다. 어머님께서

는 내가 스무 살 때 이미 돌아가셨으니, 친가와 처가의 어른 중에 연로하신 장모님 한 분만 살아계셨지요.

나는 장모님을 자주 뵙고 싶은 마음이 간절했습니다. 그러나 장모님은 비교적 깔끔하신 성격으로, 우리 집에서 생신 잔치를 한번 해드리려고 해도

"바쁜 사위에게 방해된다."

고 하시며 절대 오지 않으셨습니다.

어느 해 가을, 장모님 생신을 앞두고 포항의 영일만 방파제에서 팔뚝만 한 고등어 다섯 마리를 잡았지요. 혹시나 해서 장모님께

"생신 해드리려고 고등어를 잡아 왔으니 우리 집에 다녀가시라."

라고 연락을 넣었더니

"바쁜 사위가, 그 먼 곳까지 직접 가서, 내 생일을 위해 고등어를 잡아 왔다."

라며, 오셔서 기쁘게 드시더군요!

그 후 목포에 가서 도다리를 잡아 와 봄 도다리쑥국을 끓여드렸더니, 역시 기뻐하시면서 맛있게 드셨지요. 이후 저는 장모님을 자주 뵙기 위한 구실로 수시로 생선을 잡아 왔습니다. 아내 또한 그런 내 모습이 싫지 않았나 봅니다.

2009년 11월에, 낚시 사부님이신, 박형식 선생님을 만나게 되었습니다. 먼바다 선상낚시와 여러 종류의 낚시를 즐겁게 배우며 사부님과 함께 낚시했지요. 나이가 들면서 야간 운전이 쉽지 않았는데, 사부님을 통해, 대전에서 출발하는 강덕철 사장님의 대박낚시 버스, 한광희 사장님의 대전피싱 버스 등 낚시 버스라는 것도 이용할 줄 알

게 되었습니다.

2010년 봄에 장모님마저 돌아가셨습니다. 고기를 잡아도 갖다 드릴 장모님이 계시지 않아 마음이 매우 섭섭했지만, 낚시 다녀오는 나를 반겨주는 사람들이 있어 자주 바다에 갔지요. 아내는 물론이고, 생선 맛을 제대로 알기 시작한 처제와 아파트 경비 아저씨들이 나만 보면

"언제 낚시 가느냐?"

고 졸라대기도 했습니다.

2019년 12월에 아내는, 어느덧 정년이 다가오는 저에게

"그동안 고생했다. 앞으로 편하게 낚시도 다니고, 앰프와 기타를 싣고 다니면서 퇴계 선생의 도산십이곡 연주도 많이 하시라."

고 하며, 4륜 구동의 작은 SUV(sport utility vehicle) 차를 선물해주더군요.

2020년 1월에 박형식 사부님이 돌아가셨으니, 이제는 또 제가 어떤 모습으로 물고기들을 만나게 될지 모르겠습니다.

물고기, 자연, 그리고 나

자연 속에 푹 빠져 본 사람은 천석고황(泉石膏肓) 환자가 되기 마련인가 봅니다. 천석고황이라는 말은 자연을 사랑하는 마음이 불치병처럼 깊어졌다는 고사성어이지요. 대학자 퇴계(退溪) 이황(李滉, 본관 진성, 1501~1570) 선생께서 지으신 도산십이곡의 제1곡에

"하물며 천석고황을 고쳐 무엇하료."[7)]

라는 문구가 나오는 것을 보면, 천석고황이라는 병은, 이 병에 걸린 환자의 치료하고자 하는 의지도 없애는가 봅니다. 퇴계 선생 역시 이 병을 아주 심각하게 앓았기에 그렇게 훌륭한 대학자가 되지 않았을까요?

제가 물고기들을 만나면서, 물고기들이 내게 소개해준 것은, 바람, 물, 파도, 새, 돌, 풀, 구름, 비, 나무, 꽃, 하늘과 함께 조용히 뿜어내는 자연의 숨결이었습니다. 물고기들이 소개해주는 자연은 늘 어약연비(魚躍鳶飛) 운영천광(雲影天光)을 표출하더군요. 어약연비 운영천광이란, 글자 그대로 물고기 뛰고 솔개 날며, 구름 그림자와 하늘빛이란 뜻으로, 우주의 오묘한 질서와 섭리를 의미하지요.

물고기들이 내게 소개해주는 어약연비 운영천광

7) 퇴계. 도산육곡지일 및 육곡지이, 『정본퇴계전서: 시 15』. 서울: 퇴계학연구원, 2007. p.293~297.

"솔개 하늘을 날고, 물고기 연못에서 뛴다."

[鳶飛戾天/연비여천 魚躍于淵/어약우연]

는 멋진 문장은, 아주 오래된 고전인, 『시경(詩經)』[8]과 『중용(中庸)』[9] 등에 나오는 말입니다. 퇴계 선생은 도산십이곡의 제6곡 마지막 구절에

"어약연비운영천광이야 어느 끝이 있을꼬."[10]

라고 쓰셨습니다.

자연은, 인간도 자연의 일부로서, 자연의 섭리를 따라 살아야 한다는 것을 늘 내게 가르쳐줍니다. 그러니까 물고기들이 속세에 물든 나의 삶을 치료해주고 있던 것이지요.

공자께서는

"열다섯에 학문에 뜻을 두었고, 서른에 일어섰으며, 마흔에 미혹하지 않았고, 쉰에 하늘의 명을 알았으며, 예순에 남의 말을 순순히 받아들였고, 일흔에 마음 내키는 대로 해도 법도에 어긋나지 않았다."

[十有五而志于學/십유오이지우학 三十而立/삼십이립 四十而不惑/사십이불혹 五十而知天命/오십이지천명 六十而耳順/육십이이순 七十而從心所欲不踰矩/칠십이종심소욕불유구][11]

라고 하시면서, 40세를 <불혹(不惑)>이 나이라고 하셨지요. 돌이켜보니, 정말 맞는 말인 것 같습니다. 40세까지는 물고기를 많이 잡으면 마음이 즐거웠습니다. 그러나 40세를 넘어서면서 물고기를 많이 잡아도 그렇게 즐겁지가 않더군요.

---

8) 『시경(詩經)』, 대아(大雅) 편, 한록(旱麓).

9) 『중용(中庸)』, 제12장.

10) 퇴계. 도산육곡지일 및 육곡지이, 『정본퇴계전서: 시 15』. 서울: 퇴계학연구원, 2007. p.293~297.

11) 『논어(論語)』, 위정편.

그러더니, 50세가 넘으면서 내가 잡은 물고기들을 보면

'그 넓은 바다에서 잘 살지. 하필이면 내 지렁이 먹으려고 하다가 이렇게 잡혔구나…. 아이고, 불쌍해라….'

라는 생각이 들었습니다.

참으로 물고기들이 불쌍해지기 시작하더군요. 아울러, 내가 다른 생명을 섭취하는 것에 대한 회의가 들기 시작했습니다. 물고기에서 나아가, 내가 늘 섭취해온 동물들과 식물들의 생명에 대해 묵상이 이르자

'그럼, 나는 무얼 먹고 살아야 하는가?'

라는 생각이 들더군요.

내 몸뿐 아니라 모든 생명체의 몸이 수많은 다른 생명체들의 집합이라는, 엄연하고도 많이 슬픈 과학적 사실 앞에, 마음이 혼란해지기까지 했습니다. 다른 생명체를 섭취하지 않고는 내 몸이 만들어지지 않지요.

만물 중에 인간이 가장 우월한 존재이기에, 다른 생명을 섭취해도 된다는 주장은 쉽게 제 마음에 와닿지 않았습니다. 모든 생명 하나하나가 대등하게 우주 영겁의 주인공이라는 생각이 들었거든요.

주변의 동료들이

"다른 사람이 잡은 물고기나 육고기는 먹어도 된다."

라고 해주는 말도, 누가 되었든 생명을 해하는 것은 마찬가지이기에, 받아들이기 어려웠습니다.

그렇다고 식물만 먹는다는 것도, 식물이든 동물이든 생명인 것

은 똑같기에, 선뜻 동의하기 어렵더군요. 한동안 마음을 수습하기 어려웠지요.

부처님께서도 같은 고민을 하시다가, 결국 식물만 드시기로 하셨나 봅니다. 공자께서도 고민을 많이 하셨는지

> "낚시는 하되 그물질은 하지 않으며, 사냥은 하되 잠자는 새는 쏘지 않는다."
> [釣而不網/조이불망 弋不射宿/익불석숙][12]

라고 하셨더군요.

그런데, 60세에 가까워지면서, 모든 생명체가 서로의 생명을 주고받으며 삶을 영위하는, 자연의 섭리를 편안하게 받아들이기 시작했습니다. 내 몸에 들어와, 내가 되어, 나와 함께 사는 물고기들, 나와 물고기가 한 몸이라는 깨달음이 들더군요. 현대의학적인 관점에서 조용히 묵상해보면, 경이롭게도, 모든 생명체가 또 다른 생명을 위해 순교의 삶을 살고 있지요.

<한 몸 마술>

컵에 담긴 물이
논에 살던 쌀알이
들에 자라던 나물이
내 속에 들어와 내가 됩니다.

나는 흙속으로 들어가
물이 되고

12) 『논어(論語)』, 술이편.

쌀알이 되고
나물이 되겠지요.

사람, 강, 들, 산, 바위, 바다
모두가 별개인 것 같지만
나는 너
너는 나
하나이군요.

생명의 세계에서
만물을 한 몸으로
움직이는 당신은
한 치의 오차도 없는
으뜸 마술사입니다.

2016.2.14. 김종성 묵상 일기[13)]

물고기 한 마리를 손질할 때마다, 냉이 한 뿌리를 다듬을 때마다, 밥 한 숟가락을 입에 넣을 때마다, 제 마음은 물고기에게, 냉이에게, 쌀에게 제사를 올리는 마음이 될 수밖에 없었습니다. 생명에 대한 경건한 마음이라고 할까요? 모든 생명체들에게 진정 감사하는 마음입니다.

13) 김종성. 의사가 만난 퇴계 5판. 궁미디어, 2017. p.52.

Chapter 02

내가 만난 생명체들

02 내가 만난 생명체들

<가나다순>

어려서부터 지금까지의 내 삶을 치료해주고 풍요롭게 해준 물고기들에게 늘 감사하는 마음입니다. 어느 때부터인가

'내게 많은 것을 베풀어준 그들이 누구일까?'

라는 생각이 들면서, 내게 은혜를 베푼 그들을 좀 더 알고 싶어지더군요.

궁금해서 그들의 이름이라도 알아보려고, 제가 만난 물고기들을 휴대폰 카메라로 찍어서 간직하기 시작했습니다. 어느 때는 상황이 여의치 않아서, 미처 사진을 찍어주지 못한 물고기들도 많은데요. 그들에게는 미안할 뿐입니다.

손암(巽庵) 정약전(丁若銓, 본관 나주, 1758~1816) 선생은, 1801년 신유박해에 연루되어 흑산도에 유배되었던 분입니다. 신유박해는, 가톨릭에 대해 비교적 온화했던 정조가 승하한 뒤, 순조 1년에 발생한 가톨릭 박해 사건이지요.

손암(巽庵) 선생께서는 유배라는 어려운 여건에서도 공부를 멈추지 않았습니다. 흑산도 인근에 서식하는 어류들에 대해, 자연에 대해 잘 알고 있는 현지의 장창대(張昌大)라는 한 젊은 사람을 매일 밤 자신의 숙소로 맞아들여서 밤새 토론하며 탐구했습니다. 이렇게 탐구한 것을 상세히 기록하고 정리하여, 1814년에 『자산어보(玆山魚譜)』를 남기셨지요. 국민들의 치병(治病), 이용(利用), 이재(理財)를 위해 귀중한 저술을 남기신 손암(巽庵) 선생을 본받고 싶군요.

> "…… 섬에 덕순(德順) 장창대(張昌大)라는 사람이 있었다.…… 그 성품이 차분하고 정밀했다. 풀, 나무, 새, 물고기 등에 대해 듣고 본 것을 모두 세밀히 살피고 깊이 생각하여, 그 성질과 이치를 알고 있으므로, 그가 말하는 것을 신뢰할 만했다. 나는 이 사람을 객사에 초청하여 함께 탐구하고, 그것을 엮어서 자산어보라고 이름을 지었다.…… 후세의 선비가 이것을 수정하고 보완한다면, 이 책은 병을 치료하거나, 쓰임을 이롭게 하거나, 재물을 관리하는 전문인들에게 도움을 줄 내용이 있을 것이다.……"
>
> […… 島中有張德順昌大者/도중유장덕순창대자 …… 性恬靜精密/성념정정밀 凡草木鳥魚/범초목조어 接於耳目者/접어이목자 皆細察而沈思/개세찰이침사 得其性理/득기성리 故其言爲可信/고기언위가신 余遂邀而館之/여수요이관지 與之講究/여지강구 序次成編/서차성편 名之曰/명지왈 玆山魚譜/자산어보 …… 後之君子/후지군자 因是而修潤之/인시이수윤지 則是書也/즉시서야 於治病利用理則(財)[14]數家/어치병이용이칙(재)수가 固應有資/고응유자 ……][15][16][17]

14) 국립중앙도서관 소장본이 아닌 다른 본에는 재(財)로 되어있기도 하다.

15) 정약전. 『자산어보』. 1814. 국립중앙도서관 소장본. p.1~2.

16) 이두순 역. 『신역 자산어보』. 목근통, 2016. p.1~3.

17) 정명현 역. 『자산어보 우리나라 최초의 해양생물 백과사전』. 서해문집, 2016. p.30~31.

저는 제가 일상에서 만난 물고기들의 이름을 사부님께 묻고, 인터넷에서 검색해보거나, 어부들과 선장님들에게 물어서 탐색해보았습니다. 말하자면 이 책은 저의 일상에 다가온 물고기들을 정리한 것이니, 저의 호 목천(牧川)을 붙여서 『목천생활어보(牧川生活魚譜)』라고도 할 수 있겠습니다.

그런데, 물고기들의 학명(學名, scientific name)을 찾는 과정이 쉽지는 않더군요. 망둑어나 가자미 한 마리를 만났을 때, 망둑어를 검색해보면, 수십 종류의 망둑어가 나옵니다. 내가 만난 망둑어가 어느 종류의 망둑어인지 알아내기가 어려웠습니다. 가자미도 마찬가지이고요.

물고기들의 이름을, 스웨덴의 식물학자 린네(Carl von Linne, 1707~1778)가 고안한 방법을 따라 정리해보았습니다. 학명은, 속명(屬名, Genus)과 종명(種名, Species)을 라틴어로 기울여서 표기하는 이명법(二名法, binomial nomenclature)을 따라 기술했습니다. 속명은 대문자로 시작하고, 종명은 소문자로 쓰게 되어있더군요.

어종 분류는 목명(目名, Order)과 과명(科名, Family)을 기록했습니다. 일반적인 물고기들은 동물(Animalia)-계(界, Kingdom), 척삭동물(Chordata)-문(門, Phylum), 경골어류(Osteichthyses)-강(綱, Class)에 속하지요. 흔히

"클래스가 달라."

라는 표현을 쓰기도 하는데요. 계통분류체계에서 클래스(綱, Class)가 다른, <경골어류 강(Class)>에 속하지 않는, 경우만 상위분류의 문(Phylum)과 강(Class)을 함께 표기했습니다.

이렇게 정리해나가던 중, 한편으로는

'물고기들도 자기 이름을 모를 텐데…. 무슨 의미가 있을까.'

라는 생각도 들더군요. 물고기의 이름이라는 것이, 인간들이 자기들의 편의상 물고기들에게 이름을 붙인 것이겠지요.

손암(巽庵) 정약전 선생께서 200여 년 전에 걸어가셨던 길의 향기를 공유해보고 싶었습니다. 해당 물고기와 관련된, 국립중앙도서관 소장본의 『자산어보』 내용을 찾아서 함께 소개했는데요.

『자산어보』는 크게 두 부분으로 기술되어 있더군요. 물고기마다, 손암(巽庵) 정약전 선생과 장창대라는 젊은이가 함께 논의해서 작성한 앞부분이 있고, 그 뒷부분에 다산(茶山) 정약용(丁若鏞, 본관 나주, 1762~1836) 선생의 제자인 청전(靑田) 이청(李, 본관 경주, 1792~1861) 선생이[18] 해당 물고기에 대해 옛날 문헌들을 방대하게 고증하여 주석을 단 내용이 있습니다. 이 책에서는, 비교적 쉽다고 생각되는, 앞부분의 내용을 주로 소개했습니다.

각 물고기 하단에 제시하는 영양 정보의 성분은 100g에 포함된 함량인데요. 웬만큼 크기의 한 토막에 해당한다고 보면 되겠습니다. 각 성분이 많고 적음을 평가하기 위해, 국립수산과학원에서 제시한 성분 수치들을 제 컴퓨터의 통계프로그램에 일일이 다시 입력했습니다. 국립수산과학원에서는 1956년에 228종 수산물의 성분표를 최초로 발간한 이후, 계속 보완해오다가, 2018년에 아홉 번째로 개정하여 발간했더군요. 이 책에서는 가장 최근 것인 2018년 자료를 이용했습니다.

---

18) 정명현 역. 『자산어보 우리나라 최초의 해양생물 백과사전』. 서해문집, 2016. p.5~24.

통계프로그램을 이용하여 이 책에 등장하는 물고기들의 성분 함량 평균치와 표준편차를 산출했습니다. 평균에서 표준편차 범위를 벗어날 때 '매우'라는 단어를, 표준편차 범위 내에 있을 때 '약간'이라는 단어를 때때로 사용했는데요. 타우린, 셀레늄, 베타인류는 예외입니다. 세 성분의 함량 수치가 확정된 물고기가 많지 않을뿐더러, 이 성분들이 조금이라도 있으면, 의학적 관점에서 좋은 쪽으로 해석해야 할 것 같았습니다.

그리고, 국립수산과학원 수산물성분표에는 물고기들의 불포화지방 함량을 따로 제시하지 않았는데요. 이 책에서는, 국립수산과학원 수산물성분표의 총지방함량 수치와 불포화지방 비율 수치를 이용하여, 불포화지방 함량을 계산해서 추가로 제시해드렸습니다.

주요 성분의 의학적 의미와 일일 섭취 기준량에 대해서는 각 성분의 1위 물고기 편에 요약했습니다. 참고로, 물고기들의 영양 성분별 평균치, 한국인 영양소 섭취 기준, 성분별 물고기 종합순위 등은 물고기 소개가 모두 끝나는 부분에도 별도로 요약했습니다.

아울러, 자연 자원의 보호를 위해, 방생해야 하는 물고기 기준과 금어기를 해당 물고기 편의 본문에 기술하고, 모든 물고기 소개가 끝나는 부분에도 추가로 요약했습니다.

우선, 인간인 저의 학명을 알아보니, 동물(Animalia)-계(界, Kingdom), 척삭동물(Chordata)-문(門, Phylum), 포유(Mammalia)-강(綱, Class), 영장(Primates)-목(目, Order), 사람(Hominidae)-과(科, Family)에 속하는 *Homo sapiens*(호모 사피엔스)이군요.

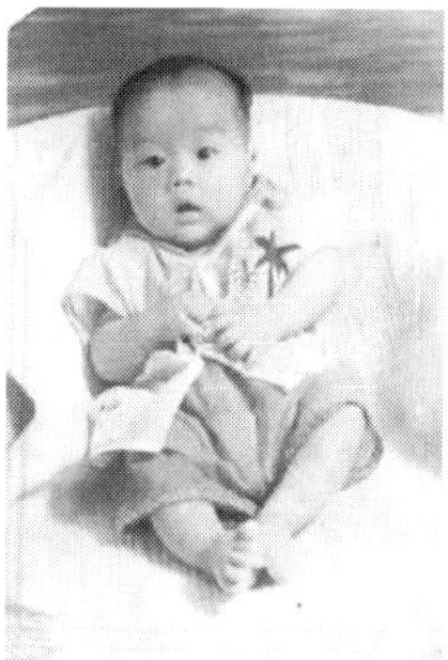

1959. 김종성.

학명(속명+종명)	*Homo sapiens*
계(界, Kingdom)	동물계(Animalia)
문(門, Phylum)	척삭동물(Chordata)
강(綱, Class)	포유류(Mammalia)
목(目, Order)	영장목(Primates)
과(科, Family)	사람과(Hominidae)
속(屬, Genus)	사람속(Homo)
종(種, Species)	사람종(Sapiens)
국어	인간
영어	Human

학명에 나오는, '사피엔스(sapiens)'라는 종명(種名, species)은 '지혜'를 의미하지요. 진리를 탐구하며, 지혜를 사랑하는 종(種)인가 봅니다. 지혜를 사랑하는 것을 철학(philosophia)이라고 하던가요? 철학(philosophia)이라는 말은, philo(사랑한다) + sophia(지혜)의 합성어입니다.

'인간(人間)'이라고도 부르지요. 인(人)이라는 글자가 '두 사람'을 의미하니, 두 사람이 관계를 맺고, 서로 사랑하고 배려하는 것을 좋아하는 특성도 가졌는가 봅니다.

영어로는 '휴먼(human)'이라고 하는군요. Human이라는 단어가, 라틴어 '휴무스(Humus)'에서 유래했다고 하는데요. Humus가 '진흙'이라는 뜻이니, 성경에서

> "너는, 흙에서 난 몸이니 흙으로 돌아가기까지… 너는 먼지이니 먼지로 돌아가리라."[19]

라고 말하는 것처럼, 흙에서 나와 흙으로 돌아간다는 의미이겠지요.

정리해보면, 흙에서 나와 흙으로 돌아간다는 겸손한 마음으로, 진리를 탐구하며, 서로 사랑하면서 살아가는 아름다운 존재인가 봅니다. 그런데, 제가 경험해보니, 경쟁과 물욕으로 에워싸인 일상 속에서 허덕일 때가 많더군요.

그럼, 저의 일상에 다가와 제 삶을 치료해준 물고기들의 이름을 하나씩 알아보겠습니다.

19) 성경. 창세기 3장 19절.

●

가물치

2020.5.9. 충북 영동군 심천면 고당리

학명	*Channa argus*
분류[20]	농어목(Perciformes) 가물치과(Chanidae)
자산어보	없음
영어	Snake head
일어	カムルチー(가무루지), ライギョ(라이뇨)[21]

국립수산과학원 자료에 가물치의 학명은 있는데, 가물치의 계통분류에 관한 정보가 없더군요. 다른 곳에서 가물치의 계통분류를 알 수 있었습니다.

가물치의 산란기는 5~7월입니다.[22] 물이 흐르지 않는 연못, 저수지, 늪지에 주로 서식하는 것으로 알려지는데요. 저 가물치는, 비가 부슬부슬 내리는 날 아침 8시쯤에, 금강 상류의 수초 옆에서 지렁이

20) doopedia. https://www.doopedia.co.kr/

21) 네이버 일어사전.

22) doopedia. https://www.doopedia.co.kr/

미끼에 얼굴을 보여주었습니다.

입질도 없고 무료해서

"아침 식사로 라면이나 먹을까…."

하고 물 끓일 준비를 하고 있었는데요. 주변에 아무도 없는데, 뜰채도 준비하지 않은 상태에서, 갑자기 커다란 가물치가 우당탕하고 낚싯대를 크게 흔들어대며 얼굴을 내미는 바람에, 제가 혼비백산했지요. 황급히 정신을 수습하여, 비를 맞아가며, 한 손으로는 낚싯대를 든 채, 다른 한 손으로 차 속에 있던 뜰채를 간신히 꺼내 조립하여 펴느라고 애먹었습니다.

마치 천하장사처럼, 기골이 장대하고 정말 멋진 모습인데요. 가물치는 '민물의 제왕'이라는 별명을 가지고 있습니다. 토종 물고기를 닥치는 대로 잡아먹어서 토종 생태계를 교란하는 물고기로 지정된 <배스>라는 물고기가 있지요. 민물의 폭군인 배스조차도 가물치에게는 잡아먹힙니다. 가물치가 영어로는 snake head 즉 '뱀 머리'라는 뜻이군요. 어쩐지, 처음 보았을 때 머리가 마치 뱀처럼 생겨서, 좀 무서웠습니다.

가물치라는 말은 우리 고유어이지요. '가물'이라는 단어가, 『천자문』의 첫머리에 나옵니다. 『천자문』은 중국 양(梁) 나라(502~549) 주흥사(周興嗣, 468?~521) 선생이 지은 책이지요. 자연현상으로부터 인륜 도덕에 이르는 내용을 사언고시(四言古詩) 250구의 모두 다른 한자로 서술했다고 합니다. 고전철학의 세계로 들어가는 입문서이지요.

『천자문』의 첫 네 글자가

"하늘 천(天), 따 지(地), 가물 현(玄), 누를 황(黃)"

입니다. 가물치의 가물은, 가물 현(玄)의 가물로서, '검다'라는 의미이지요.[23] 그러니까 <가물치>는 <검은 물고기>라는 의미의 아름다운 우리 고유어입니다.

2016.4.25. 보령 화력발전소 앞 저수지.
사부님과 인물회 최영상님께서 잡아주심.

▶ 자산어보 내용

『자산어보』에 가물치에 관해 언급된 내용은 없습니다.

23) 나무위키 https://namu.wiki/

▶ **영양 정보**

비타민		레티놀 (㎍)	티아민 (mg)	리보플라빈 (mg)	나이아신 (mg)	아스코빅산 (mg)				
		10	0.08	0.12	**7.7**	**1.0**				
아미노산 (mg)	필수	이소류신	류신	라이신	메티오닌	페닐알라닌	트레오닌	트립토판	발린	히스티딘
		997	**1689**	**1825**	**730**	**867**	**771**	194	**1021**	363
	기타	아르기닌	티로신	시스테인	글리신	프롤린	알라닌	아스파르트산	글루탐산	세린
		1478	**799**	**231**	**886**	**601**	**1155**	**1933**	**3012**	597
무기질 (mg)		칼슘	인	철						
		71	193	1.1						

예로부터 가물치는 산후조리에 약용으로 많이 쓰였다고 합니다. 가물치는 100g당, 86kcal, 단백질 20.0g, 지방 0.8g으로, 저칼로리 고단백 저지방이군요. 불포화지방의 비율이 74.1%로 약간 높고, 불포화지방 함량은 0.59g으로 낮은 편입니다. 타우린이 205mg이나 됩니다.

비타민은 나이아신과 아스코빅산이 많군요. 필수아미노산은 트립토판과 히스티딘을 제외한 모든 항목이 높습니다. 특히 메티오닌은 잉어(748mg)에 이어 2위로 높은 수치입니다. 기타 아미노산은 세린을 제외한 모든 항목이 높군요. 무기질은 칼슘이 높습니다. 셀레늄은 0.09㎍입니다.[24)]

24) 국립수산과학원. 표준수산물성분표 2018. http://www.nifs.go.kr/page?id=aq_seafood_1_01

가자미

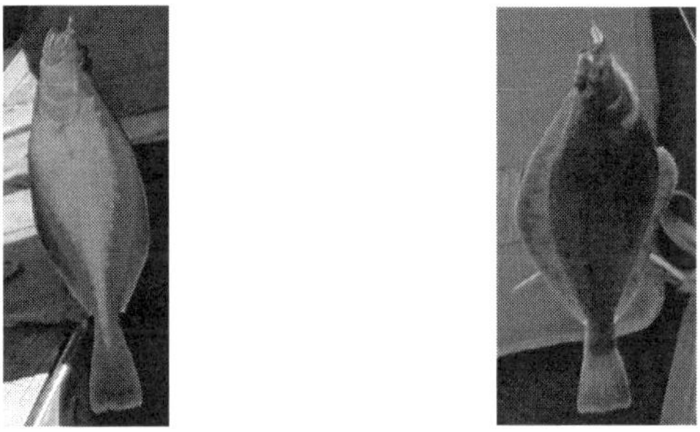

2018.1.6. 강원도 고성 선상

학명	*Hippoglossoiders pinetorum(용가자미)*
분류[25]	가자미목(Pleuronectiformes) 가자미과(Pleuronectidae)
자산어보	소접(小鰈)/가자미
영어	Pointhead flounder(용가자미), flatfish(가자미)
일어	ソウハチ(소우하치, 용가자미), カレイ(가레, 가자미)[26]

가자미, 도다리, 넙치, 서대, 박대 등 형태가 넓적한 물고기들이 많지요. 손암(巽庵) 정약전 선생께서는, 이 물고기들을 <접어(鰈魚)>라는 큰 항목으로 분류하셨는데요. 그중에 가자미는

"작은 접어"

라는 의미의 이름으로 설명하셨더군요.

Flatfish라는 영어 이름에는 '납작하다(flat)'는 의미가 들어 있습니다. 또 다른 영어 이름의 flounder는 '가자미나 넙치'를 말하는데, '허둥댄다'라는 뜻도 있습니다. 가자미나 넙치가 헤엄치는 모습을 묘

25) 국립수산과학원 수산생명자원 정보센터 https://www.nifs.go.kr/frcenter/intro/?_p=intro_species

26) 네이버 일어사전.

사한 것일까요?

가자미에는 가시가자미, 각시가자미, 갈가자미, 거룻배가자미, 검정가자미, 기름가자미, 까지가자미, 노바에질란가자미, 눈가자미, 도독홍가자미, 돌가자미, 마설가자미, 마소치가자미, 문치가자미, 물가자미, 범가자미, 뿔가자미, 산월가자미, 용가자미, 좌대가자미, 주둥가자미, 줄가자미, 중설가자미, 찰가자미, 참가자미, 첨치가자미, 층거리가자미, 홍가자미, 화살치가자미 등 종류가 엄청 많군요.[27]

위 사진의 가자미는, 고향이 동해안인 인물회 황성진 총무님께서 용가자미라고 알려주셨습니다. 겨울에 동해에서 잡히는 가자미는 거의 모두가 용가자미랍니다.

용가자미 산란기는 2~6월입니다.[28] 참가자미(학명 *Pleuronectes herzensteini*) 12cm 이하는 방생해야 합니다. 문치가자미(학명 *Pleuronectes yokohamae*)는 12월~1월이 금어기이며, 15cm 이하는 방생해야 합니다.[29] 수산자원의 금어기 또는 포획금지 기준을 어기면, <수산자원 관리법> 제64조에 의해, 2년 이하의 징역 또는 2천만 원 이하의 벌금을 물어야 합니다.[30]

가자미, 도다리, 광어(넙치)의 넓적한 모습이 비슷비슷한 것 같

27) 국립수산과학원 수산생명자원 정보센터 https://www.nifs.go.kr/frcenter/intro/?_p=intro_species

28) 국립수산과학원 수산생명자원 정보센터 https://www.nifs.go.kr/frcenter/intro/?_p=intro_species

29) 수산자원관리법. 국가법령정보센터. http://www.law.go.kr/

30) 수산자원관리법. 국가법령정보센터. http://www.law.go.kr/

습니다. 이들은 모두 눈이 한쪽에 달렸지요. 가자미와 도다리는 눈이 우측에 있고, 광어(넙치)는 왼쪽에 있습니다. 눈의 위치로 광어와 가자미류를 분류하는 방법에 대해서는 <넙치(광어)> 편을 참고해주시기 바랍니다.

2018.1.6. 사부님과 신년 출조. 강원도 고성 가자미

손암(巽庵) 선생께서 가자미의 맛에 설명하신 내용은 없더군요. 동해안의 식당에서 가자미 뼈째 회를 여러 번 먹어보았는데요. 정말 맛있더군요. 가자미식해? 처음에 저는 이 말을 듣고 '식혜'라는 말을 얼핏 떠올리며 음료수 종류인가 생각했습니다. 나중에 알고 보니, '식혜'가 아니고 '식해(食醢)'였습니다. 가자미식해는 가자미에 밥, 소금, 고춧가루 등을 넣어서 삭힌 음식이더군요. 강릉에 살 때 처음 먹어보았는데, 맛있어서 자주 먹었습니다.

▶ **자산어보 내용**

『자산어보』에는 <접어(鰈魚)>라는 큰 항목 속에, 넙치를 <접어

(鰈魚)>로, 가자미를 <소접(小鰈)>으로, 서대를 <장접(長鰈)>으로, 흑대기를 <전접(羶鰈)>으로, 도다리를 <수접(瘦鰈)>으로, 박대를 <박접(薄鰈)>으로 설명하고 있고, 기타 <우설접(牛舌鰈)>, <금미접(金尾鰈)> 등 형태가 납작한 물고기들을 설명하고 있는데요. 접(鰈)은 '가자미 접'으로, 가자미 또는 넙치를 의미하는 글자이군요.

> "소접(속명 가잠어加箴魚)은 큰 것이 2척 정도이다. 모양은 광어와 비슷하며, 몸이 넓고 더 두껍다. 등에 어지럽게 점이 있으며, 점이 없는 것도 있다."
>
> [小鰈/소접 俗名加箴魚/속명가잠어 大者二尺許/대자이척허 狀類廣魚/상류광어 而體廣益厚이체광익후 背有亂點/배유난점 亦有無點者/역유무점자][31][32][33]

▶ 영양 정보

<용가자미(학명 *Hippoglossoiders pinetorum*)>

무기질(mg)	칼슘	인	철
	48	175	**4.5**

용가자미는 100g당, 82kcal, 단백질 18.1g, 지방 0.6g으로, 저칼로리이면서 약간 고단백 저지방의 물고기입니다. 불포화지방의 비율은 71.9%이며, 불포화지방 함량은 0.43g으로 매우 낮습니다. 무기질은 철이 매우 높은데요. 가재(15.8mg), 미꾸리(8.0mg)에 이어 3위입니다. 셀레늄은 0.12㎍입니다.[34] 국립수산과학원 수산물성분표에 용

31) 정약전. 『자산어보』. 1814. 국립중앙도서관 소장본. p.31.

32) 이두순 역. 『신역 자산어보』. 목근통, 2016. p.92~93.

33) 정명현 역. 『자산어보 우리나라 최초의 해양생물 백과사전』. 서해문집, 2016. p.74.

34) 국립수산과학원. 표준수산물성분표 2018. http://www.nifs.go.kr/page?id=aq_seafood_1_01

가자미의 비타민과 아미노산에 대해 제시한 자료가 없어서, 참가자미에 대한 자료를 참고로 소개합니다.

<참가자미(학명 *Pleuronectes herzensteini*)>

비타민		레티놀(㎍)	티아민(mg)	리보플라빈(mg)	나이아신(mg)	아스코빅산(mg)				
		3	0.18	0.33	3.9	1.0				
아미노산(mg)	필수	이소류신	류신	라이신	메티오닌	페닐알라닌	트레오닌	트립토판	발린	히스티딘
		842	1498	1601	718	722	760	209	934	423
	기타	아르기닌	티로신	시스테인	글리신	프롤린	알라닌	아스파르트산	글루탐산	세린
		1522	668	232	1051	703	1160	1697	2823	664
무기질(mg)		칼슘	인	철						
		21	250	0.5						

참가자미는 100g당, 85kcal, 단백질 19.4g, 지방 0.2g으로, 저칼로리 고단백 저지방입니다. 불포화지방 비율은 64.1%이며, 불포화지방 함량은 0.13g으로 매우 적습니다. 타우린은 238mg이나 됩니다. 비타민은 티아민, 리보플라빈, 아스코빅산이 높군요.

필수아미노산은 이소류신, 류신, 라이신, 메티오닌, 트레오닌, 발린이 높은데요. 특히 메티오닌은 잉어(748mg), 가물치(730mg)에 이어 3위입니다. 기타 아미노산은 모든 항목이 높습니다. 특히 글리신이 대하(1,487mg)에 이어 2위의 높은 수치입니다. 무기질은 인이 높은 편입니다. 셀레늄도 0.93㎍으로, 높은 편이군요.[35)]

35) 국립수산과학원. 표준수산물성분표 2018. http://www.nifs.go.kr/page?id=aq_seafood_1_01

가재

2015.12.23. 충남 청양군 농소리 저수지

학명	*Cambaroides similis*
계	동물(Animalia)
문	절지동물(Arthropoda)
강	갑각류(Crustacea)
분류[36)]	십각목(Decapoda) 가재과(Cambaridae)
자산어보	석해(石蟹)
영어	Crayfish[37)]
일어	ザリガニ(자리가니)

손암(巽庵) 정약전 선생께서는

"돌게"

라는 의미의 이름으로 설명하셨군요.

국립수산과학원 자료에 가재의 학명은 있는데, 가재의 계통분류에 관한 정보가 없더군요. 다른 곳에서 가재의 계통분류를 알 수 있

36) doopedia. https://www.doopedia.co.kr/

37) 국립수산과학원. 표준수산물성분표 2018. http://www.nifs.go.kr/page?id=aq_seafood_1_01

었습니다. 가재는 오염되지 않은 1급수에 삽니다. 난생인데요. 산란 시기에 대한 정보는 없군요.[38]

계통분류체계에서, 목명(目名, order)이 'Decapoda'인 것을 보니, 다리가 열 개인가 봅니다. 'Decapoda'는 'deca(열)' + 'poda(다리)'의 합성어이지요. 게와 새우의 중간 모양입니다. 손암(巽庵) 선생께서는

"육지 가재와 바닷가재의 모양이 큰 차이가 없다."

라고 설명하셨지요.

<정글의 법칙>이라는 TV 프로그램에서, 출연자들이 바다의 가재를 '크레이피시(crayfish)'라고 부르며, 그 맛에 감동하는 장면이 종종 나오더군요. 크레이피시가 어떤 물고기일까 궁금해서 국립수산과학원 자료의 영어 이름을 찾아보니, 민물의 가재는 'Crayfish'로, 바닷가재(학명 *Homarus americanus*)는 'American lobster'로, 갯가재(학명 *Oratosquilla oratoria*)는 'Mantis prawn'으로 기록되어 있었습니다.

손암(巽庵) 선생께서는

"가재는 맛이 매우 좋다."

라고, 말씀하셨지요. 서대전고등학교에 다니던 1970년대인데요. 여름 방학 때, 허진, 양희태 친구와 함께, 진영길 친구의 조치원 집에 놀러 간 적이 있습니다. 그때, 집 근처 계곡에서 잡은 민물 가재를 친구 어머님께 갖다 드리니, 냄비에 볶아주셨는데요. 넷이서 정말 맛있게 먹었습니다. 그런데, 너무 오래되어서, 친구 어머님의 그 당시 레

38) doopedia. https://www.doopedia.co.kr/

시피를 모르겠습니다.

민물의 가재는 폐디스토마(폐흡충)의 중간숙주이지요. 디스토마는 폐디스토마(*Paragonimus westermani*)와 간디스토마(*Clonorchis sinensis*)가 있는데요. 민물에서 사는 가재, 게, 물고기를 날것으로 먹었을 때 발생합니다. 디스토마는 1980년대 후반까지만 해도 한국에 비교적 흔한 질환이었지요. 치료는 프라지콴텔(praziquantel)이라는 구충제를 복용하면 대부분 치료가 됩니다. 간혹 간디스토마가 심해서 담도를 막은 경우는 수술하기도 하지요.

▶ 자산어보 내용

『자산어보』에는 <해(蟹)>라는 큰 항목 속에, <무해(舞蟹)>, <시해(矢蟹)>, <농해(籠蟹)>, <팽활(蟛蛞)>, <소팽(小蟛)>, <황소팽(黃小蟛)>, <백해(白蟹)>, <화랑해(花郎蟹)>, <주복해(蛛腹蟹)>, <천해(川蟹)>, <사해(蛇蟹)>, <두해(豆蟹)>, <화해(花蟹)>, <율해(栗蟹)>, <고해(鼓蟹)>, <석해(石蟹)>, <백석해(白石蟹)> 등 여러 종류의 갑각류 즉 가재, 새우, 게 등을 설명하고 있는데요. <석해(石蟹)> 부분에 민물 가재와 관련한 내용이 있어서 소개합니다. 석해(石蟹)는 닭새우를 지칭하는 것 같다고들 하더군요. '돌 석(石)', '게 해(蟹)'이니, <돌게>라는 의미인가요?

> "석해(속명 가재可才) 큰 것은 길이가 2~3척 정도이다. 집게발 2개, 다리가 8개인 것은 해(게)와 같다. 다리 끝이 모두 갈라져 집게처럼 생겼다. 뿔의 길이가 몸의 두 배이며, 낫처럼 생긴 가시 꺼럭이 있다. 허리 위는 단단한 껍데기로 덮여 있고, 허리 아래는 비늘 모양의 껍데기가 있어서 새우를 닮았다. 꼬리도 새우를 닮았다. 검은색이며, 광택이 있고, 뿔은 붉다. 뒤로 갈 때는 꼬리를 아래로 말며, 앞으로도

갈 수 있다. 알 꾸러미는 배 아래에 있다. 대체로 육지에서 나는 가재와 큰 차이가 없다. 구워서(삶아서) 먹으며, 맛이 매우 좋다."

[石蟹/석해 俗名可才/속명가재 大者長二三尺/대자장이삼척 二螯八脚皆如蟹/이오팔각개여해 而脚端皆歧而成箝/이각단개기이성겸 角長倍其身/각장배기신 而有芒刺似鑝/이유망자사산 腰以上被甲/요이상피갑 腰以下鱗甲似蝦/요이하린갑사하 尾亦似蝦/미역사하 色黑而澤/색흑이택 角赤/각적 倒行則屈其尾而下卷/도행즉굴기미이하권 亦能前行/역능전행 卵句在腹底/난구재복저 蓋與陸地所産/개여육지소산 無甚異也/무심이야 爛而食之/섬이식지 味絶佳/미절가][39][40][41]

▶ **영양 정보**

비타민	레티놀(μg)	티아민(mg)	리보플라빈(mg)	나이아신(mg)	아스코빅산(mg)
	38	0.07	**0.39**	2.6	**2.0**
무기질(mg)	칼슘	인	철		
	230	**256**	**15.8**		

민물의 가재는 100g당, 126kcal, 단백질 15.5g, 지방 5.1g으로, 매우 고칼로리 약간 저단백이면서 매우 고지방이군요. 특이하게 가재는, 칼슘, 인, 철 모든 무기질이 매우 많은데요. 특히 철은 무려 15.8mg으로, 이 책에 제시하는 물고기 중 가장 높은 수치입니다(아래 표 참조). 비타민은 레티놀, 리보플라빈, 아스코빅산이 높습니다. 국립수산과학원 수산물성분표에 가재의 불포화지방과 아미노산에

39) 정약전. 『자산어보』. 1814. 국립중앙도서관 소장본, p.82~83.

40) doopedia. https://www.doopedia.co.kr/

41) 정명현 역. 『자산어보 우리나라 최초의 해양생물 백과사전』. 서해문집, 2016. p.137.

대해 제시한 자료는 없더군요.[42]

<철 함량> 100g 기준

순위	물고기	mg
1	가재	15.8
2	미꾸리	8.0
3	용가자미	4.5
4	긴꼬리벵에돔	3.8
5	멸치	3.6

한국 성인의 하루 철 섭취 기준량은 남성 10mg, 여성 8-14mg입니다.[43] 철은, 적혈구 세포의 헤모글로빈에 의한 산소 운반 과정에 중요한 역할을 하지요. 부족하면 빈혈이라는 병이 생깁니다.

42) 국립수산과학원. 표준수산물성분표 2018. http://www.nifs.go.kr/page?id=aq_seafood_1_01

43) 보건복지부·한국영양학회. 2015 한국인 영양소 섭취 기준.

●

간자미

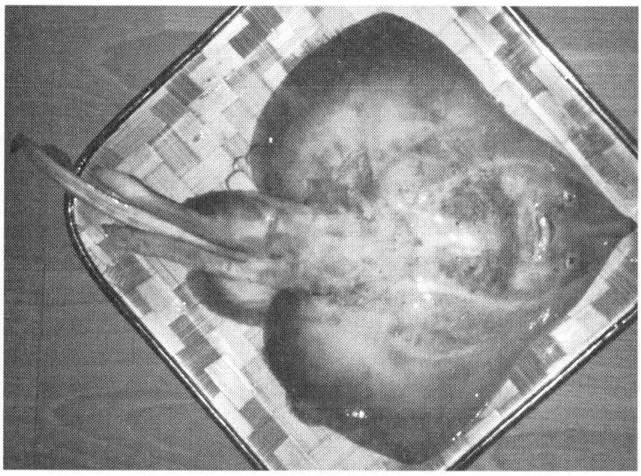

2011.6.18. 거제도 탑포 해상콘도

학명	*Okamejei kenojei(홍어)?*
문	척삭동물(Chordata)
강	연골어류(Chondrichthyes)
분류	홍어목(Rajiformes) 가오리과(Rajidae)
자산어보	분어(鱝魚)/참홍어 소분(小鱝)/간자미 또는 참홍어 새끼 수분(瘦鱝)/홍어 또는 간자미
영어	Ocellate spot skate(홍어)
일어	ガンキエイ(강끼에이, 홍어)

손암(巽庵) 정약전 선생께서는 홍어, 참홍어, 간자미를, '가오리 분(鱝)' 자를 써서 <분어(鱝魚)>라는 큰 항목으로 분류하고 상세하게 설명하셨지요. 그중 간자미에 대해서는

"작은 가오리 또는 얇은 가오리"

라는 의미의 이름으로 설명하셨더군요.

갱개미, 간재미, 간제미라고도 부르지요. 아, 그런데, 여기저기

찾아보아도, 간자미에 대해서는 똑 부러지게 정리하기가 어렵군요. 국립수산과학원 자료에서는 간자미의 독립된 학명을 찾을 수 없었습니다.[44] 또, 문헌마다 가오리 새끼다, 홍어 새끼다, 하면서 서로 내용이 다르더군요. 학계에 독립 어종으로 등록해도 될 듯합니다!

간자미, 가오리, 홍어에 대한 설명들입니다.

<간자미, 간재미>에 대해서는

"간재미는 노랑가오리이다."

라고 되어있는 곳도 있고,[45] 또 어디에는

"간자미는 가오리의 새끼이다."

라고 되어있기도 합니다.[46]

<가오리>에 대해서는

"홍어목 물고기의 총칭이다."

이라 하고, 홍어도 여기에 속한다고 합니다.[47]

<홍어>에 대해, 국립수산과학원 자료는[48]

"홍어목(Rajiformes) 가오리과(Rajidae)이고, 방언이 간재미, 홍에이다."

라고 되어있습니다. 이 설명을 보니, 아마도 국립수산과학원에

---

44) 국립수산과학원 수산생명자원 정보센터 https://www.nifs.go.kr/frcenter/intro/?_p=intro_species

45) doopedia https://www.doopedia.co.kr/

46) 네이버 지식백과

47) 네이버 지식백과

48) 국립수산과학원 수산생명자원 정보센터 https://www.nifs.go.kr/frcenter/intro/?_p=intro_species

서는 간자미를 홍어로 보는 것 같습니다.

어부들과 간자미 식당 주인아저씨는

"간자미는 가오리나 홍어와는 다르다."

"간자미는 다 자라더라도, 가오리나 홍어처럼 크지 않다."

고 하더군요. 제가 간자미의 모양을 요리조리 살펴보니, 가오리보다는 홍어에 더 가까운 느낌인데요.

간자미가 가오리이든, 홍어이든, 아니면 독립 어종이든 간에, 이 종류의 물고기는 암놈이 더 맛있다고 하더군요.

약간 서운한 일을 당했을 때, 흔히 내뱉곤 하는

"만만한 게 홍어 거시기여, 뭐여?"

이라는 말이 무슨 의미인지 잘 몰랐었지요.

홍어 암놈이 엎드려있으면 수놈이 올라타서 교접하다가, 서로 붙은 채로 낚시에 잡힌다고 합니다. 이때 어부들이 둘을 떼어내기 위해, 수놈의 거시기를 잘라버린다는군요.

꼬리 양쪽에 길게 붙어있는 거시기가 맛도 없을뿐더러, 이것이 떨어져 버리면 암놈으로 오인하여 값을 더 받을 수도 있다고 하네요. 아무튼, 어부들은 홍어 수놈의 거시기를 쓸모없는 것으로 인식한다고 합니다.

손암(巽庵) 선생께서도

"암컷 홍어가 낚싯바늘을 물고 엎드려있으면 수컷이 이에 붙어 교미하다가, 낚시에 함께 올라온다. 암컷은 먹이 때문에 죽고, 수컷은 음탕함 때문에 죽으니, 음란함을 탐하는 자들에게 경계가 된다."

라고 유사한 내용을 설명하셨더군요.

간자미 회를 만들 때는, 간자미를 물로 씻지 말고 신문지나 티슈로 간자미 표피의 '곱'을 닦아내라고, 사부님께서 가르쳐주시더군요. '곱'은 미끌미끌한 점액질을 말하지요. 꼬리는 독성이 있으므로 잘라낸다고 합니다.

고려홍어(학명 *Raja koreana*), 광동홍어(학명 *Dipturus kwangtungensis*), 깨알홍어(학명 *Okamejei boesemani*), 무늬홍어(학명 *Raja acutispina*), 살홍어(학명 *Dipturus tengu*), 참홍어(학명 *Raja pulchra*), 홍어(학명 *Okamejei kenojei*) 등 홍어 종류가 참으로 많은데요.

그중 <홍어>에 대해 살펴보면, 산란기는 가을~봄입니다. 1년생은 체폭이 12~16cm, 2년이면 22cm, 3년이면 27cm, 4년이면 33cm, 5년이면 37cm이고, 최대 1.5m입니다. 가을에 남하하여, 제주도 근처에서 월동하다가, 봄에 북상합니다.[49]

흑산도 홍어로 유명한 <참홍어>는 6월 1일~7월 15일 기간 동안 금어기입니다. 또한, 체반폭 42cm 이하는 포획금지입니다.[50] '체반폭'이라는 측정기준이 생소할 수 있는데요. 일반적인 물고기 측정에서 사용하는 '전장'이라는 기준과는 다른 개념이지요. 전장과 체반폭에 대해, 수산자원 관리법에 아래의 그림과 같이 명시되어 있습니

49) 국립수산과학원 수산생명자원 정보센터 https://www.nifs.go.kr/frcenter/intro/?_p=intro_species

50) 수산자원관리법. 국가법령정보센터. http://www.law.go.kr/

다.[51]

수산물의 종류별 체장 계측도

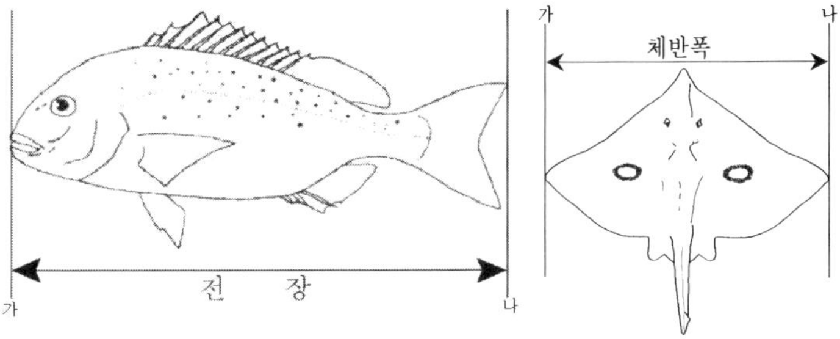

▶ **자산어보 내용**

『자산어보』에는 홍어와 관련하여 <분어(鱝魚)>라는 큰 항목 속에, 분어(鱝魚), 소분(小鱝), 수분(瘦鱝) 등으로 분류하여 자세하게 설명하고 있습니다. <분어(鱝魚)>는 참홍어를, <소분(小鱝)>은 간자미 또는 참홍어 새끼를, <수분(瘦鱝)>은 홍어 또는 간자미를 지칭하는 것 같다고들 합니다. 분(鱝)은 '가오리 분' 자이군요.

> "분어(속명 홍어洪魚)는 큰 것이 너비가 6~7척이다. 암컷이 크고 수컷이 작다. 몸은 연잎과 비슷하다. 적흑색이다. 연한 코가 머리 쪽에 있는데, 바닥은 풍성하고 끝은 뾰족하다. 입은 연한 코 아래에 있는데, 가슴과 배 사이에 곧게 뚫려있다. 등 윗부분 곧 연한 코 뿌리 위에, 코가 있고, 코 뒤에 눈이 있다. 꼬리는 돼지 꼬리 같으며, 꼬리의 등에는 어지럽게 가시가 있다. 수컷은 양경(생식기)이 두 개이고, 양경은 뼈이며, 휘어진 칼 모양이다. 양경의 뿌리에 고환이 있고, 양 날개에 잔가시들이 있다. 암컷과 교미할 때, 날개의 가시들로 암컷을

51) 수산자원관리법. 국가법령정보센터. http://www.law.go.kr/

움직이지 못하게 한다. 간혹 암컷이 낚싯바늘을 물고 엎드려있으면 수컷이 이에 붙어 교미하다가, 낚시를 들어 올리면 함께 따라 올라온다. 암컷은 먹을 것 때문에 죽고, 수컷은 음탕함 때문에 죽으니, 음란함을 탐하는 자들에게 경계가 될 만하다. 암컷은 새끼를 낳는 문(門)밖으로 구멍이 하나 있는데, 안으로는 세 구멍과 통한다. 가운데 구멍은 창자와 통하고, 양쪽 구멍은 태보를 이룬다. 태보 위에 알처럼 생긴 물체가 있는데, 알이 삭아 없어지면 태보에서 새끼를 키운다. 태보 안에 각각 4~5마리의 새끼를 키운다. 사어(상어)의 경우도, 새끼를 낳는 문(門)밖으로 구멍이 하나이고, 안으로 셋인 것이 이와 같다. 동지(冬至, 밤이 가장 긴 날, 12월 21일 또는 22일) 후에 잡기 시작한다. 입춘(立春, 봄이 시작되는 날, 2월 4일경) 전후에 살이 오르고 크며 맛이 좋다. 2~4월[52]이 되면 몸이 마르고 맛도 떨어진다. 회, 구이, 국, 어포로 좋다. 나주 근방 사람들은 삭힌 것을 즐겨 먹는데, (사람들이) 그것을 즐기고 좋아하는 정도가 같지는 않다. 가슴과 배 속에 혹이 나는 병을 오래 앓은 사람이, 삭힌 분어로 국을 끓여 먹으면 뱃속의 더러운 것을 몰아낼 수 있다. 또한, 숙취를 푸는 데 가장 좋다. 뱀은 분어를 싫어하기 때문에, 분어 씻은 물을 버린 곳에는 뱀이 접근하지 않는다. 뱀에 물린 곳에 분어 껍데기를 붙이면 효과가 좋다.

소분(속명 발급어發及魚 또는 등급어登及魚)[53]은 모양이 분어(홍어)와 유사한데, 작다. 너비가 2~3척을 넘지 않는다. 연한 코는 짧고, 그다지 뾰족하지 않다. 꼬리가 가늘고 짧다. 살이 매우 많고 두껍다.

수분(속명 간잠間簪)[54]은 너비가 1~2척을 넘지 않는다. 몸이 아주 야위고 얇다. 황색이고 맛이 엷다."

[鱝魚/분어 俗名洪魚/속명홍어 大者廣六七尺/대자광육칠척 雌大雄小/자대웅소 體似荷葉/체사하엽 色赤黑/색적흑 酥鼻當頭位/수

52) 국립중앙도서관 소장본이 아닌 다른 본에는 3~4월로 되어있기도 하다.

53) 국립중앙도서관 소장본이 아닌 다른 본에는 '등급어(登及魚)'로 되어있기도 하다.

54) 국립중앙도서관 소장본이 아닌 다른 본에는 '간잠어(間簪魚)'로 되어있기도 하다.

비당두위 豊本而尖末/풍본이첨말 口在酥鼻底/구재수비저 胸腹間直口/흉복간직구 背上卽酥鼻之本/배상즉수비지본 有鼻/유비 鼻後有目/비후유목 尾如豬尾/미여저미 尾脊有亂刺/미척유란자 雄者/웅자 陽莖有二/양경유이 陽莖卽骨/양경즉골 狀如曲刀/상여곡도 莖底有囊卵/경저유낭란 兩翼有細刺/양익유세자 交雌/교자 則以翼刺句之而交/즉이익자구지이교 或雌者/혹자자 含鉤而伏/함구이복 則雄者就而交之/즉웅자취이교지 擧釣則竝隨而上/거조즉병수이상 雌死於食/자사어식 雄死於淫/웅사어음 可爲饕淫者之戒/가위도음자지계 雌者/자자 産門外有一孔/산문외유일공 內通三穴/내통삼혈 中穴通於腸/중혈통어장 兩旁成胞/양방성포 胞上有物如卵/포상유물여란 卵消/난소 則産胞而成子/즉산포이성자 胞中各成四五子/포중각성사오자 鯊魚産門之外一/사어산문지외일 內三亦同此/내삼역동차 冬至後始捕/동지후시포 立春前後/입춘전후 肥大而味佳/비대이미가 至於二四月/지어이사월 則體瘦而味劣/즉체수이미열 宜鱠炙羹腊/의회적갱석 羅州近邑之人/나주근읍지인 好食其鮾者/호식기뇌자 嗜好之不仝也/기호지부동야 胸腹有癥瘕宿疾者/흉복유징가숙질자 取鱝魚之鮾者/취분어지뇌자 作羹飽之/작갱포지 能驅下穢惡/능구하예악 又最能安酒氣/우최능안주기 又蛇忌鱝魚/우사기분어 故其腥水所棄之處/고기성수소기지처 蛇不敢近/사불감근 凡蛇咬處/범사교처 傅其皮良效/부기피양효

小鱝/소분 俗名發(登)及魚/속명발(등)급이 狀類鱝而小/상류분이소 廣不過二三尺/광불과이삼척 酥鼻短而不甚尖/수비단이불심첨 尾細而短/미세이단 肉甚肥厚/육심비후

瘦鱝/수분 俗名間簪(魚)/속명간잠(어) 廣不過一二尺/광불과일이척 體極瘦薄/체극수박 色黃/색황 味薄/미박][55][56][57]

55) 정약전. 『자산어보』. 1814. 국립중앙도서관 소장본, p.44~46.

56) 이두순 역. 『신역 자산어보』. 목근통, 2016. p.140~146.

57) 정명현 역. 『자산어보 우리나라 최초의 해양생물 백과사전』. 서해문집, 2016. p.91~93.

▶ 영양 정보

<홍어(*Okamejei kenojei*)>

비타민		레티놀(μg)	티아민(mg)	리보플라빈(mg)	나이아신(mg)	아스코빅산(mg)				
		0	0.07	0.13	2.4	0				
아미노산(mg)	필수	이소류신	류신	라이신	메티오닌	페닐알라닌	트레오닌	트립토판	발린	히스티딘
		976	**1508**	1115	-	**832**	**890**	**314**	**897**	**550**
	기타	아르기닌	티로신	시스테인	글리신	프롤린	알라닌	아스파르트산	글루탐산	세린
		1128	480	13	463	**623**	**1089**	**1717**	**2726**	**777**
무기질(mg)		칼슘	인	철						
		305	**250**	1.2						

홍어(Okamejei kenojei)는 100g당, 87kcal, 단백질 19.2g, 지방 0.4g으로, 저칼로리 고단백 저지방입니다. 불포화지방의 비율은 76.9%로 매우 높으며, 불포화지방 함량은 0.3g으로 매우 낮습니다. 필수아미노산은 라이신과 메티오닌을 제외한 모든 항목이 높습니다. 기타 아미노산은 아르기닌, 프롤린, 알라닌, 아스파르트산, 글루탐산, 세린이 높습니다. 무기질은 칼슘이 매우 높고, 인도 많군요.[58)]

58) 국립수산과학원. 표준수산물성분표 2018. http://www.nifs.go.kr/page?id=aq_seafood_1_01

갈매기

2011.7.2. 서해안 천수만 방파제.

학명	*Larus canus*
문	척삭동물(Chordata)
강	조류(Aves)
분류[59]	도요목(Charadriiformes) 갈매기과(Laridae)
자산어보	해구(海鷗)
영어	gull, seagull
일어	カモメ(가모메)

손암(巽庵) 정약전 선생께서는, 가마우지, 물수리, 갈매기, 바다쇠오리, 흰수염바다오리 등의 바닷새들을 <해금(海禽)>으로 분류하고, 그중 갈매기를

"해구"

라는 이름으로 설명하셨지요.

갈매기는 바다의 가수입니다. 바다 풍경에서 빠질 수 없는 주인공이지요. 손암(巽庵) 선생께서는

59) doopedia https://www.doopedia.co.kr/

"밤에 바닷가 바위 위에서 자다가
닭이 울면 따라 우는데
그 소리가 마치 노래를 부르는 것 같다.
동이 틀 때까지 쉬지 않고 울다가
하늘이 밝아지면 물 위를 달린다."

라고, 마치 시를 쓰듯이 설명하셨더군요.

2011년 7월 2일(음력 6.2)에 서해안 천수만 방파제에서, 아내와 둘이 낚시하고 있었지요. 1호 바다 릴낚싯대에 구멍찌, 새우 미끼를 썼습니다. 그러던 중에, 한 번은 내가 캐스팅하자마자 낚싯대에 아주 강한 입질이 전해져왔습니다. 나는

'아주 큰 물고기가 물었나 보다!'

라고 생각하고, 잔뜩 긴장하며 낚싯줄을 감았지요.

엄청나게 힘을 쓰는 것을 보니, 정말 큰 물고기인 것 같았습니다. 그런데 이상하게도, 릴을 돌려서 낚싯줄을 한참 감았는데, 찌도 안 보이고 물고기가 안 보이는 겁니다. 가만히 보니 낚싯대가 하늘을 향해 당겨지고 있었지요. 캐스팅할 때 하늘을 날고 있던 갈매기 날개에 낚싯줄이 걸렸던 겁니다. 어이가 없더군요.

낚싯줄에 걸린 갈매기를 풀어주려고, 손으로 낚싯줄을 잡아 하늘에 있는 갈매기를 간신히 땅으로 끌어 내렸습니다. 갈매기를 잡아서 날개에 엉킨 줄을 풀어주고 있었지요. 아, 그런데 갑자기 하늘에서 갈매기들이 떼로 몰려오더니, 30여 마리가 내게 공격해오는 겁니다. 아마도 내가 자기 동료를 해치려고 하는 줄 알았는가 봅니다. 너무나 신기하더군요. 정말 의리의 갈매기들입니다! 신기해서 찾아보니, 갈매기들은 무리로 생활하며 외부의 적에 대해 집단 공격을 하기

도 한답니다.

이날은 일찌감치 큰 숭어 한 마리를 잡아서 횟감용으로 살림망에 넣어 두었기 때문에, 낚시가 좀 여유가 있었습니다. 살림망이란, 잡은 물고기를 산 채로 넣어서 보관해두는 그물 모양의 망을 말하지요. 나중에, 회 뜰 준비를 하며, 아내에게

"살림망을 가져오라."

고 했지요. 한동희님이 숭어를 가지러 가서 살림망을 들어보더니

"여보, 숭어가 없어졌어요…."

라고 하더군요. 살펴보니 살림망에 큰 구멍이 생긴 것을 모르고 숭어를 넣어 두었던 겁니다.

살림망 구멍을 통해 숭어가 자연 방생되었더군요. 그 숭어는 우리 부부와 한 몸이 될뻔한 순간에, 다시 자신의 삶으로 되돌아간 것이지요. 우리는 숭어회 먹을 생각에 행복했다가 아쉬움만 안고 철수했습니다!

2011.7.2. 천수만 방파제. 날아다니던 갈매기가 낚싯줄에 날개가 걸려서 잡힘.

▶ **자산어보 내용**

『자산어보』에는 <해금(海禽)>이라는 큰 항목에서, 가마우지를

<노자(鸕鶿)>로, 물수리를 <수조(水鵰)>로, 갈매기를 <해구(海鷗)>로, 바다쇠오리를 <작연(鵲燕)>으로, 흰수염바다오리를 <합작(蛤雀)>으로 설명하고 있습니다. 해구(海鷗)는 '바다 해', '갈매기 구'이지요.

> "해구 하얀 것은 모양과 색이 강에 사는 것과 바다에 사는 것이 같다. 황색인 것은 조금 크다. 색이 희면서 누런 윤기가 난다. 검은 것은 속명이 걸구(乞句)이며, 등 윗부분이 옅은 검은색이다. 밤에는 바닷가 바위 위에서 잔다. 닭이 울면 따라 우는데, 그 소리가 노래를 부르는 것 같다. 동이 틀 때까지 쉬지 않고 울다가, 하늘이 밝아지면 물 위를 달린다."
>
> [海鷗/해구 白者/백자 形色江海皆仝/형색강해개동 黃者/황자 稍大/초대 色白而黃潤/색백이황윤 黑者/흑자 俗名乞句/속명걸구 背上淡黑/배상담흑 夜宿於濱水石上/야숙어빈수석상 雞鳴則亦鳴/계명즉역명 其聲似歌/기성사가 達曙不休/달서불휴 天明走于水上/천명주우수상][60][61][62]

60) 성약전.『자산어보』. 1814. 국립중앙도서관 소장본, p.110.

61) 이두순 역.『신역 자산어보』. 목근통, 2016. p.356~357.

62) 정명현 역.『자산어보 우리나라 최초의 해양생물 백과사전』. 서해문집, 2016. p.170~171.

●
갈치

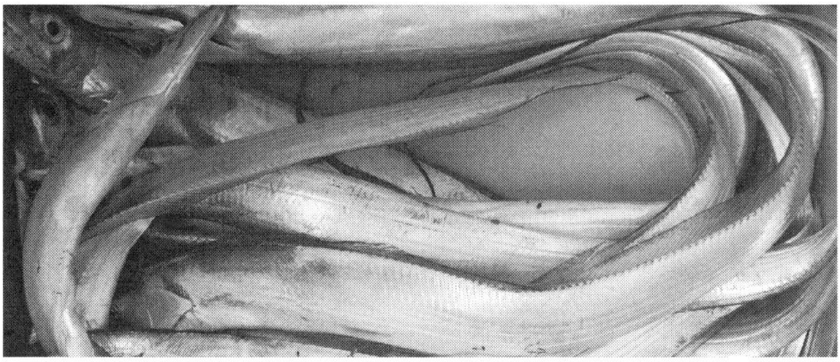

2011.9.25. 목포 내만 선상

학명	*Trichiurus lepturus*
분류[63]	농어목(Perciformes) 갈치과(Trichiuridae)
자산어보	군대어(裙帶魚)
영어	Largehead hairtail,[64] cutlassfish[65]
일어	タチウオ(타치우오)

손암(巽庵) 정약전 선생께서는, 갈치의 기다란 모습을 보고
"치마끈 물고기"
라는 의미의, 재미있는 이름으로 설명하셨지요.

영어 이름이 'largehead hairtail'인 것을 보니, 머리는 크고, 꼬리가 머리카락처럼 가늘어지는 갈치의 모습을 묘사한 것 같습니다. 칼처럼 생겨서 칼치 또는 도어(刀魚)라고도 하고, 깔치라고도 부르지

---

63) 국립수산과학원 수산생명자원 정보센터 https://www.nifs.go.kr/frcenter/intro/?_p=intro_species

64) 국립수산과학원 수산생명자원 정보센터 https://www.nifs.go.kr/frcenter/intro/?_p=intro_species

65) 네이버 영어사전.

요. 손암(巽庵) 선생께서도

"모양이 긴 칼과 같다."

라고 하셨습니다. '커틀러스피쉬(Cutlassfish)'라는 또 다른 영어 이름에도 '단검(cutlass)'이라는 의미가 들어 있군요.

산란기는 4~8월이며, 1년생은 12cm, 3년생이 28cm, 5년생이 40cm, 최대 150cm입니다. 수온이 내려가는 9월에 남하하여 제주 해역에서 월동하다가, 4월에 북상합니다.[66)]

7월은 갈치 금어기입니다. 단 총어획량 중 갈치가 10% 미만이면 예외입니다. 또한, 항문장 18cm 이하이면 방생해야 하지요. 그러나 갈치 어획량 중, 해당 갈치가 20% 미만이면 예외입니다.[67)]

'항문장'이라는 단어가 생소할 수 있겠습니다. 갈치의 배 쪽을 살펴보면 항문이 보이는데요. 수산자원 관리법에 아래 그림처럼 항문장의 개념이 잘 설명되어 있습니다.[68)]

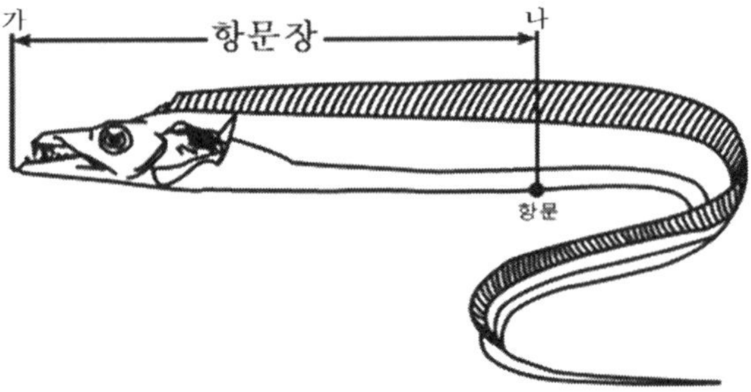

66) 국립수산과학원 수산생명자원 정보센터 https://www.nifs.go.kr/frcenter/intro/?_p=intro_species

67) 수산자원관리법. 국가법령정보센터. http://www.law.go.kr/

68) 수산자원관리법. 국가법령정보센터. http://www.law.go.kr/

어느 날 점심시간에, 병원의 교수 식당에서 함께 식사하시던, 흉부외과의 이영 교수님께서

"신기하게도, 갈치는 옆으로 다니지 않고, 서서 다닌다!"

고 가르쳐주시더군요. 갈치는 급한 경우를 제외하고는, 꼬리를 아래로, 머리를 하늘 방향으로 세운 상태로 헤엄을 친답니다.

낚시할 때 갈치 이빨을 조심해야 합니다. 갈치 이빨이 날카로워서 손가락을 다치기 쉽더군요. 손암(巽庵) 선생께서도

"갈치는 이빨이 단단하고 촘촘하다. 물리면 독이 있다."

라고 하셨지요.

낚시하는 분들은 갈치의 크기를 흔히 손가락 수로 표현하는데요. 갈치 몸통의 넓이가 성인 손가락 몇 개의 넓이에 해당하는지로 나타냅니다. 3지 이하이면 비교적 작은 것이고, 4지 이상은 굵은 갈치이지요.

갈치 요리는 구이, 회, 회무침, 조림, 찌개, 국 등 다양한데요. 머리로만 끓이는 갈치찌개도 별미이더군요. 갈치 꼬리에 살이 별로 없어서, 사람들이 꼬리를 좋아하지 않는 것 같은데요. 꼬리를 노릇노릇하게 충분히 굽기나 튀김으로 하면, 뼈를 발라내지 않고도 그냥 먹을 수 있고, 맛이 훨씬 더 좋습니다. 얼마나 맛있는지, 한동희님은 갈치 꼬리 구이를 먹을 때마다

"죽음!"

이라고 표현하곤 합니다.

저는 4지 이상의 굵은 갈치를 별로 못 잡지만, 혹시라도 굵은 갈치 몇 마리를 잡으면, 회를 뜨는 것처럼 살만 떠냅니다. 흔히

"포를 뜬다."

고 하지요. 그렇게 가시가 없도록 포를 떠서, 3살짜리 손녀에게 갈치구이로 먹이니, 아주 잘 먹더군요.

풀치라고도 하는 작은 갈치는 젓갈로 담그기도 하지요. 또한, 작은 갈치를 포를 뜨는 것처럼 반으로 갈라서, 양쪽으로 펴서 말린 후에, 가늘게 잘라 멸치볶음처럼 조리하면 아주 맛있더군요.

갈치낚시는 진해, 목포 등의 내만에서 하는 방법이 있고, 통영이나 여수에서 배를 타고 2~3시간을 나가서 하는 먼바다 낚시로 구분되지요.

<아래로 탁! 탁! 탁! 목포 내만 갈치>

20여 년 전이었는데요. 사부님을 만나기 전이었습니다. 민물의 빙어를 미끼로 사용하는 목포 내만 갈치 소문을 듣고 네 번을 갔었는데요. 가보니, 목포항 내만에 배를 묶어놓고, 밤새 낚시하더군요. 여기저기에서

"와~~ 와~~"

소리를 질러대며, 여성, 남성, 아이, 어른… 그야말로 많은 사람들의 즐거운 생활 낚시이더군요.

맨 처음 우리 가족 넷이 갔을 때는, 목포 갈치낚시 방법도 모르는데, 운 좋게 15마리를 잡았었지요. 그 후 전공의 향암(響岩) 민성환님과 갔을 때는 한 마리도 못 잡고 꽝! 청암(靑岩) 정진규 교수님과 연암(然岩) 이동훈님을 데리고 갔을 때도 밤새 꽝! 중천(中川) 송규

상 교수님과 갔을 때도 완전 꽝이었습니다!

알고 보니, 갈치가 입질할 때 챔질하는 방법이 문제였습니다. 갈치 입질이 올 때마다, 위로 챔질하는 나를 보고, 옆에서 함께 갈치 낚시하던 목포 현지 분들이

"저 양반, 오늘 밤에 갈치 구경하겠나…."

하면서 제대로 챔질을 못 하는 나를 한심하게 바라보곤 했지요.

다섯 번째 목포 내만 갈치 출조를, 2011년 9월 24일에, 사부님과 함께 갔는데요. 사부님께서 자주 이용하시던 목포의 갯바위 낚시점을 통해 내만 선상 낚시를 했습니다. 사부님께서

"목포 내만 갈치는 입질이 올 때 위로 챔질하면 다 놓친다."

고 하시면서,

"입질이 오면 낚싯대를 아래로 탁! 탁! 탁! 3단으로 내려 주라."

고 목포 갈치 챔질법을 제대로 가르쳐주셨습니다.

그동안 목포 갈치낚시 챔질법을 몰라서 밤새 한 마리도 못 잡고 꽝 치는 경우가 대부분이었던 겁니다. 목포 내만의 갈치낚시는, 일반적인 물고기 챔질과는 다르더군요. 아래로 탁! 탁! 탁!

<먼바다 갈치>

사부님에게 낚시를 배운 후, 가장 자주 갔던 낚시인데요. 대전에서 오전 10시경 모여서, 갈치낚시 버스를 타고 통영이나 여수로 출발합니다.

내려가는 도중에 점심을 먹고, 오후 2시경 항구에서 배에 올라 2~3시간 먼바다로 나가더군요. 멀리 나가면, 어느 때는 배 위에서 일본의 대마도가 보이기도 하지요. 배에서 저녁 식사를 하고 낚시를 시작합니다. 갈치낚시는, 집어를 위해 배에 불을 환하게 밝히고, 저녁부터 새벽까지 밤새 낚시하더군요. 새벽 4~5시경에 철수하여, 아침 7시경에 항구에 도착하여 하선하지요. 항에서 아침 식사를 하고 복귀하면, 대전에 오전 11시경에 도착하는 일정입니다. 무박 2일의 아주 강행군이지요.

그믐 전후 또는 태풍이 지나간 직후에 갈치가 잘 잡히더군요. 약 2m 간격으로 바늘을 10개 정도 연결합니다. 맨 위의 바늘 위에는, 나이트클럽의 조명처럼 깜빡거리며 불빛을 발산하는, 매직펜 크기의 집어등을 연결하지요. 맨 밑 바늘 아래에는 아주 무거운 200호 봉돌을 답니다. 봉돌 1호의 무게가 금 한 돈 즉 3.75g에 해당하니, 200호는 750g 정도이지요.

미끼는 꽁치를 사용합니다. 꽁치 양옆의 살을, 회를 뜨는 것처럼, 포를 뜬 다음, 포 하나를 4~5조각으로 작게 썰어서 바늘에 한 개씩 달더군요. 바늘에 미끼를 달고, 무거운 봉돌을 어두운 밤바다를 향해 힘껏 던지면, 기다란 채비가 멋진 포물선을 그리며 날아갑니다.

초릿대를 관찰하다가, 입질이 오면 챔질을 하지 말고 가만히 기다려야 합니다. 바늘이 10개이므로, 나머지 바늘에도 갈치가 물도록 충분히 시간을 준 뒤에 감아올립니다. 감아올릴 때는 전동 릴을 사용합니다.

많이 잡을 때도 있지만, 고생만 하고 못 잡을 때도 많습니다. 거기에, 저 같은 사람은 멀미까지 심하게 하고 오면 정말 허망하지요. 우리 인물회에서는 그런 사람을 '호구'라고 부르며 서로 놀리기도 합니다. 호구(虎口)라는 단어는, 원래 '범의 아가리'라는 뜻으로 매우 위태로운 처지를 지칭하지만, 어수룩하여 이용하기 좋은 사람을 비유적으로 이르기도 하지요.[69]

혹시라도 많이 잡을 때는, 주위 분들에게 갈치를 선물하기도 하는데요. 한 번은 아내가 성당에서 열리는 바자(bazar) 행사에, 손질한 갈치를 대여섯 토막씩 포장해서 잔뜩 들고 가더니

"금방 매진되었다."

고 좋아하더군요. 먹어본 분들이, 나중에

"시장에서 사서 먹는 갈치와는 다르게 아주 맛있다. 또 가져올 수 없겠느냐?"

고 부탁하더랍니다.

2010.9.3. 먼바다 갈치 첫 출조! 통영 들물낚시.
정진규 교수님, 서대전고 12회 강형석 후배님 동행. 밤새 멀미하고 갈치 10여 마리.

69) 네이버 국어사전.

2012.8.25. 태풍 볼라벤 앞에 두고, 사부님과 통영 명륜호 먼바다 출조. 갈치 80마리.
내장으로 갈치속젓 만들려다가, 내장에 아니사키스 기생충이 너무 많아서 포기

2012.8.31. 사부님이 "태풍 뒤에 갈치가 잘 잡힌다."라고 해서 인물회 박부춘님과 동행.
소매물도와 대매물도 지나니, 대마도와 홍도가 보임.
태풍 '볼라벤' 및 '덴빈' 2개가 연달아 지나간 직후에 기대를 많이 하고 출조했으나,
조황은 꽝!

2012.10.13. 통영 명륜호 먼바다.
사부님, 박부춘님 동행. 갈치 130마리.
집에서 출발할 때 한동희님이
"고등어와 삼치가 먹고 싶다."라고 함.
내려가는 낚시 버스에서 이 말 전해 들은
박부춘님이 "한동희님 드리라."라며,
갈치낚시 시작하기 전에 고등어 잡아주심.

2014.10.26. 먼바다 갈치. 사부님 동행.

2016.8.17. 먼바다 갈치. 사부님 동행.

2016.8.21. 먼바다 갈치. 사부님 동행.

2016.11.19. 사부님과 먼바다 갈치.

2017.8.19. 여수 먼바다 갈치. 사부님, 박부춘님 동행.

2019.8.4. 작은아들 수한과 먼바다 갈치.

▶ 자산어보 내용

『자산어보』에는 갈치를 <군대어(裙帶魚)>로 설명하고 있습니다. 군(裙)은 '치마', 대(帶)는 '끈'이라는 뜻이 있으니, <치마끈 물고기>라는 의미인가 봅니다.

> "군대어(속명 갈치어葛峙魚)는 모양이 긴 칼과 같다. 큰 것은 길이가 8~9척이다. 이빨이 단단하고 촘촘하다. 맛이 달다. 물리면 독이 있다. 침어(학공치) 종류인데, 약간 납작하다."
> [裙帶魚/군대어 俗名葛峙魚/속명갈치어 狀如長刀/상여장도 大者長八九尺/대자장팔구척 齒堅而密/치견이밀 味甘/미감 被咬則有毒/피교즉유독 卽鱵魚之類/즉침어지류 而稍扁耳/이초편이][70][71][72]

70) 정약전. 『자산어보』. 1814. 국립중앙도서관 소장본, p.68~69.

71) 이두순 역. 『신역 자산어보』. 목근통, 2016. p.211~212.

72) 정명현 역. 『자산어보 우리나라 최초의 해양생물 백과사전』. 서해문집, 2016. p.120.

▶ 영양 정보

구분										
비타민		레티놀 (μg)	티아민 (mg)	리보플라빈 (mg)	나이아신 (mg)	아스코빅산 (mg)				
		20	**0.13**	0.11	2.3	**1.0**				
아미노산 (mg)	필수	이소류신	류신	라이신	메티오닌	페닐알라닌	트레오닌	트립토판	발린	히스티딘
		817	1396	**1884**	**631**	682	**783**	193	**905**	375
	기타	아르기닌	티로신	시스테인	글리신	프롤린	알라닌	아스파르트산	글루탐산	세린
		1019	**636**	**214**	**795**	507	974	1355	**2944**	**665**
무기질 (mg)		칼슘	인	철						
		46	191	1.0						

갈치는 100g당, 149kcal, 단백질 18.5g, 지방 7.5g으로, 매우 고칼로리이면서 고단백이고 매우 고지방입니다. 칼로리가 고등어(246kcal), 뱀장어(223kcal)에 이어 3위이군요. 불포화지방의 비율은 64.7%이며, 불포화지방 함량이 4.85g으로 매우 높습니다. 타우린은 33mg이군요.

비타민은 티아민과 아스코빅산이 높은 편입니다. 필수아미노산은 라이신, 메티오닌, 트레오닌, 발린이 많습니다. 기타 아미노산은 티로신, 시스테인, 글리신, 글루탐산, 세린이 높군요. 베타인류는, 글리신 베타인 24.2mg, 호마린 0.6mg입니다.[73]

73) 국립수산과학원. 표준수산물성분표 2018. http://www.nifs.go.kr/page?id=aq_seafood_1_01

●

감성돔

2012.9.8. 완도군 청산도 갯바위

학명	*Acanthopagrus schlegelii*
분류[74]	농어목(Perciformes) 도미과(Sparidae)
자산어보	흑어(黑魚)
영어	black porgy, black sea bream
일어	クロダイ(쿠로다이)

손암(巽庵) 정약전 선생께서는

"검은 물고기"

라는 의미의 이름으로 설명하셨지요.

우람한 등지느러미와 거무스름한 모습의 감성돔은, '바다의 왕자'라고도 하는데요. 바다의 왕자답게 정말 멋진 모습의 물고기입니다. 일어 이름의 '쿠로다이(クロダイ)' 역시 '쿠로(クロ, 검다)' + '다이(ダイ, 돔)'의 합성어로 '검은 돔'이라는 의미이지요. 영어 이름도 마찬가지이군요. Black(블랙)은 '검다'라는 뜻이고, porgy(포어기)와

74) 국립수산과학원 수산생명자원 정보센터 https://www.nifs.go.kr/frcenter/intro/?_p=intro_species

bream(브림)이라는 단어는 '도미류'를 뜻하지요.

감셍이 또는 감시라고도 합니다. 작은 감성돔을 '살감셍이'로 부르기도 하더군요. 산란기는 3~7월입니다. 부화 후 1년이면 15cm, 2년이면 21cm, 3년이면 26cm, 4년이면 30cm, 5년이면 33cm, 9년이면 40cm 전후로 자랍니다.[75] 20cm 이하는 방생해야 합니다.[76]

'돔' 자가 붙은 물고기들은 맛이 좋고, 값도 비교적 비싼 고급 어종이지요. 바다 4대 돔 중의 하나입니다. 흔히 바다의 4대 돔이라고 하면, 바다의 왕자 감성돔, 바다의 미녀 참돔, 바다의 폭군 돌돔, 바다의 흑기사 벵에돔을 말합니다. 감성돔과 참돔은 도미과에 속하고, 돌돔은 돌돔과에, 벵에돔은 황줄깜정이과에 속하지요. <참돔> 편, <돌돔> 편, <벵에돔> 편을 참조해주시기 바랍니다.

20여 년 전의 저는 그저 자연이 좋아서, 아내와 아이들을 데리고 자주 바다에 갔지요. 낚시 기법은 잘 모르고, 주로 방파제에서, 약간 무거운 봉돌에 지렁이를 미끼로 달아 멀리 던져 놓고 기다리는 것이 주된 모습이었습니다.

그러다가 인터넷을 통해, 바다에도 민물낚시처럼 찌낚시 방법이 있다는 것을 알게 되었습니다. 그 후 바다 찌낚시에 흔히 사용하는, 1호 바다 릴낚싯대를 장만하여 이곳저곳의 방파제에서 어설프게 혼자 구멍찌 낚시 방법을 실습해 보곤 했습니다. 바다 릴낚싯대는 호

75) 국립수산과학원 수산생명자원 정보센터 https://www.nifs.go.kr/frcenter/intro/?_p=intro_species

76) 수산자원관리법. 국가법령정보센터. http://www.law.go.kr/

번호가 올라갈수록 단단한 경질이고, 호 번호가 내려갈수록 유연한 연질입니다. 1호는 가장 낭창낭창한 낚싯대이지요.

그렇게 실습하다가, 처음으로 찌낚시를 통해, 충남 서천의 마량 방파제에서 작은 감성돔을 잡았을 때의 기분은 무어라 표현하기 어렵더군요.

그 후 2001년인가요? 큰아들 지한이가 고교 1학년이던 때 같군요. 큰아들을 데리고 포항 쪽의 양포 방파제 끝에 간 적이 있는데요. 아주 시원한 입질을 받았습니다. 인터넷의 동영상에서만 보았던, 수면 위에 떠 있던 구멍찌가 바닷속으로 1~2m 쭉 빨려 들어가는, 그 모습이 관찰되었습니다.

심장이 벌렁벌렁하는 것을 간신히 참고 있다가, 챔질했더니 0.8호 목줄이 뚝 끊어져 버리더군요. 목줄은, 원줄 끝에 채비를 연결하는, 원줄보다 가는 줄을 말하지요. 깜짝 놀라서 좀 더 굵은 1.2호 목줄로 바꿔서 다시 던졌는데 또 찌가 쑥 들어가더니 역시 끊어졌습니다. 마지막으로 아주 굵은 1.8호 목줄로 변경하여 던졌더니, 끊어지지 않고, 제대로 커다란 물고기를 수면 위로 끌어올릴 수 있었습니다. 45cm 정도 되는 그렇게 큰 감성돔이, 내 낚싯대 줄에 걸려서 수면 위에 왔다갔다하는 게 도저히 믿기지 않았지요.

큰아들에게

"빨리 차에 가서 뜰채를 가져오라."

고 했습니다. 큰 고기에 놀란 것은 큰아들도 마찬가지였습니다. 그동안 아빠를 따라 낚시를 많이 다녔지만, 아빠가 저렇게 큰 고기를 잡는 것을 처음 본 것이지요. 상기된 큰아들은, 방파제 입구에 세워

둔 차 속에 들어 있는 뜰채를 가지러 50여 미터를 총알같이 뛰어갔지요.

그때까지 저는 낚시하면서 뜰채를 옆에 준비한 적이 없었습니다. 뜰채를 사용해야 할 만큼, 그렇게 큰 고기를 잡은 적도 없을뿐더러, 뜰채를 펴 놓으면 이상하게도 고기가 더 물지 않는 것 같아서였지요. 뜰채 징크스인가요? 뜰채 콤플렉스인가요?

아무튼 저는 바다용 뜰채를, 구매한 지 몇 년 만에, 그때 처음 사용해볼 수 있었습니다. 큰아들이 뜰채를 가지러 간 그 긴 시간 동안, 제가 생전 처음 제대로 경험해 본 감성돔 손맛은 그야말로 경이로웠습니다.

무사히 뜰채에 감성돔을 담아 올린 후, 저는 거기서 더 낚시할 수가 없었습니다. 너무 흥분되어 손이 덜덜 떨리고, 온몸과 다리가 후들거렸기 때문입니다. 손이 너무 떨려서 다시 채비도 할 수 없었고, 테트라포드(tetrapod) 위에 서 있기조차 힘들었습니다. 테트라포드는 방파제를 보호하기 위해 설치한 커다란 콘크리트 구조물들을 말하지요. 테트라포드(tetrapod)는 tetra(넷) + pod(다리)의 합성어로, '다리가 넷'이란 뜻입니다. 간혹 테트라포드에서 추락하는 사고가 발생하기도 하는 위험한 곳이지요.

게다가 제가 커다란 감성돔을 걸어 내는 것을 보고는, 근처에 있던 많은 조사님이 모두 내 앞으로 낚시를 던져대더군요.

큰아들과 나는

"우리는 그만 가는 게 좋겠다."

하고 철수했습니다. 근처의 해변에서 감성돔을 손질하여, 어설프게 뜬, 회 몇 점을 둘이서 행복하게 맛보았지요. 제가 제대로 회를 뜰지 몰라서 살이 그대로 붙어있는 감성돔을 보며, 우리는

"이렇게 큰 물고기를 잡은 것이 처음인데, 집에 가져가서 엄마에게도 보여주고 매운탕을 끓이는 것이 낫겠다."

하면서 대전으로 올라왔습니다. 그날 큰아들과 저는 너무나 흥분되어, 포항에서 대전까지, 어떻게 올라왔는지도 몰랐지요.

<내 평생 감성돔 이렇게 많이 잡은 것은 처음이다!/선상>

담해(淡海)라는 노흥규 교수님의 호는 '짜지 않은 바다'라는 특이한 의미이더군요. 내분비내과의 노흥규 교수님께서는 그림, 서예 등 여러 방면에서 특출난 분이셨습니다. 술을 좋아하셨고, 마음이 한없이 여린 분이시지요. 술자리에서 조금 취했다 싶으면, 6·25 동란 때 북한에 남겨두고 온 가족 이야기를 하며, 눈물을 흘리곤 하셨습니다.

노흥규 교수님께서 충남대병원 병원장 임기를 마친 2002년 가을 어느 목요일이었는데요. 점심시간에 소아병원 2층 복도에서 노 교수님과 우연히 마주쳤습니다. 내가 낚시를 좋아하는 것을 알고 계시던 노 교수님께서 갑자기

"내일 같이 낚시 가자."

고 하시더군요. 저는

"좋습니다."

하고, 그다음 날 금요일 오후에 1박 2일 일정으로 둘이 완도로 떠났습니다.

제 차가 일반승용차인 것을 아시고, 노 교수님께서는

"내 차가 SUV이니, 내 차로 가자."

고 하시더군요. 내가 운전을 하려 했으나 손수 운전대를 잡으셨지요. 내려가던 중간에, 자주 다니시는 나주의 곰탕집에 들러 거나하게 한잔하시고 완도에 도착했습니다. 노 교수님께서 평소에 묵으셨던 베드로 민박집에 여장을 풀고, 완도읍에 나가 식당과 노래방을 전전하며 다시 거나하게 또 한잔하셨지요.

밤 12시경에 숙소에 들어오니 방이 너무 춥더군요. 저는 옆의 빈 방들을 돌아다니며 이불을 있는 대로 구해다가 노 교수님을 덮어드렸습니다. 그래도 추워서 덜덜 떨며 고생하시던 노 교수님께서는

"주인이 단골에게 너무 성의가 없다."

고 밤새 투덜거리시더군요.

화가 잔뜩 난 노 교수님께서는 다음 날 아침에 일어나자마자, 민박집 주인에게

"날도 추운데 왜 불을 안 땠느냐?"

하면서 큰 소리로 다투셨습니다.

그러자 민박집 주인이 웃으며

"예약한 방에 따뜻하세 불피워놓고 다 준비해놨는데, 왜 하필 불도 안 땐 그 추운 방에 들어가서 덜덜 떨고 잤느냐?"

고 거꾸로 우리를 타박하셨지요. 알고 보니 우리가 너무 취해서 우리 방을 제대로 찾지 못하고 다른 방에서 잔 것입니다!

머쓱하게 민박집 주인과 한바탕 시비를 가린 후 작은 배에 올랐습니다. 완도에서 바깥 항 방향의 바다로 1시간 정도 나갔지요. 그동

안 노 교수님께서 주로 하셨던 방법대로 홍거시 미끼를 달아 처박기 선상 낚시를 했습니다. 홍거시는 엄청 굵고 붉은 지렁이지요. 홍거시 지렁이에 대해서는 <지렁이> 편을 참조해주시기 바랍니다. 처박기 낚시는 무거운 봉돌을 달고, 50cm~1m 정도의 목줄 채비를 하여 던지는 낚시입니다. 바닥층에 있는 물고기를 대상으로 하지요.

그러나 물고기가 전혀 나오지 않더군요. 오전 내내 제가 잡은 백조기(보구치) 한 마리가 전부였습니다. 낮 12시경이 되자 노 교수님께서는

"오늘은 틀렸다. 대전까지 올라가려면 시간이 오래 걸리니, 그만 철수하자."

고 하셨습니다. 그러자 선장님이

"멀리 대전에서 내려온 단골손님을 이렇게 올려보내면 선장 체면이 뭐가 되느냐?"

고 하면서

"점심 먹고, 강진 쪽의 마량 앞바다로 옮겨서 한 번 더 해보자."

고 하더군요.

배에서 점심 도시락을 먹은 후, 내만으로 다시 들어와 강진의 마량 앞바다로 옮겼습니다. 이번에는 제가 그동안 즐겨 사용하던 카고 채비로 바꾸었습니다. 카고 채비는 작은 철사 통처럼 생긴 주먹 크기의 카고에 밑밥을 채워 넣고, 그 옆에 목줄과 바늘을 연결하지요. 미끼와 카고를 동시에 던지기 때문에, 카고 속의 밑밥이 집어 역할을 해줍니다. 그런데 이게 웬일인지요? 채비를 내리자마자 감성돔 입질이 폭발하기 시작했습니다!

선장님까지 셋이서 2시간 동안 정신없이 감성돔을 잡아내다가,

급기야 노흥규 교수님의 낚싯대가

"빠지직!"

하고 부러지는 등 야단법석까지 떨었지요. 이날 조황은 40cm 전후의 씨알 좋은 감성돔으로 20여 마리를 잡았습니다.

노흥규 교수님은 이날 카고 채비를 처음 사용해보셨다고 하시더군요. 대전으로 올라오시면서

"내 평생 감성돔을 이렇게 많이 잡기는 처음이다!"

라고 하시면서 즐거워하셨습니다.

완도로 내려가는 길과 대전으로 올라오는 길에,

"가정의학과에 교수 한 명이 혼자 근무하려면, 어려움이 많겠다."

고 하시며, 초창기 가정의학과를 만들어나가는 나의 어려운 처지를 격려해주셨습니다. 노 교수님께서 젊으셨을 때 겪었던 고생담을 들려주시며

"지나가면 아무것도 아니니, 어려워도 힘을 내라."

고 하셨지요. 내게 도움이 되라고, 지금까지 살아오신 모든 인생 역정을 이틀 동안 재미있게 이야기해주시어 정말 즐거웠습니다.

노 교수님께서 병원장으로 재임하시던 초기에, 제가 충남대학교병원 건강관리과에 부임했었지요. 제가 부임하던 첫날 1998년 10월 1일에 노흥규 병원장님은

"내 임기 중에는 절대로 가정의학과를 안 만든다."

고 선언을 하셨었습니다. 그러나 우여곡절 끝에, 서면이사회를 통해, 손수 2000년 7월 1일에 충남대학교병원 가정의학과를 개설해 주셨지요!

고(故) 담해(淡海) 노흥규 병원장님께서 제자 우운(尤雲) 송민호 교수님에게 써 주신 친필.

"사람들이 알아주지 않아도 성내지 않아야 군자가 아니겠는가." 人不知而不慍 不亦君子乎(인부지이불온 불역군자호)[77]

글자도 하나의 생명체로 보기 때문에 서로 다르게 써야 명필이라는데, 아니 '불(不)'자 3개가 모양이 다 다르다!

그런데 '慍'(성낼 온)을 '溫'(온화할 온)으로 잘못 쓰셔서, 반대의 의미가 되어버렸다. 사람들이 알아주지 않으면 성을 내야 군자라니….

<이제 어신으로 인정할게!/갯바위>

2010년 2월의 어느 주말에, 충남대병원 교수연수회가 제주도에서 1박 2일 일정으로 개최되었지요. 연수 일정이 토요일 오후에 시작되는 까닭에, 오전 시간에 낚시하기 위해, 청암(靑岩) 정진규 교수님과 나는 아침 일찍 1호 바다 릴낚싯대를 챙겨서 청주에서 출발하는 첫 비행기에 몸을 실었습니다.

교수연수회가 열리는 호텔 근처의 방파제에서, 학공치 10여 마리를 잡아서, 회를 떠서 정진규 교수님과 즐거운 시간을 가졌지요. 오후에 연수 일정에 참가하니, 소아과학 교실의 이건수 교수님께서

77) 『논어(論語)』. 학이(學而)편.

"김 교수는 낮에 무얼 했느냐?"

고 물으시더군요.

"학공치 잡은 것으로 바닷가에서 소주 한잔했습니다."

했더니, 이건수 교수님 왈

"좋았겠다. 나도 낚시를 좋아하는데, 내일 아침에 같이 갈 수 있겠느냐?"

라고 물으시더군요. 다행히 여분의 낚싯대가 있어서

"좋습니다. 같이 가시지요."

라고 했지요. 원래 이건수 교수님께서는 다음날 한라산을 등반할 예정이었는데, 취소하시고 낚시에 동행하기로 한 것입니다.

다음 날 아침에 어제 그 방파제에 이건수 교수님과 정진규 교수님을 동행하여 셋이 나갔습니다. 그런데, 밤새 무슨 소문이 돌았는지, 성인환 진료처장님, 신현대 기획실장님, 흉부외과 이영 교수님 등 여러 교수님이 미리 방파제에 오셔서 쭉 기다리시더군요. 손에 술 한 병씩을 들고서는

"김 교수, 술안주 하게 빨리 학공치 잡아내라."

고 하셨습니다. 저는 잘됐다 싶어서

"조금만 기다리시면, 금방 잡아서 올리겠습니다."

하고 낚시를 시작했지요.

아, 그런데 이게 웬일입니까? 어제 그 많던 학공치들이 한 마리도 보이지 않는 겁니다. 뒤에서는 빨리 잡아내라고 난리고…. 하지만 물고기가 안 나오는데…. 어쩔 수 없었습니다. 모두들 방파제에서

"김 교수, 사기 친 것 아냐?"

라는 핀잔과 함께 안주도 없이 그냥 강술만 드셨습니다. 저는 주눅이 들어

"아마도 병원의 보직교수님들과 연배가 높으신 분들이 너무 많이 나

와 있으니, 물고기들이 놀라서 안 나오는 것 같습니다….”

라고, 변명 아닌 변명을 늘어놓으며 대전으로 올라왔지요.

그 일로 인해 솔뫼(송산松山) 성인환 교수님께 약간 미안한 마음을 갖고 있던 저는

“다시 한번 기회를 달라. 확실히 안줏거리를 책임지겠다.”

하고 자신 있게 졸라서, 2010년 여름에, 병리학 교실의 중천(中川) 송규상 교수님과 함께 셋이서 서해안의 천수만 좌대를 찾았습니다.

아, 그런데 낚시를 시작한 후 1시간 동안 물고기가 한 마리도 안 나오는 겁니다. 성인환 교수님은

“빨리 물고기 잡아내라.”

고 독촉하시고…. 나는

“우선 안주라도 하시라.”

하면서, 라면을 하나 끓여 드렸습니다. 그리고

“조금만 기다리시면 물고기를 잡아서 회를 떠드리겠다.”

라고 했지요. 성 교수님은 라면에 소주 한 병을 금세 비우시더니, 쿨쿨 주무셨습니다.

그러더니 1시간 뒤에 벌떡 일어나셔서

“물고기 잡았냐?”

고 물으시더군요. 나는 기어들어 가는 목소리로

“아직 못 잡았습니다….”

하고 얼른 또 라면을 하나 끓여 드리니, 또 소주 한 병을 드시고 주무시더군요. 그날 조황이 완전 꽝이라서, 이렇게 온종일 라면만 안주 삼아 술을 드시게 했지요. 너무나 죄송했습니다.

그 후 성인환 교수님은, 내가

"물고기를 잡았다."

라는 이야기만 하면

"하여간 낚시꾼들 이야기는 믿을 수가 없어…"

"낚시꾼들 말은 10%도 믿으면 안 돼. 다 뻥이야!"

라고 늘 말씀하셨는데요. 저는 지은 죄가 있으니, 할 말이 없었지요.

그러다가 일이 한 번 터졌습니다. 2012년 9월에, 크게 맘먹고, 성 교수님과 2박 일정으로 완도의 청산도 동촌리로 여행을 떠나게 되었지요. 슬로시티 청산도는 서편제라는 영화 촬영지로도 유명하지요. 완도항에서 여객선을 타고 50분 정도 들어가더군요.

지인의 처가에서 묵게 되었습니다. 주인아저씨가 선상 낚시 전문인데,

"며칠 전에 지나간 태풍으로 내 배가 망가졌다. 배를 수리하는 중이라 그 배는 탈 수가 없다."

고 하더군요.

아쉬운 대로, 주인아저씨가 소개해준, 동네의 다른 아저씨 배를 이용했더니 영 아니더군요. 낚싯배가 아니고 그냥 작은 어선이었습니다! 그나마 우리가 준비해간 카고 채비가 제대로 연결이 안 돼서, 할 수 없이 홍거시를 미끼로 하여 처박기 낚시만 했습니다.

첫날 오후와 둘째 날 오전의 선상 낚시에서는 상사리와 잡고기들만 잡혀서 큰 재미를 못 봤지요. 상사리는 작은 참돔을 말합니다. 둘째 날 오후에 민박집에 돌아와서 점심을 먹고, 일행들이

"피곤하니, 잠깐 낮잠을 자자."

고 하기에, 저는 혼자 조용히 낚싯대를 챙겨서 민박집 옆의 갯바위로 나갔습니다.

목섬의 새목아지라는 갯바위인데요. 지형이 새의 목처럼 생겼다고 해서 붙여진 이름이라더군요. 오후 4시경이었습니다. 1.7호 바다릴낚싯대에, 1호 구멍찌, 0.8호 수중찌, 작은 조개 봉돌, 원줄 2.5호, 목줄 1.7호, 벵에돔 바늘 5호, 반유동 수심 6~7m 채비를 했지요. 물때는 만조에서 초날물이더군요.

밑밥을 뿌리고 수중 여에 바짝 붙여서 캐스팅했습니다. 수중 여는 물속의 큰 바위를 말하지요. 채비를 던지자마자, 형광등 사이즈의 큰 학공치 두 마리와 준수한 씨알의 감성돔 한 마리가 걸려 나오더군요. 곧이어 30cm 넘는 벵에돔까지 걸었지요. 간신히 갯바위 앞에까지 벵에돔을 끌어왔으나, 뜰채가 없어서 시간을 끌다가, 낚싯줄이 갯바위에 쓸리는 바람에 결국 터뜨렸습니다.

마침 성인환 교수님이 낮잠을 자다가 일어나서

"어디서 뭐 하냐?"

고 전화를 걸어왔습니다.

"근처 갯바위에서 감성돔을 한 마리 잡았다."

고 하며, 벵에돔을 잡았다가 터뜨린 이야기까지 해주었지요. 성 교수님께서는 미심쩍어하시며

"정말이야? 그 말을 어떻게 믿어? 잡아내야 잡은 거지!"

고 하시더군요.

"아, 정말인데…."

성인환 교수님이 전화를 끊고는, 낚시하는 중간에 갯바위에 나

오셨지요. 제가 서 있는 곳의 바로 뒤 갯바위에 앉아서, 제가 낚시하는 것을 직접 보고 계셨는데요. 허, 찌가 또 쑥 들어가는 겁니다. 1.7호 바다 릴낚싯대가 커다란 포물선을 그리며 멋지게 휘어지더군요.

뒤에서 보고 있던 성인환 교수님이

"또 땅에 걸렸지?"

라고 하셨습니다. 이번에는 내가 모처럼 의기양양해서

"아, 낚싯대 끝을 보시라니까요!"

라고 대답했지요.

낚싯대 끝의 초릿대가 '꾹꾹꾹' 요동을 치고 낚싯대를 세우기가 쉽지 않은 것을 보니, 제법 큰 놈이었습니다! 그런데 뜰채가 없어서 난감했지요. 50cm 정도 크기의 감성돔이었는데요. 힘겹게 갯바위 가까이 끌어오자, 감성돔임을 직접 눈으로 확인한 성인환 교수님은

"놓치면 안 돼!"

라고 하면서, 팔 걷어붙이고 쏜살같이 물가로 내려갔습니다.

2012.9.8. 청산도 동촌리의 새목아지 갯바위. 감성돔과 학공치

한바탕 야단법석을 치르며, 성 교수님께서 직접 목줄을 잡고 손으로 건져 올리셨습니다. 성 교수님께서 감성돔을 손에 들고 웃으시며

"이제 어신으로 인정할게!"

라고 하셨지요. 이후 학공치를 여러 마리 더 잡았습니다. 물때나 포인트… 모든 것이 낚시하기에 딱 좋았는데, 날이 금방 어두워져서 2시간 만에 아쉽게 철수했습니다.

▶ 자산어보 내용

『자산어보』에는 감성돔을 <흑어(黑魚)>로 설명하고 있습니다. 흑(黑)은 '검다'는 뜻이니, <검은 물고기>라는 의미인가 봅니다.

"흑어의 속명은 감상어(甘相魚)이며, 색이 검고 조금 작다."

[黑魚/흑어 俗名甘相魚/속명감상어 色黑而稍小/색흑이초소][78][79][80]

▶ 영양 정보

<table>
<tr><td colspan="2" rowspan="2">비타민</td><td>레티놀 (㎍)</td><td>티아민 (mg)</td><td>리보플라빈 (mg)</td><td>나이아신 (mg)</td><td>아스코빅산 (mg)</td></tr>
<tr><td>18</td><td>0.11</td><td>0.18</td><td>2.8</td><td>1.0</td></tr>
<tr><td rowspan="4">아미노산 (mg)</td><td rowspan="2">필수</td><td>이소류신</td><td>류신</td><td>라이신</td><td>메티오닌</td><td>페닐알라닌</td><td>트레오닌</td><td>트립토판</td><td>발린</td><td>히스티딘</td></tr>
<tr><td>1098</td><td>1922</td><td>1935</td><td>650</td><td>957</td><td>909</td><td>230</td><td>1131</td><td>425</td></tr>
<tr><td rowspan="2">기타</td><td>아르기닌</td><td>티로신</td><td>시스테인</td><td>글리신</td><td>프롤린</td><td>알라닌</td><td>아스파르트산</td><td>글루탐산</td><td>세린</td></tr>
<tr><td>1707</td><td>893</td><td>229</td><td>906</td><td>678</td><td>1332</td><td>2143</td><td>3423</td><td>739</td></tr>
<tr><td colspan="2" rowspan="2">무기질 (mg)</td><td>칼슘</td><td>인</td><td>철</td></tr>
<tr><td>24</td><td>197</td><td>1.2</td></tr>
</table>

78) 정약선. 『사산어보』. 1814. 국립중앙도서관 소장본. p.11.

79) 이두순 역. 『신역 자산어보』. 목근통, 2016. p.26.

80) 정명현 역. 『자산어보 우리나라 최초의 해양생물 백과사전』. 서해문집, 2016. p.47.

감성돔은 100g당, 101kcal, 단백질 21.9g, 지방 2.4g으로, 칼로리가 약간 높고 고단백이면서 고지방이군요. 불포화지방 비율이 73.2%이며, 불포화지방 함량은 1.76g으로 높은 편입니다. 타우린이 무려 436mg으로 아주 많군요. 비타민은 리보플라빈과 아스코빅산이 비교적 높습니다.

필수아미노산은 트립토판과 히스티딘을 제외한 모든 항목이 높습니다. 특히 이소류신은 꽃게알(1,309mg), 방어(1,247mg)에 이어 3위이군요. 류신은 꽃게알(2,078mg)에 이어 2위로 높습니다. 페닐알라닌은 꽃게알(1,069mg), 매퉁이(1,000mg)에 이어 3위이군요. 발린은 꽃게알(1,447mg)에 이어 2위로 높습니다.

기타 아미노산도 모든 항목의 성분들이 풍부한데요. 특히 알라닌이 이 책에 제시한 물고기 중에 가장 높습니다(아래 표 참조). 또한, 아르기닌은 대하(2,897mg), 꽃게(1,743mg)에 이어 3위이군요. 티로신은 꽃게알(1,116mg)에 이어 2위, 글루탐산은 벵에돔(3,424mg)에 이어 2위로 높습니다.[81)]

<알라닌 함량> 100g 기준

순위	물고기	mg
1	감성돔	1332
2	벵에돔	1304
3	꽃게 알	1296
4	참돔	1289
5	능성어	1239

81) 국립수산과학원. 표준수산물성분표 2018. http://www.nifs.go.kr/page?id=aq_seafood_1_01

알라닌이 필수아미노산이 아니라서, 한국인 영양소 섭취 기준에 알라닌 항목은 없습니다.[82] 필수아미노산은, 세포 내에서 합성할 수 없거나, 합성할 수 있더라도 그 양이 너무 적어서 신체 요구를 충족시키지 못하는 아미노산이지요. 반드시 음식물로 일정량 이상을 섭취해주어야 합니다. 반면에 비필수 아미노산은 신체에서 합성할 수 있으므로 음식물에 반드시 들어있지 않아도 되는 아미노산을 말합니다.

알라닌은 에너지로 사용되며 포도당합성에도 사용됩니다. 특히 에너지 섭취가 부족할 때 아미노산이 포도당합성에 이용되므로, 근육과 주요 장기 조직의 감소가 일어납니다.[83]

알라닌과 관련한 약간의 여담입니다. 알라닌과 아스파르트산으로부터 포도당을 합성하는 과정에서, 알라닌과 아스파르트산의 알파아미노기(α-amino group)를 다른 곳으로 옮겨주는 효소가 있는데요. 여러 장기의 세포 속에 존재하는, ALT(alanine transaminase)와 AST(aspartate transaminase)라는 효소입니다. 세포가 손상을 받으면(특히 간 손상) 혈중에 이 효소들의 수치가 올라갑니다. 흔히 시행하는 간 기능 혈액검사에, 이 두 효소가 꼭 포함되는 이유입니다.

82) 보건복지부·한국영양학회. 2015 한국인 영양소 섭취 기준.

83) 대한내과학회 편. 해리슨 내과학 번역판, 18판. 도서출판 MIP, 2013. p.570.

갑오징어

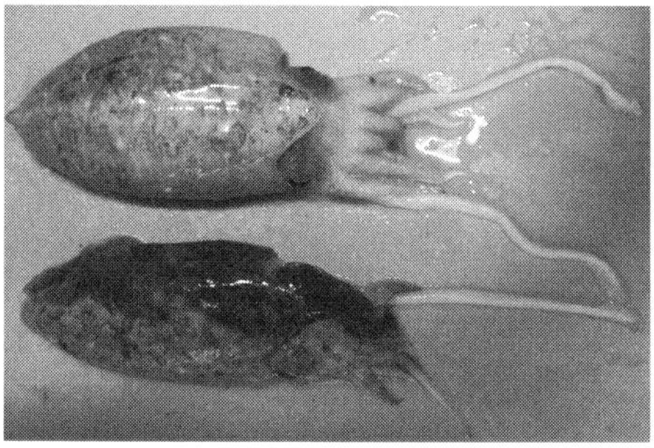

2012.10.22. 안면도 내만 선상

학명	*Sepia esculenta*
문	연체동물(Mollusca)
강	두족류(Cephalopoda)
분류[84]	갑오징어목(Sepioidea) 갑오징어과(Sepiidae)
자산어보	오적어(烏賊魚)
영어	Golden cuttlefish
일어	コウイカ(고우이카)

손암(巽庵) 정약전 선생께서는 갑오징어를

"까마귀를 도둑질하는 물고기"

라는 의미의, 오직어(烏賊魚)라는 특이한 이름으로 아주 자세하게 설명하셨지요.

이름에 '갑(甲, 갑옷)'이라는 글자가 들어있는 것처럼, 갑오징어 속에는 하얀색의 커다랗고 넓적한 뼈가 있지요. 고우이카(コウイカ)

84) 국립수산과학원 수산생명자원 정보센터 https://www.nifs.go.kr/frcenter/intro/?_p=intro_species

라는 일어 이름도, 고우(コウ, 갑옷) + 이카(イカ, 오징어)의 합성어로, 같은 의미입니다.

손암(巽庵) 선생께서는

"갑오징어 뼈는 상처를 아물게 하고, 새살을 돋게 한다."

라고 설명하셨더군요. 예전부터 갑오징어 뼈를 갈아서 지혈제로도 써왔다고 합니다. 뼛속의 탄산칼슘 성분이 혈액을 응고시키는 기능을 하는가 봅니다.

갑오징어 산란기는 남해안이 4월 중순~5월 초순, 서해안은 5월 중순~6월 초순입니다.[85] 계통분류체계에 나오는, 두족류(頭足類, cephalopoda)라는 강(綱, class) 이름은, 'cephalo-(머리, 頭)' + 'poda(다리, 足)'의 합성어이지요. 다리가 머리에 달린 어종을 말합니다. 오징어, 문어, 낙지, 주꾸미, 한치 등이 모두 여기에 속합니다. 다리가 10개인 갑오징어, 오징어, 한치는 소속 과(Family)가 모두 다르군요. 갑오징어는 갑오징어과(sepiidae)에, 오징어는 빨간오징어과(ommastrephidae)에, 한치는 꼴뚜기과(loliginidae)에 속합니다. 다리가 8개인 문어, 낙지, 주꾸미는 모두 문어과(octopodidae)에 속하지요.[86]

갑오징어의 맛은 그냥 오징어에 비할 바가 아니더군요. 일반 오징어보다 살이 아주 두툼한데요. 살이 얼마나 부드러운지 모릅니다. 손암(巽庵) 선생께서도

85) 국립수산과학원 수산생명자원 정보센터 https://www.nifs.go.kr/frcenter/intro/?_p=intro_species

86) 국립수산과학원 수산생명자원 정보센터 https://www.nifs.go.kr/frcenter/intro/?_p=intro_species

"갑오징어는 맛이 달고 좋으며, 회나 어포로도 좋다."

라고 말씀하셨지요. 그래서 영어로는 golden cuttlefish, 즉 '금오징어'라는 의미의 이름으로 부르는 걸까요? 살아있는 일반 오징어 4~5마리가 만원 정도인 것에 비해 갑오징어는 1마리에 만오천 원~2만 원 정도로 훨씬 비쌉니다.

갑오징어는 먹물을 쏘기 때문에 낚시할 때 옷을 다 버리게 됩니다. 그래서 갑오징어나 주꾸미를 잡으러 갈 때는 항상 검은 계통의 옷을 입고 가는 것이 좋습니다. 호해스타호 장세열 선장님이

"갑오징어를 잡아 올렸을 때, 먹물을 쏘는 출수공을 눌러주면 먹물을 못 쏜다."

고 가르쳐주시더군요.

손암(巽庵) 선생께서는

"갑오징어 먹물로 글씨를 쓰면 색이 매우 빛나고 윤기가 난다. 오래 지나면 글씨가 보이지 않는데, 종이를 바닷물에 적시면 다시 글씨가 보인다."

라고 말씀하셨지요.

우리병원 시설과의 문제남님과는 참으로 많은 추억이 있는데요. 그중에 하나입니다. 언젠가 안면도 좌대의 채희섭 사장님이

"작은 배를 준비해놓을 테니, 와서 좌대 근처에서 갑오징어 낚시하며 즐겁게 놀아라."

고 하셨지요. 채 선장님은

"나는 우럭낚시 손님들을 배에 태우고 아침 일찍 멀리 나간다."

고 하시더군요.

문제남님과 종합검진센터의 김원태님과 동행하여 안면도의 좌

대 근처 해변에 도착하니, 채 선장님께서 아담하고 예쁜 배 한 척을 묶어놓으셨더군요. 우리는 들뜬 마음으로 배에 올랐지요. 문제남님이 배를 조종해서 바다로 나갔습니다. 굵은 씨알의 갑오징어들이 먹물을 쏘아대며 막 올라오더군요. 정말 재미있었지요.

그런데, 즐겁게 낚시하던 중, 배 엔진이 스르르 꺼지는 겁니다. 다시 몇 번 시동을 걸어도 시동이 걸리지 않더군요. 문제남님이

"왜 그러지?"

하고 배의 이곳저곳을 자세히 살펴보더니, 기름통에 기름이 떨어진 것을 발견하고는

"아니, 선장님이 기름을 안 채워놓고 가셨네! 정신없는 양반…."

이라면서 투덜거렸습니다. 바다 한가운데에서 기름이 떨어진 겁니다.

난감해서 어찌할 줄 모르다가, 채 선장님께 전화했지요. 그랬더니 채 선장님은 우럭낚시 손님들을 태우고 한참 낚시 중이었는지, 통화가 안 되더군요. 그런데 서해안의 물살은 아주 빠르지요. 엔진이 꺼진 우리 배는 하염없이 떠내려가기 시작했습니다. 너무나 막막하더군요.

태안 해경에 근무하고 있다는 문제남님의 후배에게도 전화해보았는데, 그쪽도 우리를 도와주기에는, 여의치 않은 상황인 것 같았습니다. 그냥 계속 떠내려가면 안 되겠다 싶어서, 문제남님에게

"배의 키라도 조종해서 방향을 해변으로 틀어보라."

고 했습니다. 그렇게 해서 다행히 안면도 부근의 어떤 작은 무인도 해안에 배를 댈 수 있었지요.

무인도에 내려서, 채 선장님과 통화가 연결되었습니다. 선장님 왈,

"배 옆에 기름을 여덟 통이나 준비해두고 왔는데, 왜 안 싣고 나갔느냐?"

고 우리를 혼내시더군요. 출발할 때, 마음이 들뜬 우리가 정신이 없어서, 배 옆에 있던 기름통들을 싣지 않고 바다로 나온 겁니다….

채 선장님은

"지금은 갈 수가 없다. 손님들의 우럭낚시가 다 끝나야 갈 수 있다."

라고 하시더군요. 우리는 하염없이 무인도에서 시간을 보내는 수밖에 없었습니다.

나중에 손님들의 우럭낚시를 끝낸 채희섭 선장님이 와서, 우리의 모습을 보고는

"재미있게 잘 놀라고 배까지 준비해줬더니, 무인도에서 뭐 하고 있느냐?"

고 하면서 웃으시더군요.

그러고는 채 선장님의 큰 배에, 굵은 밧줄로 우리가 탔던 작은 배를 연결해서 끌고 들어왔지요. 마치 호수에서 엄마 오리가 새끼 오리를 데리고 가듯이.

2013.10.27.
호해스타호. 현암(賢岩) 박한주님

2016.9.24.
호해스타호. 월하(樾下) 한동희님

▶ 자산어보 내용

『자산어보』에는 갑오징어를 <오적어(烏賊魚)>로 설명하고 있습니다. 오적(烏賊)이라는 이름이 특이한데요. '까마귀 오(烏)', '도둑 적(賊)'이란 글자이니, <까마귀 도둑 물고기>라는 의미인가 봅니다. 『자산어보』는 오적어(烏賊魚)라는 이름의 여러 유래에 대해 재미있게 설명하는데요. 그중 한 가지를 소개합니다.

> "또한, 남월지에 이르기를, 그 성질이 까마귀를 좋아해서, 매번 스스로 물 위에 떠 있다. 날던 까마귀가 이를 보고 죽은 것으로 알고 쪼면, 이내 까마귀를 말아 잡고 물속으로 들어가서 먹는다고 하였다. 이로 인해 오적이라고 이름 붙인 것이고, 까마귀를 해치는 천적이라는 말이다. …… 내가 보기에 오적이라는 말은, 오히려 검은 놈(흑한, 黑漢)을 지칭하는 것인데, 검은 먹을 품고 있어서 그런 이름이 붙은 것이다."
>
> [又南越志云/우남월지운 其性嗜烏/기성기오 每自浮水上/매자부수상 飛烏見之/비오견지 以爲死而啄之/이위사이탁지 乃卷取入水/내권취입수 而食之/이식지 因名烏賊/인명오적 言爲烏之賊害也/언위오지적해야 …… 余謂烏賊者/여위오적자 猶言黑漢/유언흑한 以其

懷墨/이기회묵 故名也/고명야][87][88][89]

갑오징어가 까마귀를 잡아먹는다는 『자산어보』의 내용이 얼핏 믿기 어려운 이야기 같기도 한데요. 문맥을 살펴보면, 손암(巽庵) 선생께서도 이 내용을 확실하게 믿지는 않으셨던 것 같습니다. 그런데, 문어에게 새가 잡히는 장면은 유튜브에 많더군요. 위의 글귀에서 언급하는 '남월(南越)'이라는 나라는 베트남 근처에 있던 나라인데요. 그곳에는 우리의 갑오징어보다 훨씬 큰 갑오징어가 있었을 가능성도 있겠습니다.

다음은 『자산어보』에서 오적어(烏賊魚)를 설명한 내용입니다.

"오적어 큰 것은 지름이 1척 정도이다. 몸이 타원형이고 머리가 작고 둥글다. 머리 아래 가는 목이 있다. 목 위에 눈이 있고, 머리끝에 입이 있다. 입 주위에 8개의 다리가 있는데, 낚싯줄처럼 가늘고, 길이는 2~3치를 넘지 않으며, 모두 국화 모양의 굽(빨판)이 있다. 국화꽃처럼 생긴 단화(團花)가, 두 줄로 대칭이라서, 그렇게 부른다. (빨판으로) 나아가기도 하고, 물체가 있으면 움켜잡기도 한다. 그중 특별히 끈처럼 긴 다리 두 개가 나와 있는데, 길이가 1.5척 정도이다. 다리 끝에는 말발굽처럼 단화가 있다. 이것으로 (다른 것에) 달라붙는다. 갈 때는 뒤로 가며, 앞으로 갈 수도 있다. 등에 긴 뼈가 있는데, 역시 타원형이다. 살은 매우 부드럽고 연하다. 알이 안에 있다. 먹물을 가득 담은 주머니가 있는데, 공격해오는 물체가 있으면 먹물을 뿜어서 현혹한다. 먹물을 가져다가 글씨를 쓰면 색이 매우 빛나고 윤기가 나는데, 오래 지나면 (먹이) 떨어져 흔적이 없어진다. (종이

87) 정약전. 『자산어보』. 1814. 국립중앙도서관 소장본, p.53~56.

88) 이두순 역. 『신역 자산어보』. 목근통, 2016. p.174~179.

89) 정명현 역. 『자산어보 우리나라 최초의 해양생물 백과사전』. 서해문집, 2016. p.102~105.

를) 바닷물에 적시면 먹 흔적이 다시 나타난다고 한다. 등은 적흑색이며 얼룩무늬가 있다. 맛은 달고 좋으며, 회와 어포로 좋다. 그 뼈는 상처를 아물게 하고 뼈와 새살을 돋게 할 수 있다. 또한, 말의 종기나 나귀의 등창을 치료하는데, 이것이 아니면 치료하지 못한다."

[烏賊魚/오적어 大者徑一尺/대자경일척 體橢圓/체타원 頭小而圓/두소이원 頭下細頸/두하세경 頸上有目/경상유목 頭端有口/두단유구 口圍有八脚/구위유팔각 細如釣綸/세여조륜 長不過二三寸/장불과이삼촌 而皆有菊蹄/이개유국제 團花如菊/단화여국 兩對成行故云/양대성행고운 欲行則行/욕행즉행 有物則攫者也/유물즉국자야 其中別出二長脚(腳)[90]如條子/기중별출이장각(각)여조자 長尺有五寸許/장척유오촌허 脚末如馬蹄有團花/각말여마제유단화 所以黏著者也/소이점저자야 行則倒行/행즉도행 亦能順行/역능순행 背有長骨/배유장골 亦橢圓/역타원 肉甚脆軟/육심취연 有卵在中/유란재중 有囊盛墨汁/유낭성묵즙 有物侵之/유물침지 則噴其墨以眩之/즉분기묵이현지 取其墨而書之/취기묵이서지 色極光潤/색극광윤 但久則剝落無痕/단구즉박락무흔 浸以海水/침이해수 則墨痕復新云/즉묵흔부신운 背赤黑有斑文/배적흑유반문 味甘美/미감미 宜鱠腊/의회석 其骨能合瘡生肥骨/기골능합창생비골 亦治馬瘡/역치마창 驢之背瘡/여지배창 非此莫治/비차막치][91][92][93]

▶ 영양 정보

아쉽게도, 갑오징어에 대해 국립수산과학원 수산물성분표에 제시된 자료가 없군요. 비교적 유사할 것으로 생각되는 쇠갑오징어를

90) 국립중앙도서관 소장본이 아닌 다른 본에는 각(脚)으로 되어있기도 하다.

91) 정약전. 『자산어보』. 1814. 국립중앙도서관 소장본, p.53~56.

92) 이두순 역. 『신역 자산어보』. 목근통, 2016. p.174~179.

93) 정명현 역. 『자산어보 우리나라 최초의 해양생물 백과사전』. 서해문집, 2016. p.102~105.

기준으로 살펴보겠습니다.

<쇠갑오징어(학명 *Sepiella japonica*)>

무기질(mg)	칼슘	인	철
	14	219	0.5

쇠갑오징어는 100g당, 79kcal, 단백질 16.9g, 지방 0.7g으로, 저칼로리 약간 저단백이면서 저지방이군요. 불포화지방의 비율은 63.6%이며, 불포화지방 함량은 0.45g으로 매우 낮습니다.[94] 국립수산과학원 수산물성분표에 쇠갑오징어의 비타민과 아미노산 함량에 대한 자료는 제시되지 않았군요.

문헌을 추가로 찾아보니, 갑오징어의 타우린은 673mg으로 매우 높습니다.[95] 두족류들이 뿜어내는 먹물 속에 타우린이라는 물질이 풍부한 것으로 알려지는데요. 두족류의 중요한 성분인 타우린 함량의 비교에 대해서는 <주꾸미> 편을 참고해주시기 바랍니다.

94) 국립수산과학원. 표준수산물성분표 2018. http://www.nifs.go.kr/page?id=aq_seafood_1_01

95) Schaffer SW, Lombardini JB, Huxtable RJ. Taurine 3: Cellular and Regulatory Mechanisms. Springer Science+Business Media, LLC. 1997. p.503.

고등어

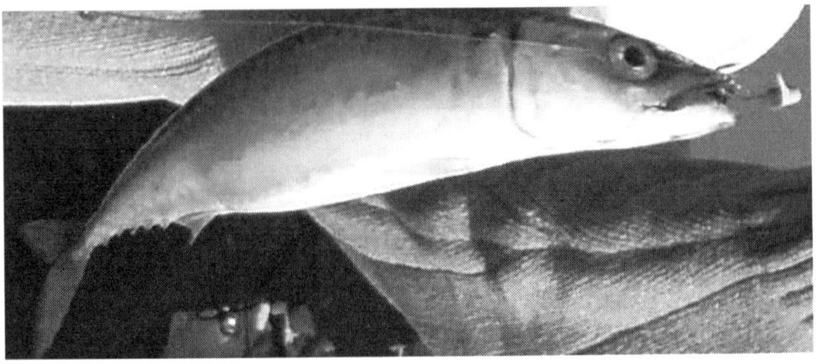

2010.12.5. 동해안 감포 앞바다 선상

학명	*Scomber japonicus*
분류[96]	농어목(Perciformes) 고등어과(Scombridae)
자산어보	벽문어(碧紋魚)
영어	Common mackerel
일어	サバ(사바)

손암(巽庵) 정약전 선생께서는
"푸른 무늬의 물고기"
라는 의미의 이름으로 설명하셨더군요.

산란기는 동중국해가 3~5월, 제주도와 대마도 연안이 5~6월입니다. 봄~여름에는 북쪽으로 이동했다가, 가을~겨울에는 남쪽으로 이동하여 월동합니다. 부화 후 1년이면 25~30cm, 3년이면 35cm 이상으로 자랍니다.[97] 고등어 21cm 이하는 방생해야 하는데요. 고등어

96) 국립수산과학원 수산생명자원 정보센터 https://www.nifs.go.kr/frcenter/intro/?_p=intro_species

97) 국립수산과학원 수산생명자원 정보센터 https://www.nifs.go.kr/frcenter/intro/?_p=intro_

어획량 중 해당 고등어가 20% 미만이면 예외입니다. 4월~6월 사이에, 1달의 고등어 금어기가 있습니다. 그러나 금어기라고 하더라도, 잡은 고등어가 총어획량의 10% 미만이면 예외입니다.[98)]

흔히들 작은 고등어를 고도리라고 하지요. 낚시하는 사람들은, 아주 큰 고등어를 시장 고등어라고 하고, 작은 것들을 크기에 따라 고등애 또는 중등어, 초등어, 유등어… 등으로 표현하기도 합니다.

저는 고등어회는 잘 모르고, 주로 구이와 조림만 알고 있었습니다. 손암(巽庵) 선생께서도

"고등어를 회로 먹을 수는 없다."

라고, 말씀하셨지요. 그런데, 언젠가 통영 들물낚시 먼바다 선상낚시에 가서 고등어회를 먹어보았는데, 맛이 정말 색다른 일품이었습니다!

아내에게도 고등어회 맛을 보여주고 싶어서 들물낚시 최춘식 선장님께 방법을 물었더니, 최 선장님께서

"고등어를 잡자마자 내장을 손질해서, 아이스박스의 얼음 속에 파묻은 상태로 대전에 가져가서, 회를 뜨면 된다."

고 가르쳐주시더군요. 회를 뜰 때, 얇은 비닐처럼 생긴 껍데기를 벗겨내야 합니다.

고등어 낚시는 손맛이 정말 좋지요. 10여 년 전이었는데요. 20년 후배인, 서대전고 23회 김태형님과 나호균님이

---

species

98) 수산자원관리법. 국가법령정보센터. http://www.law.go.kr/

"바다낚시 한번 따라가고 싶다."

고 하더군요. 바다에 처음 출조하는 분들이라서, 손맛을 제대로 볼 수 있는 고등어 낚시로 결정했습니다. 2011년 8월 13일(음력 7.14)에 셋이 대전에서 새벽에 출발했습니다. 통영 새바다 낚시점 사장님의 도움을 받아 연화도 좌대에서 1박 했지요. 새바다 낚시점 사장님은 마을 청년회장을 맡고 있더군요.

카드 채비에 새우 미끼로 고등어 50여 마리를 잡았습니다. 첫 출조에서 제대로 손맛, 입맛을 제대로 본 후배님들은 이후에도 계속

"다시 가자."

고 졸랐지요!

2011.8.13. 통영 연화도 좌대. 서대전고 23회 김태형, 나호균 후배님 동행.

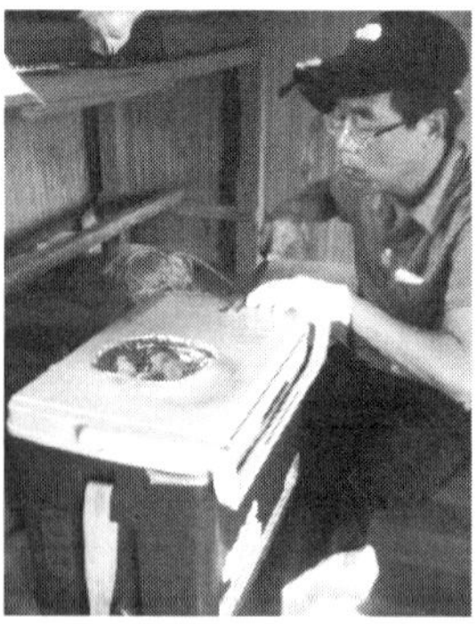

고등어를 회로 썰어서 아침 식사

<낚시 TV에 출연한 여성 전공의들/방파제>

소암(笑岩) 정숙영님이 2005년 9월에 후반기 신입 전공의로 충남대병원 가정의학과에 입국하게 되었습니다. 수련받을 전문과목을 선택해서 신입 레지던트가 해당 과에 들어오는 것을 입국이라고 하지요. 정기적으로 매년 3월에 들어오는데요. 간혹 9월에 들어올 때도 있습니다.

정숙영님의 입국을 기념하는 조촐한 이벤트를 찾다가

'입국 기념 출조를 하면 어떨까?'

하는 생각이 들었지요. 장소를 물색하다가 포항으로 정했습니다. 이 시기에 제가 자주 가던 곳이었지요. 서해안에서 주로 잡히는 우럭과 노래미가 손맛이 별로 없는데 비해, 동해안의 고등어와 학공치는 손맛이 아주 좋기 때문이었습니다.

2005년 8월 말에 포항 영일만의 바다 한가운데 있는 포항 신항만 방파제에 배를 타고 들어갔습니다. 신입 전공의 소암(笑岩) 정숙영님, 1년 차 구암(龜岩) 임철순님, 2년 차 현암(賢岩) 박한주님, 한맹우님이 동행했지요. 높은 방파제라서 배에서 올려준 사다리를 타고, 암벽을 등반하듯 조심조심, 기어 올라가야 했는데요. 방파제 위에 2인용 텐트를 치고 낚시를 시작했습니다.

2호 구멍찌에 고등어 카드 채비, 새우를 미끼로 사용하여, 씨알 좋은 '시장 고등어' 10여 마리와 형광등 사이즈의 큰 학공치들을 잡았지요. 집에서 한동희님이 미리 준비해준 찌개 양념으로 고등어찌개를 끓였습니다. 고등어찌개의 맛있는 냄새가 방파제에 퍼져나가자, 주변의 조사님들이 모두 쳐다보며 부러워했지요. 한동희님이 준비해준 찌개 양념이 효과를 톡톡히 발휘했습니다!

여성 조사가 별로 없었는데, 우리 팀에서 아름다운 두 여성 조사가 낚싯대를 들고 멋지게 낚시하니 아주 이색적인 풍경이었지요. 마침 그곳에 있던 낚시 TV 기자의 눈에 띄었나 봅니다. 기자가 다가와서 박한주님과 정숙영님에게 인터뷰까지 하게 되었습니다! 어디서 왔느냐? 어떻게 오게 되었느냐? 낚시는 언제 배웠느냐? 낚시를 자주 다니느냐? 손맛이 어떠냐? 등등.

나중에 낚시 TV에서 방영된 후, 고등어 낚시의 채비, 미끼 등에 대해 문의하는 뭇 남성들의 전화가 전국에서 쇄도(?)했다고 현암(賢岩) 박한주님께서 웃으며 자랑했지요.

구암(龜岩) 임철순님은 피곤했던지 텐트에서 잠만 잤습니다. 그런데 2인용의 작은 텐트였기 때문에, 머리와 상반신만 텐트에 집어넣고, 발을 텐트 밖에 내놓고 잤답니다. 반바지에 양말도 신지 않은 맨살이었더군요. 나중에 보니, 8월의 뜨거운 햇빛 때문에, 자다가 발에 2도 화상을 입었습니다!

이날 같이 갔던 박한주님은

"과장님 낚시 따라갔던 중에 가장 많이 잡았던 때가 그때다."

라고 늘 이야기합니다. 그때는, 내가 바다낚시도 제대로 모르고 주로 방파제에서만 낚시를 하던 시절이라, 어디를 가도 고기를 별로 못 잡았지요.

정숙영님은, 조용하고 잔잔하게 웃는 모습이 아주 예뻐서, 나중에 졸업할 때 호를 소암(笑岩)으로 지어드렸습니다.

<첫 갯바위에서 만난 고등어>

평소 인터넷 동영상을 통해, 멋진 풍경의 갯바위에서 조사님들이 낚시하는 모습을 보며

'정말 한번 갯바위에 가보고 싶다.'

고 동경했습니다. 그러면서도 한편으로는

'위험하지 않을까?'

하는 막연한 두려움이 있어서 갯바위 낚시를 시도해보지는 않았지요.

2009년 11월이었는데요. 서해안으로 바다낚시를 같이 다니던 문제남님이

"교수님, 고등어 잡으러 남해안 갯바위에 한번 가시지요."

라고 제안하여, 처음으로 갯바위 출조를 감행하게 되었습니다.

갯바위 낚시에 대한 부푼 꿈과 설레는 마음을 안고, 문제남님, 김원태님, 청암(靑岩) 정진규 교수님과 함께, 밤에 짐을 싸서 대전에서 출발했습니다. 새벽에 통영에 도착하여, 흥부 낚시점에서 제공하는 배를 타고 30~40분 정도 나갔지요. 21번 갯바위라는 곳에 우리를 내려 주더군요. 아, 막상 갯바위에 도착해보니 풍경이 너무 좋고, 위험하지도 않아 딱 내 스타일이더군요!

미리 준비해간 일명 고추찌와 고등어 카드 채비에 새우 미끼를 달아서 던졌지요. 세상에, 바다에 고등어가 그렇게 많은지 미처 몰랐습니다. 한번 던지면, 1호 바다 릴낚싯대에 팔뚝만 한 크기의 고등어가 서너 마리씩 올라오더군요. 너무나 많이 물어대고, 잡아 올리면 얼마나 버둥대는지 정신이 하나도 없더군요.

우리는

"이렇게는 안 되겠다."

싶어서, 둘러앉아 잠시 쉬면서

"두 명은 앞에서 잡아내고, 두 명은 뒤에서 손질하자!"

라고 상의했습니다. 고등어들의 인해(?)전술에 대응하는 우리의 전략을 수립한 것이지요.

그렇게 문제남님과 나는 앞에서 고등어를 잡아내고, 정진규 교수님과 김원태님은 뒤에서 손질하기 시작했습니다. 고등어를 잡는 즉시 손질을 병행함으로써 고등어 부피를 줄여서, 아이스박스에 담는 거지요. 그렇게 했음에도, 네 사람이 가져간 아이스박스를 모두 동원해도 다 담지 못할 지경이더군요.

고등어 400~500마리를 잡았습니다. 뒤에서 고등어 손질을 담당한 김원태님과 정진규 교수님이 너무 고생했지요. 손질하던 두 사람도 얼마나 힘이 들었는지, 처음에는 정성스럽게 고등어 머리만 조심조심 잘라내더니, 나중에는 고등어를 그냥 막 반 토막을 내면서 대충 손질하더군요!

통영 바다의 아름다운 섬들이 펼쳐주는 풍경을 안고 있는 그 멋진 갯바위에서, 잊을 수 없는 고등어 손맛까지 원 없이 선물을 받은 우리는 너무나 즐거웠습니다. 낚시를 어느 정도 마무리하고, 한동희님이 집에서 챙겨주신 양념으로 고등어찌개를 끓였지요. 정말 감칠맛이더군요. 고등어찌개, 고등어 회에다가 제가 준비해간 발렌타인 양주를 문제남님이 아주 맛있게 드셨지요.

이후 문제남님은 낚시 이야기를 할 때마다

"그때 21번 갯바위에서 고등어 회와 함께 마셨던 발렌타인이 너무 맛있었다."

고 늘 말합니다.

대전에 올라와서, 잡은 고등어에 소금을 뿌려서 두 마리씩 포장했습니다. 그리고 병원에서 미사를 올리는 날, 가톨릭 신자회 회원들에게 한 봉지씩 나누어드렸습니다. 나중에 흉부외과 이영 교수님께서는

"고등어가 너무 짜더라."

고 말씀하시더군요. 내가 고등어에 소금을 처음 뿌려봤는데, 골고루 균일하게 뿌리지 못했나 봅니다.

2009.11. 통영 21번 갯바위.
1호 바다 릴낚싯대에 팔뚝만 한 고등어가 4~5마리씩! 덕분에 사흘간 몸살!

2010.12.5. 감포 앞바다 선상. 의학과 1학년 학생 윤여명님과 최문석님 동행.

2015.7.25.
사부님과 들물낚시 먼바다 고등어.

2018.8.15.
인물회 박부춘님과 먼바다 갈치낚시 갔는데,
고등어와 삼치만 잔뜩!

▶ **자산어보 내용**

『자산어보』에는 고등어를 <벽문어(碧紋魚)>로 설명하고 있습니다. '푸를 벽(碧)', '무늬 문(紋)' 자이니, <푸른 무늬 물고기>라는 의미인가 봅니다.

> "벽문어(속명 고등어皐登魚)는 길이가 2척 정도이다. 몸이 둥글고 비늘이 매우 잘며, 등은 푸르고 무늬가 있다. 맛은 달고 시면서 탁하다. 국을 끓이거나 젓갈을 담글 수 있지만, 회나 어포를 만들 수 없다. 추자도 여러 섬에서 5월에 낚이기 시작하며, 7월에 사라졌다가 8~9월에 다시 나타난다. 흑산 바다에서는 6월에 낚이기 시작해서 9월에 없어진다. 이 물고기는 낮에 줄을 지어 헤엄쳐 다니는데, 빠르게 오가기 때문에, 사람이 쫓아갈 수 없다. 밝은 것을 좋아하는 성질이라서, 횃불을 밝혀 밤에 낚는다. 또한, 맑은 물에서 놀기를 좋아하기 때문에 그물을 칠 수가 없다고 한다. 섬사람의 말에 의하면, 이 물고기는 건륭 경오년(1750년)에 많이 잡히기 시작해서 가경 을축년(1805년)까지 기복은 있었지만, 해마다 없던 적이 없었다. (하지만) 병인년(1806년) 이후에 해마다 줄어들어, 지금은 거의 자취가 끊겼다고 한다. 근래 영남 바다에 이 물고기가 새로 나왔다고 하는데, 그 이치는 알 수 없다.
> 약간 작은 것(속칭 도돔발道途音發)은, 머리가 조금 오그라들고, 모양은 조금 높으며, 색은 조금 옅다."

[碧紋魚/벽문어 俗名皐登魚/속명고등어 長二尺許/장이척허 體圓/체원 鱗極細/인극세 背碧有紋/배벽유문 味甘酸而濁/미감산이탁 可羹可醢/가갱가해 而不可鱠鱐/이불가회숙 楸子諸島/추자제도 五月始約/오월시조 七月絶蹤/칠월절종 八九月復出/팔구월부출 黑山海中/흑산해중 六月始約/유월시조 九月絶蹤/구월절종 是魚/시어 晝則游行/주즉유행 焂忽往來/숙홀왕래 人不可追/인불가추 性又喜明/성우희명 故爇燃而夜釣/고설연이야조 又喜游淸水/우희유청수 故網不得施云/고망부득시운 島人之言曰/도인지언왈 是魚乾隆庚午始盛/시어건륭경오시성 至嘉慶乙丑/지가경을축 雖有豊歉/수유풍겸 無歲無之/무세무지 丙寅以後/병인이후 歲歲減損/세세감손 今幾絶蹤/금기절종 近聞嶺南海中/근문영남해중 新有是魚/신유시어 其理不可知/기리불가지

稍小者/초소자 俗呼道塗音發/속호도도음발 頭稍縮/두초축 形稍高/형초고 色稍淡/색초담][99][100][101]

▶ 영양 정보

<table>
<tr><td colspan="2" rowspan="2">비타민</td><td>레티놀 (㎍)</td><td>티아민 (mg)</td><td>리보플라빈 (mg)</td><td>나이아신 (mg)</td><td>아스코빅산 (mg)</td></tr>
<tr><td>30</td><td>0.18</td><td>0.5</td><td>8.3</td><td>1.0</td></tr>
<tr><td rowspan="4">아미노산 (mg)</td><td rowspan="2">필수</td><td>이소류신</td><td>류신</td><td>라이신</td><td>메티오닌</td><td>페닐알라닌</td><td>트레오닌</td><td>트립토판</td><td>발린</td><td>히스티딘</td></tr>
<tr><td>913</td><td>1440</td><td>1370</td><td>225</td><td>757</td><td>766</td><td>220</td><td>996</td><td>1121</td></tr>
<tr><td rowspan="2">기타</td><td>아르기닌</td><td>티로신</td><td>시스테인</td><td>글리신</td><td>프롤린</td><td>알라닌</td><td>아스파르트산</td><td>글루탐산</td><td>세린</td></tr>
<tr><td>1014</td><td>561</td><td>5</td><td>852</td><td>650</td><td>1112</td><td>1797</td><td>2362</td><td>670</td></tr>
</table>

99) 정약전. 『자산어보』. 1814. 국립중앙도서관 소장본. p.13~14.

100) 이두순 역. 『신역 자산어보』. 목근통, 2016. p.35~36.

101) 정명현 역. 『자산어보 우리나라 최초의 해양생물 백과사전』. 서해문집, 2016. p.49~50

무기질 (mg)	칼슘	인	철
	27	230	**1.6**

고등어는 100g당, 246kcal, 단백질 18.7g, 지방 17.8g으로, 매우 고칼로리이면서 고단백이고 매우 고지방인 물고기입니다. 이 책에 제시하는 물고기 중에 칼로리가 가장 많습니다(아래 표 참조). 지방은 뱀장어(17.9g)에 이어 2위로 높습니다. 타우린은 105mg이군요. 비타민은 모든 항목이 높은데요. 특히 리보플라빈은 미꾸리(0.65mg), 달고기알(0.59mg)에 이어 3위입니다.

필수아미노산은 이소류신, 류신, 페닐알라닌, 트레오닌, 발린, 히스티딘이 높은데요. 특히 히스티딘은 방어(1,281mg) 다음으로 높습니다. 기타 아미노산은 글리신, 프롤린, 알라닌, 아스파르트산, 세린이 많군요. 무기질은 철이 비교적 많은 편이군요. 베타인류는, 글리신 베타인 41.0mg, 호마린 12.4mg입니다.[102)]

<칼로리 비교> 100g 기준

순위	물고기	Kcal
1	고등어	246
2	뱀장어	223
3	갈치	149
4	붕장어	135
5	이빨 다랑어	134

한국 성인의 하루 칼로리 섭취 기준은 남성 2,200~2,600kcal,

102) 국립수산과학원. 표준수산물성분표 2018. http://www.nifs.go.kr/page?id=aq_seafood_1_01

여성 1,800~2,100kcal입니다.[103] 적절한 체중을 유지하기 위해서는, 에너지 섭취와 에너지 소비가 조화를 이루어야 하지요. 또한, '에너지 적정 섭취 비율'이라는 것이 있는데요. 건강을 위한 영양 섭취 중에서 거대 영양소 에너지 섭취 비율을 말합니다. 전체 음식 섭취 중에서 단백질은 10~35%, 지방은 20~35% 그리고 탄수화물은 45~65%의 비율을 차지하는 것이 좋다고 권고합니다.[104]

지방질을 섭취할 때, 포화지방과 가공식품(마가린, 튀김류 등)에 많은 트랜스 지방은 가급적 줄여야 합니다. 고등어, 전갱이, 꽁치, 정어리는 4대 등 푸른 생선이지요. 흰 살 생선이 고단백이라면, 등 푸른 생선은 고지방이고 대개 붉은 살 생선입니다. 등 푸른 생선에는 심장혈관 건강에 도움이 되는 불포화 지방산 함량이 높지요.

불포화지방을 많이 섭취하면, 수명의 연장에도 도움이 됩니다. 불포화지방에 속하는 오메가-3와 오메가-6는 필수 지방산입니다. 즉 우리 몸 안에, 이 성분들을 합성할 수 있는 효소 체계가 없지요. 필수 지방산은 외부에서 공급을 받아야 하는데요. 오메가-6에는 알파리놀렌산(alpha linolenic acid), EPA(eicosapentaenoic acid), DHA(docosahexaenoic acid) 등이 있고, 다양한 식물의 기름이 제공합니다. 오메가-3에는 리놀렌산(linolenic acid), 감마리놀렌산(gamma linolenic acid) 등이 있고, 생선 기름과 일부 식물 기름(들기름 등)이 공급해주는데요. 특히 물고기가 제공하는 오메가-3 지방산이 중요하지요.

---

103) 보건복지부·한국영양학회. 2015 한국인 영양소 섭취 기준.

104) 대한내과학회 편. 해리슨 내과학 번역판, 18판. 도서출판 MIP, 2013. p.571.

제가 궁금해서 2018년에 발표된 국립수산과학원 표준수산물성분표 자료를 기준으로, 등 푸른 생선의 불포화지방 함량을 계산해보았습니다. 100g당, 봄 전갱이의 지방 함량은 8.3g이며, 9월 고등어의 지방 함량은 무려 17.8g이고, 6월 꽁치는 4.7g, 6월 정어리는 3.2g이더군요. 지방 함량 중에 불포화지방 비율은 전갱이가 69.2%, 고등어는 70.3%, 꽁치는 63.7%, 정어리는 57.8%입니다. 불포화지방 함량은 전갱이 5.74g, 고등어 12.51g, 꽁치 2.99g으로 매우 높고, 정어리는 1.85g으로 약간 높습니다(아래 표 참조). 등 푸른 생선 중에 고등어의 불포화지방 함량이 가장 높군요. 고등어의 불포화지방 함량은 전체 물고기 중에 뱀장어(12.98g)에 이어 2위입니다.

<등 푸른 생선의 불포화지방 함량> 100g 기준

순위	물고기	g
1	고등어	12.51
2	전갱이	5.74
3	꽁치	2.99
4	정어리	1.85

등 푸른 생선의 불포화지방 함량을 정리하다 보니, 진료실에서 오메가-3 알약 1,000mg짜리를 몇 개씩 처방하는 것보다 등 푸른 생선 한 토막을 먹도록 교육하는 것이 훨씬 좋겠다 싶은 생각이 드는군요. 고등어 한 토막에 1,000mg짜리 오메가-3 알약 여러 개가 들어있는 셈이지요.

고라니

학명	*Hydropotes inermis*
계(Kingdom)	동물계(Animalia)
문(Phylum)	척삭동물(Chordata)
강(Class)	포유류(Mammalia)
분류[105]	소목(Artiodactyla) 사슴과(Cervidae)
자산어보	없음
영어	Water deer
일어	キバノロ(기바노로)

사슴처럼 생긴 야생동물인데요. 사슴이나 노루와 달리, 뿔이 없습니다. 그리고, '기바(キバ, 이빨)' + '노로(ノロ, 노루)'라는 일어 이름에서 보듯, 기다란 송곳니가 특징적이지요. 아쉽게도, 여러 번 고라니를 만났지만 제가 찍은 사진이 없군요.

민물에서 밤낚시를 하다 보면, 흔히 들리는 고라니 울음소리가 인상적이기도 한데요. 울음소리가 엄청나게 커서, 산과 저수지가 쩌렁쩌렁 울립니다. 새벽에 낚시하러 가다가, 도로 위에서, 사슴처럼 생긴 고라니를 더러 만나기도 하지요.

저는, 2016년 6월 5일에, 안면도 바다 좌대에서 밤낚시 하던 중에 고라니를 만난 적도 있는데요. 육지에 있던 고라니가 좌대의 불빛을 보고, 썰물 때 헤엄쳐온 것 같았습니다. 고라니를 영어로는 <물사슴(Water deer)>이라고 하는데요. 주로 물가에 살며 물을 좋아하는 모양입니다. 수영도 잘합니다. 학명에 있는, *Hydropotes*라는 속명

105) doopedia. https://www.doopedia.co.kr/

(屬名, genus)의 '*Hydro-*'도 물과 관련이 있음을 나타내는 접두어이지요.

고라니는 자동차 불빛을 보고도 피하지 않습니다. 아마도 그래서 도로에서 고라니 사고가 많은 것 같습니다. 운전하다가 고라니를 만났을 때, 상향등을 켜기보다는 경적을 울리는 것이 도움이 될 듯합니다.

죽은 고라니가 아깝다고 식용(?)으로 가져가지 마시기를 바랍니다. 고라니 몸에 야생 진드기가 아주 많더군요.

언제였나요? 7~8년 전에 사부님, 인물회의 최영상님, 충남대병원 원무과의 나윤환님과 넷이서 홍원항에 참돔인가 주꾸미인가를 잡으러 가던 길이었던 것 같습니다. 최영상님의 차를 타고 갔지요. 새벽에 서천의 다사리에 다다를 무렵이었는데요. 도로에 고라니 한 마리가 차에 치여 죽어있는 것을 보고, 누군가

"아까우니 가져가자."

해서, 커다란 비닐봉지에 싸서 앞자리에 타신 분이 끌어안고 가져갔습니다.

그리고는 낚시를 마친 후에, 귀가하려고 차에 탔는데요. 세상에, 차 안에 온통 야생 진드기가 득실거렸습니다. 모두 기겁하여, 슈퍼에서 모기약을 사다가 사방에 뿌렸지요. 팬티 속까지 다 뿌리며, 야단법석을 떨었습니다. 나중에 보니, 최영상님은 차를 바꾸기까지 하셨더군요.

참, 나윤환님께서 쓰시던 먼바다 선상용 전동 릴을 2009년 12월

에 제가 인수했지요. 제가 처음으로 전동 릴을 장만한 것인데요. 지금까지 잘 사용하고 있습니다.

▶ 자산어보 내용

『자산어보』에 고라니에 관해 언급된 내용은 없습니다.

꽃게

2020.6.25. 집.

학명	*Portunus trituberculatus*
문	절지동물(Anthropoda)
강	연갑류(Malacostraca)
분류[106]	십각목((Decapoda) 꽃게과(Portunidae)
자산어보	시해(矢蟹)
영어	Swimming crab, Blue crab
일어	ガザミ(까자미)[107]

꽃처럼 생겨서, 이름이 '꽃게'일까요? 손암(巽庵) 정약전 선생께서는

> "눈 위에 뾰족한 침이 있어서, <화살 게>라는 의미의 이름을 얻었다."

라고, 설명하셨더군요. '꼬챙이'라는 뜻의 '찬(串)'이라는 글자를 '곶'으로 발음하기도 하는데요. 어쩌면 '곶'이라는 단어에서 '꽃게'라

106) 국립수산과학원 수산생명자원 정보센터 https://www.nifs.go.kr/frcenter/intro/?_p=intro_species

107) 네이버 일어사전.

는 이름이 유래했을는지도 모르겠습니다.

다른 게와는 달리, 헤엄을 칠 수 있기 때문에, 영어로는 <수영하는 게(swimming crab)>라고 하지요. 손암(巽庵) 선생께서도

> "이 게는 부채 모양의 다리 때문에 헤엄을 칠 수 있다. 물에서 이 게가 헤엄을 치면 큰바람이 불 징조이다."

라고, 말씀하기도 하셨습니다.

서해안에서 선상낚시 하다 보면 간간이 꽃게가 걸려 올라오기도 하지요. 산란기는 5~9월입니다.[108] 꽃게 6.4cm 이하는 방생해야 합니다. 또한, 6월에서 9월 사이에, 두 달 동안 꽃게 금어기가 지정됩니다.[109] 꽃게 6.4cm라고 하면 어느 길이를 말하는지 잘 모를 수도 있는데요. 갑각류의 크기에 대해서는 '두흉갑장'이라는 개념을 사용합니다. 꽃게의 등딱지를 타원형으로 생각했을 때, 작은 지름을 말합니다. 아래 그림과 같이, 수산자원 관리법에 갑각류의 두흉갑장을 측정하는 기준이 정해져 있습니다.[110]

[갑각류]

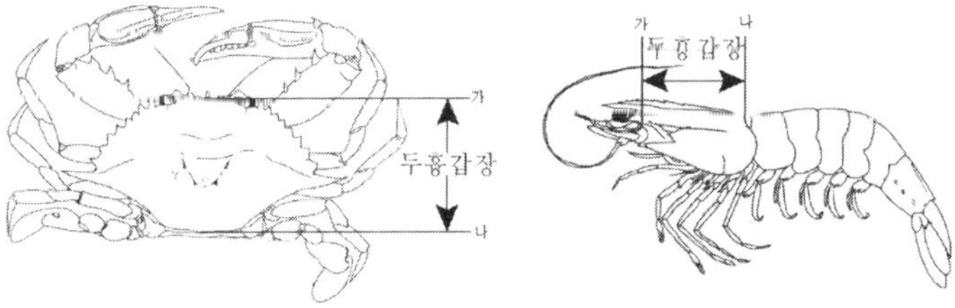

108) 국립수산과학원 수산생명자원 정보센터 https://www.nifs.go.kr/frcenter/intro/?_p=intro_species

109) 수산자원관리법. 국가법령정보센터. http://www.law.go.kr/

110) 수산자원관리법. 국가법령정보센터. http://www.law.go.kr/

▶ 자산어보 내용

『자산어보』에는 꽃게를 <시해(矢蟹)>로 설명하고 있습니다. 시(矢) 자가 '화살'이라는 뜻이니, <화살 게>라는 의미이군요.

"시해(속명 살궤殺跪)는 큰 것의 지름이 2척 정도이다. 뒷다리 끝부분이, 부채처럼 풍성하고 넓적하다. 양 눈 위에 1치 정도의 뾰족한 침이 있어서 이 이름을 얻었다. 적흑색이다. 보통 게는 달릴 수는 있어도 헤엄을 치지 못하는데, 유독 이 게만은 물에서 헤엄칠 수 있다. 부채 모양의 다리 때문이다. (이 게가) 물에서 헤엄을 치면 큰바람이 불 징조이다. 맛이 달고 좋다. 흑산도에서는 희귀하다. 늘 바닷속에 있으며, 때로 낚시에 걸려 올라온다. 칠산 바다에서는 그물로 잡는다."

[矢蟹/시해 俗名殺跪/속명살궤 大者徑二尺許/대자경이척허 後脚之末/후각지말 豊廣如扇/풍광여선 兩目上/양목상 有錐一寸餘/유추일촌여 以是得名/이시득명 色赤黑/색적흑 凡蟹皆能走/범해개능주 而不能游/이불능유 獨此蟹能游水/독차해능유수 以扇脚/이선각 游水則大風之候也/유수즉대풍지후야 味甘美/미감미 黑山則稀貴/흑산즉희귀 常在海中/상재해중 時或上釣/시혹상조 七山之海網捕/칠산지해망포][111][112][113]

111) 정약전.『자산어보』. 1814. 국립중앙도서관 소장본, p.78.

112) 이두순 역.『신역 자산어보』. 목근통, 2016. p.242~245.

113) 정명현 역.『자산어보 우리나라 최초의 해양생물 백과사전』. 서해문집, 2016. p.131.

▶ 영양 정보

비타민			레티놀(μg)	티아민(mg)	리보플라빈(mg)	나이아신(mg)	아스코빅산(mg)				
		꽃게	0	0.04	0.07	2.6	0				
아미노산(mg)	필수		이소류신	류신	라이신	메티오닌	페닐알라닌	트레오닌	트립토판	발린	히스티딘
		꽃게	674	1194	1035	395	630	600	173	698	306
		내장	442	702	683	127	438	421	189	552	462
		알	**1309**	**2078**	**1578**	443	**1069**	**1248**	**475**	**1447**	**919**
	기타		아르기닌	티로신	시스테인	글리신	프롤린	알라닌	아스파르트산	글루탐산	세린
		꽃게	**1743**	**664**	**178**	**1043**	**788**	924	1327	2326	527
		내장	714	349	120	584	514	682	916	1268	381
		알	**1684**	**1116**	**1128**	70	**1297**	**1296**	**1933**	**3256**	**1306**
무기질(mg)			칼슘	인	철						
		꽃게	**118**	182	**3.0**						

꽃게는 100g당, 74kcal, 단백질 15.9g, 지방 0.7g으로, 저칼로리 저단백 저지방이군요. 불포화지방의 비율은 77.2%로, 낙지(79.3%), 미꾸라지(78.0%)에 이어 3위입니다. 불포화지방 함량은 1.31g으로, 낮은 편입니다. 타우린은 무려 711mg으로 매우 높아서, 두족류 급에 해당하는군요.

필수아미노산은 높은 항목이 없고, 기타 아미노산은 아르기닌, 티로신, 시스테인, 글리신, 프롤린이 높군요. 특히 아르기닌은 대하(2,897mg) 다음으로 높습니다. 글리신은 대하(1,487mg), 참가자미(1,051mg)에 이어 3위입니다. 칼슘과 철도 높습니다.

그리고 특이하게, 꽃게에는 베타인류가 매우 높은데요. 글리신 베타인은 461.2mg으로, 대하(776.7mg), 오징어(773.9mg)에 이어 3위이군요. 호마린은 128.9mg으로, 오징어(151.5mg), 대문어(148.6mg)에 이어 3위입니다. 꽃게 내장에는 셀레늄이 2.54㎍으로, 이 책에 제시한 물고기 중에 가장 높습니다(아래 표 참조).[114] 갑각류의 껍데기에 많이 함유된 키틴 성분도 주목을 받는 부분입니다.

<셀레늄 함량> 100g 기준

순위	물고기	㎍
1	꽃게 내장	2.54
2	미꾸라지	1.82
3	꽃게	1.07
4	성대	0.93
	붕장어	

한국 성인의 셀레늄 하루 섭취 권장량은 남녀 모두 60㎍이군요.[115] 셀레늄은, 세포 내 항산화 역할을 하는 글루타치온 과산화효소(glutathione peroxidase)의 필수성분입니다. 강력한 항산화제로 작용하지요. 항산화제는, 산화물질로부터 단백질, 세포막, 지방, 핵산을 보호함으로써, 노화를 방지하고 건강에도 많은 도움을 줍니다. 최근에는 셀레늄의 암 예방 효과에 대해 활발하게 연구되고 있지요.[116]

꽃게의 알에는 아미노산이 아주 많은데요. 필수아미노산으로 지정된 9개의 성분 중 무려 여섯 항목이 1위입니다. 필수아미노산 중에, 메티오닌을 제외한 모든 항목이 많은데요. 특히 이소류신, 류신,

114) 국립수산과학원. 표준수산물성분표 2018. http://www.nifs.go.kr/page?id=aq_seafood_1_01

115) 보건복지부·한국영양학회. 2015 한국인 영양소 섭취기준.

116) 대한내과학회 편. 해리슨 내과학 번역판, 18판. 도서출판 MIP, 2013. p.586.

페닐알라닌, 트레오닌, 트립토판, 발린은 이 책에 제시하는 물고기 중에 가장 높습니다(아래 표 참조). 히스티딘은 방어(1,281mg), 고등어(1,121mg)에 이어 3위입니다.

<이소류신 함량> 100g 기준

순위	물고기	mg
1	꽃게알	1309
2	방어	1247
3	감성돔	1098
4	참돔	1031
5	달고기	1003

<류신 함량> 100g 기준

순위	물고기	mg
1	꽃게알	2078
2	감성돔	1922
3	참돔	1800
4	방어	1796
5	쥐치	1733

<페닐알라닌 함량> 100g 기준

순위	물고기	mg
1	꽃게알	1069
2	매퉁이	1000
3	감성돔	957
4	능성어	956
5	참돔	944

<트레오닌 함량> 100g 기준

순위	물고기	mg
1	꽃게알	1248
2	참돔	980
3	삼치	935
4	벵에돔	925
5	쥐노래미	912

<트립토판 함량> 100g 기준

순위	물고기	mg
1	꽃게알	475
2	참돔	409
3	성대	372
4	가숭어	370
5	돌돔	367

<발린 함량> 100g 기준

순위	물고기	mg
1	꽃세알	1447
2	간성돔	1131
3	참돔	1109
4	쥐치	1068
5	매퉁이	1067

꽃게의 알에는, 기타 아미노산도 9개의 성분 중 네 항목이 1위인데요. 글리신을 제외한 모든 항목이 높습니다. 특히 티로신, 시스테인, 프롤린, 세린은 이 책에 제시하는 물고기 중에 가장 높습니다(아래 표 참조). 알라닌은 감성돔(1,332mg), 벵에돔(1,304mg)에 이어 3

위입니다.

<티로신 함량> 100g 기준

순위	물고기	mg
1	꽃게알	1116
2	감성돔	893
3	능성어	839
4	쥐치	834
5	황어	819

<시스테인 함량> 100g 기준

순위	물고기	mg
1	꽃게알	1128
2	메기	676
3	벵에돔	273
4	쥐치	245
5	잉어	241
	자주복	

<프롤린 함량> 100g 기준

순위	물고기	mg
1	꽃게알	1297
2	오징어 수컷	1117
3	대하	1077
4	꽃게	788
5	미꾸리	779

<세린 함량> 100g 기준

순위	물고기	mg
1	꽃게알	1306
2	참돔	870
3	삼치	832
4	성대	816
5	벵에돔	812

아미노산은 단백질을 구성하는 성분이지요. 조직의 성장과 유지에 관여하고, 호르몬과 효소, 항체 등의 주요 구성성분이 됩니다. 필수아미노산과 비 필수아미노산의 정의에 대해서는 <감성돔> 편을 참조해주시기 바랍니다.

한국 성인의 이소류신 하루 섭취 권장량은, 남성 1,200~1,300mg, 여성 1,000~1,100mg이군요.[117] 이소류신은 헤모글로빈 생성과 혈당 감소 효과를 나타냅니다.[118]

117) 보선복지부·한국영양학회. 2015 한국인 영양소 섭취기준.

118) 김갑성 외. 일차진료 아카데미 정맥영양주사요법, Master IVNT 3.0, 2019, 일차진료아카데미 출판사. p.520.

한국 성인의 류신 하루 섭취 권장량은 남성 2,700~3,000mg, 여성 2,200~2,400mg입니다.[119] 류신은 뼈, 피부, 근육의 조직 재생 및 혈당 감소 효과를 나타냅니다.[120]

<페닐알라닌+티로신>의 한국 성인 하루 섭취 권장량은 남성 3,200~3,400mg, 여성 2,600~2,800mg이군요.[121] 페닐알라닌은 관절염 등의 통증 조절, 식욕 억제, 파킨슨병에 도움이 되지요. 티로신은 우울증, 알레르기, 두통 치료에 도움이 됩니다.[122]

한국 성인의 트레오닌 하루 섭취 권장량은 남성 1,100~1,400mg, 여성 1,000~1,300mg입니다.[123] 트레오닌은 콜라겐과 엘라스틴 합성 원료가 되고 간의 지방을 제거합니다.[124]

트립토판의 한국 성인 하루 섭취 권장량은 남성 300mg, 여성 200~300mg이군요.[125] 트립토판은 체내에서 나이아신(niacin)을 합성하고, 세로토닌 원료가 되어 불면증 등에 도움이 되지요.[126]

---

119) 보건복지부·한국영양학회. 2015 한국인 영양소 섭취기준.

120) 김갑성 외. 일차진료 아카데미 정맥영양주사요법, Master IVNT 3.0, 2019, 일차진료아카데미 출판사. p.520.

121) 보건복지부·한국영양학회. 2015 한국인 영양소 섭취기준.

122) 김갑성 외. 일차진료 아카데미 정맥영양주사요법, Master IVNT 3.0, 2019, 일차진료아카데미 출판사. p.520.

123) 보건복지부·한국영양학회. 2015 한국인 영양소 섭취기준.

124) 김갑성 외. 일차진료 아카데미 정맥영양주사요법, Master IVNT 3.0, 2019, 일차진료아카데미 출판사. p.520.

125) 보건복지부·한국영양학회. 2015 한국인 영양소 섭취기준.

126) 김갑성 외. 일차진료 아카데미 정맥영양주사요법, Master IVNT 3.0, 2019, 일차진료아카데미 출판사. p.520.

한국 성인의 발린 하루 섭취 권장량은 남성 1,500~1,600mg, 여성 1,200~1,300mg입니다.[127] 발린은 근육 내 물질대사와 질소 균형 등에 관여하고, 면역력 향상, 콜라겐 합성 및 조직 수복의 효과가 있습니다.[128]

<메티오닌+시스테인>의 한국 성인 하루 섭취 권장량은 남성 1,200~1,300mg, 여성 1,000~1,100mg이군요.[129] 시스테인은 메티오닌에서 생성되며 멜라닌 합성을 억제합니다.[130]

비필수 아미노산인, 프롤린과 세린에 대해서는 권장 기준이 없습니다.[131] 프롤린은 콜라겐 생성 및 연골 재생 도움이 되고, 세린은 지방의 대사와 면역력 향상에 도움이 됩니다.[132]

---

127) 보건복지부·한국영양학회. 2015 한국인 영양소 섭취기준.

128) 김갑성 외. 일차진료 아카데미 정맥영양주사요법, Master IVNT 3.0, 2019, 일차진료아카데미 출판사. p.520.

129) 보건복지부·한국영양학회. 2015 한국인 영양소 섭취기준.

130) 김갑성 외. 일차진료 아카데미 정맥영양주사요법, Master IVNT 3.0, 2019, 일차진료아카데미 출판사. p.520.

131) 보건복지부·한국영양학회. 2015 한국인 영양소 섭취기준.

132) 김갑성 외. 일차진료 아카데미 정맥영양주사요법, Master IVNT 3.0, 2019, 일차진료아카데미 출판사. p.520.

날치

2016.9.17. 남해 먼바다 선상.

학명	*Cypselurus agoo*
분류[133]	동갈치목(Beloniformes) 날치과(Exocoetidae)
자산어보	비어(飛魚)
영어	Flying fish
일어	トビウオ(토비우오)

먼바다 갈치를 잡으러 가서 종종 만나는 귀여운 물고기인데요. 손암(巽庵) 정약전 선생께서는

"날아다니는 물고기"

라는 의미의 이름으로 설명하셨지요. 이 물고기는, 신기하게도, 새처럼 날개(?)를 퍼덕이며 물 위에서 막 날아다닙니다.

산란기는 5~7월이며, 산란 후 사망합니다.[134] 수면 위 2~3m 높이

133) 국립수산과학원 수산생명자원 정보센터 https://www.nifs.go.kr/frcenter/intro/?_p=intro_species

134) 국립수산과학원 수산생명자원 정보센터 https://www.nifs.go.kr/frcenter/intro/?_p=intro_species

에서, 수백 미터를 날아가기도 합니다.[135] 손암(巽庵) 선생께서도

"날개를 펴서 수십 보를 날 수 있다."

라고 설명하셨더군요.

물속에 살면서, 하늘에서 사는 새들의 삶을 부러워하며 날고 싶었던 걸까요? 아니면 물속에서 큰 물고기에게 공격당할 때 살기 위해서 물 밖으로 날아다니는 것일까요? 그것도 아니면, 날아다니던 새가, 물속에 살고 싶어서, 물고기가 된 것일까요?

위의 사진은, 갈치를 잡으러 갔다가, 사부님께서

"물고기 책에 넣어라."

라고 하시며, 뜰채로 날치를 잡아서 들고 계시는 사진입니다. 초밥이나 비빔밥에 날치알을 넣기도 하지요.

▶ 자산어보 내용

『자산어보』에는 날치를 <비어(飛魚)>로 설명하고 있습니다. '날 비(飛)' 자이니, <나는 물고기>라는 의미이군요.

> "비어(속명 날시어辣時魚 또는 날치어辣峙魚)[136]는 큰 것이 2척을 넘지 않는다. 몸이 둥글고, 푸른색이다. 새처럼 날개가 있는데, 색이 푸르고 선명하다. 날아서 가면, 수십 보를 날 수 있다. 맛은 아주 엷고 좋지 않다. 망종(芒種, 보리 베기와 모내기에 적당한 때, 6월 6일경) 때 해안에 모여들어 산란한다. 어부들이 횃불을 밝혀, 쇠 작살을 사용하여 잡는다. 홍의도(홍도)와 가가도(가거도)에서만 나지만, 흑

135) 국립수산과학원 수산생명자원 정보센터 https://www.nifs.go.kr/frcenter/intro/?_p=intro_species

136) 국립중앙도서관 소장본이 아닌 다른 본에는 '날치어(辣峙魚)'로 기록되어 있기도 하다.

산도에도 간혹 있다."

[飛魚/비어 俗名辣時(峙)魚/속명날시(치)어 大者二尺弱/대자이척약 體圓色靑/체원색청 有翼如鳥/유익여조 色靑鮮/색청선 飛則到之/비즉도지 能至數十步/능지수십보 味極薄劣/미극박열 芒種時/망종시 聚于海岸産卵/취우해안산란 漁者爇燎/어자설요 用鐵錢錐捕之/용철기추포지 只産於紅衣可佳島/지산어홍의가가도 而黑山間有之/이흑산간유지][137][138][139]

▶ **영양 정보**

비타민	레티놀 (㎍)	티아민 (mg)	리보플라빈 (mg)	나이아신 (mg)	아스코빅산 (mg)
	5	0.02	0.11	**4.2**	0
무기질(mg)	칼슘	인	철		
	20	175	0.9		

날치는 100g당, 99kcal, 단백질 22.2g, 지방 0.5g으로, 칼로리가 약간 높으면서 매우 고단백 저지방이군요. 불포화지방의 비율은 60.2%이며, 불포화지방 함량은 0.3g으로 적습니다. 비타민은 나이아신이 높은 편이군요. 국립수산과학원 수산물성분표에 날치의 아미노산에 대한 자료는 없습니다.[140]

137) 정약전.『자산어보』. 1814. 국립중앙도서관 소장본. p.35~37.

138) 이두순 역.『신역 자산어보』. 목근통, 2016. p.113~117.

139) 정명현 역.『자산어보 우리나라 최초의 해양생물 백과사전』. 서해문집, 2016. p.79~82.

140) 국립수산과학원. 표준수산물성분표 2018. http://www.nifs.go.kr/page?id=aq_seafood_1_01

넙치(광어)

2012.5.12. 서천 홍원항 호해스타호 선상

학명	*Paralichthys olivaceus*
분류[141]	가자미목(Pleuronectiformes) 넙치과(Paralichthyidae)
자산어보	접어(鰈魚)
영어	Bastard halibut, Oliver flounder
일어	ヒラメ(히라메)

손암(巽庵) 정약전 선생께서는

"접어"

라고 하셨군요. <접어(鰈魚)>의 설명에 대해서는, <가자미> 편을 참조해주시기 바랍니다.

영어 이름이 약간 특이한데요. Bastard halibut이라는 명칭에서, halibut은 큰 넙치를 말하는데, bastard가 '사생아' 또는 '잡종'이라는 뜻이 있더군요. Oliver flounder라는 명칭에서는, Oliver라는 단어는 '발로 밟는 쇠망치'라는 뜻이 있더군요. Flounder에 대해서는

141) 국립수산과학원 수산생명자원 정보센터 https://www.nifs.go.kr/frcenter/intro/?_p=intro_species

<가자미> 편에서 살펴본 바 있습니다.

저는 광어라고 계속 불러왔는데요. 넙치가 표준어입니다. 산란기는 2~6월이며, 3년생 정도에 산란을 시작합니다. 부화 후 1년이면 24cm, 2년이면 35cm, 3년이면 45cm, 5년이면 61cm 정도가 됩니다. 최대 85cm까지 성장합니다. 서해안에서는, 겨울에 남쪽 흑산도 서방해역에서 월동한 후, 봄에 올라와 연안에 서식하다가, 가을에 다시 남하합니다.[142] 21cm 이하는 방생해야 합니다.[143]

자연산 광어의 배는 잡티 하나 없이 하얗지요. 양식 광어는 배에 흑화 현상이 있습니다. 최근에는, 무흑화 양식 기술의 발달로 자연산처럼 배가 하얀 양식 광어도 있다고 합니다. 그러나 양식 광어는, 이때에도 배지느러미와 등지느러미 주변에 흑화 현상이 조금 남아 있다고 하더군요.[144]

아주 오래전에 소화기 내과의 이헌영 교수님, 순환기 내과의 성인환 교수님과 서해안에 선상낚시를 간 적이 있는데요. 이헌영 교수님도 회 뜨는 칼을 가지고 계신 것을 보니, 낚시를 꽤 좋아하셨던 것 같습니다. 소황이 시원치 않아서, 배에서 내린 후, 근처에 있는 한산한 횟집에서 광어회를 먹었지요. 그런데 횟집 주인이

"100% 자연산 광어이다."

라며 썰어준 회가 아무 맛이 안 나더군요. 언젠가 부산 자갈치

142) 국립수산과학원 수산생명자원 정보센터 https://www.nifs.go.kr/frcenter/intro/?_p=intro_species

143) 수산자원관리법. 국가법령정보센터. http://www.law.go.kr/

144) 입질의 추억 http://slds2.tistory.com/

시장에서 먹었던 양식 광어는 오히려 감칠맛이 있었는데 말이지요. 손암(巽庵) 선생께서도

"광어는 맛이 달고 진하다."

라고 말씀하셨지요. 횟집 주인이 거짓말을 했을 리는 없고….

왜 그럴까 하고 탐구해보니, 그 횟집에 손님이 없었던 것이 문제였습니다. 손님이 없으니, 자연산 광어가 횟집의 수족관에 오래 있을 수밖에 없었지요. 자연산 광어가 한 달 정도 그 좁은 수족관에 갇혀있었다면, 양식 광어보다도 못한 상태가 되는 것이지요. 횟집을 갈 때는 손님이 많은 집, 그러니까 수족관 속의 물고기 순환이 빠른 집에 가야겠습니다. 제 나름의 분석일 뿐입니다.

손암(巽庵) 선생께서는

"광어는 두 눈이 왼쪽에 있다."

라고 설명하셨지요. 그런데 저는, 좌광우도? 우광좌도? 도다리와 광어를 구별하는 것이 자주 헷갈리더군요. 그래서

"제주도에 가면 <우도>라는 섬이 있다."

라고, <우도> 즉 <우측이면 도다리> 하나만 외웠는데요. 며늘아기는

"<왼쪽>이 두 글자이니 같은 두 글자인 <광어> 또는 <넙치>이고, <오른쪽>이 세 글자이니 같은 세 글자인 <도다리> 또는 <가자미>이다."

라고 외웠다는군요.

도다리인지 광어인지를 관찰할 때, 물고기의 자세가 중요한데요. 등지느러미 부분을 위쪽으로 향하게 하고, 배지느러미(창자가 들어있는 복부)를 아래로 하여 물고기를 세웁니다. 그리고 관찰자와 나란하게, 물고기의 머리 부분이 앞을 향하게 하고, 꼬리가 뒤를 향한

상태에서 관찰하면 됩니다. 이 자세에서 오른쪽이 손등처럼 검은색이면 도다리이고, 반대로 왼쪽이 검으면 광어이지요. 검은 쪽에 눈이 달려 있습니다.

광어는 항상 바닥에서 두 눈을 수면 위쪽을 바라보고 먹이를 기다린다고 합니다. 은신하고 오래 기다렸다가 먹이를 잡아먹기 때문에, 한 번의 기회를 놓치지 않으려 한다는군요. 입은 작지만, 먹이를 먹을 때는 최대한 크게 벌리고 공격하기 때문에, 바늘과 루어가 커도 된다고 합니다.[145)]

2012년 5월 12일은 사부님께 광어 다운 샷을 처음 배운 날입니다. 사부님, 문제남님, 이순덕님과 동행했지요. 광어 다운 샷은 20호~30호(75~112.5g) 봉돌을 달고, 목줄에 배스 낚싯바늘을 묶어서, 인조 미끼 웜을 끼우는 루어낚시이더군요.

낚시를 시작하기 전에, 호해스타호 장세열 선장님이

"오늘 광어 세 마리를 먼저 잡는 사람에게 특별상을 주겠다."

고 공고하시더군요.

그런데, 제가 운 좋게도, 이날 승선한 조사님들 중 가장 먼저 광어 세 마리를 잡아서 참돔 타이라바 2개를 받았습니다. 처음 도전해보았는데, 광어를 여섯 마리나 잡았습니다. 봄 광어회가 맛있더군요.

저는 타이라바가 무엇인지도 몰랐기에, 다음에 참돔 타이라바 낚시를 배우러 가게 되었지요. 타이라바 낚시에 대해서는 <참돔> 편을 참조해주시기 바랍니다.

---

145) 어부 요한의 바다사랑 이야기 http://blog.daum.net/johns1004/98

2012.5.12. 서천 홍원항 호해스타호 선상.
사부님께 광어 다운 샷 처음 배움.
장세열 선장님이 3마리 먼저 잡는 사람에게 주는 상 받음.

▶자산어보 내용

『자산어보』에는 넙치를 <접어(鰈魚)>로 설명하고 있습니다. 접(鰈)은 '가자미 접' 자로, 가자미 또는 넙치를 의미하지요. <가자미> 편을 참조해주시기 바랍니다.

> "접어(속명 광어廣魚)는 큰 것이 길이가 4~5척이고, 너비는 2척 정도이다. 몸이 넓고 얇다. 두 눈이 왼쪽에 치우쳐 있다. 입은 가로로 갈라져 있고, 입꼬리가 입 아래에 있다. 창자는 지갑처럼 생겼고, 두 개의 방이 있다. 두 개의 알집이 가슴에서 등뼈 사이를 따라 꼬리까지 이른다. 등은 검고, 배는 하얗다. 비늘은 아주 잘다. 맛은 달고 진하다."
> [鰈魚/접어 俗名廣魚/속명광어 大者長四五尺/대자장사오척 廣二尺許/광이척허 體廣而薄/체광이박 兩目偏於左邊/양목편어좌변 口縱坼/구종탁 尻在口下/고재구하 腸如紙匣/장여지갑 有二房/유이방 卵有二胞/난유이포 自胷而由脊骨間/자흉이유척골간 達于尾/달우미 背黑腹白/배흑복백 鱗極細/인극세 味甘而醲/미감이농][146][147][148]

---

146) 정약전. 『자산어보』. 1814. 국립중앙도서관 소장본. p.29.

147) 이두순 역. 『신역 자산어보』. 목근통, 2016. p.87~91.

148) 정명현 역. 『자산어보 우리나라 최초의 해양생물 백과사전』. 서해문집, 2016. p.71.

▶ 영양 정보

구분										
비타민		레티놀 (㎍)	티아민 (mg)	리보플라빈 (mg)	나이아신 (mg)	아스코빅산 (mg)				
		8	0.1	**0.2**	**6.5**	**1.0**				
아미노산 (mg)	필수	이소류신	류신	라이신	메티오닌	페닐알라닌	트레오닌	트립토판	발린	히스티딘
		946	**1634**	**1828**	**626**	**841**	**825**	221	**1065**	477
	기타	아르기닌	티로신	시스테인	글리신	프롤린	알라닌	아스파르트산	글루탐산	세린
		1140	**713**	**225**	**915**	582	**1119**	1592	**3208**	**789**
무기질 (mg)		칼슘	인	철						
		21	**240**	0.6						

광어는 100g당, 109kcal, 단백질이 20.9g, 지방이 2.2g으로, 고칼로리 고단백이면서 고지방입니다. 불포화지방의 비율이 73.2%이며, 불포화지방 함량은 1.61g으로 높은 편입니다. 타우린이 196mg입니다. 비타민은 리보플라빈, 나이아신, 아스코빅산이 높군요.

필수아미노산은 트립토판과 히스티딘을 제외한 모든 항목이 높습니다. 기타 아미노산은 프롤린과 아스파르트산을 제외한 모든 항목이 높군요. 무기질은 인이 많은 편입니다. 셀레늄은 0.14㎍이군요. 베타인류는, 글리신 베타인 38.4mg, 호마린 17.5mg입니다.[149]

149) 국립수산과학원. 표준수산물성분표 2018. http://www.nifs.go.kr/page?id=aq_seafood_1_01

●

노래미(쥐노래미)

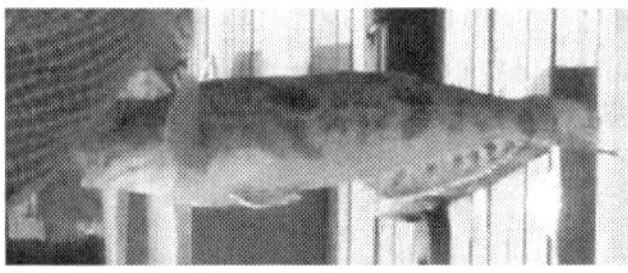
2010.6.6. 안면도 좌대 노래미

2012.9.7. 청산도 선상 쥐노래미

학명	*Hexagrammos otakii(쥐노래미)* *H. agrammus(노래미)*
분류[150)	쏨뱅이목(Scorpaeniformes) 쥐노래미과(Hexagrammidae)
자산어보	이어(耳魚)/노래미 서어(鼠魚)/쥐노래미
영어	Fat greenling(쥐노래미) Spottybelly greenling(노래미)
일어	アイナメ(아이나메, 쥐노래미) クジメ(구지메, 노래미)

손암(巽庵) 정약전 선생께서는

"귀 물고기, 쥐 물고기"

라는 의미의, 특이한 이름으로 노래미와 쥐노래미를 설명하셨는데요. 노래미는 놀래미, 놀래기, 게르치, 노랭이 등으로 부르기도 합니다. 쥐노래미는 게르치, 석반어로 부르기도 합니다.

노래미와 쥐노래미는 산란기가, 봄이 아니고, 10~1월입니다.[151)]

150) 국립수산과학원 수산생명자원 정보센터 https://www.nifs.go.kr/frcenter/intro/?_p=intro_species

151) 국립수산과학원 수산생명자원 정보센터 https://www.nifs.go.kr/frcenter/intro/?_p=intro_

손암(巽庵) 선생께서도

"대개의 물고기가 봄에 산란하는데, 이 물고기들은 특이하게 가을에 산란한다."

라고 설명하셨지요.

쥐노래미는 부화 후 1년이면 11~13cm, 2년이면 17~21cm, 3년이면 24~29cm, 4년이면 30~38cm로 성장합니다.[152] 쥐노래미 20cm 이하는 방생해야 합니다. 11월~12월은 쥐노래미 금어기입니다.[153]

노래미와 쥐노래미는 모양이 유사한데요. 쥐노래미는 몸통 옆에 측선이 5줄인데, 노래미는 1개뿐입니다.[154] 손암(巽庵) 선생께서는

"이 물고기들은 머리에 파리 날개처럼 생긴 두 귀가 있다."

라고 설명하셨더군요.

노래미는 성질이 엄청 사납습니다. 2년 전에 서해안의 위도라는 섬에 간 적이 있는데요. 생선탕을 끓여주는 식당 아저씨가

"우럭과 노래미를 같은 수족관에 넣으면 우럭이 다 죽습니다. 노래미가 사나워서 우럭의 눈을 다 파먹습니다."

라고 가르쳐주시더군요.

믿기 어렵지만, 사실이라고 하시네요. 겉모양만 봐서는, 날카로

---

species

152) 국립수산과학원 수산생명자원 정보센터 https://www.nifs.go.kr/frcenter/intro/?_p=intro_species

153) 수산자원관리법. 국가법령정보센터. http://www.law.go.kr/

154) 국립수산과학원 수산생명자원 정보센터 https://www.nifs.go.kr/frcenter/intro/?_p=intro_species

운 가시의 우람한 등지느러미를 장착한, 우럭(조피볼락)이 이길 것 같은데 말이지요.

노래미는, 우럭과 함께, 국민 횟감인 물고기이지요. 회를 떠보면, 우럭은 덩치만 크지 살이 별로 나오지 않는데요. 노래미는 의외로 살이 많습니다. 회 맛이 아주 담백하더군요. 20여 년 전에 가족과 함께 원산도에 갔을 때, 잡은 노래미로 아이들에게 회를 떠 준 적이 있습니다. 초등학교에 다니던 작은아들이 생선회를 안 먹었었는데요. 작은아들이 노래미 회를 먹어보고는

"맛있다."

고 하며, 노래미 때문에 생선회를 먹기 시작했지요.

2020.9.26. 서해안 위도. 노래미 회.

봄에 서해안에서 참돔 선상낚시를 하다 보면, 노래미가 많이 잡힙니다. 물간을 해서 구우니 맛이 아주 좋더군요. <물간>을 하는 방법에 대해서는 <보구치(백조기)> 편을 참조해주시기 바랍니다.

2018년 4월 13~15일에 여수엑스포컨벤션센터에서 대한가정의학회 춘계학회가 열렸지요. 토요일 오후 학술대회에서 의료인문학을 강의하고, 3년 차 전공의 금암(琴岩) 김지한님, 여암(如岩) 이사미님, 그리고 나, 이렇게 셋이 여수항 인근 선착장에 나갔습니다.

파도는 크지 않은데 바람이 너무 세차게 불더군요. 지렁이를 미끼로 하여 원투 낚시를 했습니다. 좋지 않은 날씨 여건에도 불구하고, 어복 많은 여암(如岩) 이사미님이 준수한 씨알의 노래미 몇 마리를 잡아내더군요. 즉석 노래미 회를 만들어서 맛보고, 의국원들이 모여 저녁 식사하는 장소로 복귀했지요.

2018.4.14. 여수항 인근.
전공의 3년 차 금암(琴岩) 김지한님과 여암(如岩) 이사미님 동행.

늘 어복이 많은 여암(如岩) 이사미님! 이사미님이 잡은 씨알 좋은 노래미 즉석 손질 회.

▶ **자산어보 내용**

『자산어보』에는 <이어(耳魚)>라는 큰 항목 속에, 노래미를 <이어(耳魚)>로, 쥐노래미를 <서어(鼠魚)>로 설명하고 있습니다. '귀 이

(耳)', '쥐 서(鼠)' 자이니, <귀 물고기>와 <쥐 물고기>라는 의미인가 봅니다.

> "이어(속명 노남어老南魚)는 큰 것이 2~3척이다. 몸이 둥글고 길며, 비늘이 잘다. 황색 또는 황흑색이며, 머리에 파리 날개처럼 생긴 두 귀가 있다. 맛은 엷고, 돌 틈에 숨어있다.
>
> 서어(속명 주노남走老南)는 모양이 이어(노래미)와 비슷하고, 머리가 조금 뾰족하고 점점 줄어든다. 적색과 흑색이 서로 무늬를 이루며, 역시 머리에 귀가 있다. 살은 푸르고, 맛이 아주 엷으며, 비린내가 더 심하다.
>
> 대개의 물고기가 모두 봄에 알을 낳는데, 이어(耳魚)는 홀로 가을에 산란한다."
>
> [耳魚/이어 俗名老南魚/속명노남어 大者二三尺/대자이삼척 體圓而長/체원이장 鱗細/인세 色黃或黃黑/색황혹황흑 頭有兩耳如蠅翼/두유양이여승익 味薄/미박 伏於石間/복어석간
>
> 鼠魚/서어 俗名走老南/속명주노남 狀類耳魚/상류이어 而頭稍尖殺/이두초첨살 色赤黑相斑/색적흑상반 頭亦有耳/두역유이 肉靑/육청 味甚薄/미심박 腥臭尤甚/성취우심
>
> 凡魚皆春卵/범어개춘란 而耳魚獨秋卵也]/이이어독추란야][155][156][157]

155) 정약진. 『자신어보』. 1814. 국립중앙도서관 소장본. p.38.

156) 이두순 역. 『신역 자산어보』. 목근통, 2016. p.118~120.

157) 정명현 역. 『자산어보 우리나라 최초의 해양생물 백과사전』. 서해문집, 2016. p.82~83.

▶ 영양 정보

<쥐노래미(학명 *Hexagrammos otakii*)>

비타민		레티놀 (μg)	티아민 (mg)	리보플라빈 (mg)	나이아신 (mg)	아스코빅산 (mg)				
		6	0.2	0.24	3.3	1.0				
아미노산 (mg)	필수	이소류신	류신	라이신	메티오닌	페닐알라닌	트레오닌	트립토판	발린	히스티딘
		994	1683	2055	645	849	912	199	1046	491
	기타	아르기닌	티로신	시스테인	글리신	프롤린	알라닌	아스파르트산	글루탐산	세린
		1189	661	208	870	679	1190	2102	3326	800
무기질 (mg)		칼슘	인	철						
		26	191	0.3						

쥐노래미는 100g당, 119kcal, 단백질 21.0g, 지방이 3.0g으로, 매우 고칼로리 고단백이면서 고지방입니다. 불포화지방의 비율은 67.1%이며, 불포화지방 함량은 2.01g으로 높은 편이군요. 타우린이 무려 405mg이나 됩니다. 비타민은 티아민, 리보플라빈, 아스코빅산이 많습니다. 필수아미노산은 트립토판을 제외하고, 모두 높습니다. 특히 라이신은 이 책에 제시한 물고기 중에 가장 높습니다(아래 표 참조). 기타 아미노산은 전체 항목이 다 높군요.[158)]

158) 국립수산과학원. 표준수산물성분표 2018. http://www.nifs.go.kr/page?id=aq_seafood_1_01

<라이신 함량> 100g 기준

순위	물고기	mg
1	쥐노래미	2055
2	벵에돔	2041
3	매퉁이	2029
4	양태	2014
5	능성어	1962

한국 성인의 라이신 하루 섭취 권장량은 남성 2,800~3,000mg, 여성 2,300~2,500mg이군요.[159] 라이신은, 칼슘 흡수를 촉진하여 뼈의 발달에 도움을 줍니다.[160]

<노래미(학명 *Hexagrammos agrammus*)>

비타민	레티놀 (μg)	티아민 (mg)	리보플라빈 (mg)	나이아신 (mg)	아스코빅산 (mg)
	8	0.12	0.09	2.6	**1.0**
무기질(mg)	칼슘	인	철		
	42	**246**	**2.9**		

노래미는 100g당, 89kcal, 단백질 17.5g, 지방이 1.3g으로, 약간 저칼로리 저단백 저지방입니다. 쥐노래미보다 칼로리, 단백질, 지방이 비교적 적습니다. 불포화지방의 비율은 67.6%이며, 불포화지방 함량은 0.88g으로 낮은 편이군요. 무기질은 인과 철이 높습니다. 아미노산에 대한 자료는 없군요.[161]

159) 보건복지부·한국영양학회. 2015 한국인 영양소 섭취기준.

160) 심삼성 외. 일차진료 아카데미 정맥영양수사요법, Master IVNT 3.0, 2019, 일차진료아카데미 출판사. p.520.

161) 국립수산과학원. 표준수산물성분표 2018. http://www.nifs.go.kr/page?id=aq_seafood_1_01

●

누치

2020.4.4. 충북 옥천군 독락정

학명	*Hemibarbus labeo*
분류[162)]	잉어목(Cypriniformes) 잉어과(Cyprinidae)
자산어보	없음
영어	Steed barbel, Skin carp
일어	コウライニゴイ(코우라이니고이)

학명에 나오는 *Hemibarbus*라는 속명(屬名, geus)은, ‘Hemi(절반)’ + ‘barbus(인도산 잉어과의 대형물고기)’의 합성어이군요. Labeo라는 종명(種名, species)은 ‘입술’이라는 뜻이지요. 입술에 특징이 있는 물고기인가 봅니다.

Steed barbel이라는 영어 이름이 궁금해서 찾아보니, steed는 ‘승마용 말’을 뜻하고, barbel은 ‘돌잉어 무리’를 뜻하는군요. ‘말처럼 생겼다’라는 의미인가요? 아니면, ‘말처럼 빠르게 달린다’라는 의미인가요? Skin carp이라는 영어 이름은 ‘피부 잉어’라는 뜻인데요. 무

162) 국립수산과학원 수산생명자원 정보센터 https://www.nifs.go.kr/frcenter/intro/?_p=intro_species

슨 의미인지 잘 모르겠군요.

산란기는 4~6월입니다. 부화 후 1년이면 7cm, 2년이면 12cm, 3년 이상이면 17cm 이상으로 성장하며, 큰 것은 45cm까지 이릅니다.[163)]

비늘을 벗겨보니, 위 그림에서 보는 것처럼, 민물고기인데 마치 바다의 청어처럼 생겼더군요. 조림으로 요리해보니, 살 속에 잔가시가 많아서, 조림이나 매운탕으로 먹기는 어렵겠습니다. 예로부터

"맛 좋은 고기가 가시도 많다."

라는 말도 있던데요. 누치에게는 조금 미안하지만, 맛도 그리 좋지는 않은 것 같았습니다. 튀김은 어떨지 모르겠습니다.

▶ 자산어보 내용

『자산어보』에는 누치에 관해 소개된 내용이 없습니다.

▶ 영양 정보

비타민	레티놀(μg)	티아민(mg)	리보플라빈(mg)	나이아신(mg)	아스코빅산(mg)
	14	**0.16**	0.08	3.6	**2.0**
무기질(mg)	칼슘	인	철		
	29	217	1.0		

163) 국립수산과학원 수산생명자원 정보센터 https://www.nifs.go.kr/frcenter/intro/?_p=intro_species

누치는 100g당, 105kcal, 단백질 17.3g, 지방이 3.0g으로, 고칼로리 약간 저단백이면서 고지방이군요. 불포화지방의 비율은 70.8%이며, 불포화지방 함량은 2.12g으로 높은 편입니다. 비타민은 티아민과 아스코빅산이 비교적 많습니다. 아미노산에 대한 자료는 없군요.[164)]

164) 국립수산과학원. 표준수산물성분표 2018. http://www.nifs.go.kr/page?id=aq_seafood_1_01

능성어

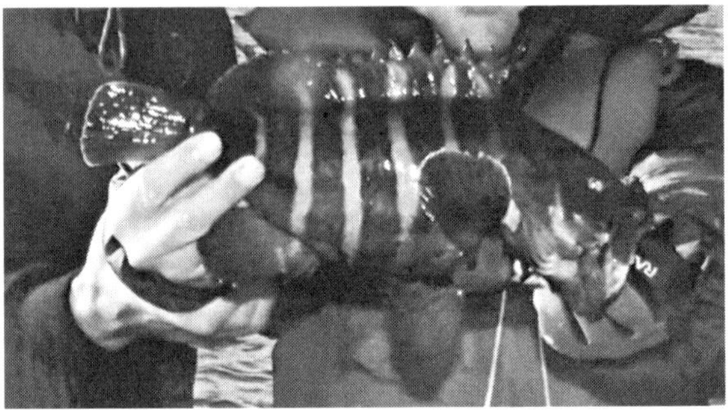

2018.12.15. 제주도 쇠소깍 선상.

학명	*Epinephelus septemfasciatus*
분류[165]	농어목(Perciformes) 바리과(Serranidae)
자산어보	없음
영어	Seven-band grouper
일어	マハタ(마하타)

영어 이름의 'seven-band'라는 단어에서 보듯, 몸 옆에 7개의 흑갈색 가로띠가 특징인데요. 마하타(マハタ)라는 일어 이름에 들어있는, 하타(ハタ)는 '깃발'이라는 뜻이 있지요. 능성어의 줄무늬를 보고 깃발을 연상하게 되는군요. 어릴 때는 이 무늬가 선명하지만 자라면서 점차 희미해집니다.

산란기는 5~9월입니다. 최대 90cm이지만, 1m 이상까지도 성장합니다. 계절에 따른 회유는 없습니다.[166]

165) 국립수산과학원 수산생명자원 정보센터 https://www.nifs.go.kr/frcenter/intro/?_p=intro_species

166) 국립수산과학원 수산생명자원 정보센터 https://www.nifs.go.kr/frcenter/intro/?_p=intro_

<도시어부>라는 TV 프로그램에서, 해외에 원정 출조한 출연자들이 낚시하는 배 위에서

"그루퍼!, 그루퍼!"

라고 소리치는 것을 듣고

'그루퍼(grouper)가 어떤 물고기일까?'

하고 궁금해서 찾아보았습니다.

일반적으로 그루퍼(grouper)라고 하면, 농어목(Perciformes) 농어과(Moronidae)의 물고기들을 지칭하는데요.[167] 영영사전에는 바리과(Serranidae)의 일부 물고기도 그루퍼로 지칭한다고 되어있군요. 능성어를 영어로 seven-band grouper라고 하니, <일곱 줄 그루퍼>라는 의미였군요.

능성어와 비슷하게 생긴 물고기가 있지요. 흔히 '다금바리'라고도 부르는, '자바리'라는 물고기입니다. 자바리는 몸통의 무늬가 호피 무늬입니다. 어렸을 때는 이 무늬가 선명하여 능성어와 구별이 쉽지만, 자라면 둘 다 무늬가 희미해져서 구별이 어려워집니다.

그러나저러나, 다금바리(학명 *Niphon spinosus*)와 자바리(학명 *Epinephelus bruneus*)는 모두 바리과(Serranidae)에 속하지만, 서로 다른 물고기입니다.[168]

---

species

167) 네이버 영어사전.

168) 국립수산과학원 수산생명자원 정보센터 https://www.nifs.go.kr/frcenter/intro/?_p=intro_species

2018.12.15. 쇠소깍 앞바다 선상. 오세훈님, 이규섭님, 김선봉님 동행.

▶ 자산어보 내용

『자산어보』에는 능성어에 관해 소개된 내용이 없습니다.

▶ 영양 정보

<table>
<tr><td colspan="2" rowspan="2">비타민</td><td>레티놀 (㎍)</td><td>티아민 (mg)</td><td>리보플라빈 (mg)</td><td>나이아신 (mg)</td><td>아스코빅산 (mg)</td><td></td><td></td><td></td><td></td></tr>
<tr><td>6</td><td>0.18</td><td>0.22</td><td>2.7</td><td>1.0</td><td></td><td></td><td></td><td></td></tr>
<tr><td rowspan="4">아미노산 (mg)</td><td rowspan="2">필수</td><td>이소류신</td><td>류신</td><td>라이신</td><td>메티오닌</td><td>페닐알라닌</td><td>트레오닌</td><td>트립토판</td><td>발린</td><td>히스티딘</td></tr>
<tr><td>898</td><td>1565</td><td>1962</td><td>576</td><td>956</td><td>897</td><td>225</td><td>1000</td><td>441</td></tr>
<tr><td rowspan="2">기타</td><td>아르기닌</td><td>티로신</td><td>시스테인</td><td>글리신</td><td>프롤린</td><td>알라닌</td><td>아스파르트산</td><td>글루탐산</td><td>세린</td></tr>
<tr><td>1152</td><td>839</td><td>208</td><td>827</td><td>470</td><td>1239</td><td>1577</td><td>3406</td><td>774</td></tr>
<tr><td colspan="2" rowspan="2">무기질 (mg)</td><td>칼슘</td><td>인</td><td>철</td><td></td><td></td><td></td><td></td><td></td><td></td></tr>
<tr><td>29</td><td>194</td><td>1.0</td><td></td><td></td><td></td><td></td><td></td><td></td></tr>
</table>

능성어는 100g당, 93kcal, 단백질 20.1g, 지방 1.3g입니다. 약간 고칼로리 고단백이면서 저지방입니다. 불포화지방에 대한 정보는 없군요. 타우린 함량이 383mg(능성어 간에는 462mg)이나 됩니다. 비타민은 티아민, 리보플라빈, 아스코빅산이 많습니다.

필수아미노산 함량이 비교적 높은데요. 트립토판과 히스티딘을 제외한 모든 항목이 높습니다. 기타 아미노산은 프롤린과 아스파르트산을 제외한 모든 항목이 높군요. 특히 티로신은 꽃게알(1,116mg), 감성돔(893mg)에 이어 3위입니다. 글루탐산은 벵에돔(3,424mg), 감성돔(3,423mg)에 이어 3위이군요.[169]

169) 국립수산과학원. 표준수산물성분표 2018. http://www.nifs.go.kr/page?id=aq_seafood_1_01

다랑어

2018.12.15. 제주도 쇠소깍 선상.

학명	*Sarda orientalis(이빨 다랑어, 줄삼치)*
분류[170]	농어목(Perciformes) 고등어과(Scombridae)
자산어보	없음
영어	Striped bonito
일어	ハカツオ(하가쓰오)

다랑어라고 하면 흔히 '참치'라는 물고기를 떠올리기도 하지요. 참치라는 이름도 약간 특이한데요. 참(진짜) + 치(물고기)이니, '진짜 물고기'라는 의미이군요. 그럼 다른 물고기는 모두 '가짜 물고기'라는 의미(?)가 될 수도 있겠습니다. 참치(영어 Bluefin tuna)의 표준어가 '참다랑어'입니다.

가다랑어(학명 *Katsuwonus pelamis*), 날개다랑어(학명 *Thunnus alalunga*), 눈다랑어(학명 *Thunnus obesus*), 백다랑어(학명 *Thunnus tonggol*), 점다랑어(학명 *Euthynnus affinis*), 참다랑어(학명 *Thunnus orientalis*),

170) 국립수산과학원 수산생명자원 정보센터 https://www.nifs.go.kr/frcenter/intro/?_p=intro_species

황다랑어(학명 *Thunnus albacares*) 등 다랑어 종류가 매우 많군요.[171] 다랑어는 모두 고등어-과(科, Family)에 속합니다.

제가 잡은 것은, 이리저리 모양을 보니, 이빨 다랑어(줄삼치)인 것 같습니다. 이빨 다랑어는 몸 등 쪽에 비스듬히 경사진 5~10줄의 검은색 줄무늬가 있습니다.[172]

영어 이름의 <Striped bonito>에서, 'striped'는 '줄무늬'를 뜻하고, 'bonito'는 '가다랑어'를 뜻하는데요. 가(假) + 다랑어이니, <참다랑어(참치)를 닮은 물고기>라는 의미가 있군요. 그럼 이빨 다랑어의 영어 이름의 의미는, '줄무늬가 있는 가짜 참치'라는 의미인가요?

이빨 다랑어는 난류를 따라 동해 북부까지도 이동합니다. 체장 1m에 달하지만, 보통 50~60cm가 많습니다. 최대 기록은 체장 102cm, 체중 10.65kg입니다. 산란에 대한 정보는 없군요.[173]

171) doopedia. https://www.doopedia.co.kr/

172) 국립수산과학원 수산생명자원 정보센터 https://www.nifs.go.kr/frcenter/intro/?_p=intro species

173) 국립수산과학원 수산생명자원 정보센터 https://www.nifs.go.kr/frcenter/intro/?_p=intro_species

2018.12.15. 제주도 쇠소깍 선상. 이규섭님, 김선봉님 동행

▶ **자산어보 내용**

『자산어보』에는 다랑어에 관해 소개된 내용이 없습니다.

▶ **영양 정보**

비타민	레티놀 (㎍)	티아민 (mg)	리보플라빈 (mg)	나이아신 (mg)	아스코빅산 (mg)
	9	**0.18**	0.16	**10.9**	0
무기질(mg)	칼슘	인	철		
	41	177	**2.1**		

이빨 다랑어는 100g당, 134kcal, 단백질 24.6g, 지방 3.1g으로, 매우 고칼로리 고단백이면서 고지방입니다. 특히, 단백질은 이 책에 제시한 물고기 중 가장 많습니다(아래 표 참조). 비타민은 티아민과 나이아신이 많은데요. 특히 나이아신은 달고기알(12.7mg)에 이어 2

위입니다. 무기질은 철이 비교적 높습니다. 불포화지방과 아미노산에 대한 자료는 없군요.[174)]

<단백질 함량> 100g 기준

순위	물고기	g
1	이빨 다랑어	24.6
2	흉상어	23.5
3	부시리	22.3
4	날치	22.2
5	감성돔	21.9

한국 성인의 단백질 하루 섭취 권장량은 남성 60~65g, 여성 50~55g이군요.[175)] 바람직한 식단은, 단백질에서 적어도 10~14%의 에너지를 얻는 것이지요. 섭취한 단백질의 생체 효율도는, 동물성 단백질이 가장 높고, 그다음으로 콩류, 곡류, 뿌리의 순입니다.[176)]

---

174) 국립수산과학원. 표준수산물성분표 2018. http://www.nifs.go.kr/page?id=aq_seafood_1_01

175) 보건복지부·한국영양학회. 2015 한국인 영양소 섭취기준.

176) 대한내과학회 편. 해리슨 내과학 번역판, 18판. 도서출판 MIP, 2013. p.570.

달고기

2013.12.22. 통영 먼바다 선상.

2017.12.30. 완도 먼바다 선상.

학명	*Zeus faber*
분류[177]	달고기목(Zeiformes) 달고기과(Zeidae)
자산어보	없음
영어	John dory
일어	マトウダイ(마토우다이)

산란기는 동중국해 1~3월, 일본 중부지역 4~6월입니다.[178] 등지느러미의 우아하고 위엄있는 모습으로 인해, 학명에 그리스 최고 신의 이름인 제우스(Zeus)가 들어 있다는군요.[179]

2018년 4월 27일 남북정상회담 만찬에 달고기구이가 올라갔다지요. 몸 옆에 있는 둥근 반점이 달처럼 생겨서 '달고기'라고 부릅니다. 네덜란드에서는 둥근 반점이 해처럼 생겼다고 '태양의 고기'라고

177) 국립수산과학원 수산생명자원 정보센터 https://www.nifs.go.kr/frcenter/intro/?_p=intro_species

178) 국립수산과학원 수산생명자원 정보센터 https://www.nifs.go.kr/frcenter/intro/?_p=intro_species

179) 부산일보. 2011.5.30.

부른답니다.

일본에서는 둥근 반점이 활 과녁을 닮았다고 해서 '마토우다이(マトウダイ)'라고 부른다는군요.[180] 마토(マト)가 '과녁'이라는 뜻이고, 다이(ダイ)는 '돔'이라는 의미입니다. '과녁 돔'이라는 뜻이군요.

한편, 달고기를 성 베드로의 물고기(St. Peter's fish)라고도 부른다는데요. 예수님과 베드로가 가파르나움에서 성전세를 내게 된 상황이었나 봅니다. 이때, 예수님께서 베드로에게

> "바다에 가서 낚시를 던져 맨 먼저 낚인 고기를 잡아 입을 열어보아라. 그 속에 한 스타테르짜리 은전이 들어 있을 터이니 그것을 꺼내서 내 몫과 네 몫으로 갖다 내어라."[181]

라고 말씀하셨지요. 달고기 몸의 둥근 점이, 이 성경 구절을 연상시키기에, '성 베드로의 물고기'라고 부른답니다. 베드로가 동전을 꺼낼 때 누른 손자국이 남은 것이라나요….

▶ 자산어보 내용

『자산어보』에는 달고기에 관해 소개된 내용이 없습니다.

180) 국제신문. 2018.4.26.

181) 마태복음 17장 24~27절.

▶ **영양 정보**

비타민			레티놀(㎍)	티아민(mg)	리보플라빈(mg)	나이아신(mg)	아스코빅산(mg)				
		달고기	6	0.1	0.09	3.3	**1.0**				
		알	**126**	**0.66**	**0.59**	**12.7**	0.0				
아미노산(mg)	필수		이소류신	류신	라이신	메티오닌	페닐알라닌	트레오닌	트립토판	발린	히스티딘
		달고기	**1003**	**1554**	1238	300	**837**	**854**	**334**	**1018**	**552**
	기타		아르기닌	티로신	시스테인	글리신	프롤린	알라닌	아스파르트산	글루탐산	세린
		달고기	**1163**	552	13	432	**641**	**1152**	**1787**	**2712**	**760**
무기질(mg)			칼슘	인	철						
		달고기	14	202	0.6						
		알	10	**375**	1.0						

달고기는 100g당, 97kcal, 단백질 19.1g, 지방 1.4g으로, 고칼로리 고단백 저지방입니다. 불포화지방 비율은 69.1%이며, 불포화지방 함량은 0.96g으로 낮은 편입니다. 비타민은 아스코빅산이 높습니다. 필수아미노산은 라이신과 메티오닌을 제외한 모든 항목이 높습니다. 기타 아미노산은 아르기닌, 프롤린, 알라닌, 아스파르트산, 글루탐산, 세린이 많은 편입니다. 셀레늄은 0.51㎍으로, 높은 편입니다.[182]

달고기의 알에는 레티놀, 티아민, 리보플라빈, 나이아신 등의 비타민이 많은데요. 특히 티아민과 나이아신은 이 책에 제시한 물고기 중에 가장 높습니다(아래 표 참조). 리보플라빈은 미꾸리(0.65mg)에

182) 국립수산과학원. 표준수산물성분표 2018. http://www.nifs.go.kr/page?id=aq_seafood_1_01

이어 2위입니다. 무기질은 인이 높군요.[183)]

<티아민 함량> 100g 기준

순위	물고기	mg
1	달고기알	0.66
	뱀장어	
3	잉어	0.35
4	붕어	0.31
5	히메치	0.29

<나이아신 함량> 100g 기준

순위	물고기	mg
1	달고기알	12.7
2	이빨 다랑어	10.9
3	삼치	8.9
4	멸치	8.8
5	고등어	8.3

한국 성인의 티아민 하루 섭취 권장량은 남성 1.2mg, 여성 1.1mg입니다.[184)] 티아민은 첫 번째 발견된 비타민 B이기에 '비타민 B1'이라고 하지요. 미토콘드리아 내에서 아미노산의 이산화탄소를 유리시키는 과정의 조효소로 작용합니다. 부족하면 신경 섬유 수초의 퇴화를 일으켜 다발성 신경염을 유발하고, 심부전을 유발할 수 있는데요. 특히 심혈관 증상이 많은 경우를 각기병(beriberi)이라고 합니다.[185)] 제가 주로 진료하는 알코올중독 환자에서는, 티아민 결핍으로 인해, 베르니케 뇌병증이라는 병과 말초신경 마비를 유발하기도 합니다. 알코올 금단 시기에 발생하는 베르니케 뇌병증은 정신착란, 기억장애, 보행장애 등의 증상을 나타내지요. 티아민 결핍으로 손목의 마비나 발목의 마비와 같은 말초신경 마비 증상을 보인 환자도 있었지요.

한국 성인의 나이아신 하루 섭취 권장량은 남성 16mg, 여

183) 국립수산과학원. 표준수산물성분표 2018. http://www.nifs.go.kr/page?id=aq_seafood_1_01

184) 보건복지부·한국영양학회. 2015 한국인 영양소 섭취기준.

185) Hall JE.(의학계열교수 32인 공역), Guyton and Hall Textbook of Medical physiology(역제: 의학생리학), 12th edition, Elsevier, 2011(범문에듀케이션, 2012).

성 14mg이군요.[186] 나이아신은 NAD+(nicotineamide adenine dinucleotide)라는 형태로 세포 안에 존재하면서, 식품에서 나오는 수소와 결합하여 에너지(ATP) 생성에 참여하지요. 또한, NAD+는 우리 몸 대사 과정의 곳곳에 필요한 조효소이기도 합니다. 부족하면 포도당의 합성과 분해 등의 대사 과정이 제대로 이루어지지 않습니다. 근육의 약화와 샘 분비물 부족과 같은 생리적 변화가 나타나고, 피부의 갈라짐, 색소 침착, 위장관 점막의 자극과 염증을 유발합니다. 심한 경우 혀, 피부 등이 까맣게 변하고 치매, 정신착란, 극도의 불안, 설사 등이 증상인 펠라그라(Pellagra)라는 병이 발생하기도 합니다.[187]

---

186) 보건복지부·한국영양학회. 2015 한국인 영양소 섭취기준.

187) Hall JE.(의학계열교수 32인 공역), Guyton and Hall Textbook of Medical physiology(역제:의학생리학), 12th edition, Elsevier, 2011(범문에듀케이션, 2012).

●

대구

2012.6.23. 태안 안흥항 한하레저 먼바다 선상

학명	*Gadus macrocephalus*
분류[188]	대구목(Gadiformes) 대구과(Gadidae)
자산어보	식청(食鯖)
영어	Pacific cod
일어	マダラ(마다라)

손암(巽庵) 정약전 선생께서는

"식청(食鯖)"

이라는 이름으로 설명하셨는데요. 흔히, 밥만 먹고 하는 일 없이 지내는 사람을 '식충(食蟲)이'라고 비난하기도 하는데요. 혹여 관련이 있을지도 모르겠습니다.

손암(巽庵) 선생께서는

"먹을 것을 찾기만 한다. 산란할 줄 모르는 물고기이다. 배 속에 알이 들어있는 것을 못 보았다."

라고, 설명하셨더군요.

188) 국립수산과학원 수산생명자원 정보센터 https://www.nifs.go.kr/frcenter/intro/?_p=intro_species

산란기는 12~4월입니다. 부화 후 1년이면 20~27cm, 2년이면 30~48cm, 5년이면 80cm, 6년이면 90cm 내외로 성장합니다.[189] 30cm 이하는 방생해야 합니다. 대구 금어기는 대부분 3월인데요. 부산과 경남 지역은 1월이 금어기입니다.[190]

학명에 나오는, *macrocephalus*라는 종명(種名, species)은, 'macro(크다)' + 'cephalus(머리)' 합성어이지요. 학명에서 보듯, 머리가 크고 입이 커서 대구(大口)라더군요! 대구과 물고기에는 대구, 명태 등이 있답니다. 대구는 회, 탕, 부침 다 맛있더군요.

순진한 울 사부님이 대구의 머리와 내장이 맛있다는 걸 모르셨답니다. 처음 대구를 잡으셨을 때, 집 마당에서 손질하면서 머리와 내장을 모두 버리시려고 했다지요. 이 모습을 옆에서 조용히 지켜보고 있던, 인물회의 정태현님이 머리와 내장이 맛있다는 이야기는 안 하시고

"형님, 이거 버리실 거면 제가 가져가도 되겠습니까?"

하고 허락을 받아서 모두 가져가서 아주 맛있게 먹었다고 하더군요. 인물회 모임 때마다 즐겁게 오가는 이야기이지요.

2012년 6월 23일에, 사부님께서

"먼바다 왕 대구에 도전해 보자."

고 하셔서, 전날 저녁 서해안 태안의 안흥항으로 갔습니다.

189) 국립수산과학원 수산생명자원 정보센터 https://www.nifs.go.kr/frcenter/intro/?_p=intro_species

190) 수산자원관리법. 국가법령정보센터. http://www.law.go.kr/

사부님 차에서 자고 이튿날 새벽에 일어나, 한하레저호를 타고 먼바다로 2~3시간 동안 나간 것 같습니다. 수심이 80~90m 되는 곳에서, 오징어 내장을 미끼로 사용했지요. 첫 도전에서 1m 크기의 왕대구를 한 마리씩 잡았습니다.

잡아 온 대구를 삼등분했는데요. 예비 사돈집, 봉산동 처가, 그리고 우리 집까지 세 집이 먹고도 남더군요.

2012.6.23. 사부님과 먼바다 왕 대구 낚시 첫 수업. 태안 안흥항 한하레저호.

▶ 자산어보 내용

『자산어보』에는 대구를 <식청(食鯖)>으로 설명하고 있습니다. '먹을 식(食)', '청어 청(鯖)' 자이니, <먹는 청어>라는 의미일까요? 아니면 <청어를 먹는 물고기>라는 의미일까요?

> "식청은 속명이 묵을충(墨乙蟲)이다. '묵을'이라는 말은 '먹는다'라는 뜻이다. 산란할 줄은 모르고, 단지 먹을 것을 찾기만 한다고들 말한다. 눈은 약간 크고, 몸은 조금 길다. 4~5월에 잡는다. 배 속에 알이 있는 것을 못 보았다."

[食鯖/식청 俗名墨乙蟲/속명묵을충 墨乙者食也/묵을자식야 言不知產卵/언부지산란 但知求食也/단지구식야 目稍大/목초대 體稍長/체초장 四五月漁之/사오월어지 不見腹中有卵/불견복중유란][191][192][193]

▶ **영양 정보**

<table>
<tr><td rowspan="2" colspan="2">비타민</td><td>레티놀
(㎍)</td><td>티아민
(mg)</td><td>리보
플라빈
(mg)</td><td>나이
아신
(mg)</td><td>아스코
빅산
(mg)</td></tr>
<tr><td>23</td><td>0.12</td><td>0.16</td><td>2.4</td><td>1.0</td></tr>
<tr><td rowspan="4">아미
노산
(mg)</td><td rowspan="2">필수</td><td>이소
류신</td><td>류신</td><td>라이신</td><td>메티
오닌</td><td>페닐
알라닌</td><td>트레
오닌</td><td>트립
토판</td><td>발린</td><td>히스
티딘</td></tr>
<tr><td>744</td><td>1381</td><td>1421</td><td>457</td><td>715</td><td>669</td><td>175</td><td>841</td><td>331</td></tr>
<tr><td rowspan="2">기타</td><td>아르
기닌</td><td>티로신</td><td>시스
테인</td><td>글리신</td><td>프롤린</td><td>알라닌</td><td>아스파
르트산</td><td>글루
탐산</td><td>세린</td></tr>
<tr><td>1293</td><td>608</td><td>176</td><td>605</td><td>530</td><td>955</td><td>1545</td><td>2582</td><td>614</td></tr>
<tr><td rowspan="2" colspan="2">무기질
(mg)</td><td>칼슘</td><td>인</td><td>철</td></tr>
<tr><td>35</td><td>193</td><td>0.4</td></tr>
</table>

대구는 대표적인 흰 살 생선이지요. 흰 살 생선은, 대구, 명태, 조기, 민어, 참돔, 농어, 갈치, 넙치, 도다리, 가자미, 붕어, 잉어, 뱀장어 등을 말하지요. 일반적으로 흰 살 생선은 등 푸른 생선에 비해, 지방이 적고, 단백질과 아미노산이 풍부하더군요. 그런데, 대구의 아미노산 항목 중에 3위 안에 들어간 성분이 없는 것을 보니, 대구에는 의외로 아미노산이 그렇게 많지는 않은 것 같습니다.

191) 정약전. 『지산이보』. 1814. 국립중앙도서관 소장본. p.15.

192) 이두순 역. 『신역 자산어보』. 목근통, 2016. p.45.

193) 정명현 역. 『자산어보 우리나라 최초의 해양생물 백과사전』. 서해문집, 2016. p.53.

대구는 100g당, 86kcal, 단백질 19.5g, 지방 0.3g으로, 저칼로리 고단백 저지방입니다. 불포화지방 비율은 74.6%이며, 불포화지방 함량은 0.22g으로 매우 적습니다. 타우린이 177mg입니다. 비타민은 레티놀과 아스코빅산이 많군요. 필수아미노산은 메티오닌이 많습니다. 기타 아미노산은 아르기닌, 티로신, 시스테인이 높습니다. 셀레늄은 수컷 0.23ug, 암컷 0.02ug이고, 알에는 0.11ug입니다. 알에는 베타인류가 글리신 베타인 8.8mg, 호마린 5.5mg, 트리고넬린 4.1mg입니다.[194)]

194) 국립수산과학원. 표준수산물성분표 2018. http://www.nifs.go.kr/page?id=aq_seafood_1_01

도다리

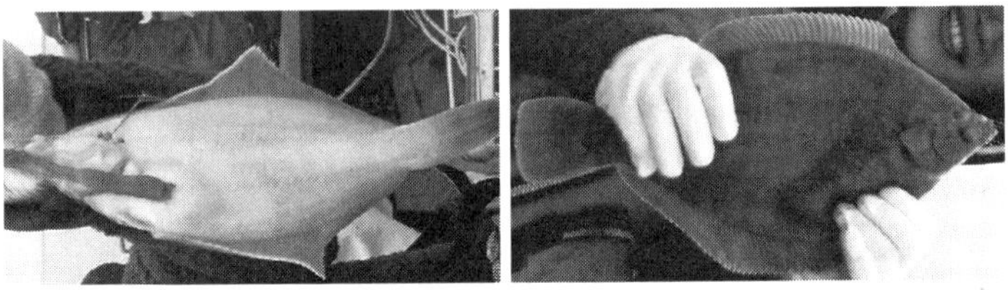

2010.4.10. 목포 내만 선상.

학명	*Pleuronichthys cornutus*
분류[195]	가자미목(Pleuronectiformes) 가자미과(Pleuronectidae)
자산어보	수접(瘦鰈)
영어	Finespotted flounder, Ridged-eye flounder, Righteye flounder
일어	*メイタガレイ*(메이따가레)[196]

손암(巽庵) 정약전 선생께서는

"얇은 접어"

라는 의미의 이름으로 설명하셨는데요. <접어(鰈魚)>에 대해서는, <가자미> 편을 참조해주시기 바랍니다.

도다리는 가을~겨울에 걸쳐 여러 번에 걸쳐 산란합니다. 부화 후 1년이면 10~11cm, 2년이면 17cm, 3년이면 21cm, 4년이면 24cm 정도로 성장합니다. 서해안에서는, 넙치처럼, 가을~겨울에 남쪽으로 이동하여 월동하고, 봄이 되면 북쪽으로 이동하는 계절회유를 합니

195) 국립수산과학원 수산생명자원 정보센터 https://www.nifs.go.kr/frcenter/intro/?_p=intro_species

196) 네이버 일어사전.

다.[197]

흔히 바닷가 또는 방파제에서 갯지렁이를 미끼로 사용하여 원투 낚시로 잡지요. 목포 지방에서는, 아주 굵은 혼무시라는 지렁이를 미끼로 사용하여 선상에서 원투 낚시를 하기도 하더군요. 지렁이에 대해서는 <지렁이> 편을 참조해주시기 바랍니다.

도다리와 가자미의 구분이 분명하지 않은가 봅니다. 흥미롭게도, 도다리는 가자미의 한 종류이고, 도다리의 표준어가 문치가자미(학명 *Pleuronectes yokohamae*)라고 설명하시며, 도다리를 별도 고유종으로 분리한 국립수산과학원 자료를 반박하는 분도 있군요.[198]

전국적으로 돌가자미(학명 *Kareius bicoloratus*), 범가자미(학명 *Verasper variegatus*), 문치가자미(학명 *Pleuronectes yokohamae*), 용가자미(학명 *Hippoglossoides pinetorum*), 참가자미(학명 *Pleuronectes herzensteini*) 등이 모두 도다리로 불린다는데요. 흑산도에서는 돌가자미를, 군산지역에서는 범가자미를, 창원지역에서는 문치가자미를 도다리로 부르기도 한답니다.[199] 문치가자미의 포획금지기준에 대해서는 <가자미> 편을 참조해주시기 바랍니다.

손암(巽庵) 선생께서는

"가자미, 넙치, 도다리 종류는 국과 구이가 모두 좋다."

---

197) 국립수산과학원 수산생명자원 정보센터 https://www.nifs.go.kr/frcenter/intro/?_p=intro_species

198) 입질의 추억 https://slds2.tistory.com/130

199) 이두순 역. 『신역 자산어보』. 목근통, 2016. p.96.

라고 말씀하셨지요. 양념을 많이 넣지 않고 맑게 끓인, 봄 도다리쑥국이 별미입니다!

낚시꾼들은 아주 작은 도다리를 깻잎 도다리라고 부르기도 합니다. 도다리는 눈과 등이 우측에 있지요. 도다리와 광어의 구별에 대해서는 <넙치(광어)> 편을 참조해주시기 바랍니다.

2008년 봄. 삼천포에서 남해대교 막 지나서, 도로 좌측의 작은 방파제.
도다리 한 마리 잡고 바람 많아 일찍 철수. 한동희님 동행.

2006년에 전공의 1년 차 공암(空岩) 현영훈님이 마음이 힘들어 고생할 때,
저 방파제에서 깻잎 도다리 몇 마리 잡아서 소주 한잔하며 위로해주었지요.

2008년 5월. 안면도 채희섭 사장님 좌대. 바다 좌대라는 곳에 처음 가본 날.
문제남님, 이은호님, 안선형님, 박연희님 동행.
가자마자 도다리 한 마리! 바로 썰어서 소주 한 잔씩.

2010.4.10. 목포 앞바다 선상. 송규상 교수님과 한동희님 도다리!

2011.3.26. 진해 내만 선상. 사부님 도다리! 나는 도다리 쌍걸이!

2011.4.9. 목포 앞바다 선상.
문제남님 도다리!
한동희님, 송규상 교수님 동행.

2014.3.23. 목포 앞바다 선상.
도다리 쌍걸이.

▶ 자산어보 내용

『자산어보』에는 <접어(鰈魚)>라는 큰 항목 속에, 가자미, 넙치, 그리고 몸통이 넓적한 물고기들을 설명하고 있는데요. <가자미> 편과 <넙치> 편을 참조해주시기 바랍니다. 그 중 <수접(瘦鰈)>에 대한 설명이 도다리에 해당하는가 봅니다. 수(瘦)라는 글자가 '여위다'라는 뜻이니, <얇은 물고기>라는 의미인가 봅니다.

> "수접(속명 해풍대海風帶)은 몸이 수척하고 얇다. 등에 검은 점이 있다.
> 위에 설명한 모든 접어(넙치, 가자미, 도다리 등 넓적한 물고기들)는 국과 구이로 모두 좋지만, 어포로는 그리 좋지는 않다. 동해에서 나는 좋은 것에는 미치지 못한다."
> [瘦鰈/수접 俗名海風帶/속명해풍대 體瘦而薄/체수이박 背有黑點/배유흑점
> 已上諸鰈/이상제엽 俱宜羹炙/구의갱적 而腊則不佳/이석즉불가 都不如東海之良/도불여동해지량][200][201][202]

---

200) 정약전. 『사산어보』. 1814. 국립중앙노서관 소상본. p.32.

201) 이두순 역. 『신역 자산어보』. 목근통, 2016. p.95~97.

202) 정명현 역. 『자산어보 우리나라 최초의 해양생물 백과사전』. 서해문집, 2016. p.75.

▶ 영양 정보

구분										
비타민		레티놀 (㎍)	티아민 (mg)	리보플라빈 (mg)	나이아신 (mg)	아스코빅산 (mg)				
		21	**0.17**	0.14	**4.4**	**1.0**				
아미노산 (mg)	필수	이소류신	류신	라이신	메티오닌	페닐알라닌	트레오닌	트립토판	발린	히스티딘
		816	**1447**	**1533**	**481**	720	**774**	**329**	**915**	**497**
	기타	아르기닌	티로신	시스테인	글리신	프롤린	알라닌	아스파르트산	글루탐산	세린
		1052	**607**	88	458	435	**1044**	**1836**	2539	**760**
무기질 (mg)		칼슘	인	철						
		22	184	0.8						

도다리는 100g당, 78kcal, 단백질 19.9g, 지방 2.3g으로, 저칼로리 고단백이면서 고지방인 물고기입니다. 불포화지방 비율은 69.9%이며, 불포화지방 함량은 1.6g으로 높은 편입니다. 비타민은 레티놀, 티아민, 나이아신, 아스코빅산이 높군요. 필수아미노산은 이소류신과 페닐알라닌을 제외한 모든 항목이 높습니다. 기타 아미노산은 티로신, 알라닌, 아스파르트산, 세린이 높군요. 셀레늄은 0.11㎍입니다. 베타인류는, 글리신 베타인 39.2mg, 호마린 0.8mg입니다.[203]

203) 국립수산과학원. 표준수산물성분표 2018. http://www.nifs.go.kr/page?id=aq_seafood_1_01

돌돔

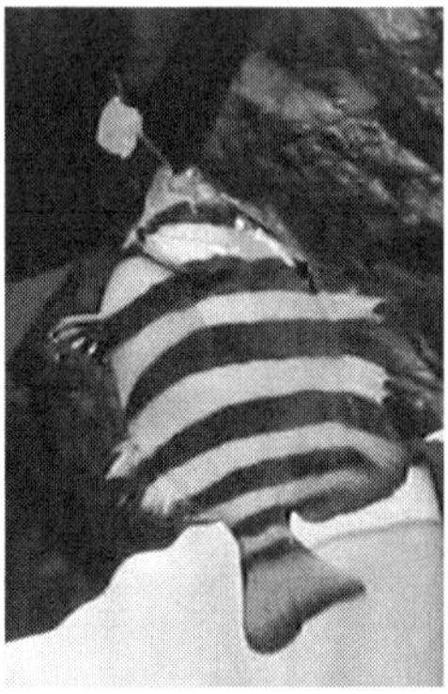

2004년 여름. 감포 앞바다 갯바위

2012.9.8. 완도군 청산도 내만 선상

학명	*Oplegnathus fasciatus*
분류[204)]	농어목(Perciformes) 돌돔과(Oplegnathidae)
자산어보	없음
영어	Striped beakfish, Rock bream
일어	イシダイ(이시다이)

돌돔이 표준어이고, 방언으로 줄돔, 갓돔이라고도 합니다. 돌밭에서 서식하기 때문에 돌돔이라고 부르는가 봅니다. 일어 이름의 '이시다이(イシダイ)'도, '이시(イシ, 돌)' + '다이(ダイ, 돔)'의 합성어로, '돌돔'이라는 의미이지요. Rock bream이라는 영어 이름도 rock(바위) + bream(돔)으로 같은 의미입니다. 영어 이름의 beakfish라는 단어에는, '부리(beak) 물고기(fish)'라는 뜻이 있군요.

204) 국립수산과학원 수산생명자원 정보센터 https://www.nifs.go.kr/frcenter/intro/?_p=intro_species

'줄무늬(striped)'라는 뜻이 들어 있는 영어 이름처럼, 몸통에 7개의 흑색 가로띠가 있는데요. 성장하면서 점차 희미해집니다.

산란기는 4~7월입니다. 부화 후 1년이면 20cm, 2년이면 26cm, 3년이면 28cm, 최대 40cm 전후까지 성장합니다.[205] 24cm 이하는 방생해야 합니다.[206]

바다의 4대 돔 중의 하나이며, 돌돔은 바다의 폭군이라는 별명을 갖고 있지요. 돌돔은 횟감의 제왕이며, 어린 돌돔을 '벤찌'라고도 한답니다.[207]

2004년 여름이었습니다. 이날은 1년 차 전공의 연암(然岩) 이동훈님과 현암(賢岩) 박한주님을 데리고, 새벽 2시에 모여 대전의 둔산동 가람아파트에서 포항 쪽으로 출발했습니다. 그런데 막상 양포 근처 동해안의 갯바위에 도착해보니, 바람이 많이 불고 파도가 너무 높아서, 도저히 낚시할 수 없는 상황이더군요. 떠나기 전에 미리 일기예보를 보고 계획을 짜야 했는데, 모두가 제 불찰이었지요.

박한주님과 이동훈님에게

"아무래도 안 되겠다."

하면서, 서운한 마음으로 발길을 돌리려 했습니다. 그런데, 나의 허전한 마음을 간파한 연암(然岩) 이동훈님이 키득키득 웃으며

"과장님, 날씨가 안 좋아도 바다에 낚싯대는 담가보고 가셔야죠!"

---

205) 국립수산과학원 수산생명자원 정보센터 https://www.nifs.go.kr/frcenter/intro/?_p=intro_species

206) 수산자원관리법. 국가법령정보센터. http://www.law.go.kr/

207) 입질의 추억. http://slds2.tistory.com/

하고 조르기에, 차를 몰고 다시 감포 쪽으로 내려갔습니다.

예전에 보아두었던 감포 쪽의 갯바위에 도착했지요. 언젠가 아내 월하(樾下) 한동희님과 같이 갔었던 갯바위인데, 작은 홈통을 끼고 있어서 그럭저럭 바람을 잘 막아주는 곳이었습니다.

1호 바다 릴낚싯대에 구멍찌로 채비했습니다. 연암(然岩) 이동훈님이 옆에서 홈통에 밑밥을 뿌려주고, 나는 새우를 미끼로 하여 던졌지요. 홈통 쪽에서 바람을 피하며 세 사람이 소풍 나온 기분으로 낚시했습니다.

그런데 조금 지난 후, 같이 간 현암(賢岩) 박한주님이 보이지 않는 겁니다. 파도에 떠내려갔는가 걱정되어서 여기저기 찾아보았지요.

2004년 여름 감포 앞바다.
현암(賢岩) 박한주님은 너무 피곤해서….

세상에…. 바람이 없고 따뜻한 갯바위 한쪽에서 콜콜…. 잠을 자고 있더라고요. 안전하다는 것을 확인하여 다행이었지만, 너무나 안쓰러웠습니다. 파견을 나간 내과에서 금요일 낮 근무에 이어 밤에 당직 근무를 하고, 이어 토요일 낮에 근무한 뒤, 일요일 새벽 2시에 출발했으니, 얼마나 피곤했을까요? 무려 30여 시간을 쉬는 시간이 없이 연속으로 근무한 상황이었던 거지요. 저렇게 피곤한데도 내색하지 않고 따라왔다니…. 별난 과장을 만나서 저 고생을 하게 하고…. 저는 죄책감까지 들었습니다.

이 책을 쓰다가, 볼수록 마음 아픈 저 오래된 사진을 한동안 들여다보고 있노라니, 여러 가지 생각이 들었습니다.

"내가 레지던트 선생님들에게 너무 힘들게 했구나."

라는 반성도 하게 되더군요.

제가 1998년에 충남대학교병원에 와서 2000년 여름에 가정의학과를 만든 후, 전국 어느 병원에서도 만들지 못한, 전공의들이 국제학회에서 자신이 연구한 논문을 발표하는 의국의 문화를 만들어 주고 싶었습니다. 그래서, 초창기 10여 년 동안, 전공의들이 연구하는 과정과 논문 작성하는 과정을 가혹하다 싶을 만큼 직접 지도했지요.

어려운 여건에서도, 2기 전공의 청암(靑岩) 정진규님이 2004년에 미국에서, 3기 전공의 단암(壇岩) 박찬일님이 2005년에 그리스에서 열린 국제학회에서 논문을 발표하더니, 드디어 2006년에 4기 전공의들에 의해 저의 소망이 완전하게 이루어졌습니다.

4기의 모든 전공의 즉 연암(然岩) 이동훈님, 현암(賢岩) 박한주님, 정암(正岩) 김성민님, 은암(恩岩) 김경민님이 3년 차 때 국제학회에서 논문을 발표했지요. 4기 전공의들이 국제학술회의 전공의 논문 발표 문화를 정립했습니다. 아마도 전국 최초의 의국 문화일 것 같군요. 이후, 5기 전공의부터는, 자연스럽게, 3년 차 때 모든 전공의가 국제학술대회에 참가하여 자신의 논문을 발표하게 되었습니다.

그러나 이러한 과정에서, 저의 마음 한편으로는, 늘 전공의 선생님들에게 안쓰럽고 미안했습니다. 힘든 수련 과정에 있는 전공의 선생님들이 모여서 부담 없이 서로 웃을 수 있는 시간을 만들어주고 싶었습니다. 그래서, 한동희님께 부탁하여, 명절 때마다 우리 집으로 초대하여 음식을 대접했지요.

또한, 조금이라도 자연을 접하는 시간을 만들어주고자, 야간 운전도 그리 힘들지 않았던 40대에는, 신입 전공의 오리엔테이션 때나 틈나는 대로, 전공의들을 데리고 바다로 나가곤 했습니다. 육체적으로나 정신적으로 너무나 힘든 레지던트 생활에, 자연을 접하면 좋지 않을까 싶어서 그리했지요. 제 경험으로는, 힘든 몸과 마음을 치료하는 데에는, 자연만 한 것이 없었습니다. 물론 개인적인 종교 생활을 제외한다면요.

수련 과정에서는, 공부뿐 아니라 대인관계 등 힘든 일이 많습니다. 수련이 힘들어서 마음고생을 하다가 수련을 포기하는 전공의들도 많지요. 전공의들이 힘들어할 때마다, 제가 자주 낚시하던 곳으로 데려가곤 했습니다. 가며 오며 서로 이야기를 나누고, 자연을 접하다 보면 마음 치료가 될 때가 많았지요. 청암(靑岩) 정진규님과 갔던 보령 죽도와 서천, 공암(空岩) 현영훈님과 갔던 남해 섬의 이름 모를 방파제, 이암(異岩) 백서채님과 갔던 천수만 방파제 등 여러 곳이 생각납니다. 이분들은 모두 무사히 졸업했지요.

마음 아픈 저 사진을 책에 실어도 될까 하고 현암(賢岩) 박한주

선생님께 연락했더니

"교수님, 사진 넣어도 됩니다. 저에게는 즐거운 추억이었습니다. 그때 많은 것을 가르쳐주신 교수님께 항상 감사드립니다. 의학적 지식뿐 아니라, 환자를 대하는 태도, 직원들과 지내는 방법, 세상 살아가는 법 등등 그때 배웠던 것들이 항상 많은 도움이 됩니다."

라고, 오히려 저를 위로해주시더군요.

낚시하지 못할 날씨였음에도, 어찌 된 일인지 예쁜 아기 줄돔(돌돔) 한 마리가 멀리서 온 우리를 반기려고 마중을 나오더군요. 우리는 환호하며 기념촬영을 한 후 방생했지요. 그러고는 박한주님이 끓여주신 라면을 먹고 철수했습니다.

2004년 여름. 감포 앞바다.
전공의 1년 차 현암(賢岩) 박한주님과 연암(然岩) 이동훈님 동행.
파도가 너무 높고 바람이 많이 불었음.
1호 바다 릴낚싯대에 구멍찌 채비.
작은 홈통에서 밑밥 뿌리고 낚시

2004년 여름 감포 앞바다. 아기 줄돔(돌돔) 한 마리가 손님 접대!

▶ 자산어보 내용

『자산어보』에는 돌돔에 관해 소개된 내용이 없습니다.

▶ 영양 정보

비타민		레티놀 (㎍)	티아민 (mg)	리보플라빈 (mg)	나이아신 (mg)	아스코빅산 (mg)				
		12	**0.19**	**0.2**	2.8	**1.0**				
아미노산 (mg)	필수	이소류신	류신	라이신	메티오닌	페닐알라닌	트레오닌	트립토판	발린	히스티딘
		923	**1608**	**1761**	347	**855**	**840**	**367**	**995**	**527**
	기타	아르기닌	티로신	시스테인	글리신	프롤린	알라닌	아스파르트산	글루탐산	세린
		1157	**665**	101	477	**673**	**1210**	**2169**	**2814**	**776**
무기질 (mg)		칼슘	인	철						
		57	**235**	0.6						

돌돔은 100g당, 86kcal, 단백질 20.3g, 지방 2.7g으로, 저칼로리 고단백이면서 고지방입니다. 불포화지방의 비율은 62.0%이며, 불포화지방 함량은 1.67g으로 높은 편입니다. 비타민은 티아민, 리보플라빈, 아스코빅산이 많은 편입니다.

필수아미노산은 메티오닌을 제외한 모든 항목이 높습니다. 기타 아미노산은 시스테인과 글리신을 제외한 모든 항목이 높군요. 특히 아스파르트산은 등가시치(5,911mg), 참돔(2,416mg)에 이어 3위입니다. 무기질은 인이 많은 편입니다. 베타인류는, 글리신 베타인 47.5mg, 호마린 0.9mg입니다.[208)]

---

208) 국립수산과학원. 표준수산물성분표 2018. http://www.nifs.go.kr/page?id=aq_seafood_1_01

●

돌문어(참문어)

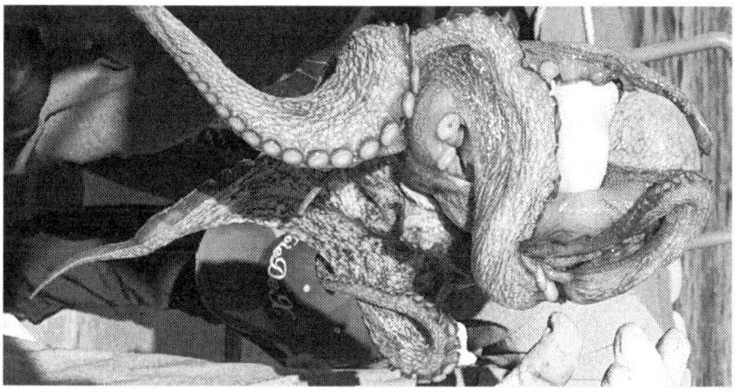

2020.9.26. 서해안 위도 선상.

학명	*Octopus vulgaris*
문	연체동물(Mollusca)
강	두족류(Cephalopoda)
분류[209)]	팔완목(Octopoda) 문어과(Octopodidae)
자산어보	장어(章魚)
영어	octopus, common octopus
일어	タコ(타코)

손암(巽庵) 정약전 선생께서는

"글 물고기"

라는 의미의 이름으로, 아주 자세하게 설명하셨지요.

문어의 계통분류에 대한 국립수산과학원 자료가 없어서, 다른 곳에서 계통분류를 알 수 있었습니다. 참문어를 말리면 색이 붉어지기 때문에, 피문어라고도 하지요.[210)]

209) doopedia https://www.doopedia.co.kr/

210) doopedia https://www.doopedia.co.kr/

산란기는 봄~여름입니다. 400g 이하의 대문어는 방생해야 합니다.[211] 환경에 따라 몸 빛깔을 변화시킵니다. 문어의 계통분류 명칭에 나오는, Octopoda(팔완목)라는 목명(目名, order)은, 'Octo(여덟)' + 'poda(다리)'의 합성어입니다. 오징어 종류는 다리가 10개인데, 문어과에 속하는 문어, 주꾸미, 낙지는 다리가 8개이지요.

다리에는 빨판이 있는데요. 손암(巽庵) 선생께서는

"한번 달라붙으면, 자기 몸이 끊어질지언정 떼어낼 수가 없다."

라고 설명하셨습니다.

손암(巽庵) 선생께서는

"문어의 맛이 달아서 전복과 비슷하다."

라고도 하셨는데요. 문어를 질기지 않게 맛있게 먹으려면, 요리할 때 문어를 삶는 시간이 중요할 텐데요. 저는 삶는 시간을 조절하는 것이 어렵더군요. 어떤 분은 15~20분 정도 삶아야 맛있다고 하시고, <삼시세끼>라는 TV 프로그램에서는 3분 정도 삶으면 된다고도 하더군요. 아마도 문어의 크기에 따라, 삶는 시간도 달라야 하는가 봅니다. 인물회의 황성진 총무님께서는

"문어를 삶지 말고, 쪄야 맛이 더 좋다."

라고 가르쳐주셨지요.

2008년 5월에 처음으로 서해안의 안면도 좌대를 접하면서, 바다에도 좌대가 있다는 것을 알게 되었지요. 그 후 한두 달 지난 2008년 7월 무렵에, 가정의학과에서 수련 중인 1년 차 예암(禮岩) 최동현 님이

211) 수산자원관리법. 국가법령정보센터. http://www.law.go.kr/

"교수님과 낚시 한번 가고 싶다."

고 하더군요. 날짜를 정해놓고 행복하게 기다리는데, 슬프게도 우리가 정한 날짜에 태풍이 올라오고 있었습니다.

최동현님에게

"아쉽지만 날씨 때문에 어렵겠다."

라고 하니, 최동현님이 풀이 죽은 모습이 되었습니다.

그런데 며칠 후, 갑자기 최동현님이 환하게 밝은 표정으로

"교수님, 태풍이 와도 낚시할 수 있는 곳이 있다는데요!"

라고 이야기를 하는 겁니다. 그동안 여기저기 문의해본 모양입니다.

나는 믿어지지 않아서

"그래? 그런 곳이 있어? 어디야?"

라고 물으니, 통영의 산양에 있는 들물 낚시점에서

"내만에 안전한 곳이 있다."

라고 했다는 겁니다.

이때 처음으로 남해안의 좌대를 가보게 되었고, 들물 낚시점도 알게 되었습니다. 태풍의 영향으로 비가 많이 오고 바람이 많아서 낚시가 제대로 안 되는 상황이었지만, 그럭저럭 낚싯대는 담글 수 있는 좌대에 내려 주시더군요. 손님은 없고 우리 둘만 그곳에서 비를 맞으며 낚시를 했습니다.

그러던 중에, 제 낚싯대가 무거워지는 것 같아서 감아올렸습니다. 허연 물체가 딸려 올라오는데, 고기가 물린 것 같지는 않은 느낌이더군요. 내가

"이거 좀 이상하다…."

라고 하니, 옆에서 보고 있던 최동현님이

"교수님, 비닐봉지 같은데요!"

라고 했지요. 그런데, 이게 웬일? 수면에 거의 올라오니, 그 허연 물체가 꿈틀거리는 것이었습니다.

난생처음 돌문어를 잡은 것이지요. 최동현님이 즉시 물을 끓여서, 그 돌문어를 바로 데쳤습니다. 돌문어가 그렇게 맛있는 줄을 예전에는 미처 몰랐습니다. 태풍 속에서 둘이 오붓하게, 돌문어 한 마리와 함께, 행복한 시간을 보낼 수 있었습니다.

▶ 자산어보 내용

『자산어보』에는 문어를 <장어(章魚)>로 설명하고 있습니다. 장(章)이라는 글자에 '글'이라는 뜻이 있으니, <글 물고기>라는 의미인가 봅니다. 아마도 먹물 때문이겠지요.

> "장어(속명 문어文魚)는 큰 것의 길이가 7~8척이다. 동해와 북해에서 나는 것은, 길이가 간혹 20척이 넘기도 한다. 머리가 둥글다. 머리 아래 어깨처럼 생긴 곳에서 여덟 개의 긴 다리가 나온다. 다리 아래 반쪽에, 국화꽃 같은 단화(빨판)가 있는데, 마주하며 두 줄을 이룬다. 이것으로 물체에 달라붙는다. 한번 달라붙으면, 자기 몸이 끊어질지언정 떼어낼 수 없다. 항상 석굴에 숨어있고, 다닐 때는 그 국화꽃 모양의 빨판을 이용한다. 8개의 다리 주위의 가운데에 구멍이 하나 있는데, 이것이 입이다. 입에는 매의 부리 같은 이빨이 두 개 있는데, 매우 단단하고 강하다. 물 밖으로 나와도 죽지 않지만, 그 이빨을 빼면 바로 죽는다. 배와 내장이, 오히려 머리 안에 있으며, 눈은 목에 있다. 홍백색인데, 껍질을 벗기면 눈처럼 하얗다. 빨판은 순홍색이다. 맛이 달아 복어(전복)와 비슷하다. 회와 어포로 좋다. 배 안에 한 물건이 있는데 속칭 온돌(溫堗)이라 하며, 종기의 뿌리를 삭일 수 있

고, 물에 개어 바르면 단독(丹毒, 종기보다 훨씬 큰 범위의 연부조직 염증)에 매우 효과가 좋다."

[章魚/장어 俗名文魚/속명문어 大者長七八尺/대자장칠팔척 産於東北海者/산어동북해자 長或二丈餘/장혹이장여 頭圓/두원 頭下如肩胛/두하여견갑 出八枝長脚/출팔지장각 脚下一半/각하일반 有團花如菊/유단화여국 兩對成行/양대성행 卽所以黏著於物者/즉소이점저어물자 黏著/점저 則寧絶其身/칙녕절기신 不肯離解/불긍이해 常伏石窟/상복석굴 行則用其菊蹄/행즉용기국제 八脚周圍/팔각주위 而中有一孔/이중유일공 卽其口也/즉기구야 口有二齒如鷹觜/구유이치여응취 甚硬强/심경강 出水不死/출수불사 拔其齒卽死/발기치즉사 腹腸/복장 却在頭中/각재두중 目在其頸/목재기경 色紅白/색홍백 剝其皮膜則雪白/박기피막즉설백 菊蹄正紅/국제정홍 味甘似鰒魚/미감사복어 宜鱠宜腊/의회의석 腹中有物/복중유물 俗呼溫堗/속호온돌 能消瘡根/능소창근 水磨塗/수마도 丹毒神效/단독신효][212][213][214]

▶ **영양 정보**

아미노산 (mg)											
	필수		이소류신	류신	라이신	메티오닌	페닐알라닌	트레오닌	트립토판	발린	히스티딘
		몸통	831	1263	1338	187	640	697	309	771	527
		다리	663	988	1025	174	510	639	259	621	452
	기타		아르기닌	티로신	시스테인	글리신	프롤린	알라닌	아스파르트산	글루탐산	세린
		몸통	1210	411	24	442	729	928	1808	2477	735
		다리	1009	423	13	470	634	768	1518	1968	709

212) 정약전. 『자산어보』. 1814. 국립중앙도서관 소장본, p.57.

213) 이두순 역. 『신역 자산어보』. 목근통, 2016. p.182~185.

214) 정명현 역. 『자산어보 우리나라 최초의 해양생물 백과사전』. 서해문집, 2016. p.106~108.

국립수산과학원 자료에 참문어의 비타민, 지방, 무기질, 베타인류 등에 대해서는 언급된 내용이 없고, 몸통과 다리의 아미노산 성분만 각각 제시하고 있군요. 몸통은 100g당 단백질이 16.6g으로, 약간 저단백입니다. 다리의 단백질은 13.2g으로 몸통보다 약간 적습니다. 몸통에는 필수아미노산 중, 이소류신 트립토판, 히스티딘이 높은 편이고, 기타 아미노산은 아르기닌, 프롤린, 아스파르트산, 세린이 많은 편입니다. 다리에는 필수아미노산의 트립토판이 많고, 기타 아미노산은 프롤린과 세린이 많습니다. 참문어 내장에는 셀레늄이 0.09㎍이군요.[215]

추가로, 비교적 유사할 것으로 생각되는, 대문어(giant octopus, 학명 *Enteroctopus dofleini*)에 대한 자료를 찾아보았습니다. 대문어는 100g당, 58kcal, 단백질 12.2g, 지방 0.6g으로, 매우 저칼로리 저단백 저지방입니다. 불포화지방의 비율은 70.4%로, 불포화지방 함량은 0.42g으로 적은 편입니다. 대문어는 베타인류가 매우 많아서, 글리신 베타인 405.4mg, 호마린 148.6mg에 이릅니다. 특히 호마린은 오징어(151.5mg)에 이어 2위입니다. 대문어의 무기질은 칼슘 21mg, 인 215mg, 철 0.7mg입니다. 셀레늄은 0.63㎍으로 높은 편입니다.[216]

문어의 타우린은 380mg으로 높은 편입니다.[217] 두족류에 풍부한 타우린 함량의 비교에 대해서는 <주꾸미> 편을 참조해주시기 바랍니다.

---

215) 국립수산과학원. 표준수산물성분표 2018. http://www.nifs.go.kr/page?id=aq_seafood_1_01

216) 국립수산과학원. 표준수산물성분표 2018. http://www.nifs.go.kr/page?id=aq_seafood_1_01

217) Schaffer SW, Lombardini JB, Huxtable RJ. Taurine 3: Cellular and Regulatory Mechanisms. Springer Science+Business Media, LLC. 1997. p.503.

동자개(빠가사리)

2012.10.1. 충남 부여군 금천수로. 동자개 2014.6.8. 전북 무주군 앞섬마을. 눈동자개

학명[218)219)]	*Pseudobagrus fulvidraco(동자개)* *Pseudobagrus koreanus(눈동자개)* *Pseudobagrus brevicorpus(꼬치동자개)*
분류[220)]	메기목(Siluriformes) 동자개과(Bagridae)
자산어보	없음
영어	Korean bullhead(동자개) Black bullhead(눈동자개) Korean stumpy bullhead(꼬치동자개)
일어	ギギ(기기, 동자개)

빠가사리라는 물고기 이름이, 혹시 바카(バカ) 즉 멍청이라는 의미의 일본말이 아닐까 생각하기도 했지요. 그런데, 동자개가 표준어이고, 빠가사리는 강원도 방언이군요.[221)]

사부님께서, 물 밖으로 꺼내면
"빠가 빠가…"

218) 국립수산과학원 수산생명자원 정보센터 https://www.nifs.go.kr/frcenter/intro/?_p=intro_species

219) doopedia https://www.doopedia.co.kr/

220) 국립수산과학원 수산생명자원 정보센터 https://www.nifs.go.kr/frcenter/intro/?_p=intro_species

221) 네이버 국어사전.

하면서, 시끄럽게 큰 소리를 내서 붙여진 이름이라고 가르쳐주시더군요.

학명에 나오는, *Pseudobagrus*라는 속명(屬名, genus)은, 'pseudo(가짜)' + 'bagre(메기)'의 합성어이지요. 메기처럼 생겼지만, 메기가 아닌, '가짜 메기'라는 의미가 있군요. 영어 이름의 bullhead는 '황소의 머리'를 뜻하니, 동자개의 머리가 황소 머리를 닮았는가 봅니다.

여기저기 다녀 보니, 노란색, 갈색 등 지역마다 색깔과 모양이 조금씩 달랐습니다. 물의 흐름이 느린 곳에 살고, 야행성이지요. 비교적 흔한 동자개는 동자개, 눈동자개, 꼬치동자개 세 종류가 있습니다.

가장 자주 잡히는 노란색의 동자개(학명 *Pseudobagrus fulvidraco*)는, 흔히들 '황 빠가사리'라고도 부르더군요. 산란기는 초여름입니다.[222]

눈동자개(학명 *Pseudobagrus koreanus*)는 어두운 황갈색 몸을 가졌지요. 그래서 영어로는, black bullhead 즉 검은 동자개라고 하는가 봅니다. 우리나라 고유종입니다. 바위나 돌이 많은 곳에 살지요. 산란기는 5~7월입니다.[223]

---

222) doopedia https://www.doopedia.co.kr/

223) 국립수산과학원 수산생명자원 정보센터 https://www.nifs.go.kr/frcenter/intro/?_p=intro_species

꼬치동자개(학명 *Pseudobagrus brevicorpus*)는 영어로 Korean stumpy bullhead(한국 뭉툭 동자개)라고 부르는군요. 낙동강에서만 발견되는 우리나라 고유종입니다. 산란기는 6~7월입니다.[224] 저는 잡아본 적이 없는데요. 하천 상류의 물이 맑고 큰 돌이나 자갈이 많은 곳에서 살지요. 몸은 연한 노란색이며 자갈색의 큰 무늬를 갖지요. 꼬치동자개는 동자개에 비해 작습니다.[225]

꼬치동자개는, 황쏘가리(학명 *Siniperca scherzeri-Albino type*, 천연기념물 제190호), 어름치(학명 *Hemibarbus mylodon*, 천연기념물 제259호), 미호종개(학명 *Iksookimia choii*, 천연기념물 제454호), 남생이(학명 *Mauremys reevesii*, 천연기념물 제453호)와 함께, 천연기념물 제455호로 보호하는 어종입니다.[226]

동자개 종류는 입에 수염이 달렸습니다. 또한, 날카로운 가시를 세 개나 갖고 있으므로, 잡을 때 가시에 찔리지 않도록 조심해야 합니다. 잡은 뒤에, 철사를 자르는 니퍼(nipper)로, 등에 달린 가시와 좌우의 아가미 옆에 달린 가시의 끝을 절단한 뒤 살림망에 넣어야 합니다.

---

224) 국립수산과학원 수산생명자원 정보센터 https://www.nifs.go.kr/frcenter/intro/?_p=intro_species

225) 국립수산과학원 수산생명자원 정보센터 https://www.nifs.go.kr/frcenter/intro/?_p=intro_species

226) 문화재청 국가문화유산포털. 자연유산. http://www.heritage.go.kr/heri/cul/culDivView5.do?tabGubun=5&pageNo=1_1_4_0

▶ 자산어보 내용

『자산어보』에는 동자개에 관해 소개된 내용이 없습니다.

▶ 영양 정보

비타민		레티놀 (㎍)	티아민 (mg)	리보플라빈 (mg)	나이아신 (mg)	아스코빅산 (mg)				
		5	0.04	0.07	3.2	**1.0**				
아미노산 (mg)	필수	이소류신	류신	라이신	메티오닌	페닐알라닌	트레오닌	트립토판	발린	히스티딘
		655	1340	1452	380	667	**767**	**295**	712	327
	기타	아르기닌	티로신	시스테인	글리신	프롤린	알라닌	아스파르트산	글루탐산	세린
		982	**589**	56	**706**	502	915	**1602**	2496	**717**
무기질 (mg)		칼슘	인	철						
		36	204	**1.4**						

동자개는 100g당, 81kcal, 단백질 17.0g, 지방 3.8g으로, 저칼로리이면서 약간 저단백 고지방입니다. 불포화지방의 비율은 69.9%이며, 불포화지방 함량은 2.66g으로 높습니다. 비타민은 아스코빅산이 높군요. 필수아미노산은 트레오닌과 트립토판이 많은 편이고, 기타 아미노산은 티로신, 글리신, 아스파르트산, 세린이 많은 편입니다. 무기질은 철이 많습니다.[227]

227) 국립수산과학원. 표준수산물성분표 2018. http://www.nifs.go.kr/page?id=aq_seafood_1_01

등가시치

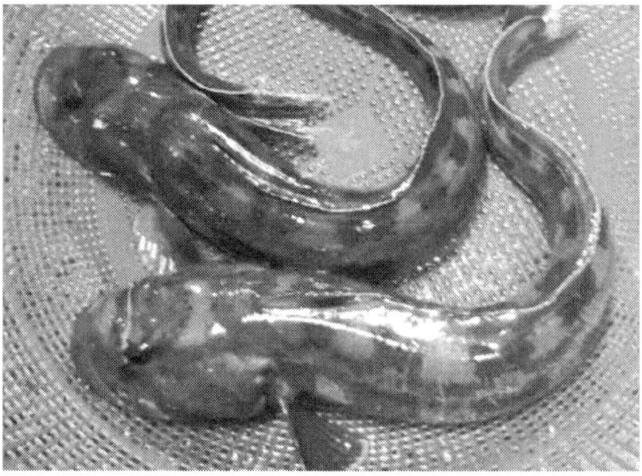

2020.6.24. 부산 자갈치 시장.

학명	*Zoarces gillii*
분류[228]	농어목(Perciformes) 등가시치과(Zoarcidae)
자산어보	장점(長鮎)
영어	blotched eelpout
일어	コウライガジ(코라이가지)

10여 년 전에 서해안의 안면도 채희섭 사장님 좌대의 통발에서 처음 만났는네요. 황망둥어라고 가르쳐주셨습니다. 부산 자갈치 시장 횟집에서는 꼬랑치라고 부르더군요. 꼬랑치라는 이름이 아주 정겹기도 한데요. 손암(巽庵) 정약전 선생께서는

"꼬리가 긴 메기"

라는 의미의 이름으로 설명하셨지요.

228) 국립수산과학원 수산생명자원 정보센터 https://www.nifs.go.kr/frcenter/intro/?_p=intro_species

그러나, <황망둥어> 또는 <꼬랑치>로는 국립수산과학원 자료에서 학명이 검색되지 않았습니다. 어떤 분의 블로그에서 장갱이가 표준어라고 설명되어 있어서, 장갱이로 국립수산과학원 자료를 검색해보니, 모습이 매우 달랐습니다.

그런데, MBC TV의 <어영차 바다야>라는 프로그램에서 등가시치라고 자세하게 설명되었더군요.[229] 등가시치로 국립수산과학원 자료에 입력해서 학명을 알 수 있었습니다. 등가시치와 장갱이(학명 *Stichaeus grigorjewi*)는 둘 다 '바다 메기'로 불리고 있었지만, 서로 다른 물고기였습니다.

영어 이름의 eelpout는, eel(장어) + pout(입을 비쭉 내밀다)로, '입을 비쭉 내민 장어'라는 의미가 있군요. 등가시치는, blotched eelpout라는 영어 이름처럼, 몸에 반점(blotch)이 있지요. 최대 성장 47cm입니다. 산란에 대한 정보는 없군요.[230]

부산에 있는 동아대학교 의과대학의, 박주성 교수님이 자갈치 시장에서 꼬랑치 회를 사 주셔서 먹어보았는데요. 손암(巽庵) 선생께서는

"맛이 없는 물고기이다."

라고 말씀하셨는데, 저는 아주 맛있더군요! 어찌 된 일인지 모르겠습니다….

229) 유튜브. 목포 MBC. 바다의 메기 등가시치(고랑치, 꼬랑치).

230) 국립수산과학원 수산생명자원 정보센터 https://www.nifs.go.kr/frcenter/intro/?_p=intro_species

▶ 자산어보 내용

『자산어보』에는 등가시치를 <장점(長鮎)>으로 설명하고 있습니다. '길 장(長)', '메기 점(鮎)'이니, <긴 메기>라는 의미이군요.

> "장점(속명 골망어骨望魚)은 큰 것이 2척 남짓이며, 몸은 야위고 길다. 입이 조금 크다. 맛은 엷고 좋지 않다."
> [長鮎/장점 俗名骨望魚/속명골망어 大者二尺餘/대자이척여 而其體瘦長/이기체수장 口稍大/구초대 味薄劣/미박열][231][232][233]

▶ 영양 정보

비타민		레티놀(㎍)	티아민(mg)	리보플라빈(mg)	나이아신(mg)	아스코빅산(mg)				
		11	0.06	0.13	**4.6**	**1.0**				
아미노산(mg)	필수	이소류신	류신	라이신	메티오닌	페닐알라닌	트레오닌	트립토판	발린	히스티딘
		685	1182	1292	**556**	561	583	161	730	274
	기타	아르기닌	티로신	시스테인	글리신	프롤린	알라닌	아스파르트산	글루탐산	세린
		1148	580	**181**	667	491	825	**5911**	2193	527
무기질(mg)		칼슘	인	철						
		24	193	0.4						

등가시치는 100g당, 79kcal, 단백질 19.8g, 지방 3.5g으로, 저칼로리 고단백이면서 고지방입니다. 불포화지방의 비율은 74.0%이며,

231) 정약전. 『자산어보』. 1814. 국립중앙도서관 소장본, p.51.

232) 이두순 역. 『신역 자산어보』. 목근통, 2016. p.163~164.

233) 정명현 역. 『자산어보 우리나라 최초의 해양생물 백과사전』. 서해문집, 2016. p.98.

불포화지방 함량은 2.59g으로 높습니다. 타우린은 264mg입니다. 비타민은 나이아신과 아스코빅산이 많은 편입니다. 필수아미노산은 메티오닌이 많습니다. 기타 아미노산은 아르기닌, 시스테인, 아스파르트산이 높은데요. 특이하게도, 아스파르트산이 무려 5,911mg으로, 이 책에 등장하는 물고기 중에 월등하게 가장 높습니다(아래 표 참조).[234)]

<아스파르트산 함량> 100g 기준

순위	물고기	mg
1	등가시치	5911
2	참돔	2416
3	돌돔	2169
4	감성돔	2143
5	성대	2129

아스파르트산이라는 아미노산은 필수 영양소가 아니라서, 한국 성인의 하루 섭취량 권장 기준은 없군요.[235)] 술 분해에는 탁월할 것 같습니다. 아스파르트산은 술 분해에도 도움이 되는 성분이지요. 아스파르트산 성분은 콩나물과 일부 숙취 해소용 음료에도 들어 있습니다.

아스파르트산이, 아스파르트산 아미노기 전이 효소(AST, aspartate transaminase)에 의해, 포도당합성에 이용되기도 하는데요. 혈액검사에서 AST 효소 수치가 증가하면, 세포손상을 의미하기도 합니다. <감성돔> 편을 참조해주시기 바랍니다.

234) 국립수산과학원. 표준수산물성분표 2018. http://www.nifs.go.kr/page?id=aq_seafood_1_01

235) 보건복지부·한국영양학회. 2015 한국인 영양소 섭취 기준.

망둑어

2010.10.30. 안면도 방파제 풀망둑

학명	*Acanthogobius hasta(풀망둑)*
분류[236]	농어목(Perciformes) 망둑어과(Gobiidae)
자산어보	대두어(大頭魚)
영어	Goby, Javeline goby
일어	ハゼ(하제)

손암(巽庵) 정약전 선생께서는

"머리가 큰 물고기"

라는 의미의 이름으로 설명하시며,

"자식이 그 어미를 먹으므로, 조상이 없는 물고기라고도 부른다."

라고 하셨디군요.

연안 얕은 바다의 펄 속에 Y자 모양의 구멍을 만들어서 서식하지요. 3~4월에 두 구멍이 합쳐지는 지점의 벽에 산란합니다. 40cm까지 성장합니다.[237] 망둑어가 표준어이고, 방언으로 망둥어, 망둥이,

236) 국립수산과학원 수산생명자원 정보센터 https://www.nifs.go.kr/frcenter/intro/?_p=intro_species

237) 국립수산과학원 수산생명자원 정보센터 https://www.nifs.go.kr/frcenter/intro/?_p=intro_species

갯망둥이, 꼬시래기, 문저리, 운저리 등 다양한 이름이 있습니다.

망둑어과의 물고기는 가장 종류가 많다고 합니다. 망둑어과에는 가실망둑, 갈문망둑, 개소겡, 검정망둑, 꼬마망둑, 꽃개소겡, 꾹저구, 날개망둑, 날망둑, 댕기망둑, 도화망둑, 두줄망둑, 말뚝망둥어, 모치망둑, 무늬망둑, 문절망둑, 미끈망둑, 민물검정망둑, 밀어, 바닥문절, 별망둑, 살망둑, 수염문절, 쉬쉬망둑, 실망둑, 아작망둑, 얼룩망둑, 일곱동갈망둑, 점망둑, 줄망둑, 짱뚱어, 풀망둑, 흰줄망둑… 등 이름도 다 헤아리지 못할 정도로 종류가 엄청 많더군요.[238)]

충남대병원 시설과에 근무하는 문제남님이

"망둑어는 1년 살이다."

라고 가르쳐주더군요. 봄에 태어나 성장하다가 11~12월에는 씨알이, 명태 크기 정도로, 아주 굵어집니다. 그 후 1월경에는 오히려 살이 야위어지더군요. 봄에는 작은 것만 잡힙니다.

손암(巽庵) 선생께서는

"망둑어는 맛이 달고 진하다."

라고 설명하셨지요. 제가 회를 떠보니, 맛과 식감이 아주 좋더군요. 매운탕으로 끓여보니 살이 매우 부드럽고 맛이 좋았습니다.

서해안에서는 방파제나 해변에서 갯지렁이를 미끼로 하여 원투낚시로 흔히 잡는데요. 아무 곳에서나 할 수 있고 방법도 아주 쉽지요. 손암(巽庵) 선생께서도

"성질이 둔하여 사람을 무서워하지 않으므로, 낚시로 잡기가 매우

238) doopedia https://www.doopedia.co.kr/

쉽다."

라고 설명하셨지요. 언젠가 문제남님이

"삼겹살을 미끼로 쓰면 편리하다."

고 가르쳐주었습니다. 삼겹살을 미끼로 써보니, 서너 토막만으로도 100마리 이상 잡게 되더군요.

충남대학교 의과대학에는 록 음악을 연주하는 학생동아리가 있는데요. 동아리 이름이 '코머스(COMUS)'입니다. 코머스는 '술과 축제'를 주관하는 그리스 신의 이름인데요. 40여 년 전, 그러니까 1979년에 제가 의과대학에 다니면서 만든 동아리이지요. 1979년, 의예과 1학년 여름 방학 때, 드럼을 맡은 오한진 친구와 함께, 베이스기타를 맡은 임종호 친구의 서산 고향 집에서 며칠 지낸 적이 있습니다.

셋이서 버스를 타고 서산 앞바다에 나갔는데요. 망둥이가 아주 많더군요. 맨손으로 망둥이를 잡아보려고, 셋이서 썰물로 물이 빠진 갯벌에 갔습니다. 갯벌 여기저기에 망둥이들이 뛰어다니는 것을 보고 쫓아갔습니다. 그러나 우리가 다가가면 망둥이들이 재빠르게 갯벌의 구멍으로 들어가서 숨어 버렸습니다. 망둥이를 잡으려고 구멍 속에 손을 집어넣으니, 망둥이 구멍이 제법 깊더군요. 어쩔 수 없이, 갯벌에 무릎을 꿇고 엎드리다시피 하여, 팔을 뻗어 어깨 부위까지 집어넣었더니, 갯벌의 검은 흙이 얼굴에 다 묻었지요.

얼굴에 갯벌 흙이 묻는 것도 모른 채, 그 뜨거운 여름 뙤약볕 아래에서 망둥이를 잡기 위해, 셋이서 즐겁게, 이리 뛰고 저리 뛰고 했습니다. 망둥이들은 우리에게 안 잡히려고 이리 뛰고 저리 뛰고….

얼굴과 온몸에 갯벌 흙을 시커멓게 뒤집어쓴 채 씻지도 못하고,

어렵게 잡은 망둥이 10여 마리를 가지고 친구 집으로 돌아가기 위해 버스를 탔습니다. 버스에 올랐는데, 주변에 있던 아주머니들이 우리를 보면서 놀라는 표정으로

"그 망뎅이 뭐 하려고 잡은 거유?"

하고, 물으시더군요.

"예, 매운탕 끓여 먹으려고 합니다."

했더니

"그 망뎅이는 못 먹는 망뎅이인디…. 먹는 망뎅이는 따로 있슈~!"

하시더군요. 우리는 허탈해서 그만 웃고 말았습니다.

2010.10.30.(음력 9.23) 안면도 끝 우측 마을의 방파제(장곰항 반대편). 묶음추에 갯지렁이 미끼. 전공의 2년 차 입암(立岩) 김응두님 망둑어 잡고 좋아서 양주 1병 혼자 다 마심. 1년 차 인암(仁岩) 김어진님도 망둑어!

방파제에서 망둑어 회 썰어놓고 셋이서 와인 마심.
배에서 내리는 어부 할아버님께 와인 한 잔 따라 올리니,
손수 잡으신 갑오징어 2마리를 안주하라고 주심.

▶ 자산어보 내용

『자산어보』에는 망둑어를 <대두어(大頭魚)>로 설명하고 있습니다. '큰 대(大)', '머리 두(頭)'이니, <큰 머리 물고기>라는 의미인가 봅니다.

> "대두어(속명 무조어无祖魚)는 큰 것이 2척이 조금 못 된다. 머리가 크고, 입이 크며, 몸이 가늘다. 황흑색이며, 맛이 달고 진하다. 밀물과 썰물이 오가는 곳에서 논다. 성질이 둔하여 사람을 무서워하지 않으므로, 낚시로 잡기가 매우 쉽다. 겨울에는 갯벌을 파고 들어가 숨는다. 어미를 먹으므로 조상이 없는 고기(무조어无祖魚)라고 부르는 것 같다. 흑산도에도 간혹 있지만 먹을 만하지 못하고, 육지 근처에서 나는 것이 매우 좋다.
> 또한, 작은 한 종(속명 덕음파德音巴)은 길이가 5~6치이다. 머리와 몸이 비슷하다. 황색 또는 흑색이다. 육지에 가까운 바다에 있다."
> [大頭魚/대두어 俗云无祖魚/속운무조어 大者二尺弱/대자이척약 頭大/두대 口大/구대 體細/체세 色黃黑/색황흑 味甘而醲/미감이농 游於潮汐往來之處/유어조석왕래지처 性頑不畏人/성완불외인 故釣捕甚易/고조포심이 冬月穿泥而蟄/동월천니이칩 食其母/식기모 故

似稱/고사칭 無祖魚云/무조어운 黑山間有/흑산간유 而不堪食/이불감식 產於近陸者/산어근륙자 甚佳/심가

又一種小者/우일종소자 俗名德音巴/속명덕음파 長五六寸/장오륙촌 頭與體相稱/두여체상칭 色或黃或黑/색혹황혹흑 海水近濱處有之/해수근빈처유지][239][240][241]

▶ **영양 정보**

비타민	레티놀 (㎍)	티아민 (mg)	리보플라빈 (mg)	나이아신 (mg)	아스코빅산 (mg)
	9	0.06	0.04	2.4	**1.0**
무기질(mg)	칼슘	인	철		
	12	174	0.9		

풀망둑은 100g당, 77kcal, 단백질 16.4g, 지방 0.7g으로, 저칼로리이고 약간 저단백이면서 저지방인 물고기이군요. 비타민은 아스코빅산이 높습니다. 불포화지방과 아미노산에 대한 자료는 없습니다.[242]

239) 정약전. 『자산어보』. 1814. 국립중앙도서관 소장본. p.42.

240) 이두순 역. 『신역 자산어보』. 목근통, 2016. p.135~135.

241) 정명현 역. 『자산어보 우리나라 최초의 해양생물 백과사전』. 서해문집, 2016. p.86~87.

242) 국립수산과학원. 표준수산물성분표 2018. http://www.nifs.go.kr/page?id=aq_seafood_1_01

망상어

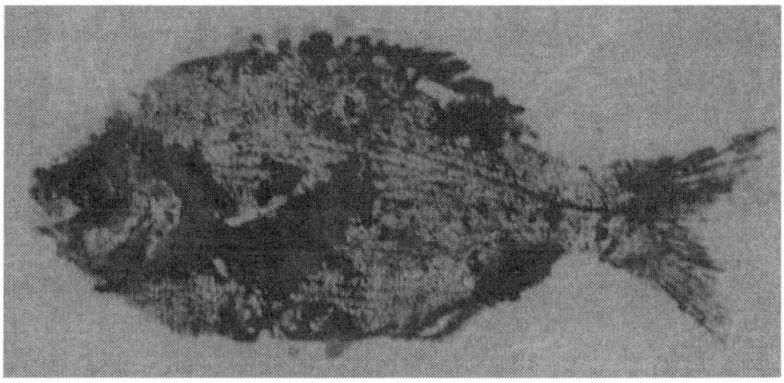

2010.1.2. 통영 중화낚시 내만 좌대. 어탁.

학명	*Ditrema temminckii*
분류[243]	농어목(Perciformes) 망상어과(Embiotocidae)
자산어보	소구어(小口魚)
영어	Ocean perch, Surf fish, Surf perch, Sea chub
일어	ウミタナゴ(우미타나고)

손암(巽庵) 정약전 선생께서는

"입이 작은 물고기"

라는 의미의 이름으로 설명하셨습니다.

20여 년 전에, 남해안의 방파제에서 찌낚시 하다가 망상어라는 물고기를 처음 알게 되었습니다. 하얀색의 물고기인데요. 방파제 주변에 아주 많고 자주 잡히더군요.

망상어 내장을 손질하다가 배 속에 새끼들이 바글바글 있는 것

243) 국립수산과학원 수산생명자원 정보센터 https://www.nifs.go.kr/frcenter/intro/?_p=intro_species

을 보고 깜짝 놀라기도 했는데요. 신기하게도, 망상어는 태생어입니다. 손암(巽庵) 선생께서도

"망상어는 새끼를 낳는 태생이다."

라고 설명하셨지요.

망상어는 알을 낳지 않고 한 번에 10~30마리의 새끼를 낳습니다.[244] 체내수정을 통해 번식하는데요. 10~12월에 짝짓기하고, 1~2월에 암컷 몸 안에서 부화하여 자라다가, 5~6cm 크기의 새끼들이 4~6월에 몸 밖으로 나오게 됩니다.[245]

흔히들 낚시하다가 참돔을 잡은 줄 알고 좋아했다가, 수면 위에 올라온 망상어를 확인하고는

"에이, 망상돔이다…."

라며 실망하곤 하지요.

손암(巽庵) 선생께서는

"망상어는 맛이 달다."

고 말씀하셨는데요. 제가 회를 떠서 먹어보니, 아무 맛이 없더군요. 손암(巽庵) 선생께서 정말로 망상어를 드셔보신 것인지, 아니면 제 입맛이 다른 것인지 모르겠습니다. 대체로 맛이 없지만, 겨울 망상어는 회, 구이, 조림으로 먹을 수 있다고 합니다.

244) 국립수산과학원 수산생명자원 정보센터 https://www.nifs.go.kr/frcenter/intro/?_p=intro_species

245) doopedia https://www.doopedia.co.kr/

▶ 자산어보 내용

『자산어보』에는 망상어를 <소구어(小口魚)>로 설명하고 있습니다. '작을 소(小)', '입 구(口)' 자이니, <작은 입 물고기>라는 의미이군요.

> "소구어(속명 망치어望峙魚)는 큰 것이 1척 정도이다. 모양이 강항어(참돔)와 유사한데, 높이가 더 높다. 입이 작다. 하얀색이며, 새끼를 낳는 태생이다. 살이 많고 연하며 부드럽다. 맛이 달다."
> [小口魚/소구어 俗名望峙魚/속명망치어 大者一尺許/대자일척허 狀類强項魚/상류강항어 而高益崇/이고익숭 口小/구소 色白/색백 以胎生子/이태생자 肥肉脆軟/비육취연 味甘/미감][246][247][248]

▶ 영양 정보

비타민	레티놀 (μg)	티아민 (mg)	리보플라빈 (mg)	나이아신 (mg)	아스코빅산 (mg)
	18	0.08	0.1	3.5	0

아미노산 (mg)										
	필수	이소류신	류신	라이신	메티오닌	페닐알라닌	트레오닌	트립토판	발린	히스티딘
		937	1677	1751	554	797	791	187	943	356
	기타	아르기닌	티로신	시스테인	글리신	프롤린	알라닌	아스파르트산	글루탐산	세린
		1496	760	219	767	606	1113	1892	3015	662

무기질 (mg)	칼슘	인	철
	44	217	1.0

246) 정약전. 『자산어보』. 1814. 국립중앙도서관 소장본. p.32.

247) 이두순 역. 『신역 자산어보』. 목근통, 2016. p.100~101.

248) 정명현 역. 『자산어보 우리나라 최초의 해양생물 백과사전』. 서해문집, 2016. p.76.

망상어는 100g당, 89kcal, 단백질 18.9g, 지방 0.9g으로, 약간 저칼로리 고단백 저지방이군요. 불포화지방의 비율은 66.5%로, 불포화지방 함량은 0.6g으로 적은 편입니다. 저는 망상어를, 버리는 물고기 취급을 하며, 얕보기도 했었는데요. 의외로 타우린 함량이 무려 464mg이나 됩니다. 아미노산도 전반적으로 풍부합니다. 필수아미노산은 트립토판과 히스티딘을 제외한 모든 항목이 높고, 기타 아미노산은 전체 항목이 모두 높습니다.[249] 맛을 고려하지 않고 성분 함량으로만 본다면, 아주 좋은 물고기이군요.

249) 국립수산과학원. 표준수산물성분표 2018. http://www.nifs.go.kr/page?id=aq_seafood_1_01

●

매퉁이

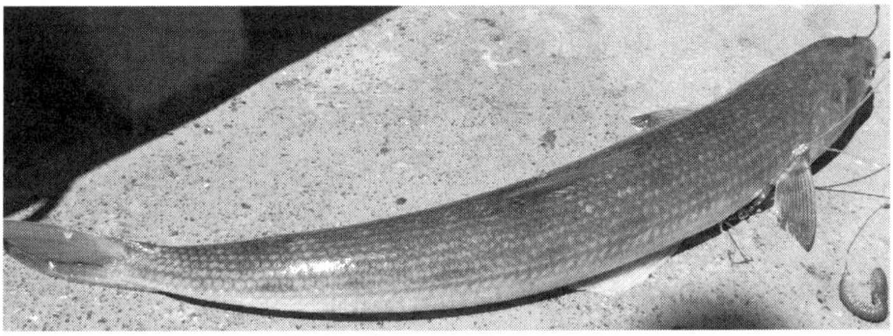

2013.8.25. 서천 홍원항 호해스타호 선상

학명	*Saurida undosquamis*
분류[250]	홍메치목(Aulopiformes) 매퉁이과(Synodontidae)
자산어보	익추(杙鯫)
영어	Lizard fish
일어	エソ(에소)

손암(巽庵) 정약전 선생께서는
"말뚝 모양의 물고기"
라는 의미의 이름으로, 익살스럽게 설명하셨지요.

Lizard fish라는 영어 이름의 'lizard'는 '도마뱀'이라는 뜻이지요. 매퉁이의 머리 모양이 도마뱀과 비슷한가 봅니다. 매퉁이 산란기는 4~8월입니다.[251] 어묵의 원료로 주로 사용됩니다.[252]

250) 국립수산과학원 수산생명자원 정보센터 https://www.nifs.go.kr/frcenter/intro/?_p=intro_species

251) 국립수산과학원 수산생명자원 정보센터 https://www.nifs.go.kr/frcenter/intro/?_p=intro_species

252) doopedia https://www.doopedia.co.kr/

저는 매퉁이를 동해안이나 남해안에서는 잡아본 적이 없고, 주로 서해안의 내만에서 백조기나 참돔 선상 낚시를 하다가 우연히 몇 번 만났습니다. 호해스타호 장세열 선장님이

"매퉁이라는 물고기이다."

라고 알려주시더군요.

손암(巽庵) 선생께서 매퉁이의 맛에 관해 설명하신 내용은 없더군요. 제가 회를 떠보니, 살이 너무 무르고 살 속에 잔가시가 많아서, 회로 먹기에는 적당하지 않더군요. 튀기거나 구워서 먹어야 할 것 같았습니다.

▶ 자산어보 내용

『자산어보』에는 매퉁이를 <익추(杙鯫)>로 설명하고 있습니다. '말뚝 익(杙)', '송사리 추(鯫)'이니, <말뚝 송사리>라는 의미인 것 같군요.

> "익추(속명 말독멸末獨蔑)는 소추(멸치)와 같고 색도 같다. 머리는 크지 않고, 꼬리는 가늘어지지 않는다. 모양이 말뚝과 같아서 그런 이름이 붙었다."
>
> [杙鯫/익추 俗名末獨蔑/속명말독멸 如小鯫而色亦同/여소추이색역동 頭不豊/두불풍 尾不殺/미불살 狀如杙/상여익 故(名)/고(명)[253)]][254)255)256)]

253) 국립중앙도서관 소장본이 아닌 다른 본에는 명(名)자가 있기도 하다.

254) 정약전. 『자산이보』. 1814. 국립중앙도서관 소장본. p.41.

255) 이두순 역. 『신역 자산어보』. 목근통, 2016. p.134.

256) 정명현 역. 『자산어보 우리나라 최초의 해양생물 백과사전』. 서해문집, 2016. p.86.

▶ 영양 정보

구분										
비타민		레티놀(㎍)	티아민(mg)	리보플라빈(mg)	나이아신(mg)	아스코빅산(mg)				
		5	0.05	0.12	2.9	**1.0**				
아미노산(mg)	필수	이소류신	류신	라이신	메티오닌	페닐알라닌	트레오닌	트립토판	발린	히스티딘
		974	**1594**	**2029**	**605**	**1000**	**898**	193	**1067**	**495**
	기타	아르기닌	티로신	시스테인	글리신	프롤린	알라닌	아스파르트산	글루탐산	세린
		1128	**717**	**217**	**895**	**692**	**1153**	**1990**	**3041**	**758**
무기질(mg)		칼슘	인	철						
		52	**240**	0.4						

매통이는 100g당, 93kcal, 단백질 19.5g, 지방 2.4g으로, 약간 고칼로리 고단백이면서 고지방이군요. 불포화지방의 비율은 66.3%이며, 불포화지방 함량은 1.59g으로 높은 편입니다. 타우린이 95mg이군요.

아미노산이 매우 풍부합니다. 필수아미노산은 트립토판을 제외한 모든 항목이 높은데요. 특히 라이신은 쥐노래미(2,055mg), 벵에돔(2,041mg)에 이어 3위입니다. 페닐알라닌은 꽃게알(1,069mg)에 이어 2위로 높습니다. 기타 아미노산은 모든 항목이 높습니다. 무기질은 인이 많은 편입니다.[257]

257) 국립수산과학원. 표준수산물성분표 2018. http://www.nifs.go.kr/page?id=aq_seafood_1_01

메기

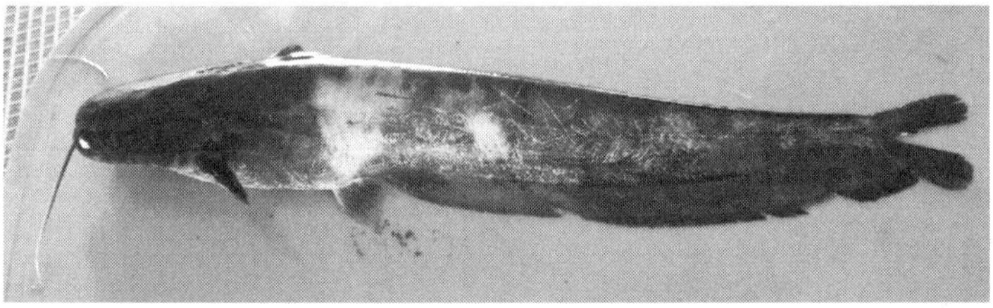

2020.5.30. 충북 보은군 도원저수지

학명	*Silurus asotus*
분류[258]	메기목(Siluriformes) 메기과(Siluridae)
자산어보	없음
영어	far Eastern catfish, Amur catfish
일어	ナマズ(나마스)

국립수산과학원 자료에 민물 메기의 학명은 있는데, 계통분류에 대한 자료는 없더군요. 다른 곳에서 메기의 계통분류를 알 수 있었습니다.

물살이 느린 곳의 돌 틈에 살며, 야행성입니다. 산란기는 5~7월이고, 부화 후 1년이면 10~12cm, 2년이면 20~30cm이고, 60cm가 넘으려면 4년 이상 걸립니다.[259]

영어로는 catfish라고 하는데, <고양이 물고기>라는 의미이군요. 입에 고양이처럼 긴 수염이 달렸지요. 주로 지렁이 미끼를 쓰는데요.

258) doopedia https://www.doopedia.co.kr/

259) 대교학습백과. http://dlegongbuwarac.edupia.com/xmlPrint.aspx?did=24425

위 사진의 메기는, 계곡 저수지에서 오전 8시경 참붕어 미끼에 얼굴을 보여주었습니다.

▶ 자산어보 내용

『자산어보』에는 민물 메기에 관해 소개된 자료가 없습니다.

▶ 영양 정보

비타민		레티놀 (㎍)	티아민 (mg)	리보플라빈 (mg)	나이아신 (mg)	아스코빅산 (mg)				
		48	**0.2**	0.07	2.3	**1.0**				
아미노산 (mg)	필수	이소류신	류신	라이신	메티오닌	페닐알라닌	트레오닌	트립토판	발린	히스티딘
		715	1292	1233	441	663	728	**286**	736	423
	기타	아르기닌	티로신	시스테인	글리신	프롤린	알라닌	아스파르트산	글루탐산	세린
		947	556	**676**	22	445	888	1523	2332	642
무기질 (mg)		칼슘	인	철						
		26	190	0.8						

메기는 100g당, 114kcal, 단백질 17.0g, 지방 2.8g으로, 매우 고칼로리 약간 저단백이면서 고지방인 물고기이군요. 불포화지방의 비율은 69.4%이며, 불포화지방 함량은 1.94g으로 높은 편입니다. 비타민은 레티놀, 티아민, 아스코빅산이 높군요. 아미노산은 트립토판과 시스테인이 높은데요. 특히 시스테인이 꽃게알(1,128mg) 다음으로 높습니다. 셀레늄은 0.1㎍입니다.[260]

260) 국립수산과학원. 표준수산물성분표 2018. http://www.nifs.go.kr/page?id=aq_seafood_1_01

●

멸치

2012.5.27. 제주도 서귀포 KAL 호텔 앞 갯바위.

학명	*Engraulis japonica*
분류[261]	청어목(Clupeiformes) 멸치과(Engraulidae)
자산어보	추어(鯫魚)
영어	Japanese Anchovy
일어	カタクチイワシ(카타구치이와시)

손암(巽庵) 정약전 선생께서는
“송사리 물고기”
라는 의미의 이름으로 설명하셨습니다.

산란기는 봄, 가을 두 차례에 걸쳐 일어납니다. 부화 후 1년이 되면 11~13cm로 성장하여 산란합니다. 수명은 1년 반 정도입니다.[262]

2012년 5월의 제주도 대한가정의학회 춘계학술대회 때였는데요. 아내와 함께, 제주도 식당에서 ‘멜조림’이라는 메뉴를 보고

261) 국립수산과학원 수산생명자원 정보센터 https://www.nifs.go.kr/frcenter/intro/?_p=intro_species

262) 국립수산과학원 수산생명자원 정보센터 https://www.nifs.go.kr/frcenter/intro/?_p=intro_species

'저게 무슨 요리일까?'

하고 궁금하기도 했는데, 멸치를 방언으로 '멜'이라고도 한답니다. 멸치과의 물고기에는 곤어리, 멸치, 북멸, 반지, 싱어, 웅어, 청멸, 풀반지, 풀반댕이 등이 있군요.

1998년 가을에 강릉아산병원을 떠날 때, 진료처장님이 이별을 기념하여 강릉 사천 해변의 진리횟집에서 대구탕과 멸치회를 점심으로 사 주셨지요. 저는 그때 처음으로 멸치회를 먹어보았는데요. 멸치회가 그렇게 맛있는 줄 몰랐습니다.

▶ 자산어보 내용

『자산어보』에는 멸치를 <추어(鯫魚)>로 설명하고 있습니다. 추(鯫) 자가 '송사리'라는 의미이니, <송사리 물고기>라는 뜻인 것 같군요.

> "추어(속명 멸어蔑魚)는 몸이 아주 작다. 큰 것이 3~4치이다. 청백색이며, 6월에 나오기 시작해서 상강(霜降, 서리가 내리는 시기, 양력 10월 23일경) 무렵에 사라진다. 밝은 빛을 좋아하는 성질이다. 밤마다 어부들이 횃불을 밝혀 유인하여, 와굴(窪窟)[263]에 이르면, 광주리 같은 그물로 끌어낸다. 국으로 끓이거나, 젓갈로 담기도 하고, 말리기도 하며, 물고기 미끼로 쓰기도 한다. 가가도(可佳島, 가거도)에서 나는 것은 몸이 상당히 크다. 겨울에도 잡는다. 관동지방(강원도)의 좋은 것만은 못하다."
>
> [鯫魚/추어 俗名蔑魚/속명멸어 體極小/체극소 大者三四寸/대자삼사촌 色青白/색청백 六月始出/유월시출 霜降則退/상강즉퇴 性喜明光/성희명광 每夜漁者/매야어자 爇燎而引之/설료이인지 及到窪窟

263) 대나무나 갈대로 엮은 발이나 덤장 그물에서, 물고기가 마지막으로 모이는 곳.

/급도와굴 以匡網汲出/이광망급출 或羹或醢或腊/혹갱혹해혹석 或爲魚餌/혹위어이 産於可佳島者/산어가가도자 體頗大/체파대 冬月亦漁/동월역어 然都不如關東者之良/연도불여관동자지량][264][265][266]

▶ **영양 정보**

비타민		레티놀 (μg)	티아민 (mg)	리보플라빈 (mg)	나이아신 (mg)	아스코빅산 (mg)				
		38	0.04	**0.26**	**8.8**	**1.0**				
아미노산 (mg)	필수	이소류신	류신	라이신	메티오닌	페닐알라닌	트레오닌	트립토판	발린	히스티딘
		774	1339	1473	**520**	708	**753**	191	**898**	**644**
	기타	아르기닌	티로신	시스테인	글리신	프롤린	알라닌	아스파르트산	글루탐산	세린
		958	**598**	**185**	**823**	527	1015	1270	2587	630
무기질 (mg)		칼슘	인	철						
		496	202	**3.6**						

멸치는 100g당, 127kcal, 단백질 17.4g, 지방 5.4g으로, 매우 고칼로리이면서 약간 저단백이고 매우 고지방이군요. 불포화지방 비율은 70.3%이며, 불포화지방 함량은 3.8g으로 매우 높습니다. 타우린은 215mg입니다. 비타민은 레티놀, 리보플라빈, 나이아신, 아스코빅산이 높군요.

필수아미노산은 메티오닌, 트레오닌, 발린, 히스티딘이 높습니

264) 정약전. 『사산어보』. 1814. 국립중앙도서관 소장본. p.40~41.

265) 이두순 역. 『신역 자산어보』. 목근통, 2016. p.128~130.

266) 정명현 역. 『자산어보 우리나라 최초의 해양생물 백과사전』. 서해문집, 2016. p.85.

다. 기타 아미노산은 티로신, 시스테인, 글리신이 높습니다. 흔히 칼슘 보충으로 멸치를 권하는데요. 멸치의 칼슘 함량은 무려 496mg으로, 참붕어(983mg), 미꾸리(736mg)에 이어 3위입니다. 철 성분도 3.6mg으로 매우 높습니다. 셀레늄은 0.19㎍입니다.[267)]

267) 국립수산과학원. 표준수산물성분표 2018. http://www.nifs.go.kr/page?id=aq_seafood_1_01

미꾸라지

2020.7.10. 집.

학명	*Misgurnus mizolepis*
분류[268]	잉어목(Cypriniformes) 미꾸리과(Cobitidae)
자산어보	없음
영어	mudfish, Chinese muddy loach
일어	カラドジョウ(가라도죠)

국립수산과학원 자료에는, 새코미꾸리(학명 *Koreocobitis rotundicaudata*), 수수미꾸리(학명 *Niwaella multifasciata*), 얼룩새코미꾸리(학명 *Koreocobitis naktongensis*) 등에 대한 자료는 있는데, 미꾸라지와 일반 미꾸리에 대해서는 학명만 있고 계통분류에 대한 자료가 없었습니다. 다른 곳에서 미꾸라지의 계통분류를 알 수 있었습니다.

어렸을 때, 비 내리는 날 농수로나 작은 도랑에서 많이 잡던 기억이 나기도 하는데요. 날씨가 추워지면 진흙으로 들어가므로 삽으

268) doopedia. https://www.doopedia.co.kr/

로 땅을 파서 잡기도 합니다. 그래서 영어로는 mudfish(진흙 물고기)라고 부르는가 봅니다.

미꾸라지는 물흐름이 느리거나 물이 고여 있는 곳에 서식합니다. 깨끗하지 않은 3급수의 물에서도 잘 견딥니다. 비가 내려 물이 불어나면 짝짓기를 시작합니다.[269)]

추어탕 재료로도 많이 이용되는데요. 미꾸라지 손질은 아주 쉽지요. 양동이에 산 채로 넣고, 소금을 뿌려 10분 정도 덮어두면, 미꾸라지들이 요동을 치며 저절로 손질됩니다. 미꾸라지는 우럭(조피볼락)과 열기(불볼락) 등의 바다낚시에 미끼로 쓰이기도 합니다.

▶ 자산어보 내용

『자산어보』에는 미꾸라지에 관해 소개된 자료가 없습니다.

▶ 영양 정보

미꾸라지에 대해서는, 국립수산과학원 수산물성분표에 지방과 셀레늄에 대해서만 제시했는데요. 100g당, 지방 2.5g으로, 고지방의 물고기입니다. 불포화지방의 비율은 78.0%로, 낙지(79.3%) 다음으로 2위이군요. 불포화지방 함량은 1.95g으로 높은 편입니다. 셀레늄이 무려 1.82㎍으로 꽃게 내상(2.54㎍) 다음으로 높습니다. 비타민, 아미노산, 무기질에 대한 자료는 없군요.[270)]

---

269) doopedia. https://www.doopedia.co.kr/

270) 국립수산과학원. 표준수산물성분표 2018. http://www.nifs.go.kr/page?id=aq_seafood_1_01

비타민, 아미노산, 무기질 성분에 대해, 미꾸라지와 같은 과(科, Family)에 속하면서, 모양이 유사한 미꾸리(영어 muddy loach, 일어 도죠 ドヅョウ) 자료를 추가로 살펴보겠습니다.

<미꾸리(학명 *Misgurnus anguillicaudatus*)>

구분										
비타민		레티놀(μg)	티아민(mg)	리보플라빈(mg)	나이아신(mg)	아스코빅산(mg)				
		189	0.1	**0.65**	**7.9**	**2.0**				
아미노산(mg)	필수	이소류신	류신	라이신	메티오닌	페닐알라닌	트레오닌	트립토판	발린	히스티딘
		845	1245	**1556**	215	676	**761**	**333**	**904**	**530**
	기타	아르기닌	티로신	시스테인	글리신	프롤린	알라닌	아스파르트산	글루탐산	세린
		1106	477	32	597	**779**	**1135**	**1978**	2576	**746**
무기질(mg)		칼슘	인	철						
		736	**437**	**8.0**						

미꾸리는 100g당, 96kcal, 단백질 17.8g, 지방 3.5g으로, 약간 고칼로리 약간 저단백 고지방의 물고기이군요. 불포화지방의 비율은 76.0%이며, 불포화지방 함량은 2.66g으로 높습니다. 비타민은 레티놀, 리보플라빈, 나이아신, 아스코빅산이 높은데요. 특히 리보플라빈이 이 책에 제시된 물고기 중 가장 높습니다(아래 표 참조).

미꾸리는 필수아미노산 중에 이소류신, 라이신, 트레오닌, 트립토판, 발린, 히스티딘이 높습니다. 기타 아미노산은 프롤린, 알라닌, 아스파르트산, 세린이 높습니다. 무기질 함량도 매우 높은데요. 특이하게, 칼슘이 무려 736mg으로, 참붕어(983mg)에 이어 2위이고, 멸치보다도 훨씬 높습니다. 인과 철도 매우 높습니다. 철은 가재

(15.8mg) 다음으로 높은 수치입니다. 셀레늄은 0.41㎍입니다. 베타인류는, 글리신 베타인 5.8mg, 호마린 1.1mg입니다.[271)]

<리보플라빈 함량> 100g 기준

순위	물고기	mg
1	미꾸리	0.65
2	달고기알	0.59
3	고등어	0.50
4	뱀장어	0.48
5	가재	0.39

한국 성인의 리보플라빈(비타민 B2) 하루 섭취 권장량은 남성 1.5mg, 여성 1.2mg이군요.[272)] 리보플라빈은, FMN(flavin mononucleotide)과 FAD(flavin adenine dinucleotide)라는 조효소 형태로, 세포 안에 존재하면서, 호모시스테인 대사를 조절하고, 약물의 해독작용을 포함하여 여러 대사 과정에서 중요한 역할을 합니다. 부족하면 주로 점막질환과 피부질환이 나타나지요.[273)]

---

271) 국립수산과학원. 표준수산물성분표 2018. http://www.nifs.go.kr/page?id=aq_seafood_1_01

272) 보건복지부·한국영양학회. 2015 한국인 영양소 섭취 기준.

273) 대한내과학회 편. 해리슨 내과학 번역판, 18판. 도서출판 MIP, 2013. p.578~579.

미역

2020.7.10. 미역 이파리와 미역귀

학명	*Undaria pinnatifida*
계	식물계(Plantae)
문	대롱편모조식물문(Ochrophyta)
강	갈조류(Phaeophyceae)
분류[274)]	다시마목(Laminariales) 나래미역과(Alariaceae)
자산어보	해대(海帶)
영어	sea mustard
일어	ワカメ(와까메)

손암(巽庵) 정약전 선생께서는

"바다의 띠"

라는 의미의 이름으로 소개하시며

"주름져 쌓인 모양이 도장에 새긴 글자 모양과 같고, 잎은 옥수수 잎과 비슷하다."

274) 제주테크노파크 생물종다양성연구소. http://jbridb.jejutp.or.kr/biofind/getbio/biodtl.do?biosp_id=190

라고 설명하셨지요.

국립수산과학원 자료에 미역의 학명은 있는데, 계통분류에 대한 자료가 없더군요. 다른 곳에서 미역의 계통분류를 알 수 있었습니다.

서해안 안면도의 채희섭 사장님 좌대에 갔을 때 살펴보니, 좌대 주변에 미역이 아주 많이 붙어있었습니다. 미역을 따다가 살짝 데쳐서 초고장에 찍어서 먹기도 하고, 라면에 넣어서 끓이니 아주 좋더군요. 손암(巽庵) 선생께서는

> "뿌리의 맛은 달고, 잎의 맛은 담백하다. 출산 여성의 여러 병을 치료하는 데 미역보다 더 좋은 것이 없다."

라고 말씀하기도 하셨습니다.

해조류는 크게 갈조류(brown algae), 홍조류(red algae), 녹조류(green algae)로 나눌 수 있는데요. 갈조류에는 미역, 다시마(학명 *Laminaria japonica*), 톳(학명 *Hizikia fusiforme*), 모자반(학명 *Sargassum fulvellum*), 대황(학명 *Eisenia bicyclis*) 등이 속하는군요. 홍조류에는 김(학명 *Porphyra tenera*), 우뭇가사리(학명 *Gelidium amansii*) 등이 있고, 녹조류에는 파래과(Enteromorpha)의 식물, 청각(학명 *Codium fragile*) 등이 있군요.[275]

톳은 10~1월, 개다시마는 11~1월, 제주도의 넓미역은 9~11월이 채취 금지 기간입니다.[276]

275) doopedia. https://www.doopedia.co.kr/

276) 수산자원관리법. 국가법령정보센터. http://www.law.go.kr/

안면도 좌대에는 미역이 여기저기 붙어있는데, 천수만 좌대에는 미역이 안 보이더군요. 천수만의 만길호 좌대 사장님께 이유를 물으니

"미역은 약간 물살이 있는 곳에서 산다."

고 가르쳐주시더군요. 미역과 다시마에는 줄기가 있지만, 파래와 김에는 줄기가 없더군요. 손암(巽庵) 선생께서도

"미역에는 줄기와 가지가 있지만, 파래와 김에는 줄기와 가지가 없다."

라고 설명하셨지요.

2020.7.4. 천수만 만길호 좌대에 붙어있는 파래와 청각

▶ **자산어보 내용**

『자산어보』에는 <해초(海草)>라는 큰 항목에서, 미역을 <해대(海帶)>로, 파래를 <해태(海苔)>로, 김을 <자채(紫菜)>로 설명하고 있습니다. 대(帶)는 '띠', 태(苔)는 '이끼', 자(紫)는 '자주색', 채(菜)는

'나물'이라는 뜻이니, 미역은 <바다 띠>, 파래는 <바다 이끼>, 김은 <자줏빛 나물>이라는 의미이군요.

> "해대(속명 감곽甘藿, 미역)는 길이가 10척 정도이다. 뿌리 하나에서 잎이 나온다. 뿌리 중앙에 줄기 하나가 서 있고, 줄기에서 두 날개가 나온다. 날개는 속이 촘촘하고 밖은 느슨하다. 주름져 쌓인 모양이 도장에 새겨진 글자 모양과 같다. 잎은 옥수수 잎과 비슷하다. 1~2월에 뿌리가 나오고, 6~7월에 채취해서 말린다. 뿌리의 맛은 달고, 잎의 맛은 담백하다. 출산한 여성의 여러 병을 치료하는 데 이보다 더 좋은 것이 없다. 해조(모자반)와 같은 층에서 난다.
>
> 해태(파래)는 뿌리가 있어서 바위에 붙어있고, 줄기와 가지는 없다. 바위 위에 넓게 퍼져 있다. 푸른색이다.
>
> 자채(속명 짐朕, 김)는 뿌리가 있어서 바위에 붙어있고, 줄기와 가지는 없다. 바위 위에 넓게 퍼져 있다. 자흑색이다. 맛이 달고 좋다."
>
> [海帶/해대 俗名甘藿/속명감곽 長一丈許/장일장허 一根生葉/일근생엽 其根中立一幹/기근중립일간 而幹出兩翼/이간출양익 其翼內緊外緩/기익내긴외완 襞積如印篆/벽적여인전 其葉似稻/기엽사도 正二月根生/정이월근생 六七月採乾/육칠월채건 根味甘/근미감 葉味淡/엽미담 治産婦諸病/치산부제병 無踰於此/무유어차 其生與海藻同帶/기생여해조동대
>
> 海苔/해태 有根著石/유근저석 而無枝條/이무지조 彌布石上/미포석상 色青/색청
>
> 紫菜/자채 俗名朕/속명짐 有根著石/유근저석 而無枝條/이무지조 彌布石上/미포석상 紫黑色/자흑색 味甘美/미감미][277][278][279]

---

277) 정약전.『자산어보』. 1814. 국립중앙도서관 소장본, p.112~118.

278) 이두순 역.『신역 자산어보』. 목근통, 2016. p.363~381.

279) 정명현 역.『자산어보 우리나라 최초의 해양생물 백과사전』. 서해문집, 2016. p.173~181.

▶ **영양 정보**

비타민		레티놀 (㎍)	티아민 (mg)	리보플라빈 (mg)	나이아신 (mg)	아스코빅산 (mg)
	미역	0	0.06	0.16	1.0	**18.0**
	다시마	0	0.03	0.13	1.1	**14.0**

아미노산 (mg)	필수	이소류신	류신	라이신	메티오닌	페닐알라닌	트레오닌	트립토판	발린	히스티딘
	미역	53	99	68	27	60	61	27	68	40
	다시마	46	89	56	26	54	58	20	61	37
	김	135	256	182	28	134	179	61	221	77

아미노산 (mg)	기타	아르기닌	티로신	시스테인	글리신	프롤린	알라닌	아스파르트산	글루탐산	세린
	미역	64	41	3	75	48	188	124	164	60
	다시마	50	29	2	65	29	103	118	153	55
	김	196	88	1	219	145	346	292	422	156

무기질 (mg)		칼슘	인	철
	미역	**153**	40	1.0
	다시마	**103**	23	**2.4**

자연산 미역은 100g당, 15kcal, 단백질이 2.1g, 지방이 0.2g으로, 매우 저칼로리 저단백 저지방입니다. 불포화지방의 비율은 70.0%이며, 불포화지방 함량은 0.14g으로 매우 낮습니다. 비타민은 아스코빅산이 무려 18.0mg으로, 이 책에 제시한 수산물 중에 가장 높군요(아래 표 참조). 무기질은 칼슘이 많은 편입니다. 셀레늄은 0.56㎍으로, 높은 편입니다.[280)]

280) 국립수산과학원. 표준수산물성분표 2018. http://www.nifs.go.kr/page?id=aq_seafood_1_01

<아스코빅산 함량> 100g 기준

순위	물고기	mg
1	미역	18
2	다시마	14
3	뱀장어 간	10
4	미꾸리	2
	누치	

한국 성인의 아스코빅산(비타민 C) 하루 섭취 권장량은 남녀 모두 100mg이군요.[281] 아스코빅산은 콜라겐, 신경전달물질, 카르니틴 등의 합성에 관여하고, 또한, 유리 라디칼을 제거함으로써 항산화작용을 나타냅니다. 아스코빅산이 부족할 때, 피부 및 잇몸의 출혈 증상 등을 보이는 괴혈병(scurvy)을 유발하지요.[282]

다시마(영어 sea tangle)는 100g당, 12kcal, 단백질이 1.1g, 지방이 0.2g으로, 매우 저칼로리 저단백 저지방입니다. 미역보다 칼로리와 단백질 함량이 적군요. 불포화지방의 비율은 74.9%로 미역보다 높은 편이고, 불포화지방 함량은 0.15g으로 매우 낮습니다. 비타민은 아스코빅산이 매우 높아서, 미역에 이어 2위이군요. 아미노산은 전반적으로 미역보다 약간 낮은 편입니다. 무기질은 칼슘과 철이 많군요. 셀레늄은 0.11㎍입니다.[283]

김(영어 Laver)은 100g당, 단백질이 3.3g, 지방이 0.4g으로, 저단백 저지방이군요. 미역보다 단백질과 지방이 약간 많습니다. 불포

281) 보건복지부·한국영양학회. 2015 한국인 영양소 섭취 기준.

282) 대한내과학회 편. 해리슨 내과학 번역판, 18판. 도서출판 MIP, 2013. p.580.

283) 국립수산과학원. 표준수산물성분표 2018. http://www.nifs.go.kr/page?id=aq_seafood_1_01

화지방의 비율은 74.1%로 미역보다 높고, 불포화지방 함량은 0.3g으로 낮습니다. 셀레늄은 0.06㎍입니다. 전반적으로 아미노산이 미역과 다시마보다 많군요. 비타민과 무기질에 대해서는 제시된 자료가 없습니다.[284)]

추가로, 해조류에 포함된 요오드 성분이 갑상선 질환과 관련하여, 현대의학적으로 관심이 가는 부분인데요. 국립수산과학원 표준수산물성분표(2018)에는 해조류의 요오드 함량이 제시되지 않아서, 농촌진흥청에서 발간한 국가표준식품성분표(2017)를 찾아보니 여기에도 요오드 함량은 제시되지 않았습니다.[285)] 요오드 함량에 관한 논문을 더 찾아보니, 해조류 100g당, 김에는 1.6mg, 미역에는 4.2mg, 다시마에는 135~151mg으로 발표한 자료가 있더군요.[286)]

한국인의 요오드 하루 섭취 권장량은 일반 성인 0.15mg, 임신부 0.24mg, 수유부 0.34mg이고, 상한 섭취량은 2.4mg입니다.[287)] 상한 섭취량이 정해져 있으니, 미역국을 너무 많이 먹어도 안 되겠군요. 요오드 섭취가 너무 적어도 갑상선 질환을 유발하고, 요오드 섭취가 너무 많아도 갑상선 질환을 유발합니다.[288)] 산후조리할 때도 미역국은 하루 2번이면 충분합니다.[289)]

---

284) 국립수산과학원. 표준수산물성분표 2018. http://www.nifs.go.kr/page?id=aq_seafood_1_01

285) 농촌진흥청 국립농업과학원. 제9개정판 국가표준식품성분표 II. 2017.

286) Teas J, Pino S, Critchley A, Braverman LE. Variability of Iodine Content in Common Commercially Available Edible Seaweeds. Thyroid 2004; 14(10):836-41.

287) 보건복지부·한국영양학회. 2015 한국인 영양소 섭취 기준.

288) 대한내과학회 편. 해리슨 내과학 번역판, 18판. 도서출판 MIP, 2013. p.2863~2892.

289) 식품의약안전처. <산후조리할 때 미역국은 하루 2번이면 충분해요> 식약처 보도자료 2020.3.2.

미역치

학명	*Hypodytes rubripinnis*
분류[290]	쏨뱅이목(Scorpaeniformes) 양볼락과(Scorpaenidae)
자산어보	석어(螫魚)
영어	Racehorse
일어	ハオコゼ(하오코제)

손암(巽庵) 정약전 선생께서는

"쏘는 물고기"

라는 의미의 이름으로 설명하셨습니다.

남해안 좌대에서 자주 만나는 물고기인데요. 아쉽게도 제가 찍어놓은 사진이 없군요.

미역치라는 이름이 특이한데요. 연안의 해조류가 많은 지역에 서식해서 그렇게 부르는가 봅니다. Racehorse라는 영어 이름은 '경마용 말'을 뜻하는데요. 아마도 등지느러미가 말갈기를 닮았다는 의미인가 봅니다. 최대 11cm인 조그만 물고기이지요. 산란기는 7~8월입니다.[291]

손암(巽庵) 선생께서는

"성이 나면 고슴도치 같아서 가까이 가면 쏜다."

290) 국립수산과학원 수산생명자원 정보센터 https://www.nifs.go.kr/frcenter/intro/?_p=intro_species

291) 국립수산과학원 수산생명자원 정보센터 https://www.nifs.go.kr/frcenter/intro/?_p=intro_species

라고 설명하셨지요. 절대 손으로 만지면 안 됩니다.

2008년에 남해안의 바다 좌대를 알게 된 후, 얼마 지나지 않은 때였는데요. 2010년이었나요? 어느 해의 따사로운 봄날이었습니다. 제가 지도교수를 담당하고 있는, 충남대학교의과대학의 <코머스(COMUS)> 동아리 학생들이

"바다에 한번 가고 싶다."

고 하여, 토요일 새벽 2시에 충남대병원에서 학생들을 제 차에 태우고 통영 바다로 내려갔지요.

내만 좌대에 들어갔는데요. 학생들은, 처음 접하는 좌대 주변의 바다 풍경과 바다낚시를 신기해하며 좋아했습니다. 저는 낚싯대에 카드 채비를 연결하여 학생들에게 하나씩 나누어주었고, 학생들은 바다의 물고기를 잡았습니다. 카드 채비는 여러 개의 바늘이 달린 채비로, 반짝거리는 은박이 붙어있어서 별도의 미끼 없이도 낚시할 수 있지요.

그날따라 여기저기서 미역치라는 작은 물고기가 많이 올라오더군요. 옆의 아주머님들과 우리 학생들은, 미역치가 위험한 고기인 줄도 모르고, 카드 채비에 미역치가 대여섯 마리씩 걸려 올라오면 즐겁게 사진을 찍기도 했습니다. 학생들이 낚시에 걸린 물고기를 빼낼 줄 모르기 때문에, 제가 가서 바늘을 빼주곤 했지요.

그러던 와중에, 제가 그만 미역치라는 물고기의 등지느러미에 손가락을 찔렸습니다. 아…! 너무 아파서 정신이 하나도 없더군요. 통증이 너무 심해서 몸이 막 뒤틀리고

"끙끙…."

앓는 소리가 절로 나왔습니다. 어깨까지 팔 전체가 마비되는 느낌이더군요. 손암(巽庵) 선생께서는

"등지느러미에 강한 독이 있어서, 미역치에 쏘이면 통증을 참기 어렵다."

라고 설명하셨는데요. 정말 참기가 어렵더군요.

아무것도 못 하고, 2시간 정도 꼼짝없이 좌대 한편의 바닥에 누워있어야만 했습니다. 낚시도 못 하고 고통스럽게 누워있는 나를, 옆에서 구경하던 현지의 할아버님 왈,

"그거 두 방 찔리면 입원해야 혀!"

라고 하시더군요.

그래도, 학생들에게는 신선한 회를 먹이고 싶었습니다. 어마어마한 통증을 참고, 잡은 고기들로 간신히 회를 떠서 주니, 학생들은

"정말 맛있다."

고 하며, 즐겁게 먹었지요.

낚시를 다녀와서도 어깨까지 뻗치는 통증이 3일간 지속하더군요. 그렇게 고생한 후로는, 미역치라는 물고기를 보면 절대 손으로 만지지 않습니다. 도구를 이용하거나, 아니면 발로 밟고 바늘을 빼내지요.

▶ 자산어보 내용

『자산어보』에는 미역치를 <석어(螫魚)>로 설명하고 있습니다. '쏠 석(螫)' 자이니, <쏘는 물고기>라는 의미이군요.

"석어(속명 손치어遜峙魚)는 모양이 작은 검어(우럭)와 비슷하며, 크

기 또한 그것과 같다. 등지느러미에 강한 독이 있다. 성이 나면 고슴도치 같아서, 가까이 가면 쏜다. 사람이 쏘이면 통증을 참기 어렵다. 솔잎을 끓인 물에, 쏘인 곳을 담그면 효과가 매우 좋다."
[螫魚/석어 俗名遜峙魚/속명손치어 狀類小黔魚/상류소검어 大亦如之/대역여지 脊鰭甚毒/척기심독 怒則如蝟/노즉여위 近之則螫/근지즉석 人或被螫/인혹피석 痛不可忍/통불가인 松葉煎湯/송엽전탕 浸其螫處/침기석처 則神效/즉신효][292][293][294]

▶ **영양 정보**

미역치에 대해서는, 국립수산과학원 수산물성분표에 제시된 내용이 없습니다.

292) 정약전.『자산어보』. 1814. 국립중앙도서관 소장본. p.28.

293) 이두순 역.『신역 자산어보』. 목근통, 2016. p.84~86.

294) 정명현 역.『자산어보 우리나라 최초의 해양생물 백과사전』. 서해문집, 2016. p.71.

민꽃게(박하지)

2020.4.30. 서해안 만리포.

학명	*Charybdis japonica*
문	절지동물(Anthropoda)
강	갑각류(Crustacea)
분류[295]	십각목((Decapoda) 꽃게과(Portunidae)
자산어보	무해(舞蟹)
영어	Japanese swimming crab
일어	イシガニ(이시가니)[296]

손암(巽庵) 정약전 선생께서는

"집게발을 들고 서 있는 것을 좋아한다."

라고 하시며,

"춤추는 게"

라는 의미의 이름으로 재미있게 설명하셨지요.

국립수산과학원 자료에 민꽃게의 학명과 영어명은 있는데, 계통

295) doopedia. https://www.doopedia.co.kr/

296) 네이버 일어사전.

분류에 대한 자료는 없었습니다. 다른 곳에서 계통분류를 알 수 있었습니다.

계통분류에 나오는 십각목(decapoda)이라는 목명(目名, order)은, Deca(열) + poda(다리)의 합성어이지요. 다리가 열 개라는 의미입니다. 방언으로 박하지, 돌게, 무당게 등으로 부릅니다. 이시가니(イシガニ)라는 일어 이름도, 이시(イシ, 돌) + 가니(ガニ, 게)의 합성어로, '돌게'라는 의미이군요.

서해안의 안면도 채희섭 사장님 좌대에서 통발을 통해 처음으로 알게 되었는데요. 사이즈는 작은데, 먹어보니, 맛이 엄청 달더군요. 손암(巽庵) 선생께서도

"민꽃게는 맛이 달고 좋다."

라고 하셨지요. 꽃게와 비교했을 때, 껍데기가 아주 딱딱합니다. 돌처럼 너무 딱딱해서, 껍데기를 깨물면 치아를 손상할 위험이 있습니다.

▶ 자산어보 내용

『자산어보』에는 민꽃게를 <무해(舞蟹)>로 설명하고 있습니다. '춤출 무(舞)', '게 해(蟹)'이니, <춤 게>라는 의미이군요.

> "무해(속명 벌덕궤伐德跪) 큰 것은 타원형이고 긴 쪽의 지름이 7~8치이다. 적흑색이다. 등딱지 가까이에 집게발이 뿔처럼 양쪽으로 나와 있다. 왼쪽 집게발은 매우 힘이 세며, 크기가 엄지손가락만 하다. 대체로 집게발은 왼쪽이 크고 오른쪽이 작다. 집게발을 크게 벌리고, 춤을 추듯이 서 있는 것을 좋아한다. 맛이 달고 좋다. 늘 돌 틈에 있으며, 썰물에 잡는다."

[舞蟹/무해 俗名伐德跪/속명벌덕궤 大者橢圓/대자타원 長徑七八寸/장경칠팔촌 色赤黑/색적흑 背甲近螯出雙角/배갑근오출쌍각 左螯絶有力/좌오절유력 大如拇指/대여무지 凡螯皆左大右小/범오개좌대우소 好張螯而立如舞/호장오이립여무 味甘美/미감미 常在石間/상재석간 潮退則捕/조퇴즉포][297)][298)][299)]

▶ 영양 정보

무기질(mg)	칼슘	인	철
	79	239	1.9

민꽃게는 100g당, 86kcal, 단백질 14.8g, 지방 1.6g으로, 저칼로리 저단백 저지방입니다. 꽃게보다는 지방이 약간 많습니다. 불포화지방의 비율은 73.7%이며, 불포화지방 함량은 1.18g으로 적은 편입니다. 무기질은 칼슘, 인, 철이 모두 많은 편입니다. 비타민, 아미노산, 타우린에 대해 제시된 내용이 없어서, 꽃게와 비교할 수가 없군요.[300)]

297) 정약전. 『자산어보』. 1814. 국립중앙도서관 소장본, p.77.

298) 이두순 역. 『신역 자산어보』. 목근통, 2016. p.241~242.

299) 정명현 역. 『자산어보 우리나라 최초의 해양생물 백과사전』. 서해문집, 2016. p.130~131.

300) 국립수산과학원. 표준수산물성분표 2018. http://www.nifs.go.kr/page?id=aq_seafood_1_01

민물새우(새뱅이)

2015.12.26. 충남 청양군 농소리 저수지

학명	*Neocardina denticulata(새뱅이)*
문	절지동물(Anthropoda)
강	연갑류(Malacostraca)
분류[301]	십각목(Decapoda) 새뱅이과(Atyidae)
자산어보	없음
영어	freshwater shrimp, river shrimp
일어	かわえび(가와에비)

국립수산과학원 자료를 살펴보니, 민물새우의 표준어가 <새뱅이>이군요. 새뱅이라는 명칭이 참으로 정겹습니다. 흔히 민물새우를 '토하(土蝦)'라고도 하지요. 손암(巽庵) 정약전 선생께서 민물새우에 관해 설명하신 내용은 없습니다.

301) 국립수산과학원 수산생명자원 정보센터 https://www.nifs.go.kr/frcenter/intro/?_p=intro_species

산란기는 5~7월입니다.[302] 제가 민물새우를 한번 잡아보고 싶어서, 민물낚시의 대가이신 영상의학과의 이은호님께 적당한 장소를 문의했었습니다. 이은호님께서

> “청양의 농소리에 새우 밭이 있다.”

고 장소를 추천해주시더군요. 이은호님께서는, 오래전에 안면도 좌대에 함께 갔을 때, 제게 작고 예쁜 낚시 가방을 주시기도 했지요.

2015년 12월 연말이었는데요. 농소리 저수지에 두어 번 갔습니다. 새우망을 몇 개 사서, 사부님, 인물회의 조창호님과 함께 저수지를 찾아갔지요. 새우망을 던져 놓았다가, 며칠 뒤에 가서 들어보니, 민물새우가 잔뜩 들었더군요.

그 후로는, 저수지에서 낚시할 때 항상 새우망을 미리 두 개 정도 던져 놓습니다. 라면 끓일 때 민물새우를 같이 넣고 끓이니 좋더군요. 새우를 낚시 미끼로 써도 되고요.

▶ 자산어보 내용

『자산어보』에 민물새우에 관한 내용이 없어서, 대신에 바다 새우를 설명하는 <해하(海蝦)> 항목의 내용을 소개합니다. 하(蝦)는 ‘새우 하’ 자이지요.

> “대하(大蝦)는 길이가 1척 남짓이다. 하얀색이면서 붉다. 등이 굽었고, 몸에 껍네기가 있다. 꼬리는 넓적하고, 머리는 석해(가재)와 비슷하다. 눈은 튀어나오고, 두 개의 수염이 있는데 길이가 몸의 세배이

302) 국립수산과학원 수산생명자원 정보센터 https://www.nifs.go.kr/frcenter/intro/?_p=intro_species

며 붉은색이다. 머리 위에 두 개의 뿔이 있는데, 가늘고 단단하며 뾰족하다. 다리 여섯 개는 가슴 앞에 있고, 또한 두 개의 다리가 선유(蟬緌, 매미 머리 모양의 갓에서 아래로 늘어진 끈)처럼 있다. 배 아래에 두 개의 판이 있어서 서로 마주 붙어있다. 가슴의 다리와 배의 판 사이에 알을 품는다. 헤엄도 치고, 걸을 수도 있다. 맛은 가장 달고 좋다. 중간 것은 길이가 3~4치이다. 흰 것은 크기가 2치 남짓이다. 자줏빛인 것은 크기가 5~6치이며, 작은 것은 개미만 하다."

[大鰕/대하 長尺餘/장척여 色白而紅/색백이홍 背曲/배곡 身有甲/신유갑 尾廣/미광 頭似石蟹/두사석해 目突/목돌 有兩鬚/유양수 長三倍於其身而赤/장삼배어기신이적 頭上有二角/두상유이각 細而硬尖/세이경첨 脚有六胸前/각유육흉전 又有二脚如蟬緌/우유이각여선유 腹下有雙板仰貼/복하유쌍판앙첩 懷卵於胸脚腹板之間/회란어흉각복판지간 能游能步/능유능보 味最甘美/미최감미 中者長三四寸/중자장삼사촌 白者大二寸許/백자대이촌허 紫者大五六寸/자자대오륙촌 細者如蟻/세자여의][303][304][305]

▶ 영양 정보

국립수산과학원 수산물성분표에서 민물새우에 대한 자료는 찾을 수 없더군요. 성분에서 비교적 유사할 것으로 생각되는, 바다 새우에 대한 자료를 소개합니다.

303) 정약선. 『자산어보』. 1814. 국립중앙도서관 소장본, p.73~74.

304) 이두순 역. 『신역 자산어보』. 목근통, 2016. p.226~228.

305) 정명현 역. 『자산어보 우리나라 최초의 해양생물 백과사전』. 서해문집, 2016. p.125.

<대하(학명 *Fenneropenaeus chinensis*)>

비타민		레티놀 (μg)	티아민 (mg)	리보플라빈 (mg)	나이아신 (mg)	아스코빅산 (mg)				
		0	0.02	0.06	1.9	**1.0**				
아미노산 (mg)	필수	이소류신	류신	라이신	메티오닌	페닐알라닌	트레오닌	트립토판	발린	히스티딘
		871	**1643**	1455	**604**	**847**	716	197	**889**	420
	기타	아르기닌	티로신	시스테인	글리신	프롤린	알라닌	아스파르트산	글루탐산	세린
		2897	**773**	**235**	**1487**	**1077**	**1116**	**1860**	**3157**	**658**
무기질 (mg)		칼슘	인	철						
		74	210	**1.4**						

대하는 100g당, 82kcal, 단백질이 21.6g, 지방이 0.6g으로, 저칼로리 고단백이면서 저지방입니다. 불포화지방에 대한 자료는 없습니다. 타우린은 311mg입니다. 비타민은 아스코빅산이 높습니다. 필수 아미노산은 이소류신, 류신, 메티오닌, 페닐알라닌, 발린이 높습니다. 기타 아미노산은 모든 항목이 높은데요. 특히 아르기닌과 글리신이 이 책에 제시된 수산물 중 가장 높습니다(아래 표 참조). 프롤린은 꽃게알(1,297mg), 수컷 오징어(1,117mg)에 이어 3위로 높습니다.

무기질은 칼슘과 인이 많습니다. 특이하게, 대하에는 베타인류가 아주 높아서, 글리신 베타인 776.7mg, 호마린 101.3mg에 이르는데요. 글리신 베타인은 이 책에 제시된 수산물 중 가장 높습니다(아래 표 참조). 셀레늄은 0.26μg입니다.[306]

306) 국립수산과학원. 표준수산물성분표 2018. http://www.nifs.go.kr/page?id=aq_seafood_1_01

<아르기닌 함량> 100g 기준

순위	물고기	mg
1	대하	2897
2	꽃게	1743
3	감성돔	1707
4	꽃게알	1684
5	쥐치	1577

<글리신 함량> 100g 기준

순위	물고기	mg
1	대하	1487
2	참가자미	1051
3	꽃게	1043
4	자주복	988
5	학공치	982

<글리신 베타인 함량> 100g 기준

순위	물고기	mg
1	대하	776.7
2	오징어 수컷	773.9
3	꽃게	461.2
4	낙지	454.8
5	대문어	405.4

아르기닌, 글리신, 글리신 베타인은 필수 영양소가 아니라서, 한국인 영양소 섭취 권장 기준은 없습니다.[307) 인체 세포 속의 유전자 메틸화(DNA methylation)라는 과정이, 암 발생과 관련하여 최근에 의학적으로 관심을 받는 연구 분야인데요. 유전자 메틸화 과정에 결함이 생기면 암이 발생하기도 합니다.[308) 게, 새우 등 갑각류에 현저히 많은 베타인 종류는 메틸기를 제공함으로써 건강에 큰 도움을 주지요.

307) 보건복지부·한국영양학회. 2015 한국인 영양소 섭취기준.

308) Jin B, Li Y, Robertson KD. DNA Methylation: Superior or Subordinate in the Epigenetic Hierarchy? Genes Cancer 2011; 2(6): 607617.

●

방어

2019.3.24. 제주도 쇠소깍 앞바다 선상

학명	*Seriola quinqueradiata*
분류[309]	농어목(Perciformes) 전갱이과(Carangidae)
자산어보	해벽어(海碧魚)
영어	Japanese amberjack
일어	ブリ(부리)

손암(巽庵) 정약전 선생께서는

"바다의 푸른 물고기"

라는 의미의 이름으로 설명하셨습니다.

산란기는 2~6월입니다. 부화 후 1년이면 25~30cm, 3년이면 40~55cm, 5년이면 60~80cm, 7년이면 75~90cm로 자랍니다. 봄~여름에는 북쪽으로 갔다가, 가을~겨울에는 남쪽으로 내려옵니다.[310]

309) 국립수산과학원 수산생명자원 정보센터 https://www.nifs.go.kr/frcenter/intro/?_p=intro_species

310) 국립수산과학원 수산생명자원 정보센터 https://www.nifs.go.kr/frcenter/intro/?_p=intro_species

30cm 이하는 방생해야 합니다.[311]

대표적인 붉은 살의 생선 횟감이지요. 회를 떠서 먹어보니, 기름기가 많은 것 같은 느낌이더군요. 손암(巽庵) 선생께서도

"방어는 몸이 기름진 물고기이다."

라고 설명하셨지요.

방어, 부시리, 전갱이는 모두 전갱이-과(科, Family)에 속합니다. 특히, 방어와 부시리는, 멀리서 보면 비슷하게 생겼는데요. 둘을 구별하는 방법은, 가까이에서 눈 바로 밑의 턱뼈가 직각으로 꺾여있는 모양을 보는 것이 중요합니다. 눈 바로 밑의 턱뼈가 날카롭게 직각으로 꺾여있으면 방어이고, 직각이지만 날카롭게 꺾여있지는 않은 것이 부시리입니다.[312]

▶ **자산어보 내용**

『자산어보』에는 방어를 <해벽어(海碧魚)>로 설명하고 있습니다. 벽(碧)이라는 글자가 '푸르다'는 뜻이니, <바다의 푸른 물고기>라는 의미이군요.

"해벽어(속명 배학어拜學魚)는 모양이 벽문어(고등어)와 같다. 색 역시 푸르지만, 무늬가 없다. 몸이 기름지고 살이 연하다. 큰 바다에서 떼지어 놀고, 물 가장자리로는 가까이 오지 않는다."

[海碧魚/해벽어 俗名拜學魚/속명배학어 狀同碧紋/상동벽문 色亦碧而無紋/색역벽이무문 體肥肉脆/체비육취 遊行大海/유행대해 不

311) 수산자원관리법. 국가법령정보센터. http://www.law.go.kr/

312) 입질의 추억 https://slds2.tistory.com/247

近洲渚/불근주저][313][314][315]

▶ **영양 정보**

비타민		레티놀(㎍)	티아민(mg)	리보플라빈(mg)	나이아신(mg)	아스코빅산(mg)				
		14	0.15	0.16	7.8	1.0				
아미노산(mg)	필수	이소류신	류신	라이신	메티오닌	페닐알라닌	트레오닌	트립토판	발린	히스티딘
		1247	1796	1571	650	813	818	243	965	1281
	기타	아르기닌	티로신	시스테인	글리신	프롤린	알라닌	아스파르트산	글루탐산	세린
		977	720	221	808	650	941	1347	2563	643
무기질(mg)		칼슘	인	철						
		16	289	0.7						

방어는 100g당, 101kcal, 단백질이 19.4g, 지방이 5.6g으로, 고칼로리 고단백이면서 매우 고지방이군요. 불포화지방의 비율은 63.8%이고, 불포화지방 함량은 3.57g으로 매우 높습니다. 타우린은 158mg입니다. 비타민은 티아민, 나이아신, 아스코빅산이 높군요.

필수아미노산은 모든 항목에서 함량이 높습니다. 특히 히스티딘은 이 책에 제시한 물고기 중에 가장 높습니다(아래 표 참조). 이소류신은 꽃게알(1,309mg) 다음으로 높습니다. 기타 아미노산은 티로신, 시스테인, 글리신, 프롤린이 많습니다. 무기질은 인이 많습니다.

313) 정약전. 『자산어보』. 1814. 국립중앙도서관 소장본. p.14.

314) 이두순 역. 『신역 자산어보』. 목근통, 2016. p.39~40.

315) 정명현 역. 『자산어보 우리나라 최초의 해양생물 백과사전』. 서해문집, 2016. p.51

셀레늄 0.39㎍이군요. 베타인류가, 글리신 베타인 79.6mg, 호마린 7.0mg입니다.[316)]

<히스티딘 함량> 100g 기준

순위	물고기	mg
1	방어	1281
2	고등어	1121
3	꽃게알	919
4	오징어 암컷	861
5	전갱이	800

한국 성인의 히스티딘 하루 섭취 기준량은 남성 900~1,000 mg, 여성 700~800mg입니다.[317)] 히스티딘은 히스타민 생성의 원료로서, 성장과 위액 생성 등에 도움을 주지요.[318)]

316) 국립수산과학원. 표준수산물성분표 2018. http://www.nifs.go.kr/page?id=aq_seafood_1_01

317) 보건복지부·한국영양학회. 2015 한국인 영양소 섭취 기준.

318) 김갑성 외. 일차진료 아카데미 정맥영양주사요법, Master IVNT 3.0, 2019, 일차진료아카데미 출판사. p.520.

배스

2012.10.1. 충남 부여군 금천 수로

학명	*Micropterus salmoides*
분류[319]	농어목(Perciformes) 검정우럭과(Centrarchidae)
자산어보	없음
영어	Black bass, largemouth bass
일어	オオクチバス(오오구찌바스)

국립수산과학원 자료에 배스의 학명은 있는데, 계통분류에 관한 내용은 없었습니다. 다른 곳에서 배스의 계통분류를 알 수 있었습니다.

정부에서 1973년에 식용으로 수입한 외래어종이지요. 학명에 나오는, *salmoides*라는 종명(種名, species)은, '연어(salmon)를 닮았다'라는 의미가 있군요. 산란기는 5~8월입니다.[320]

배스를 잡는 것은 괜찮으나, 다시 놓아주면 불법입니다. '생태계 교란 생물의 방사'라는 행위에 해당하지요. <생물 다양성 보존 및 이용에 관한 법률> 제24조 위반으로 2년 이하의 징역이니 2천만 원 이하의 벌금을 물어야 합니다.

319) doopedia. https://www.doopedia.co.kr/

320) doopedia. https://www.doopedia.co.kr/

배스는, 토종 물고기를 닥치는 대로 잡아먹습니다. 아마도 입이 커서 그런가 봅니다. Largemouth(큰 입) + bass(농어)라는 영어 이름에도, 오오구찌(オオクチ, 큰 입) + 바스(バス, 농어)라는 일어 이름에도, '입이 크다'라는 의미가 들어 있군요. 생태계를 교란하는 물고기로 지정되어 있습니다. 배스를 잡았을 때는, 요리해서 먹든지 아니면 수거함에 버려야 하지요.[321]

<생물 다양성 보존 및 이용에 관한 법률>[322] 내용이 무엇인지 궁금해서 찾아보니,

제2조. 생태계교란 생물의 정의

가. 외래생물 중 생태계의 균형을 교란하거나 교란할 우려가 있는 생물

나. 외래생물에 해당하지 아니하는 생물 중 특정 지역에서 생태계의 균형을 교란하거나 교란할 우려가 있는 생물

다. 유전자의 변형을 통하여 생산된 유전자변형생물체 중 생태계의 균형을 교란하거나 교란할 우려가 있는 생물

제24조. 생태계교란 생물의 관리

누구든지 생태계교란 생물을 수입·반입·사육·재배·방사·이식·양도·양수·보관·운반 또는 유통하여서는 아니 된다.

제35조. 벌칙

이를 위반한 자는 2년 이하의 징역 또는 2천만 원 이하의 벌금에 처한다. <개정 2014.3.18.>

라고, 되어있더군요.

321) 중원신문. 2018.5.7. 배스·블루길 잡았다 놓아주면 징역·벌금형. http://www.joongwonnews.com/news/articleView.html?idxno=4659

322) 국가법령정보센터. 생물다양성 보전 및 이용에 관한 법률 http://www.law.go.kr/lsInfoP.do?lsiSeq=152015#0000

환경부가 생태계 교란종으로 지정하여 고시한 생물에는[323]

<어류>	배스, 블루길
<양서류 또는 파충류>	황소개구리, 붉은귀거북속의 모든 종, 리버쿠터, 중국줄무늬 거북
<갑각류>	미국가재
<포유류>	뉴트리아
<곤충류>	꽃매미, 붉은불개미, 등검은말벌, 갈색날개매미충, 미국선녀벌레
<식물>	돼지풀, 단풍잎돼지풀, 서양등골나물, 털물참새피, 물참새피, 도깨비가지, 애기수영, 가시박, 서양금혼초, 미국쑥부쟁이, 양미역취, 가시상추, 갯줄풀, 영국갯끈풀, 환삼덩굴, 마늘냉이

가 포함됩니다.

▶ 자산어보 내용

『자산어보』에 배스에 관한 내용은 없습니다.

▶ 영양 정보

배스는 100g당, 지방이 0.5g으로 비교적 저지방이군요. 불포화지방 비율은 72.8%이며, 불포화지방 함량은 0.36g으로 적은 편입니다. 셀레늄은 0.31㎍으로 제시되어 있고, 단백질과 비타민 등에 대한 자료는 없군요.[324]

---

323) 국가법령정보센터. http://www.law.go.kr/행정규칙/생태계교란생물지정고시. 시행 2020.3.30. 환경부 고시 제2020-61호.

324) 국립수산과학원. 표준수산물성분표 2018. http://www.nifs.go.kr/page?id=aq_seafood_1_01

뱀장어(민물장어)

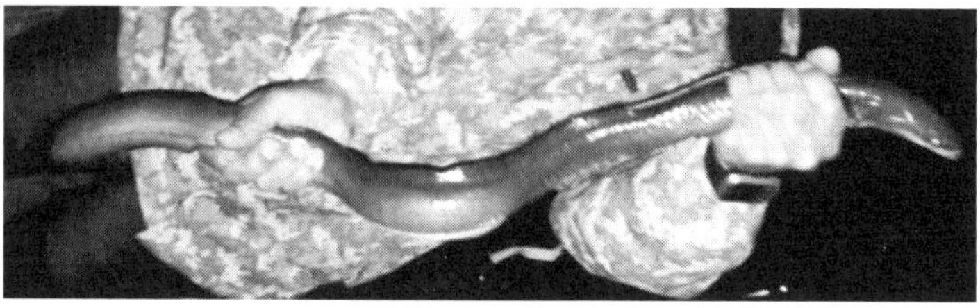

2016.4.25. 충남 보령화력발전소 앞 저수지.

학명	*Anguilla japonica*
분류[325]	뱀장어목(Anguilliformes) 뱀장어과(Anguillidae)
자산어보	해만리(海鰻鱺)
영어	Japanese eel
일어	ウナギ(우나기)

뱀장어, 붕장어, 갯장어 등 장어 종류가 많지요. 손암(巽庵) 정약전 선생께서는 이 물고기들을 <해만리(海鰻鱺)>라는 큰 항목으로 분류하셨습니다. 그중 뱀장어는

"해만리"

라는 이름으로 설명하셨지요.

민물에서 5~12년간 서식하다가, 성숙하면 8~10월에 깊은 바다로 내려가 알을 낳고 사망합니다. 산란기는 2~5월입니다. 부화한 5~8cm 크기의 실뱀장어는 강이나 하천으로 올라가서, 담수 생활을 합니다. 강에서 1년 정도 자라면 20~25cm로 됩니다.[326] 15cm~45cm

325) 국립수산과학원 수산생명자원 정보센터 https://www.nifs.go.kr/frcenter/intro/?_p=intro_species

326) 국립수산과학원 수산생명자원 정보센터 https://www.nifs.go.kr/frcenter/intro/?_p=intro_

는 방생해야 합니다. 10월~3월은 금어기이지만, 댐이나 호수에서 잡는 것은 예외로 허용합니다. 또한, 종자로 사용되는 15cm 미만의 뱀장어는 금어기에 상관없이 허용합니다.[327]

수산시장에서 양식 민물장어 1kg에 3만 원 정도라고 하는데요. 자연산 민물장어의 가격은 정말 어마어마하더군요. 인터넷에서, 자연산 민물장어 4마리의 총무게가 3.2kg인데, 90만 원으로 값을 부르더군요. 자연산 민물장어가 아주 귀하신 몸인가 봅니다.

민물과 바닷물이 만나는 강 하구에서 잡히는 민물장어를 풍천장어라고 하지요.[328] 손암(巽庵) 선생께서는

"설사를 오래 한 사람에게 뱀장어 죽을 먹이면 바로 멎는다."

라고 설명하셨더군요.

2016년 4월 22일이었나요? 사부님께서 인물회의 최영상님과 민물장어(뱀장어)를 잡으러, 보령화력발전소 근처의 저수지에 가셨습니다. 금요일 저녁부터 텐트를 치고 며칠 동안 계속 낚시하셨지요.

민물장어는 야행성이라서, 주로 밤에 낚시합니다. 아주 굵은 산(山) 지렁이를 미끼로 사용하여 멀리 던지는 원투 낚시를 하지요. 지렁이에 대해서는 <지렁이> 편을 참조해주시기 바랍니다.

저수지에 들어가신 날부터 매일 아침, 전날 밤의 조황에 대해 무

---

species

327) 내수면어업법 시행령. 별표 1. 국가법령정보센터. http://www.law.go.kr/

328) 네이버 국어사전.

전을 주셨습니다. 조황이 토요일 아침에도 꽝, 일요일 아침에도 꽝이라고 알려오셨지요.

그다음 날 4월 25일 월요일이었는데요. 홍성의료원 이사회에 참석하기 위해 출장을 준비하고 있었습니다. 연구실에서 막 출발하려고 하는데, 사부님으로부터

"빨리 보령으로 와요. 장어파티 하게!"

라고 무전이 왔지요. 목소리가 급하고 완전 하이톤이더군요. 사부님 목소리의 주파수가 높을 때는 물고기를 많이 잡았다는 신호이지요. 3일째이던 일요일 밤에, 장어가 왕창 나오고, 가물치까지 나왔다고 하시더군요.

오후 4시부터 6시까지 열린 홍성의료원 이사회에 참석했는데요. 마음은 온통 사부님과 최영상님이 계신 보령의 저수지에 가 있었지요. 홍성의료원에서 이사회가 끝나자마자 부랴부랴 총알같이 보령의 저수지로 달려갔습니다.

세상에, 그 비싸다는 풍천장어를, 씨알도 엄청 좋은 커다란 민물장어를, 사부님과 최영상님이 7~8마리나 잡아서 손질해놓으셨더군요. 아, 민물장어가 그렇게 맛있는 줄 몰랐습니다. 저는 자연산 민물장어를 처음 먹어보았거든요.

셋이서 한바탕 장어파티를 벌인 후에, 밤에 대전으로 출발하는데

"임신한 며늘아기 먹이라."

고 하시며 커다란 가물치까지 차에 실어주셨지요.

2016.4.25. 보령화력발전소 입구 저수지.
장어 잡으신 인물회 최영상님과 장어 손질 중인 사부님

장어 낚싯대.
사부님과 최영상님이 펼치는 낚시 장비는 언제나 예술작품 전시를 보는 것 같습니다!

▶ 자산어보 내용

『자산어보』에는 <해만리(海鰻鱺)>라는 큰 항목에서, 뱀장어를 <해만리(海鰻鱺)>로, 붕장어를 <해대리(海大鱺)>로, 갯장어를 <견

아리(犬牙鱺)>로 설명하고 있습니다. 만리(鰻鱺)는 '뱀장어 만', '뱀장어 리' 자이군요. 해대리(海大鱺)와 견아리(犬牙鱺)에 대해서는 <붕장어> 편을 참조해주시기 바랍니다.

> "해만리(속명 장어長魚)는 큰 것이 10척 남짓이다. 모양은 구렁이와 유사하며, 크고 짧다. 옅은 흑색이다. 보통 물고기가 물에서 나오면 도망가지 못하는데, 이 물고기만은 뱀처럼 도망갈 수 있다. 머리를 자르지 않으면 제어할 수 없다. 맛이 달고 진하다. 사람에게 이롭다. 오래 설사를 한 사람이 해만리로 죽을 쑤어 먹으면 (설사가) 바로 멎는다."
>
> [海鰻鱺/해만리 俗名長魚/속명장어 大者長丈餘/대자장장여 狀類蟒蛇/상류망사 大而短/대이단 色淺黑/색천흑 凡魚出水/범어출수 則不能走/즉불능주 此魚獨能走如蛇/차어독능주여사 非斬頭/비참두 不可制/불가제 味甘醲/미감농 益人/익인 久泄者/구설자 和鰻鱺作糜粥/화만리작미죽 服之則止/복지즉지][329][330][331]

329) 정약전. 『자산어보』. 1814. 국립중앙도서관 소장본, p.48~49.

330) 이두순 역. 『신역 자산어보』. 목근통, 2016. p.153~154.

331) 정명현 역. 『자산어보 우리나라 최초의 해양생물 백과사전』. 서해문집, 2016. p.95~96.

▶ **영양 정보**

비타민		레티놀 (μg)	티아민 (mg)	리보플라빈 (mg)	나이아신 (mg)	아스코빅산 (mg)				
		1050	**0.66**	**0.48**	**4.5**	**1.0**				
아미노산 (mg)	필수	이소류신	류신	라이신	메티오닌	페닐알라닌	트레오닌	트립토판	발린	히스티딘
		671	1140	1305	**506**	715	577	185	735	316
	기타	아르기닌	티로신	시스테인	글리신	프롤린	알라닌	아스파르트산	글루탐산	세린
		1074	510	**195**	662	510	808	1300	2119	427
무기질 (mg)		칼슘	인	철						
		157	193	**1.6**						

뱀장어는 100g당, 223kcal, 단백질 14.4g이고, 지방 17.9g으로, 매우 고칼로리이면서 저단백이고 매우 고지방인 물고기이군요. 지방 함량이 이 책에 제시한 물고기 중 가장 많습니다(아래 표 참조). 칼로리는 고등어(246kcal) 다음으로 높습니다. 불포화지방의 비율은 72.5%로 높은 편이고, 불포화지방 함량은 무려 12.98g입니다. 불포화지방 함량이 등 푸른 생선들보다도 많고, 이 책에 제시된 물고기 중 가장 높습니다(아래 표 참조).

비타민은 레티놀이 무려 1,050μg에 이릅니다. 티아민은, 달고기와 함께, 이 책에 제시한 물고기 중 가장 많습니다(아래표 참조). 리보플라빈, 나이아신, 아스코빅산도 높습니다. 필수아미노산은 메티오닌이 높고, 기타 아미노산은 시스테인이 높습니다. 무기질은 칼슘과 철이 높군요. 타우린은 31mg입니다. 베타인류는, 글리신 베타인 80.9mg, 호마린 0.9mg입니다. 셀레늄이 양식산에는 0.07μg, 자연산

에는 0.09㎍입니다.[332]

<지방 함량> 100g 기준

순위	물고기	g
1	뱀장어	17.9
2	고등어	17.8
3	붕장어	15.1
4	전갱이	8.3
5	가숭어	8.0

<불포화지방 함량> 100g 기준

순위	물고기	g
1	뱀장어	12.98
2	고등어	12.51
3	붕장어	10.80
4	전갱이	5.74
5	가숭어	5.50

<티아민 함량> 100g 기준

순위	물고기	mg
1	뱀장어	0.66
	달고기알	
3	잉어	0.35
4	붕어	0.31
5	히메치	0.29

한국 성인의 하루 지방 섭취 기준량은 남녀 모두 15~30g입니다.[333] 하루 지방 섭취량이 전체 칼로리의 30%를 넘지 않는 것이 좋습니다.[334] 지방을 섭취할 때, 포화지방이나 트랜스지방을 섭취하는 것보다, 불포화지방으로 섭취하는 것이 건강에 많은 도움이 되지요. 불포화지방의 설명에 대해서는 <고등어> 편을 참조해주시기 바랍니다. 티아민에 대해서는 <달고기> 편을 참조해주시기 바랍니다.

뱀장어 간이 특이한데요. 비타민의 레티놀이 무려 6,000㎍으로,

332) 국립수산과학원. 표준수산물성분표 2018. http://www.nifs.go.kr/page?id=aq_seafood_1_01
333) 보건복지부·한국영양학회. 2015 한국인 영양소 섭취 기준.
334) 대한내과학회 편. 해리슨 내과학 번역판, 18판. 도서출판 MIP, 2013. p.570.

이 책에 제시한 물고기 중 가장 높은 수치입니다(아래 표 참조). 아스코빅산은 10.0mg으로, 미역(18.0mg), 다시마(14.0mg)에 이어 3위입니다. 무기질의 인이 777mg으로, 긴꼬리벵에돔(2,567mg)에 이어 2위입니다.[335]

<레티놀 함량> 100g 기준

순위	물고기	μg
1	뱀장어 간	6000
2	뱀장어	1050
3	붕장어	360
4	미꾸리	189
5	달고기알	126

레티놀(비타민 A) 하루 섭취 기준량은 남성 750~800μg, 여성 600~650μg입니다.[336] 레티놀은 눈의 건강에 아주 중요합니다. 망막 색소와 시각 색소를 형성하고, 점막 건강에 도움을 주지요. 야맹증과 안구건조증을 예방하는 데 필요합니다.[337]

335) 국립수산과학원. 표준수산물성분표 2018. http://www.nifs.go.kr/page?id=aq_seafood_1_01

336) 보건복지부·한국영양학회. 2015 한국인 영양소 섭취 기준.

337) 대한내과학회 편. 해리슨 내과학 번역판, 18판. 도서출판 MIP, 2013. p.582.

버들치(중태기)

2015.12.23. 충남 청양군 농소리 저수지

학명	*Moroco oxycephalus*
분류[338]	잉어목(Cypriniformes) 잉어과(Cyprinidae)
자산어보	없음
영어	Chinese minnow
일어	タカハヤ(다카하야)

국립수산과학원 자료에 버들치에 관한 내용은 찾을 수 없었습니다. 다른 곳에서 학명과 계통분류를 알 수 있었습니다.

버들치라는 이름이 정겨운데요. 버드나무 밑에서 노는 것을 좋아해서 버들치인가 봅니다. 한문으로는, '버들'이 유(柳)이고, '치(물고기)'가 어(魚)이니, 유어(柳魚)이겠습니다.[339] 버들치는 깨끗한 1급수에서만 살지요. 작은 피라미 크기입니다. 영어 이름의 '미노우(minnow)'도 '피라미'라는 의미이지요. 산란기는 5~6월입니다.[340]

338) doopedia. https://www.doopedia.co.kr/

339) 한국민족문화대백과사전. http://encykorea.aks.ac.kr/Contents/Item/E0022496

340) doopedia. https://www.doopedia.co.kr/

2015년 12월 연말에 충남 청양의 농소리 저수지에 사부님과 인물회의 조창호님과 함께 간 적이 있습니다. 새우망을 던져 놓았다가, 며칠 뒤에 가서 들어보니, 버들치(중태기), 징거미, 가재, 새우가 잔뜩 들었더군요. 이때 버들치라는 물고기를 처음 알게 되었습니다.

중태기라는 특이한 이름도 갖고 있는데요. 스님과의 전설 일화에서 나온 것이라고 하더군요. 짓궂은 마을 청년들이 어느 스님에게 물고기 매운탕을 먹였는데, 나중에 물고기들이 살아서 스님의 대변으로 나오면서 헤엄을 쳤다나요….

그래서

"중이 임신(태기)하여 낳은 물고기"

라는 의미로 중태기라는 별명이 붙었답니다.

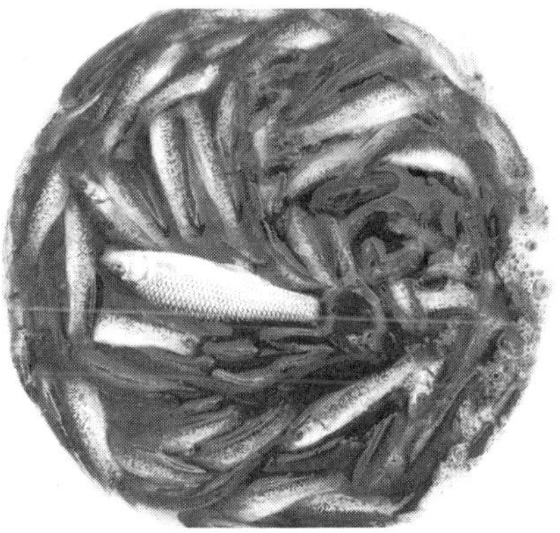

2015.12.23. 청양 농소리 저수지.
중태기(버들치). 가운데 하얀 물고기는 참붕어.

▶ **자산어보 내용**

『자산어보』에는 버들치에 관해 소개된 자료가 없습니다.

▶ **영양 정보**

국립수산과학원 수산물성분표에 버들치에 대한 자료는 찾을 수 없었습니다.

벵에돔

2012.1.28. 제주도 갯바위. 긴꼬리벵에돔

학명	*Girella punctata(벵에돔)* *Girella melanichthys(긴꼬리벵에돔)*
분류[341]	농어목(Perciformes) 황줄깜정이과(Kyphosidae)
자산어보	없음
영어	Largescale blackfish(벵에돔) Smallscale blackfish(긴꼬리벵에돔)
일어	メジナ(메지나, 벵에돔) クロメジナ(구로메지나, 긴꼬리벵에돔)

벵에돔은 '바다의 흑기사'라는 별명을 가진, 우아한 모습의 물고기이지요. 산란기는 2~6월입니다. 벵에돔은 성장 속도가 느려서 양식이 없다고 합니다.[342] 부화 후 1년이면 11cm, 3년이면 20cm이고, 7년이면 30cm 정도이며, 최대 크기 50cm입니다.[343]

341) 국립수산과학원 수산생명자원 정보센터 https://www.nifs.go.kr/frcenter/intro/?_p=intro_species

342) 입질의 추억 https://slds2.tistory.com/444

343) 국립수산과학원 수산생명자원 정보센터 https://www.nifs.go.kr/frcenter/intro/?_p=intro_species

긴꼬리벵에돔은, 일반 벵에돔보다 꼬리가 더 길어서, '긴꼬리'라는 수식어가 붙었나요? 저는 꼬리지느러미 모양으로 일반 벵에돔과 긴꼬리벵에돔을 구별하는데요. 그냥 벵에돔은 꼬리지느러미 끝이 밋밋한 모양인데, 긴꼬리벵에돔은 날렵하게 'V'자로 패여 있더군요.

벵에돔의 일어 이름이 약간 특이합니다. 그냥 벵에돔을 메지나(メジナ)라고 부르는 것에 비해, 긴꼬리벵에돔을 구로메지나(クロメジナ)라고 부르는데요. 구로(クロ, 검다) + 메지나(メジナ, 벵에돔)이니, 긴꼬리벵에돔은, 그냥 벵에돔보다, 색이 더 검다는 의미가 있군요. 꼬리의 모양보다는 물고기의 색을 더 중요시한 이름인 것 같습니다.

제가 속해 있는 주 학회는 대한가정의학회인데요. 봄가을에 각각 한 번씩 일 년에 두 차례 2박 3일 일정으로 학술대회를 열고 있습니다. 가을 학회는 항상 서울에서 열리고, 봄 학회는 강릉, 부산, 대구, 경주, 여수, 대전, 창원, 제주도 등 지방 도시에서 돌아가며 열리지요.

지방 도시에서 열리는 봄 학회 때는, 저는 먼저 그 지역의 어느 곳에 가까운 바다가 있는지 먼저 살펴봅니다. 학회 기간에 학술 발표, 강의, 좌장 등을 맡아서 수행하다 보면 항상 바쁘지만, 혹시라도 야간이나 새벽에 시간이 나면 낚싯대를 펼치기 위해서이지요.

학회에 가기 위해, 발표 자료, 속옷, 와이셔츠, 양말 등을 챙겨서 짐을 꾸리면서, 또 한편으로는 낚시를 위한 짐을 꾸립니다. 그런데 학회 참가를 위한 짐보다 낚시를 위한 짐이 훨씬 더 많습니다. 우선 낚싯대와 릴을 챙겨야 하고, 물고기를 손질해서 회라도 장만하려면

도마, 칼, 아이스박스… 등등이 필요하지요.

낚시 도구들을 잔뜩 챙겨서, 커다란 낚시 가방을 메고 학회장으로 출발하는 나를 볼 때마다, 아내는 어이가 없다는 표정으로

"당신 학회에 가는 거예요? 아니면 낚시하러 가는 거예요?"

라고, 웃으며 묻곤 합니다.

제주도에서 대한가정의학회가 열릴 때는 항상 제 마음이 들뜨고 즐겁습니다. 힘들게 멀리 가지 않고도, 숙소 근처에서 편하게 낚시할 수 있기 때문이지요.

2007년 3월 30일~4월 1일에 제주도에서 열린 봄 학회 때는, 예비 1년 차 전공의 정암(井岩) 조규철님과 숙소 뒤의 방파제에서 낚시를 했지요. 정암(井岩) 조규철님은 공중보건의사로 근무 중이었는데요. 5월부터 충남대병원 가정의학과에 전공의로 들어올 예정이었지요. 3월 학회에 미리 참석한 상황이었습니다. 1호 바다 릴낚싯대에 구멍찌로 채비하여 새우 미끼를 달아서 조규철님에게 넘겨주고, 나는 나대로 또 하나의 낚싯대를 채비해서 둘이서 한참 낚시를 하던 중이었습니다.

옆에서 낚시하던 정암(井岩) 조규철님이 갑자기 다급한 목소리로

"과장님, 낚싯대가 바닥에 걸렸습니다. 이거 어떡하지요?"

라고 하는 겁니다.

그런데, 제가 바라보니, 낚싯대가 휘어져서 흔들리는 모양이 바닥에 걸린 것이 아니더군요. 큰 고기가 물려서 낚싯대가 많이 휘어졌

던 것입니다.

"그거 바닥에 걸린 게 아니고, 큰 고기야!"

라고 말해주고, 침착하게 감아올리도록 했지요. 올려보니, '바다의 검은 신사'로 불리는 멋진 큰 벵에돔이었습니다. 난생처음으로 벵에돔이라는 물고기를 구경하는 정암(井岩) 조규철님은 상기된 표정으로 신기해했지요.

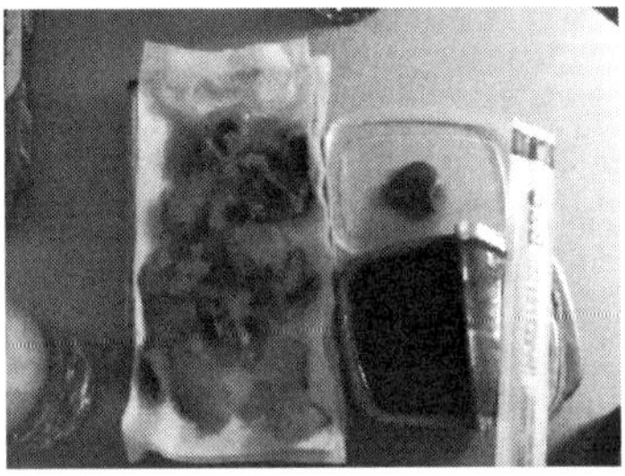

2012.1.27.~29. 제주도 가족 낚시대회.
첫날 일성콘도 뒤 검은 바위(풍차 있는 곳)에서 큰아들 지한과 내가 벵에돔 낱마리.
서귀포 KAL 호텔에서 뜬 벵에돔 회. 1등 지한, 2등 수한, 3등 한동희님.

▶ 자산어보 내용

『자산어보』에는 벵에돔에 관해 소개한 자료가 없습니다.

▶ **영양 정보**

구분											
비타민			레티놀(㎍)	티아민(mg)	리보플라빈(mg)	나이아신(mg)	아스코빅산(mg)				
		벵에돔	9	0.07	**0.18**	2.5	**1.0**				
		긴꼬리벵에돔	0	0	0.11	0	0				
아미노산(mg)	필수		이소류신	류신	라이신	메티오닌	페닐알라닌	트레오닌	트립토판	발린	히스티딘
		벵에돔	**905**	**1589**	**2041**	**544**	**878**	**925**	224	**1050**	469
	기타		아르기닌	티로신	시스테인	글리신	프롤린	알라닌	아스파르트산	글루탐산	세린
		벵에돔	1103	**754**	**273**	**906**	576	**1304**	1598	**3424**	**812**
무기질(mg)			칼슘	인	철						
		벵에돔	42	**233**	1.1						
		긴꼬리벵에돔	**328**	**2567**	**3.8**						

벵에돔은 100g당, 98kcal, 단백질 20.9g이고, 지방 3.0g으로, 약간 고칼로리 고단백 고지방이군요. 불포화지방의 비율은 67.6%이고, 불포화지방 함량은 2.03g으로 높은 편입니다. 타우린이 무려 490mg이나 됩니다. 비타민은 리보플라빈과 아스코빅산이 높습니다.

아미노산도 전반적으로 풍부한데요. 필수아미노산은 트립토판과 히스티딘을 제외한 모든 항목이 높습니다. 특히 라이신은 쥐노래미(2,055mg) 다음으로 높습니다. 기타 아미노산은 티로신, 시스테인, 글리신, 알라닌, 글루탐산, 세린이 높은데요. 시스테인은 꽃게알(1,128mg), 메기(676mg)에 이어 3위입니다. 글루탐산은 이 책에 제시한 물고기 중 가장 높습니다(아래 표 참조). 알라닌은 감성돔(1,332mg) 다음으로 높군요. 무기질은 인이 높습니다.[344]

344) 국립수산과학원. 표준수산물성분표 2018. http://www.nifs.go.kr/page?id=aq_seafood_1_01

<글루탐산 함량> 100g 기준

순위	물고기	mg
1	벵에돔	3424
2	감성돔	3423
3	능성어	3406
4	참조기	3393
5	쥐노래미	3326

글루탐산은 필수 영양소가 아니라서, 정해진 하루 섭취 기준량은 없습니다.[345] 글루탐산은 당과 지질의 대사에 관여하고, 뇌의 에너지원이 되기도 합니다. 암모니아를 무독화하기도 한다는군요.[346]

벵에돔의 글루탐산 성분을 공부하다 보니, 약간 흥미로운 생각이 떠오르는군요. 글루탐산은 조미료(MSG, monosodium glutamate)의 주요 성분이기도 하지요. 물고기의 글루탐산이 소금(염화나트륨) 속의 나트륨과 결합하면, 그야말로 천연 조미료가 되겠습니다! 아, 그래서 어(魚)간장을 요리에 사용하고, 젓갈을 김장에 넣고 하는가 봅니다. 앞으로는, 물고기에 소금 간을 더 정성 들여서 하고, 글루탐산을 많이 함유한 물고기들을 잘 활용할 방안을 찾아봐야 할 것 같습니다.

긴꼬리벵에돔은 100g당, 97kcal, 단백질 20.1g이고, 지방 1.3g으로, 고칼로리 고단백이면서 저지방이군요. 일반 벵에돔에 비해, 칼로리와 단백질은 비슷하고 지방이 약간 적은 편입니다. 불포화지방의

345) 보건복지부·한국영양학회. 2015 한국인 영양소 섭취 기준.

346) 김갑성 외. 일차진료 아카데미 정맥영양주사요법, Master IVNT 3.0, 2019, 일차진료아카데미 출판사. p.520.

비율은 67.4%이고, 불포화지방 함량은 0.88g으로 적은 편입니다. 무기질이 칼슘, 인, 철이 모두 높은데요. 특히 인은 이 책에 제시한 물고기 중에 가장 높습니다(아래 표 참조).[347] 긴꼬리벵에돔의 아미노산 함량에 대해서는 제시된 자료가 없어서, 일반 벵에돔과 비교할 수가 없군요.

<인 함량> 100g 기준

순위	물고기	mg
1	긴꼬리벵에돔	2567
2	뱀장어 간	777
3	참붕어	646
4	미꾸리	437
5	달고기알	375

한국 성인의 인 하루 섭취 기준량은 남녀 모두 700mg입니다.[348] 인은 세포막과 세포벽을 구성하는 성분이지요. 또한, 뼈와 치아 등의 단단한 조직을 구성합니다. 인의 섭취가 부족하면 저인산혈증으로 신경학적 기능장애가 발생하기도 합니다. 반대로, 인의 체내 보유량이 증가하면 고인산혈증이 발생하는데요. 부갑상선호르몬 분비 항진과 같은 칼슘조절 호르몬의 변화, 골다공증, 칼슘 흡수 장애 등의 증상이 나타날 수 있습니다.[349]

347) 국립수산과학원. 표준수산물성분표 2018. http://www.nifs.go.kr/page?id=aq_seafood_1_01

348) 보건복지부·한국영양학회. 2015 한국인 영양소 섭취 기준.

349) 보건복지부·한국영양학회. 2015 한국인 영양소 섭취 기준.

보구치(백조기)

2012.8.11. 충남 서천군 홍원항 호해스타호 선상

학명	*Pennahia argentata*
분류[350)]	농어목(Perciformes) 민어과(Sciaenidae)
자산어보	보구치(甫九峙)
영어	Silver croaker
일어	シログチ(시로구찌)

손암(巽庵) 정약전 선생께서는, 조기, 백조기, 수조기를 <추수어(踏水魚)>라고 하시면서, 그중 백조기를

"보구치"

라는 이름으로 설명하셨더군요.

백조기의 표준어가 보구치이지요. 영어 이름의 '크로커(croaker)'는, 민어과의 우는 물고기들을 지칭하는데요. 보구치는, 잡아 올리면

"뽀옥~ 뽀옥~"

하며 특유의 울음소리를 냅니다. 일어 이름의 시로구찌(シログ

350) 국립수산과학원 수산생명자원 정보센터 https://www.nifs.go.kr/frcenter/intro/?_p=intro_species

チ)는, 시로(シロ, 희다) + 구찌(グチ, 조기)로, '하얀 조기'라는 의미이군요.

산란기는 5~8월입니다. 부화 후 1년이면 15~16cm, 2년이면 23cm, 3년이면 27cm, 4년이면 29~30cm이고, 최대 40cm입니다. 수명은 10년입니다. 가을에 남하하여, 1~3월에 제주도 해역에서 월동하고, 봄에 북상합니다.[351)]

민어과의 물고기에는 참조기(학명 *Larimichthys polyactis*), 민어(학명 *Miichthys miiuy*), 부세(학명 *Larimichthys crocea*), 보구치(학명 *Pennahia argentata*), 수조기(학명 *Nibea albiflora*), 흑조기(학명 *Atrobucca nibe*) 등이 있습니다. 참조기 15cm 이하는 방생해야 합니다. 다만, 참조기 어획량 중 해당 참조기가 20% 미만이면 예외입니다.[352)]

참조기, 백조기, 부세의 모양이 약간 다른데요. 참조기는 배 쪽이 황금색이지만, 백조기는 전체적으로 은색이지요. 그리고 백조기는 아가미 부위에 큰 흑색점이 있습니다. 참조기 머리에는 다이아몬드 즉 마름모꼴의 유상 돌기가 있는데, 부세(large yellow croaker)에는 없답니다.[353)] 수조기(white flower croaker)에 대해서는 <수조기> 편을 참고해주시기 바랍니다.

손암(巽庵) 선생께서는

351) 국립수산과학원 수산생명자원 정보센터 https://www.nifs.go.kr/frcenter/intro/?_p=intro_species

352) 수산자원관리법. 국가법령정보센터. http://www.law.go.kr/

353) 입질의 추억 https://slds2.tistory.com/1386

"조기, 보구치, 수조기, 민어는 머리에 돌이 두 개씩 들어 있는 물고기들이다."

라고 하시며,

"돌머리 물고기"

라는 의미의 석수어(石首魚)로 분류하셨지요. 제가 직접 확인해 보니, 보구치 머리에 돌이 두 개씩 들어 있더군요.

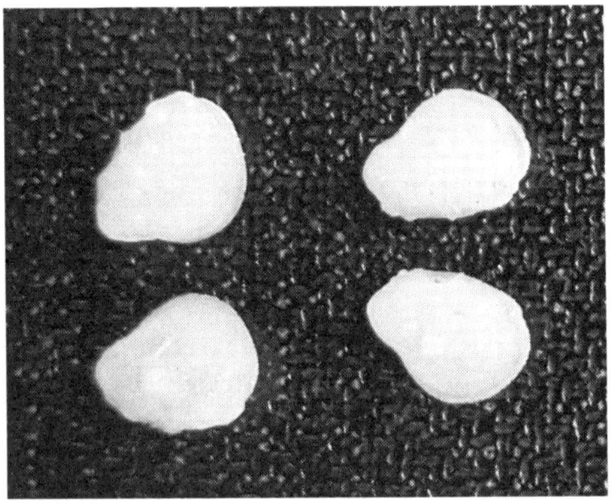

2020.11.3. 보구치의 머리에 두 개씩 들어있는 돌.

저는 여름에 서해안에서 한두 번씩 백조기 선상낚시를 하곤 하지요. 잘 잡히기는 하는데, 낚시하기에는 날씨가 너무나 덥더군요.

손암(巽庵) 선생께서는

"보구치는 누린내가 나서 맛이 좋지 않다."

라고 설명하셨는데요. 짭짤하게 소금 간이 제대로 된 백조기는 정말 맛있습니다. 소금 간이 제대로 안 되면

"이렇게 맛없는 고기가 또 있을까?"

하고 할 정도로 맛이 정말 없습니다. 아마도 손암(巽庵) 선생께서는 소금 간이 안 된 백조기를 드셨던 것 같습니다. 호해스타호 장세열 선장님은 백조기 뼈째 회 또는 회무침을 추천해주시더군요.

백조기에 소금으로 <물간>을 하는 방법을 장세열 선장님과 홍원에이스 낚시점의 배인선 사장님께 배워보았습니다. 양동이에 소금을 풀어서 날달걀이 수면 위로 뜨도록 짠물을 만드는데요. 달걀 뜨는 부분이 500원짜리 동전 크기이면 됩니다. 손질한 백조기를 소금물에 2~3시간 담가둡니다. 그런 후에 꺼내서 선풍기 강풍으로 반나절(4~6시간) 정도 말린 후에 냉동고에 저장하면 되더군요. 배운 대로 해보니, 정말 맛있습니다. 노래미도 같은 방법으로 <물간>을 하니, 아주 맛이 좋더군요.

2012.8.11. 호헤스디호 선상. 한동희님 백조기 쌍걸이! 1960년생. 1980년에 만남.
어복 많은 분. 낚시 갈 때 이분 데리고 가야 많이 잡음. 금전에 약함.
처음에는 낚시를 모르다가 출조 수당 3만 원 때문에 따라나서기 시작.
손맛 본 이후로는 자발적 출조. 어종을 가리지 않고 맛있다고 함.
박형식 사부님, 대전피싱 한광희 사장님 동행.
나는 한동희님이 집은 큰 장대(양태) 한 마리 쿨러에 넣다가
장대 가시에 왼쪽 발목 두 방 찔려서 1시간 고생.

▶ 자산어보 내용

『자산어보』에는 <석수어(石首魚)>라는 큰 항목에서, 돗돔을 <대면(大鮸)>으로, 민어를 <면어(鮸魚)>로, 조기류를 <추수어(踏水魚)>로 설명하고 있는데요. 석수어(石首魚)는, '돌 석(石)' 자, '머리 수(首)' 자로, <돌머리 물고기>라는 의미이지요.

> "석수어는 크고 작은 여러 종류가 있는데, 이들은 모두 머릿속에 돌이 두 개씩 들어 있다."
>
> [石首魚/석수어 有大小諸種/유대소제종 而皆腦中/이개뇌중 有石二枚/유석이매][354][355][356]

『자산어보』의 <추수어(踏水魚)> 부분에, 참조기를 <조기(曹機)>로, 보구치를 <보구치(甫九峙)>로, 수조기를 반애(盤厓)로 설명하고 있습니다. 추(踏) 자에 '가다', '급하다'라는 뜻이 있으니, 추수어(踏水魚)는 <물 따라가는 물고기>라는 의미인가 봅니다. 조기(曹機)와 보구치(甫九峙)는 한자의 음을 빌어서 우리말을 표기한 것 같군요.

> "추수어(속명 조기曹機) 큰 것은 1척 남짓이다. 모양이 면어(민어)와 비슷한데, 몸이 매우(약간) 좁다. 맛도 면어와 유사하며, 더 담백하다. 쓰임새도 면어와 같고, 알은 젓갈로 담는다. 흥양의 바깥 섬에서는 춘분(낮과 밤의 길이가 같은 봄날, 양력 3월 21일) 후에 그물로 잡고, 칠산(영광) 바다에서는 한식(寒食[357], 동지로부터 105일째의 날, 양력으로 4월 5일 또는 6일에 해당) 후에 그물로 잡으며, 해

354) 정약전. 『자산어보』. 1814. 국립중앙도서관 소장본. p.4.

355) 이두순 역. 『신역 자산어보』. 목근통, 2016. p.4~8.

356) 정명현 역. 『자산어보 우리나라 최초의 해양생물 백과사전』. 서해문집, 2016. p.37.

357) 설날, 단오, 추석과 함께 4대 명절의 하나. 조상의 묘를 찾아 차례를 지내거나 성묘한다.

주 앞바다에서는 소만(小滿[358], 양력 5월 21일 무렵) 후에 그물로 잡는다. 흑산도 바다에서는 6~7월에 밤낚시로 잡기 시작한다. 물이 맑은 낮에는 낚시를 물지 않는다. 이미 산란을 마친 후라서, 봄에 잡히는 것보다는 맛이 떨어진다. 말려도 오래 보관할 수 없다. 가을이 되면 조금 나아진다.

약간 큰 것(속칭 보구치甫九峙)은 몸이 크고 짧으며, 머리가 작고 구부러져 있어서, 머리 뒤가 높다. 맛이 누린내가 나서, 포로 만드는 것이 낫다. 칠산에서 난 것이 조금 낫지만, 역시 아주 좋지는 않다.

……

이 물고기들은 모두 물 때를 따라오므로, 이름을 추수어(䲡水魚)라고 한다."

[䲡水魚/추수어 俗名曹機/속명조기 大者一尺餘/대자일척여 狀類鮸/상류면 而體精(稍)狹/이체정(초)협[359] 味亦似鮸而尤淡/미역사면이우담 用如鮸/용여면 卵宜醢/난의해 興陽外島/흥양외도 春分後網捕/춘분후망포 七山海中/칠산해중 寒食後網捕/한식후망포 海州前洋/해주전양 小滿後網捕/소만후망포 黑山海中/흑산해중 六七月始夜釣/육칠월시야조 水淸故晝不呑釣/수청고주불탄조 已盡産卵/이진산란 故味不及春魚者/고미불급춘어자 腊之/석지 不能耐久/불능내구 至秋稍勝/지추초승

稍大者/초대자 俗呼甫九峙/속호보구치 軆大而短/체대이단 頭小而俯/두소이부 故腦後高/고뇌후고 味羶/미전 惟堪作鱐/유감작숙 産於七山者稍勝/산어칠산자초승 而亦不佳/이역불가

……

蓋此魚/개차어 隨時趁水而來/수시진수이래 故名/고명 䲡水也/추

358) 만물이 점차 생장하여 가득 찬다는 의미.

359) 국립중앙도서관 소장본이 아닌 다른 본에는 초(稍)로 되어있기도 하다.

수야][360][361][362]

▶ 영양 정보

보구치와 참조기를 같이 비교해보았습니다.

비타민		레티놀 (μg)	티아민 (mg)	리보플라빈 (mg)	나이아신 (mg)	아스코빅산 (mg)
	보구치	8	0.11	0.13	3.0	**1.0**
	참조기	8	0.05	**0.21**	**4.4**	**1.0**

아미노산 (mg)											
	필수		이소류신	류신	라이신	메티오닌	페닐알라닌	트레오닌	트립토판	발린	히스티딘
		보구치	**905**	**1458**	1184	210	**781**	**813**	**336**	**902**	465
		참조기	**927**	**1615**	**1780**	**642**	**814**	**884**	215	**1009**	378
	기타		아르기닌	티로신	시스테인	글리신	프롤린	알라닌	아스파르트산	글루탐산	세린
		보구치	1080	**588**	9	398	**601**	**1087**	**1661**	2594	**709**
		참조기	**1163**	**598**	**218**	**876**	575	**1110**	1573	**3383**	**739**

무기질 (mg)		칼슘	인	철
	보구치	15	150	0.4
	참조기	**65**	**252**	0.8

보구치는 100g당, 119kcal, 단백질 19.3g이고, 지방 3.9g으로, 매우 고칼로리이면서 고단백 고지방이군요. 불포화지방의 비율은 74.7%이며, 불포화지방 함량은 2.91g으로 매우 높습니다. 비타민은 아스코빅산이 높습니다. 필수아미노산은 이소류신, 류신, 페닐알라

360) 정약전. 『지신어보』. 1814. 국립중앙도서관 소장본. p.6~7.

361) 이두순 역. 『신역 자산어보』. 목근통, 2016. p.12~13.

362) 정명현 역. 『자산어보 우리나라 최초의 해양생물 백과사전』. 서해문집, 2016. p.40~42.

닌, 트레오닌, 트립토판, 발린이 높은 편입니다. 기타 아미노산은 티로신, 프롤린, 알라닌, 아스파르트산, 세린이 높습니다.[363)]

참조기는 100g당, 82kcal, 단백질 19.3g, 지방 0.9g으로, 저칼로리 고단백 저지방입니다. 보구치에 비해, 칼로리와 지방이 적군요. 불포화지방에 대한 자료는 없습니다. 타우린은 93mg입니다. 비타민은 리보플라빈, 나이아신, 아스코빅산이 많습니다. 필수아미노산은 트립토판과 히스티딘을 제외한 전 항목이 높습니다. 기타 아미노산은 프롤린과 아스파르트산을 제외한 모든 항목이 높군요. 무기질은 칼슘과 인이 많습니다. 셀레늄은 0.02㎍입니다.

국립수산과학원은 참조기 근육 성분에 대한 자료를 추가로 제시했는데요. 참조기 근육에는 지방이 3.5g으로 높군요. 불포화지방 비율은 70.1%이며, 불포화지방 함량은 2.45g으로 높습니다. 참조기 근육의 타우린은 무려 739mg으로, 주꾸미(1,306.6mg)에 이어 2위로 높습니다.[364)]

수조기에 대해서는 <수조기> 편을 참조해주시기 바랍니다.

363) 국립수산과학원. 표준수산물성분표 2018. http://www.nifs.go.kr/page?id=aq_seafood_1_01

364) 국립수산과학원. 표준수산물성분표 2018. http://www.nifs.go.kr/page?id=aq_seafood_1_01

보리멸

2010.1.2. 통영 삼덕 중화낚시 내만 좌대. 어탁.

학명	*Sillago sihama*
분류[365]	농어목(Perciformes) 보리멸과(Sillaginidae)
자산어보	없음
영어	Sand smelt, Sand whiting, Silver whiting
일어	キス(기스)

'보리멸'이라는 이름이 매우 특이합니다. '보리' + '멸(멸치)'의 합성어인 것 같은데요. 보리와 관련이 많을 것 같습니다. 보리가 익을 때 잘 잡힌다던가, 아니면 모양이 보리 이삭과 비슷하다는 의미인가 봅니다.[366]

보리멸 산란기는 6~8월입니다. 부화 후 1년이면 10cm, 2년이면 14cm, 3년이면 16cm, 4년이면 18cm이고, 최대 24cm입니다.

보리멸을 처음 본 순간, 어릴 때 개울에서 잡았던 민물의 모래무

365) 국립수산과학원 수산생명자원 정보센터 https://www.nifs.go.kr/frcenter/intro/?_p=intro_species

366) 중앙일보. 1998.8.13. '보리멸' 이름 유래·낚는 법 궁금. https://news.joins.com/article/3684377

지(학명[367] *Pseudogobio esocinus*)가 연상되더군요. 해안 가까운 모래 위에 주로 서식하지요.[368] 그래서 그런지, 'sand smelt(모래 빙어)'라는 영어 이름에도, '모래'라는 의미가 들어 있군요. 모래무치, 모래문저리, 소내미, 보리메레치, 모살치 등으로도 부르지요. 남해안에서 주로 잡히던데요. 서해안에서도 여름에 백조기 잡다가 보면 간간이 잡힙니다.

보리멸은 튀김, 국, 회, 구이 등으로 먹는다고 합니다. 일본사람들이 좋아한다고 해서, 회를 먹어보았는데, 제 입맛에는 별로였습니다.

2020.8.1. 서천 홍원항 호해스타호 선상

▶ 자산어보 내용

『지산어보』에는 보리멸에 관해 소개된 자료가 없습니다.

▶ 영양 정보

국립수산과학원 수산물성분표에 보리멸에 대해서는 제시된 것이 없군요.

---

367) 네이버 국어사전.

368) 국립수산과학원 수산생명자원 정보센터 https://www.nifs.go.kr/frcenter/intro/?_p=intro_species

복어

2014.2.15. 완도 먼바다 선상.

학명	*Takifugu chinensis*(검자주복)
분류[369]	복어목(Tetraodontiformes) 참복과(Tetraodontidae)
자산어보	돈어(魨魚)/복어 검돈(黔魨)/자주복
영어	puffer fish
일어	フグ(후구)

손암(巽庵) 정약전 선생께서는 복어를

"돈어(魨魚)"

라는 이름으로 설명하셨지요.

국립수산과학원 자료에 검자주복의 학명과 계통분류에 관한 내용이 없어서, 다른 곳에서 학명과 계통분류를 알 수 있었습니다.

복어의 계통분류에 등장하는 '테트라오돈티-(tetraodonti-)'라는

369) doopedia. https://www.doopedia.co.kr/

목명(目名, order)과 과명(科名, family)이 특이한데요. 이 단어는 '테트라(tetra, 넷)' + '오돈토-(odonto-, 이빨)'의 합성어이지요. 복어의 이빨이 네 개라는 의미이군요. 계통분류에 이 단어가 나오는 걸 보니, 복어는 이빨에 강한 특징이 있는 물고기인가 봅니다.

복어의 종류는 가시복, 거북복, 검자주복, 금밀복, 까칠복, 눈불개복, 매리복, 민밀복, 별복, 불뚝복, 뿔복, 육각복, 자주복, 졸복, 청복, 황복, 흰밀복, 흰점복… 등 엄청 많더군요.[370)]

20cm 이하의 황복(학명 *Takifugu obscurus*, 영어 river puffer)은 방생해야 합니다.[371)] 황복은 강의 중하류와 그 해역에 살지요. 산란기는 4월 중순~5월입니다. 산란기에 산란을 위해 임진강, 한강, 만경강 등 서해안 하천으로 올라오는 습성이 있습니다.[372)]

제가 잡은 위 사진의 복어는, 먼바다에서 사부님과 열기 낚시를 하다가 잡은 것인데요. 가슴지느러미 뒤쪽 위에 흰색의 원으로 둘러싸인 검은 반점이 있는 것으로 보아, 검자주복인 것 같습니다. 산란기는 3~4월입니다.[373)]

Puffer fish라는 영어 이름의 '파퍼(puffer)'는 '크게 숨을 쉬는 것'을 의미하지요. 복어는, 위협을 받거나 물 밖으로 나오면, 공기를 많이 흡입하여, 몸을 부풀려서 아주 귀여운 모습이 되지요. 복어의

---

370) doopedia. https://www.doopedia.co.kr/

371) 수산자원관리법. 국가법령정보센터. http://www.law.go.kr/

372) 국립수산과학원 수산생명자원 정보센터 https://www.nifs.go.kr/frcenter/intro/?_p=intro_species

373) doopedia. https://www.doopedia.co.kr/

우스꽝스러운 모습이 낚시하던 사람들에게 잠시 행복하고 즐거운 웃음을 선사하곤 합니다. 손암(巽庵) 선생께서는

"복어는 배를 부풀릴 뿐 아니라, 이를 갈면서 알알 소리를 낸다."

라고 묘사하셨지요.

방파제나 갯바위에서 낚시하다가 복어가 나오기 시작하면, 낚시를 포기할 때가 많습니다. 복어가, 생긴 것은 둔해 보여도, 먹이 활동이 빨라서 미끼를 던지자마자 가장 먼저 달려들기 때문이지요.

복어의 독으로 알려진 테트로도톡신(tetrodotoxin)은 신경독이지요. 신경을 마비시킵니다. 복어의 내장에 들어 있는데, 열이나 냉동에 의해서도 잘 파괴되지 않습니다. 복어 섭취 후 대개 1시간 이내에 증상이 발생하지요. 입술 및 혀끝의 감각 둔화로 시작하여, 호흡근의 마비로 사망할 수 있습니다. 복어 독을 직접 치료하는 약은 없고, 호흡 마비가 오면 인공호흡기로 호흡을 보조해야 합니다.

▶ 자산어보 내용

『자산어보』에는 <돈어(魨魚)>라는 큰 항목 속에, <검돈(黔魨)>, <작돈(鵲魨)>, <활돈(滑魨)>, <삽돈(澁魨)>, <소돈(小魨)>, <위돈(蝟魨)> 등 다양한 복어 종류를 설명하고 있습니다. 이 중 자주복에 해당하는 검돈(黔魨)의 내용을 소개합니다. '검을 검(黔)', '복어 돈(魨)' 자이니, <검은 복어>라는 의미이군요.

"검돈(속명 검복黔服)은 큰 것이 2~3척이다. 몸이 둥글고 짧으며, 입이 작다. 이빨이 나란히 나 있고 매우 단단하며 강하다. 성이 나면 배가 부풀어 커지며, 이를 갈면서 알알 소리를 낸다. 껍질이 난난해서 기물을 쌀 수 있다. 맛이 달고 진하다. 여러 돈어(복어) 중에 독이 적

다. 푹 삶아서 기름에 섞어 먹는다. 대나무로 불을 때면서, 그을음이 들어가지 않도록 해야 한다."

[黔魨/검돈 俗名黔服/속명검복 大者二三尺/대자이삼척 體圓而短/체원이단 口小/구소 齒駢至堅剛/치병지견강 怒則腹膨脹/노즉복팽창 而切齒/이절치 軋軋有聲/알알유성 皮堅可裏器物/피견가리기물 味甘醲/미감농 諸魨中寡毒/제돈중과독 爛烹和油而食/난팽화유이식 爇以竹/열이죽 忌烟煤/기연매][374][375][376]

▶ **영양 정보**

검자주복에 대한 영양 성분 자료가 없어서, 자주복에 대한 자료로 대체합니다.

<자주복(학명 *Takifugu rubripes*)>

비타민		레티놀(㎍)	티아민(mg)	리보플라빈(mg)	나이아신(mg)	아스코빅산(mg)				
		0.08	0.08	0.1	5.5	0				
아미노산(mg)	필수	이소류신	류신	라이신	메티오닌	페닐알라닌	트레오닌	트립토판	발린	히스티딘
		830	1422	1712	558	718	779	224	903	406
	기타	아르기닌	티로신	시스테인	글리신	프롤린	알라닌	아스파르트산	글루탐산	세린
		1056	636	241	988	619	1006	1306	2735	640
무기질(mg)		칼슘	인	철						
		10	289	0.3						

374) 정약전. 『자산어보』. 1814. 국립중앙도서관 소장본, p.51.

375) 이두순 역. 『신역 자산어보』. 목근통, 2016. p.165~167.

376) 정명현 역. 『자산어보 우리나라 최초의 해양생물 백과사전』. 서해문집, 2016. p.98~99.

자주복은 100g당, 83kcal, 단백질 17.9g이고, 지방 0.2g으로, 저칼로리이며 약간 저단백이고 저지방인 물고기이군요. 불포화지방의 비율은 자연산이 70.9%(양식산은 72.7%)이며, 불포화지방 함량은 0.14g으로 매우 적습니다. 비타민은 나이아신이 높군요. 필수아미노산은 이소류신, 류신, 라이신, 메티오닌, 트레오닌, 발린이 높은 편입니다. 기타 아미노산은 티로신, 시스테인, 글리신, 프롤린, 글루탐산이 많군요. 무기질은 인이 많은 편입니다.[377)]

377) 국립수산과학원. 표준수산물성분표 2018. http://www.nifs.go.kr/page?id=aq_seafood_1_01

볼락

2013.7. 거제도 탑포 해상콘도.

학명[378]	*Sebastes inermis(금볼락)* *S. cheni(청볼락)* *S. ventrico(갈볼락)*
분류[379]	쏨뱅이목(Scorpaeniformes) 양볼락과(Scorpaenidae)
자산어보	박순어(薄脣魚)
영어	Darkbanded rockfish
일어	メバル(메바루)

손암(巽庵) 정약전 선생께서는

"입술이 얇은 물고기"

라는 의미의 이름으로 설명하셨지요.

볼락은 돌이 많은 지역에 서식합니다.[380] 그래서 영어로는 rockfish 즉 '바위 물고기'라고 부르는 것 같습니다. 난태생어로서,

378) 입질의 추억 https://slds2.tistory.com/2741

379) 국립수산과학원 수산생명자원 정보센터 https://www.nifs.go.kr/frcenter/intro/?_p=intro_species

380) 수산자원관리법. 국가법령정보센터. http://www.law.go.kr/

뱃속에서 부화하여 1~3월에 4~5mm 크기의 새끼를 낳습니다. 금볼락은 부화 후 1년이면 9cm, 2년이면 13cm, 3년이면 16cm, 5년이면 19cm 정도가 됩니다.[381] 15cm 이하의 금볼락은 방생해야 합니다.[382]

뽈라구, 꺽저구, 뽈락으로도 부르지요. 큰 볼락을 '왕사미'라고 하더군요. 남해안을 다니면서 알게 된 물고기인데요. 볼락은 회, 구이 어느 것이든 정말 맛있는 물고기입니다.

아주 오래전에, 사부님과 함께 삼천포항의 어느 식당에서 아침 식사를 하며, 볼락 무김치를 처음 먹어보았는데요. 새롭고 신선한 충격이었습니다. 김치의 속에, 작은 볼락이 물고기 모습을 고스란히 간직하고 누워있더군요. 먹기 전에

'가시가 있으면 어떡하나…?'

하고 속으로 걱정했는데, 발효가 되어서 그런지, 씹으니 뼈가 없더군요. 김치가 정말 시원하고 알지 못하던 맛이었습니다.

2010.2. 통영 들물낚시 먼바다 선상.
신입 전공의오리엔테이션 행사의 요리대회에 필요한 볼락을 잡기 위해
선발대로 출조. 전공의 1년 차 입암(立岩) 김응두님 동행.

381) 국립수산과학원 수산생명자원 정보센터 https://www.nifs.go.kr/frcenter/intro/?_p=intro_species

382) 수산자원관리법. 국가법령정보센터. http://www.law.go.kr/

2015.3.27. 거제도 탑포 해상콘도. 볼락 초밥. 성인환 교수님, 박재형 교수님 동행.

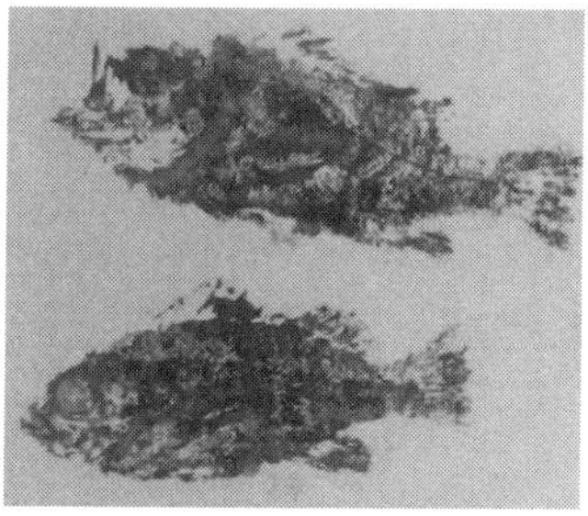

2010.1.2. 통영 삼덕 중화낚시 내만 좌대. 어탁. 큰아들 지한 동행.

▶ 자산어보 정보

『자산어보』에는 볼락을 <박순어(薄脣魚)>로 소개하고 있습니다. '엷을 박(薄)', '입술 순(脣)'이니, <얇은 입술 물고기>라는 의미이군요.

> "박순어(속명 발락어發落魚)는 모양이 검어(우럭)와 비슷하다. 크기는 석수어의 추어(조기)만 하다. 청흑색이며, 입이 작다. 입술과 아가미가 아주 얇다. 맛은 검어와 같다. 낮에 큰 바다를 돌아다니다가, 밤에 석굴로 돌아온다."
>
> [薄脣魚/박순어 俗名發落魚/속명발락어 狀類黔魚/상류검어 而大如踏魚石首魚/이대여추어석수어 色青黑/색청흑 口小/구소 脣鰓甚薄/순새심박 味同黔魚/미동검어 晝遊大海/주유대해 夜歸石窟/야귀석굴][383][384][385]

위의 내용 중, '석수어(石首魚)'라는 단어가 나오는데요. 석수어

383) 정약전. 『자산어보』. 1814. 국립중앙도서관 소장본. p.27~28.

384) 이두순 역. 『신역 자산어보』. 목근통, 2016. p.80~81.

385) 정명현 역. 『자산어보 우리나라 최초의 해양생물 백과사전』. 서해문집, 2016. p.69~70.

에 대해서는 <보구치> 편을 참조해주시기 바랍니다.

▶ 영양 정보

비타민	레티놀 (μg)	티아민 (mg)	리보플라빈 (mg)	나이아신 (mg)	아스코빅산 (mg)
	9	0.05	0.13	1.8	**1.0**

아미노산 (mg)										
	필수	이소류신	류신	라이신	메티오닌	페닐알라닌	트레오닌	트립토판	발린	히스티딘
		883	**1509**	**1957**	**579**	**843**	**871**	230	**1020**	444
	기타	아르기닌	티로신	시스테인	글리신	프롤린	알라닌	아스파르트산	글루탐산	세린
		1067	**703**	**211**	**877**	512	**1221**	1533	**3278**	**762**

무기질 (mg)	칼슘	인	철
	42	**237**	0.6

금볼락(학명 *Sebastes inermis*)은 100g당, 93kcal, 단백질 19.3g, 지방 1.0g으로, 악간 고칼로리 고단백 저지방이군요. 불포화지방의 비율은 64.5%이며, 불포화지방 함량은 0.65g으로 적은 편입니다. 타우린이 무려 580mg이나 되는군요. 비타민은 아스코빅산이 높습니다. 필수아미노산은 트립토판과 히스티딘을 제외한 모든 항목이 높습니다. 기타 아미노산은 티로신, 시스테인, 글리신, 알라닌, 글루탐산, 세린이 높습니다. 무기질은 인이 많은 편입니다.[386)]

386) 국립수산과학원. 표준수산물성분표 2018. http://www.nifs.go.kr/page?id=aq_seafood_1_01

부시리

2019.3.24. 제주도 쇠소깍 앞바다 선상

학명	*Seriola lalandi*
분류[387]	농어목(Perciformes) 전갱이과(Carangidae)
자산어보	황어(黃魚)
영어	Yellowtail amberjack
일어	ヒラマサ(히라마사), ヒラス(히라스)

손암(巽庵) 정약전 선생께서는

"노랑 물고기"

라는 의미의 이름으로 설명하셨지요. 영어 이름에도, '노랑 꼬리(yellowtail)를 가진 물고기'라는 의미가 들어 있군요.

산란기는 5~8월입니다. 납작 방어라고도 부릅니다. 최대 1.9m, 96.8kg까지도 성장합니다.[388] 손암(巽庵) 선생께서는

387) 국립수산과학원 수산생명자원 정보센터 https://www.nifs.go.kr/frcenter/intro/?_p=intro_species

388) 국립수산과학원 수산생명자원 정보센터 https://www.nifs.go.kr/frcenter/intro/?_p=intro_species

"부시리 큰 것은 10척(약 3m) 정도이다."

라고 설명하셨더군요.

부시리의 모양이 방어와 아주 비슷하지요. 둘 다 전갱이-과(科, Family)에 속합니다. 방어와 부시리를 구분하는 방법에 대해서는 <방어> 편을 참고해주시기 바랍니다.

많은 분이 방어회를 좋아하시는데요. 저는 방어회도 맛있지만, 부시리가 더 맛있는 것 같았습니다. 방어회는 뭐랄까, 많이 먹으면 약간 느끼해지는 것 같았습니다. 많이 먹지를 못하겠더군요. 부시리는 그런 느낌이 전혀 없고 아주 담백했습니다.

2018년 12월에는 고등학교 친구인 이규섭님, 그리고 그 친구 김선봉님과 함께 제주도에 낚시 여행을 갔습니다. 이규섭님의 어렸을 적 금산 고향 친구인 오세훈님이 제주도 쇠소깍에 살면서 배를 가지고 있기에, 그 배를 타고 부시리 낚시를 해보려고 셋이서 간 것이지요.

15일 토요일 아침에 청주 공항에서 출발하여, 오후에 오세훈님의 배를 탔습니다. 카고를 이용한 낚시를 했는데요. 부시리는 잡지 못했지만, 참돔과 능성어를 잡아서 즐거웠지요. 카고 낚시에 대해서는 <감성돔> 편을 참조해주시기 바랍니다.

그날 저녁 오세훈님이 갑자기 집안에 급한 사정이 생겨서, 일요일에는 오세훈님이 소개해준 천일 펜션 주인인 김공순 옹의 배를 탔습니다. 팔십 가량의 김공순 옹은 중등학교 체육 선생님을 하다가 정년퇴직하신 분인데, 평생 낚시를 했다고 했지요. 소장하고 계신 낚싯대며 릴들이 범상치 않더군요.

김공순 옹의 배를 타고 나가서 낚시하는데, 대형 카고와 대형 찌를 동시에 사용하는, 특이한 카고 찌낚시 방법을 가르쳐주셨습니다. 저는 카고 낚시는 여러 번 해보았지만, 대형 카고 찌낚시는 처음이었지요. 김공순 옹이 가르쳐준 대형 카고 찌낚시는, 사각형의 커다란 밑밥 새우 덩어리를 삼등분하여, 한 덩어리를 통째로 대형 카고에 넣더군요. 낚싯바늘에는 미끼 새우 2~3마리를 꿰어 달고요. 그리고 아주 부력이 큰 커다란 막대찌를 동시에 사용해서 카고를 조류에 흘려보내는 방법이었습니다.

그런데, 어찌 된 일인지, 제가 작곡한 <그분들이 가신 길> 묵상 연주곡을 틀기만 하면 큰 부시리들이 와서 입질하더군요. 이 노래는 퇴계(退溪) 이황(李滉) 선생께서 지으신 도산십이곡 중 제9곡이지요. 동행한 사람들이 모두

"집어용 음악으로 정말 좋다."

고들 했습니다.

큰 부시리를 10여 마리 넘게 잡는 등 조황이 아주 좋았습니다. 일요일에 천일 펜션에서 자고 17일 월요일 아침 비행기로 대전에 올라왔습니다. 잡은 부시리를 각자 서너 마리씩 대전으로 가져와서, 회, 매운탕 등으로 가족들과 부시리 파티를 했지요.

2018.12.16. 김공순 옹과 이규섭님.

부시리

아이스박스에 부시리 담아

대전에 와서 부시리 파티

▶ 자산어보 내용

『자산어보』에는 부시리를 <황어(黃魚)>로 설명하고 있습니다.

'누를 황(黃)' 자이니, <노랑 물고기>라는 의미이군요.

"황어(속명 부사어夫斯魚)는 큰 것이 10척 정도이다. 모양이 망어(삼치)와 비슷하고, 높이가 약간 높다. 색은 전체가 노랗다. 성질이 날쌔고 튼튼하며 사납고 급하다. 맛은 엷다."

[黃魚/황어 俗名夫斯魚/속명부사어 大者一丈許/대자일장허 狀如蟒魚/상여망어 而稍高/이초고 色全黃/색전황 性勇健而暴急/성용건이폭급 味薄/미박][389][390][391]

▶ **영양 정보**

비타민	레티놀 (㎍)	티아민 (mg)	리보플라빈 (mg)	나이아신 (mg)	아스코빅산 (mg)
	9	0.14	0.25	7.5	1.0
무기질(mg)	칼슘	인	철		
	16	260	1.3		

부시리는 100g당, 109kcal, 단백질 22.3g, 지방이 4.8g으로, 고칼로리 고단백이면서 매우 고지방입니다. 단백질 함량이 이빨 다랑어(24.6g), 흉상어(23.5g)에 이어 3위입니다. 지방질이 방어보다 약간 적지만 매우 풍부하군요. 불포화지방의 비율은 방어보다 약간 높은 69.4%이고, 불포화지방 함량은 3.33g으로 매우 높습니다. 비타민은 티아민, 리보플라빈, 나이아신, 아스코빅산이 비교적 많습니다. 무기질은 인과 철이 높은 편입니다. 아미노산에 대한 자료는 없군요.[392]

---

389) 정약전.『자산어보』. 1814. 국립중앙도서관 소장본. p.34.

390) 이두순 역.『신역 자산어보』. 목근통, 2016. p.108-109.

391) 정명현 역.『자산어보 우리나라 최초의 해양생물 백과사전』. 서해문집, 2016. p.78.

392) 국립수산과학원. 표준수산물성분표 2018. http://www.nifs.go.kr/page?id=aq_seafood_1_01

불가사리

2009.6.6. 충남 태안 안면도 좌대

학명	*Asterias amurensis*
문	극피동물(Echinodermata)
강	불가사리류(Stelleroidea)
분류[393]	차극목(Forcipulatida) 불가사리과(Asteriidae)
자산어보	풍엽어(楓葉魚)
영어	Starfish, Seastar
일어	キヒトデ(키히또데), ヒトデ(히또데)

손암(巽庵) 정약전 선생께서는 불가사리에 대해

"단풍잎처럼 생긴 물고기"

라는, 재미있는 의미의 이름으로, 아주 자세하게 설명하셨는데요.

국립수산과학원의 자료에는 불가사리에 관한 내용이 없더군요. 다른 곳에서 학명과 분류계통을 알 수 있었습니다.

393) doopedia. https://www.doopedia.co.kr/

몸을 여러 조각으로 잘라도 죽지 않고 살아나기 때문에

'죽일 수 없다.'

라는 뜻의 한자어인 불가살이(不可殺伊)에서 이름이 유래했다지요.[394] 죽지 않는다고 하니, 약간 무서운 느낌도 드는데요.

원래의 불가살이(不可殺伊)는, 민간에서 구전되어오던, 전설 속의 괴물이라고 하는군요. 닥치는 대로 쇠를 먹으며 계속 성장하여 사람들을 공포에 떨게 했던 괴물이 불가살이(不可殺伊)였다고 하지요.[395]

영어로는 'starfish' 또는 'seastar'이니, '별 물고기' 또는 '바다의 별'이라는 뜻이군요. 불가사리라는 이름보다는 훨씬 부드럽고 서정적인 이름입니다.

저는 불가사리를, 아무짝에도 쓸모가 없고, 바다 생태에 해로운 것으로만 생각했었는데요. 손암(巽庵) 선생께서는

"불가사리가 뿔 하나를 바위에 붙이고, 몸을 뒤집어 아래로 늘어뜨리고 있으면 곧 비가 올 징조이다."

라고, 말씀하셨더군요.

산란기는 6월입니다.[396] 불가사리는 조개를 압박하여 조갯살을 꺼내 먹는다는군요.[397] 불가사리의 천적은 나팔고둥이라고 합니

394) 나무위키 https://namu.wiki/w/%EB%B6%88%EA%B0%80%EC%82%AC%EB%A6%AC

395) 한국민속대백과사전 http://folkency.nfm.go.kr/kr/topic/detail/5534

396) doopedia. https://www.doopedia.co.kr/

397) doopedia https://www.doopedia.co.kr/

다.[398]

▶ 자산어보 내용

『자산어보』에는 불가사리를 <풍엽어(楓葉魚)>로 설명하고 있습니다. 풍엽(楓葉)은 '단풍나무잎'을 말하지요. 그러니까 <단풍잎 물고기>라는 의미이군요.

> "풍엽어(속명 개부전開夫殿) 큰 것은 지름이 1척이다. 껍질은 유자 껍질 같다. 귀퉁이의 뿔은 일정하지 않다. 3개가 나오기도 하고, 4개가 나오기도 하며, 더러는 6~7개까지 나오기도 한다. 뒤집힌 나뭇잎 같다. 두께는 사람의 손만 하다. 짙푸른 색으로 매우 선명하다. 가운데 붉은 망루(실)가 있어, 무늬를 이루는데 역시 아주 선명하다. 배는 누렇고, 입이 그 한가운데 있다. 뿔 끝에는 모두 자잘한 좁쌀 같은 것이 있는데, 장어(문어)의 국화 모양 빨판 같고, 이것으로 돌에 붙는다. 뱃속에는 내장이 없고, 호박 속과 비슷하다. 바위와 돌에 들러붙기를 좋아한다. 하늘에서 비가 곧 내릴 예정이지만 아직 비가 오지 않을 때, 뿔 하나를 (바위에) 붙이고, 몸을 뒤집어 아래로 늘어뜨린다. 바다 사람들은 이것을 보고 비가 올 것을 예측한다. 용도는 아직 듣지 못했다. 뿔이 셋인 것은 물 바닥을 떠나지 않으며, 지름이 간혹 3~4척이다. 뿔이 길게 나와 있고, 몸은 아주 작다. 등은 두꺼비처럼 콩알 같은 것이 어지럽게 깔려 있다. 진황색과 진흑색이 서로 뒤섞여 무늬를 이룬다."
>
> [楓葉魚/풍엽어 俗名開夫殿/속명개부전 大者徑一尺/대자경일척 皮如柚皮/피여유피 隅角無定/우각무정 三出四出/삼출사출 或至六七出/혹지육칠출 如槲葉/여섭엽 厚如人手/후여인수 色靑碧甚鮮明/

398) 나무위키 https://namu.wiki/w/%EB%B6%88%EA%B0%80%EC%82%AC%EB%A6%AC

색청벽심선명 中有丹樓(縷)[399]/중유단루(루) 成文亦極鮮/성문역극선 腹黃/복황 口在其中心/구재기중심 角末皆有細粟/각말개유세속 如章魚之菊蹄/여장어지국제 所以貼石者/소이첩석자 腹中無腸/복중무장 如南瓜之瓤/여남과지양 好貼巖石/호첩엄석 天欲雨/천욕우 而實不雨/이실불우 則只貼一角/즉지첩일각 而翻身下垂/이번신하수 海人以是占雨/해인이시점우 用處未聞/용처미문 三角者/삼각자 不離水底/불리수저 徑或三四尺/경혹삼사척 而其角長出/이기각장출 體甚小/체심소 背似蟾/배사섬 亂布如豆之粒/난포여두지립 眞黃眞黑/진황진흑 相錯斑爛/상착반란][400][401][402]

▶ 영양 정보

불가사리에 대한 영양 정보는 없습니다.

399) 국립중앙도서관 소장본이 아닌 다른 본에는 루(縷)로 되어있기도 하다.

400) 정약전.『자산어보』. 1814. 국립중앙도서관 소장본, p.105.

401) 이두순 역.『신역 자산어보』. 목근통, 2016. p.342~344.

402) 정명현 역.『자산어보 우리나라 최초의 해양생물 백과사전』. 서해문집, 2016. p.162~163.

●

불볼락(열기)

2011.12.31. 완도 먼바다 선상.

학명	*Sebastes thompsoni*
분류[403)]	쏨뱅이목(Scorpaeniformes) 양볼락과(Scorpaenidae)
자산어보	적박순어(赤薄脣魚)
영어	Goldeye rockfish
일어	ウスメバル(우스메바루)

손암(巽庵) 정약전 선생께서는

"볼락처럼 입술이 얇은데, 색이 붉다."

라는 의미의 이름으로 설명하셨지요.

저는 잘 모르던 물고기였는데요. 사부님께 남해안의 먼바다 선상낚시를 배우면서, 2010년에 처음 알게 되었습니다.

표준어가 불볼락이고, 방언으로 열기 또는 동감펭으로 부르기도 합니다. 눈이 툭 튀어나오고, 동공 주위가 노랗습니다. 그래서 영어

403) 국립수산과학원 수산생명자원 정보센터 https://www.nifs.go.kr/frcenter/intro/?_p=intro_species

로는 goldeye rockfish(금눈 볼락)이라고 부르는가 봅니다. 우스메바루(ウスメバル)라는 일어 이름은, 우스(ウス, 얇다) + 메바루(メバル, 볼락)이니, '얇은 볼락'이라는 의미이군요.

난태생으로, 2~6월에 6mm 크기의 새끼를 낳습니다. 부화 후, 1년이면 10.5cm, 2년이면 15cm, 3년이면 19cm, 4년이면 22cm, 5년이면 24cm, 9년이면 30cm 전후로 성장합니다.[404)]

저는 해마다 12월에서 3월까지 주로 완도나 진도에 가서 열기를 잡는데요. 손암(巽庵) 선생께서 열기의 맛에 관해 설명하신 내용이 없더군요. 제가 회를 떠서 맛을 보니, 아주 담백하고 고급스러운 맛입니다. 회, 구이 다 맛있습니다. 열기가 맛있어서, 남해안에 사시는 분들은

"감성돔하고도 안 바꾼다."

고들 하더군요.

첫 낚시 수업을 2009년 12월의 선상 감성돔으로 가르쳐주신 사부님께서는

"이제 먼바다 선상낚시에 도전해 보라."

고 하시더군요. 먼바다에는 제가 가본 적이 없어서, 아무런 장비가 없음을 알고, 사부님께서 쓰시던 열기 낚싯대를 하사하셨지요. 전동 릴은, 마침 먼바다용 중고 전동 릴이 매물로 나온 것이 있어서 그것으로 장만했습니다.

404) 국립수산과학원 수산생명자원 정보센터 https://www.nifs.go.kr/frcenter/intro/?_p=intro_species

2010년 1월 9일에, 사부님 그리고 청암(靑岩) 정진규 교수님과 동행하여, 먼바다 선상낚시에 처음으로 출조했습니다. 먼바다 열기 낚시를 위해, 밤 11시경 고속도로 유성나들목 근처에서, 강덕철 사장님의 대박낚시 버스에 올랐지요. 새벽 3~4시에 완도항에 도착하여 아침을 먹더군요. 그런 후, 새벽에 배에 올라 2시간 정도 바다로 나갔습니다. 아침부터 오후 4시까지 낚시하고 철수하더군요. 배에서 내려 완도항 근처에서 저녁을 먹고 복귀하니, 밤 10시경에 대전에 도착하는 강행군 일정이었습니다.

먼바다 선상낚시라는 것도 처음 알았고, 열기(불볼락)라는 물고기도 처음으로 알게 되었지요. 삼치, 쏨뱅이, 열기, 용치놀래기 등 다양한 조황이었습니다. 미꾸라지 또는 물오징어를 잘게 썰어서 미끼로 사용하고 80호~120호(300~450g) 봉돌을 달더군요. 채비에 열기 바늘을 대개 열 개 정도 연결하는데, 8~10마리의 열기가 한꺼번에 물리면

"열기를 줄 태운다."

고 하더군요. 다행히 멀미도 하지 않았고, 먼바다 선상낚시가 재미있다는 것을 알게 되었지요.

완도 바다에 오니, 8년 전에 담해(淡海) 노흥규 교수님과 출조했던 감성돔 낚시의 추억이 새록새록 피어오르기도 했습니다. 처음으로 먼바다에서 잡은 물고기들이라서, 기념으로 어탁을 해보았습니다.

2010.1.9. 완도 먼바다 선상.
사부님과 먼바다 첫 출조. 삼치, 쏨뱅이, 열기, 용치놀래기. 어탁.

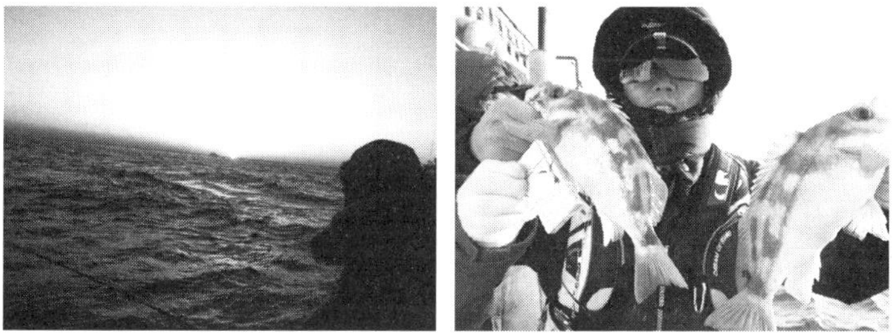

2012.1.1. 사부님과 신년맞이 출조.
선상 오메가 해돋이! 완도 먼바다 신발짝 크기의 열기.

<열기 100마리 잡아 오세요.>

사부님과 열기 낚시를 몇 번 다니면서, 열기가 맛있는 물고기라는 것을 알게 되었지요. 열기의 맛을 본 한동희님이, 2012년 1월 어느 날

"열기 낚싯배를 타는 데 드는 비용이 얼마냐?"

고 묻더군요. 그러더니, 선비(낚싯배 승선 비용)를 내게 건네주며

"열기 100마리를 잡아 오라."

고 했습니다. 낚시 경비까지 챙겨주니, 이상해서

"왜 그러느냐?"

라고 물었지요. 그랬더니

"성당의 중요한 행사에 쓰려고 한다."

는 것이었습니다.

성당에서 여성신도회장을 맡고 있던 아내는, 성당에서 같이 봉사하는 분들에게 맛있는 열기 매운탕을 대접해주고 싶었던 모양입니다. 100마리 정도는 있어야 그 인원이 한 마리씩이라도 먹을 수 있다고 하더군요. 물건을 주문받아 제작하듯이, 선불을 받고 일종의 주문 출조를 요청받은 것이지요.

그러나 제가 어떻게 100마리를 잡을 수 있겠습니까? 걱정은 되었지만, 아내가 비용까지 챙겨주니 안 갈 수도 없고…. 2012년 1월 13일 밤에 사부님과 함께, 강덕철 사장님의 대박낚시 버스를 타고 가서, 완도의 먼바다 선상 열기 낚싯배에 올랐습니다.

그러나 새벽부터 점심때까지, 저는 겨우 두 마리밖에 못 잡았지요. 그나마 내가 직접 잡은 것이 아니고, 다른 사람과 낚싯줄이 엉켜서 줄을 풀다가 얻어놓은 것이었습니다. 옆에서 같이 낚시하던 사부님은 웃으며

"언제 열기 98마리를 잡는대요~~"

라고, 콧노래를 부르시면서 오전 내내 놀리셨습니다.

저는, 큰맘 먹고 쌈짓돈을 지출한 아내가 실망할 생각을 하니, 난감하더군요. 그러나, 고기가 안 나오는 것을 어떡합니까? 한동희님의 요청 사항은 일단 포기하는 수밖에 없었습니다. 배 위에서 점심을 먹은 후, 다시 오후 낚시를 시작했지요.

그런데 이상하게도 갑자기 제 낚싯대에만 열기가 많이 나오는 겁니다. 세상에, 이럴 수가! 열기 채비에 바늘을 15개 달았는데요. 한 번에 14마리, 15마리씩 계속 나와 주는 겁니다. 두 시간 남짓 정신없이 잡았지요. 두 사람이 들기도 어려울 정도로, 커다란 아이스박스를 열기로 가득 채웠습니다.

나중에 집에 올라와서 손질하며 세어보니, 160마리였습니다. 한동희님의 주문사항을 초과 달성했습니다! 성당 신자분들을 충분히 대접하고도 남았지요. 좋은 일에 쓰려고 하니, 하늘에서 도와주셨는가 봅니다.

예수님의 제자들이, 예수님의 말씀에 따라 그물을 던졌더니, 큰 물고기 153마리가 잡혔다는 성경 말씀이 떠오르더군요.

> 「예수께서
> "얘들아, 무얼 좀 잡았느냐?"
> 하고 물으시자, 그들은
> "아무것도 못 잡았습니다."
> 하고 대답하였다.
> "그물을 배 오른편에 던져보아라. 그러면 고기가 잡힐 것이다."
> 그들이 예수께서 이르시는 대로 그물을 던졌더니 그물을 끌어 올릴 수 없을 만큼 고기가 많이 걸려들었다. …… 그물 속에는 백쉰세 마

리나 되는 큰 고기가 가득히 들어 있었다.」[405)]

2012.1.14. 완도 먼바다 선상. 사부님 동행. 손질한 열기 160마리

2012.2.11. 통영 스카이낚시 먼바다 선상.
신입 전공의오리엔테이션 행사의 요리대회에 필요한 열기를 잡기 위해 선발대로 출조.
전공의 1년 차 장암(場岩) 안재범님과 신입 전공의 현암(玄岩) 서원윤님 동행.
서원윤님이 열기 줄 태우고 놀라서 "교수님, 이거 어떻게?"

405) 요한복음 21장 5~11절.

2012.3.1. 사부님과 완도 먼바다 선상. 신발짝 크기의 열기들

2013.1.5. 완도 먼바다 열기. 사부님 동행

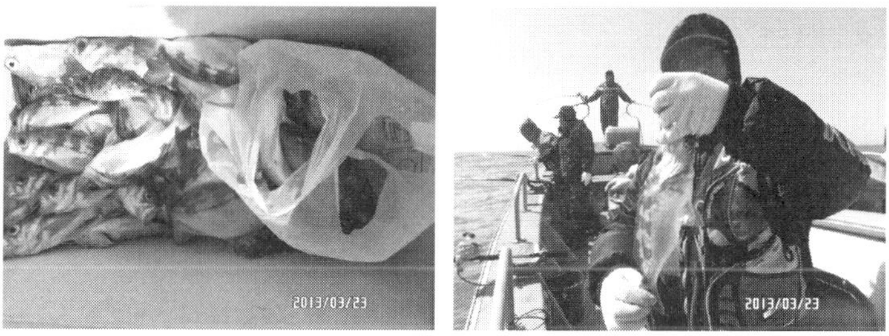

2013.3.23. 전남 장흥 회진 열기. 사부님 동행.

2014.2.15. 사부님과 완도 열기.

2014.2.22. 통영 들물낚시 먼바다 열기.
신입 전공의오리엔테이션 행사의
요리대회에 필요한 열기 잡기 위해
선발대 출조. 신입 전공의 연암(硏岩)
정현철님과 박형식 사부님 동행

2017.1.1. 신년 출조. 사부님과 둘이서 완도 열기 줄 태우고!

▶ 자산어보 내용

『자산어보』에는 열기를 <적박순어(赤薄脣魚)>로 설명하고 있습니다. 적(赤)은 '붉다'는 뜻이니, <붉은 박순어>라는 의미이군요. 박순어(薄脣魚)의 의미에 대해서는 <볼락> 편을 참조해주시기 바랍니다.

> "적박순어(속명 맹춘어孟春魚)는 (모양이) 박순어(볼락)와 같다. 색이 붉다는 점만 다르다."

[赤薄脣魚/적박순어 俗名孟春魚/속명맹춘어 與薄脣魚同/여박순어

동 色赤爲異/색적위이][406][407][408]

▶ 영양 정보

비타민		레티놀(㎍)	티아민(mg)	리보플라빈(mg)	나이아신(mg)	아스코빅산(mg)				
		17	0.12	**0.29**	3.8	**1.0**				
아미노산(mg)	필수	이소류신	류신	라이신	메티오닌	페닐알라닌	트레오닌	트립토판	발린	히스티딘
		755	1307	**1509**	**553**	672	735	205	**898**	352
	기타	아르기닌	티로신	시스테인	글리신	프롤린	알라닌	아스파르트산	글루탐산	세린
		939	552	**216**	**747**	485	939	1316	**2736**	631
무기질(mg)		칼슘	인	철						
		60	215	**1.5**						

열기는 100g당, 125kcal, 단백질 17.7g, 지방이 4.0g으로, 매우 고칼리이면서 약간 저단백 고지방의 물고기이군요. 불포화지방의 비율은 70.1%이며, 불포화지방 함량은 2.8g으로 높습니다. 타우린은 200mg이군요. 비타민은 리보플라빈과 아스코빅산이 많습니다. 필수아미노산은 라이신, 메티오닌, 발린이 높은 편입니다. 기타 아미노산은 시스테인, 글리신, 글루탐산이 많은 편이군요. 무기질은 철이 많습니다.[409]

406) 정약전. 『자산어보』. 1814. 국립중앙도서관 소장본. p.28..

407) 이두순 역. 『신역 자산이보』. 목근통, 2016. p.81~82.

408) 정명현 역. 『자산어보 우리나라 최초의 해양생물 백과사전』. 서해문집, 2016. p.70.

409) 국립수산과학원. 표준수산물성분표 2018. http://www.nifs.go.kr/page?id=aq_seafood_1_01

붉벤자리

2017.12.30. 완도 먼바다 선상.

학명	*Calprodon schlegelii*
분류[410)]	농어목(Perciformes) 바리과(Serranidae)
자산어보	없음
영어	Schlegel's red bass, Schlegel's grouper
일어	アカイサキ(아카이사끼)

완도 먼바다 선상에서 열기를 잡다가 올라온, 아주 귀여운 모습의 물고기인데요. 무슨 물고기인지 궁금해서, <인물회> 회원님들께 도움을 청했더니, 황성진 총무님께서

"붉벤자리이다."

라고 알려주셨습니다.

붉은색 계통의 화려한 색상이더군요. Red bass(붉은 농어)라는 영어 이름에도, '붉다'라는 의미가 들어 있군요. 딱 한 번 만난 물고

410) 국립수산과학원 수산생명자원 정보센터 https://www.nifs.go.kr/frcenter/intro/?_p=intro_species

기입니다. 수컷은 35cm, 암컷은 25cm까지 성장합니다. 산란에 대한 정보는 없습니다.[411]

▶ 자산어보 내용

『자산어보』에는 붉벤자리에 관해 소개된 자료가 없습니다.

▶ 영양 정보

국립수산과학원 수산물성분표에 붉벤자리에 대해서는 제시된 것이 없군요.

411) 국립수산과학원 수산생명자원 정보센터 https://www.nifs.go.kr/frcenter/intro/?_p=intro_species

●

붕어

2012.10.1. 충남 부여군 금천 수로

학명(?)	*Carassius carassius(?), Carassius auratus(?)*
분류[412]	잉어목(Cypriniformes) 잉어과(Cyprinidae)
자산어보	없음
영어	Crusian carp
일어	フナ(후나)

흔히, 감성돔을 바다의 왕자라고 한다면, 붕어를 민물의 왕자 정도로 생각하지요. 그런데, 'Crusian carp(크루시안 캅)'이라는 영어 이름을 보니, 영어권에서는 붕어가 잉어 이름을 사용하고 있군요. 'Carp'이라는 단어가 '잉어'라는 뜻이지요.

학술적으로, 붕어의 학명부터 정리하는 작업이 필요해 보입니다. 국립수산과학원 자료에는 붕어의 학명이 <*Carassius auratus*>라고 되어있는데요. 다른 문헌들은 대부분 붕어의 학명을 <*Carassius caras-*

412) 국립수산과학원 수산생명자원 정보센터 https://www.nifs.go.kr/frcenter/intro/?_p=intro_species

sius>라고 설명합니다.

산란기는 4~7월입니다.[413] 민물낚시 하다 보면, 토종 붕어, 떡붕어, 월남 붕어(블루길), 참붕어 등 여러 종류의 붕어를 볼 수 있지요. 어떤 분은 토종 붕어를 참붕어라고 부르기도 하더군요. 토종 붕어와 참붕어는 서로 다른 물고기입니다. 블루길과 참붕어의 모양은 쉽게 알아볼 수 있습니다. <블루길> 편과 <참붕어> 편을 참고해주시기 바랍니다.

저는 토종 붕어와 떡붕어를 잘 구별하지 못하겠더군요. 국립수산과학원 자료에도 토종 붕어 또는 떡붕어에 대한 명확한 설명이 없습니다. 떡붕어(학명 *Carassius cuvieri*, 영어 Japanese crucian carp, 일어 ゲンゴロウブナ 겐고로부나)는, 1972년에 단백질 공급원으로 일본에서 도입한 외래종입니다.[414]

토종 붕어와 떡붕어를 잘 구별하지 못하는 나에게, 사부님은

> "나중에 비늘 색이 붉게 변하면 떡붕어다."

라고 하시고, 흉부외과 나명훈 교수님께서는

> "측신의 검은 점이 28개 이내이면 토종 붕어이고, 30개 이상이면 떡붕이다."

라고 가르쳐주시더군요. 그래도 제가 잘 구분하지 못하자, 인물회의 황성진님께서

> "꼬리 모양을 잘 보라."

고 가르쳐주셨지요. 떡붕어는 꼬리지느러미가 'V'자 모양으로

413) 국립수산과학원 수산생명자원 정보센터 https://www.nifs.go.kr/frcenter/intro/?_p=intro_species

414) 나무위키. https://namu.wiki/w/%EB%96%A1%EB%B6%95%EC%96%B4

날렵하지만, 토종 붕어는 밋밋하더군요. 이은호님께서는, 추가로

"토종 붕어는 눈이 윗입술보다 위에 있다."

고 가르쳐주셨습니다.

붕어찜은 맛은 좋은데 살 속에 잔가시가 많습니다. 저는, 가시를 발라내기 귀찮아서, 두 마리 정도를 푹 고아서 건더기를 건져내고, 그 물에다 닭을 넣고 백숙을 만듭니다. 우리 집에 맞게 변형한 용봉탕 레시피입니다. 용(龍) 대신에 붕어나 잉어를 넣고, 봉(鳳) 대신에 닭을 넣는 것이지요. 매년 봄마다 한 번 정도 그러고 있습니다.

2020.5.23. 충북 옥천군 지오리. 작은아들 수한 월척 봄 붕어!

▶ **자산어보 내용**

『자산어보』에는 붕어에 관해 소개한 자료가 없습니다.

▶ **영양 정보**

비타민		레티놀 (㎍)	티아민 (mg)	리보플라빈 (mg)	나이아신 (mg)	아스코빅산 (mg)				
		7	**0.31**	0.15	2.6	**1.0**				
아미노산 (mg)	필수	이소류신	류신	라이신	메티오닌	페닐알라닌	트레오닌	트립토판	발린	히스티딘
		830	**1469**	**1747**	**633**	**781**	701	175	**921**	381
	기타	아르기닌	티로신	시스테인	글리신	프롤린	알라닌	아스파르트산	글루탐산	세린
		1298	**637**	**192**	**814**	549	**1030**	**1715**	**2705**	559
무기질 (mg)		칼슘	인	철						
		56	193	**2.4**						

붕어는 100g당, 94kcal, 단백질 18.1g, 지방이 1.2g으로, 약간 고칼로리 고단백 저지방이군요. 불포화지방의 비율은 71.0%로 높은 편이고, 불포화지방 함량은 0.85g으로 낮은 편입니다. 타우린은 105mg이군요. 비타민은 티아민과 아스코빅산이 높습니다. 필수아미노산은 이소류신, 류신, 라이신, 메티오닌, 페닐알라닌, 발린이 높은 편입니다. 기타 아미노산은 프롤린과 세린을 제외한 모든 항목이 높군요. 무기질은 철이 비교적 높습니다. 셀레늄은 0.09㎍입니다.[415]

415) 국립수산과학원. 표준수산물성분표 2018. http://www.nifs.go.kr/page?id=aq_seafood_1_01

●

붕장어

2012.9.7. 완도군 청산도 내만 선상

학명	*Conger myriaster*
분류[416]	뱀장어목(Anguilliformes) 붕장어과(Congridae)
자산어보	해대리(海大鱺)
영어	Whitespotted conger, Common conger
일어	アナゴ(아나고)

손암(巽庵) 정약전 선생께서는, 붕장어를

"바다의 큰 장어"

라는 의미의 이름으로 설명하시며

"바닷장어가 알을 낳아 번식하는지, 아니면 뱀이 변하여 바닷장어가 되는지 확실하지 않다."

라고도 말씀하셨는데요.

붕장어 산란기는 4~5월입니다. 부화 후 1년이면 15cm, 2년이면 30cm에 이릅니다. 암컷이 더 큰데요. 암컷은 3년이면 43cm, 5년이면 67cm, 7년이면 90cm로 자랍니다. 최대수명은 8년입니다. 가을에 남하하기 시작하여 제주도 해역에서 월동합니다.[417] 붕장어 35cm

416) 국립수산과학원 수산생명자원 정보센터 https://www.nifs.go.kr/frcenter/intro/?_p=intro_species

417) 국립수산과학원 수산생명자원 정보센터 https://www.nifs.go.kr/frcenter/intro/?_p=intro_species

이하, 갯장어 40cm 이하는 방생해야 합니다.[418)]

바다의 장어는, 붕장어, 여수 갯장어, 부산 꼼장어가 모두 소속이 다르군요. 일본어로 하모(ハモ)라고 부르는 갯장어(학명 *Muraenesox cinereus*)는 뱀장어목(Anguilliformes)의 갯장어과(Muraenesocidae)에 속합니다. 흔히 꼼장어로 부르는 먹장어(학명 *Eptatretus burgeri*)는 먹장어목(Myxiniformes) 꾀장어과(Myxinidae)에 속하지요.[419)] 먹장어는 일본어로 누타우나기(ヌタウナギ)라고 하는군요.[420)] 민물장어는 <뱀장어> 편을 참고해주시기 바랍니다.

저는 붕장어를 장어구이로 주로 먹었었는데요. 2019년에 서해안 위도에서 백승옥님의 어머님께서 집에서 끓여주신 붕장어탕을 먹어본 이후로는 탕으로 먹습니다. 양념을 많이 넣지 않아도 정말 맛있습니다. 입에서 살살 녹더군요. 손암(巽庵) 선생께서도

> "붕장어는 맛이 매우 좋다."

라고 하셨지요.

418) 수산자원관리법. 국가법령정보센터. http://www.law.go.kr/

419) 국립수산과학원 수산생명자원 정보센터 https://www.nifs.go.kr/frcenter/intro/?_p=intro_species

420) YHR's Blog https://illos.tistory.com/265

2020.9.26. 서해안 위도. 붕장어탕

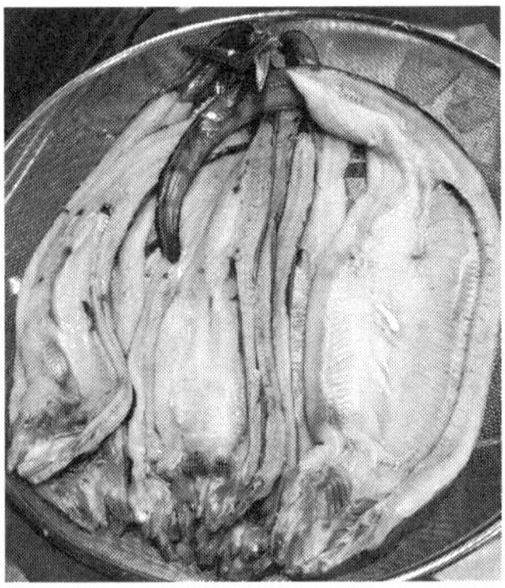

서해안 위도 용연호 통발 체험.
등 따기421)로 손질한 붕장어(2018.10.20.)와 그냥 붕장어(2020.9.26.)

▶ **자산어보 내용**

『자산어보』에는 <해만리(海鰻鱺)>라는 큰 항목에서, 뱀장어를 <해만리(海鰻鱺)>로, 붕장어를 <해대리(海大鱺)>로, 갯장어를 <견아리(犬牙鱺)>로 설명하고 있습니다. 리(鱺)는 '뱀장어', 견아(犬

421) 생선의 등에 칼을 넣어 물고기를 펼친 후, 내장을 제거하는 손질 방법.

牙)는 '개 이빨'이라는 뜻이군요. 그러니까 붕장어는 <바다 큰 뱀장어>, 갯장어는 <개 이빨 뱀장어>라는 의미인가 봅니다.

"해대리(속명 붕장어弸長魚)는 눈이 크고, 배 가운데가 검은색이다. 맛이 매우 좋다.
견아리(속명 개장어介長魚)는 입이 돼지처럼 길고, 이빨은 개처럼 듬성듬성하다. 가시와 뼈가 매우 단단하여 사람을 삼킬 수 있다.
사철 내내 해리(바닷장어)가 있다. 유독 한겨울에는 낚시로 올라오지 않는데, 석굴에 숨어있는 것 같다. 어떤 이는 알을 배어 새끼를 낳는다고 하고, 어떤 이는 뱀이 변하는 것이며 이를 본 사람이 많다고 한다. 이 물고기는 매우 번성하여, 석굴 속에 수백 수천 마리가 무리를 이룬다. 비록 뱀이 변한 것이라고 하지만, 확실하지 않다. 창대는, 예전에 태사도 사람이 해리(바닷장어) 뱃속을 보니 알이 구슬을 꿴 것처럼 있고 뱀의 알과 비슷하다고 한 말을, 들은 적이 있다고 말한다. (어떤 것이 옳은지는) 알 수 없다."
[海大鱺/해대리 俗名弸長魚/속명붕장어 目大/목대 腹中黑色/복중흑색 味尤佳/미우가
犬牙鱺/견아리 俗名介長魚/속명개장어 口長如豕/구장여시 齒疎如犬/치소여견 鯁骨益堅/경골익견 能呑人/능탄인
四時皆有海鱺/사시개유해리 獨深(深)[422]冬不上釣/독돌(심)동불상조 意或蟄於石窟也/의혹칩어석굴야 或言孕卵孕胎者/혹언잉란잉태자 或言蛇之所化/혹언사지소화 見者甚衆/견자심중 然此物至繁/연차물지번 凡於石窟之中/범어석굴지중 百千成隊/백천성대 唯有蛇化/유유사화 未必盡然/미필진연 昌大曰/창대왈 嘗聞苔士島人言/상문태사도인언 見海鱺腹中/견해리복중 有卵如貫珠/유란여관주 類蛇卵/류사란 未可知也/미가지야][423][424][425]

422) 국립중앙도서관 소장본이 아닌 다른 본에는 심(深)으로 되어있기도 하다.

423) 정약전. 『자산어보』. 1814. 국립중앙도서관 소장본, p.49~50.

424) 이두순 역. 『신역 자산어보』. 목근통, 2016. p.154~157.

425) 정명현 역. 『자산어보 우리나라 최초의 해양생물 백과사전』. 서해문집, 2016. p.96~97.

▶ **영양 정보**

비타민		레티놀 (㎍)	티아민 (mg)	리보플라빈 (mg)	나이아신 (mg)	아스코빅산 (mg)				
		360	0.08	0.16	3.1	**2.0**				
아미노산 (mg)	필수	이소류신	류신	라이신	메티오닌	페닐알라닌	트레오닌	트립토판	발린	히스티딘
		711	1283	1406	293	643	688	**322**	755	**581**
	기타	아르기닌	티로신	시스테인	글리신	프롤린	알라닌	아스파르트산	글루탐산	세린
		970	524	81	**856**	585	954	1541	2440	**655**
무기질 (mg)		칼슘	인	철						
		35	221	0.5						

붕장어는 100g당, 135kcal, 단백질 17.1g, 지방 15.1g으로, 매우 고칼로리이면서 약간 저단백이고 매우 고지방인 물고기이군요. 지방 함량이 뱀장어(17.9g), 고등어(17.8g)에 이어 3위입니다. 불포화지방의 비율은 71.5%로 비교적 높군요. 불포화지방 함량은 무려 10.80g으로, 뱀장어(12.98g), 고등어(12.51g)에 이어 3위입니다.

비타민은 레티놀이 360㎍으로, 민물장어(뱀장어 간 6,000㎍, 뱀장어 1,050㎍) 다음으로 높은 수치이군요. 아스코빅산도 높습니다. 필수아미노산은 트립토판과 히스티딘이 높은 편입니다. 기타 아미노산은 글리신과 세린이 높습니다. 셀레늄은 0.93㎍으로, 꽃게 내장(2.54㎍), 미꾸라지(1.82㎍), 꽃게(1.07㎍)에 이어 성대와 함께 공동 4위입니다.[426]

426) 국립수산과학원. 표준수산물성분표 2018. http://www.nifs.go.kr/page?id=aq_seafood_1_01

●

블루길

2020.4.4. 충북 옥천군 독락정

학명	*Lepomis macrochirus*
분류[427]	농어목(Perciformes) 검정우럭과(Centrarchidae)
자산어보	없음
영어	Blue gill
일어	ブルーギル(브루기루)

국립수산과학원 자료에 블루길의 학명은 있는데, 계통분류에 관한 자료는 없더군요. 다른 곳에서 블루길의 계통분류를 알 수 있었습니다.

Bluc gill(블루길)이라는 영어 이름의 'gill'은 '아가미'를 뜻합니다. 아가미 옆에 파란 점이 있지요. 그래서 파랑볼우럭이라고도 부릅니다. 월남 붕어, 순자 붕어라고도 부르지요. 원산지는 북아메리카인데요. 정부에서, 식용 수산자원의 증식을 위해, 1969년에 일본에서

427) doopedia. https://www.doopedia.co.kr/

처음 도입했다고 하더군요.[428] 산란기는 4~6월입니다.[429]

대청호에서 낚시해보면, 일반 붕어 한 마리를 잡는 동안, 블루길 대여섯 마리가 잡힙니다. 1980년 12월에 어느 단체에서 전두환 전 대통령의 부인 이순자 여사를 초청해서 대청호에 물고기를 방류하는 행사를 열게 되었는데요. 겨울에 급하게 구한 것이 블루길 치어였다고 합니다. 그래서 대청호에 블루길이 더 많아졌나 봅니다. 그 후 지역 주민들이 블루길을 순자 붕어라고 부르기도 한답니다.[430]

월남전이 한창일 때, 이상하게 생긴 붕어라는 의미에서 월남 붕어라고도 부르기 시작했다는군요.

환경부에서 생태계를 교란하는 종으로 지정한 물고기이기 때문에,[431] 잡았다가 다시 놓아주면 안 됩니다. 생태계 교란 어종의 관리 법률에 대해서는, <배스> 편을 참고해주시기 바랍니다.

조림으로 요리해보니, 살 속에 잔가시가 없어서 먹을 만합니다. 맛과 식감이 민물고기 중에 월등한 편입니다.

▶ 자산어보 내용

『자산어보』에 블루길에 관한 내용은 없습니다.

---

428) 중앙일보 1991.5.22. https://news.joins.com/article/2565277

429) doopedia. https://www.doopedia.co.kr/

430) 충북인뉴스 2018.2.8. http://www.cbinews.co.kr/news/articleView.html?idxno=121074

431) 국가법령정보센터. http://www.law.go.kr/행정규칙/생태계교란생물지정고시. 시행 2020.3.30. 환경부 고시 제2020-61호.

▶ 영양 정보

비타민		레티놀(㎍)	티아민(mg)	리보플라빈(mg)	나이아신(mg)	아스코빅산(mg)				
		5	**0.16**	0.1	3.8	**1.0**				
아미노산(mg)	필수	이소류신	류신	라이신	메티오닌	페닐알라닌	트레오닌	트립토판	발린	히스티딘
		876	**1534**	**1588**	**453**	**800**	**864**	**361**	860	**557**
	기타	아르기닌	티로신	시스테인	글리신	프롤린	알라닌	아스파르트산	글루탐산	세린
		1055	**616**	31	**933**	**658**	**1140**	**1953**	**2902**	**747**
무기질(mg)		칼슘	인	철						
		36	226	**1.4**						

블루길은 100g당, 83kcal, 단백질 18.6g, 지방 0.6g으로, 저칼로리 약간 고단백이면서 저지방입니다. 일반 붕어보다 지방이 약간 적군요. 불포화지방의 비율은 70.3%이며, 불포화지방 함량은 0.42g으로 적은 편입니다. 비타민은 티아민과 아스코빅산이 많습니다. 필수 아미노산은 발린을 제외한 모든 항목이 많은 편입니다. 기타 아미노산은 아르기닌과 시스테인을 제외한 모든 항목이 높습니다. 셀레늄은 0.52㎍으로, 높은 편입니다. 무기질은 철이 높습니다.[432]

432) 국립수산과학원. 표준수산물성분표 2018. http://www.nifs.go.kr/page?id=aq_seafood_1_01

삼치

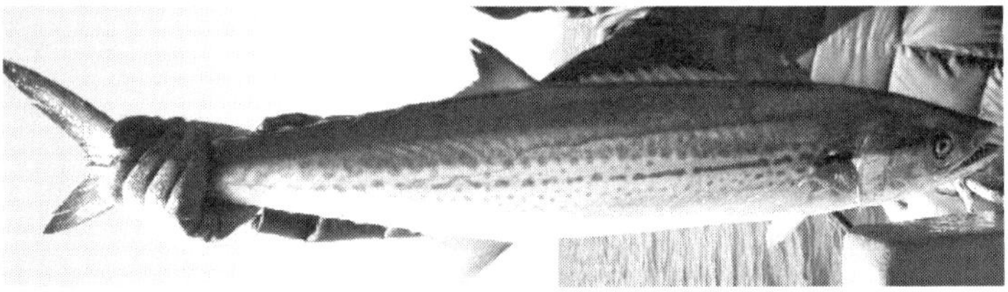

2019.3.24. 제주도 쇠소깍 앞바다 선상

학명	*Scomberomorus niphonius*
분류[433)]	농어목(Perciformes) 고등어과(Scombridae)
자산어보	망어(蟒魚)
영어	Japanese Spanish mackerel
일어	サワラ(사와라)

손암(巽庵) 정약전 선생께서는
"이무기를 닮은 물고기"
라는 의미의 이름으로 설명하셨지요.

아, 계통분류를 보니, 삼치가 고등어-과(科, Family)였군요. 그러고 보니, 영어 이름에도 mackerel(메커럴) 즉 '고등어'라는 이름을 사용하고요.

그 옛날에, 손암(巽庵) 선생께서는
"삼치는 고등어와 비슷하다."
라고 하셨네요. 저는 전갱이가 고등어과(Scombridae)에 속

433) 국립수산과학원 수산생명자원 정보센터 https://www.nifs.go.kr/frcenter/intro/?_p=intro_species

할 줄 알았는데, 오히려 전갱이는 방어, 부시리와 함께 전갱이과(Carangidae)에 속하는군요.

산란기는 4~6월입니다. 부화 후 6개월이면 33~46cm, 1년이면 57cm, 2년이면 69cm, 3년이면 78cm, 4년이면 103cm까지 자랍니다. 봄에는 산란을 위해 북쪽 연안으로 이동하며, 가을에는 남쪽으로 이동하여 월동합니다.[434)]

먼바다 선상에서 갈치 낚시하다 보면, 삼치 이빨이 얼마나 날카로운지, 삼치가 낚싯줄을 통째로 휙 끊어버리는 경우가 많습니다. <갈치 낚시 원줄 + 집어등 + 갈치 낚시채비 + 갈치 낚싯바늘 10개 + 봉돌>이 결합된, 약 2만 원 상당의 큰 덩어리가 삼치 때문에 허망하게 통째로 사라져버리지요.

먼바다 선상낚시를 다니면서 알게 된 물고기인데요. 손암(巽庵) 선생께서는

"삼치는 맛이 없는 고기이다."

라고 말씀하셨지요. 그런데, 제가 먹어보니, 살이 매우 부드럽고 맛있습니다. 삼치 소림과 구이를 처음 먹어본 아내는

"앞으로는 갈치 낚싯배를 타지 말고, 삼치 낚싯배를 타라."

고까지 말하더군요. 저희 부부와 손암(巽庵) 선생의 평가가 엇갈리는데요. 누구의 입맛이 더 고급인지 모르겠군요.

회를 뜰 때는, 살이 너무 부드러워서 그냥 뜨기가 어렵습니다.

434) 국립수산과학원 수산생명자원 정보센터 https://www.nifs.go.kr/frcenter/intro/?_p=intro_species

살짝 얼려서 떠야 할 것 같습니다.

2010.1.9. 완도 먼바다 선상. 어탁. 사부님과 정진규 교수님 동행

▶ 자산어보 내용

『자산어보』에는 삼치를 <망어(蟒魚)>로 설명하고 있습니다. 망(蟒)이라는 글자가 '이무기'라는 뜻이니, <이무기 물고기>라는 의미인가 봅니다.

> "망어(속명을 그대로 따른다)는 큰 것이 8~9척이다. 몸이 둥글고, 3~4위(圍)이다. 머리가 작고 눈이 작다. 위(圍)는 아름(공拱)이다. 비늘이 매우 잘다. 등이 검고 구렁이와 비슷하게 검은 무늬가 있다. 벽문어(고등어)와 비슷한데, 크다. 매우 날쌔고 튼튼해서 몇 장 높이를 뛸 수 있다. 맛이 시고 두터워, 좋지 않으며 탁하다."
>
> [蟒魚/망어 仍俗名/잉속명 大者八九尺/대자팔구척 體圓三四圍/체원삼사위 頭小目小/두소목소 圍拱也/위공야 鱗極細/인극세 背黑似蟒有黑紋/배흑사망유흑문 似碧紋魚而大/사벽문어이대 頗勇健/파용건 能跳數丈/능도수장 味酸而厚/미산이후 但劣濁/단열탁][435][436][437]

435) 정약전. 『자산어보』. 1814. 국립중앙도서관 소장본. p.34.

436) 이두순 역. 『신역 자산어보』. 목근통, 2016. p.107~108.

437) 정명현 역. 『자산어보 우리나라 최초의 해양생물 백과사전』. 서해문집, 2016. p.77~78.

▶ 영양 정보

구분										
비타민		레티놀 (㎍)	티아민 (mg)	리보플라빈 (mg)	나이아신 (mg)	아스코빅산 (mg)				
		9	0.08	**0.29**	**8.9**	**1.0**				
아미노산 (mg)	필수	이소류신	류신	라이신	메티오닌	페닐알라닌	트레오닌	트립토판	발린	히스티딘
		925	**1577**	1245	**579**	**843**	**935**	225	**920**	**675**
	기타	아르기닌	티로신	시스테인	글리신	프롤린	알라닌	아스파르트산	글루탐산	세린
		1241	**737**	**215**	**945**	**661**	**1173**	**1820**	2599	**832**
무기질 (mg)		칼슘	인	철						
		9	**293**	0.5						

삼치는 100g당, 108kcal, 단백질 20.1g, 지방 5.0g으로, 고칼로리 고단백이면서 매우 고지방이군요. 불포화지방의 비율은 70.2%로 높은 편이고, 불포화지방 함량은 3.51g으로 매우 높습니다.

비타민은 리보플라빈, 나이아신, 아스코빅산이 많은 편입니다. 특히 나이아신은 달고기알(12.7mg), 이빨 다랑어(10.9mg)에 이어 3위이군요. 필수아미노산은 라이신과 트립토판을 제외한 모든 항목이 높은 편입니다. 특히 트레오닌은 꽃게알(1,248mg), 참돔(980mg)에 이어 3위이군요. 기타 아미노산은 글루탐산을 제외한 모든 항목이 많습니다. 특히 세린은 꽃게알(1,306mg), 참돔(870mg)에 이어 3위이군요.

무기질은 인이 높습니다. 셀레늄은 0.1㎍입니다. 베타인류는 글리신 베타인 17.2mg, 호마린 0.4mg입니다. 특이하게도, 삼치의 타우린 함량이 무려 641mg으로 아주 높아서, 웬만한 두족류에 해당하는 수치입니다.[438]

438) 국립수산과학원. 표준수산물성분표 2018. http://www.nifs.go.kr/page?id=aq_seafood_1_01

●

상어

2015.7.25. 통영 들물낚시 먼바다 선상.

학명	*Carcharhinus brachyurus(무태상어)*
문	척삭동물(Chordata)
강	연골어류(Chondrichthyes)
분류[439]	흉상어목(Carcharhiniformes) 흉상어과(Carcharhinidae)
자산어보	사어(鯊魚)
영어	Copper shark
일어	メジロザメ(메지로사메)

손암(巽庵) 정약전 선생께서는 상어를

"사어"

라는 이름으로 자세하게 설명하시며

"상어는 태생이며 그 시기가 정해져 있지 않다. 껍데기가 사포처럼 까칠까칠하여, 나무를 문질러 다듬는데 뛰어나다."

라고 말씀하셨지요.

남해안의 먼바다에서 갈치 또는 고등어 낚시를 하다 보면 가끔 상어가 잡히더군요. 상어는 태생어로 한 번에 10~20마리의 새끼를

439) doopedia. https://www.doopedia.co.kr/

낳습니다.[440]

상어 종류가 너무나 많습니다. 가시줄상어, 강남상어, 개상어, 고래상어, 곱상어, 괭이상어, 귀상어, 극지별상어, 까치상어, 꼬리기름상어, 넓은주둥이상어, 돌묵상어, 돔발상어, 두첨상어, 두톱상어, 모조리상어, 미흑점상어, 백상아리, 뱀상어, 별상어, 복상어, 불범상어, 비악상어, 빨판상어, 뿔상어, 삿징이상어, 수염상어, 아구상어, 아녹시톱상어, 악상어, 얼룩상어, 용상어, 우단상어, 유령은상어, 은상어, 이사벨복상어, 장완흉상어, 전자리상어, 주걱철갑상어, 진환도상어, 청상아리, 청새리상어, 칠성상어, 칼상어, 톱상어, 통소상어, 펜두상어, 표범상어, 행락상어, 홍살귀상어, 환도상어, 흉상어, 흑기흉상어, 흑점얼룩상어….[441]

위 사진의 상어는 모양을 보니 무태상어인 것 같습니다. 국립수산과학원 자료에, 무태상어의 계통분류와 관련 내용이 없어서 다른 곳을 통해 알 수 있었습니다. 무태상어는 최대 몸길이 3m 이하입니다.[442]

2015.7.25. 들물낚시 먼바다 선상. 인물회 김영간님 고등어 잡다가…!

440) doopedia. https://www.doopedia.co.kr/

441) doopedia. https://www.doopedia.co.kr/

442) doopedia. https://www.doopedia.co.kr/

▶ 자산어보 내용

『자산어보』에는 상어를 <사어(鯊魚)>로 설명하고 있습니다. 사(鯊)는 '문절망둑', '상어', '모래무지'를 의미하는 글자이군요.

> "알을 낳는 모든 물고기는 암수의 교미가 없다. 수컷이 먼저 흰 정액을 쏟아내면 암컷이 그 위에 산란하여 새끼가 된다. 유독 사어(상어)는 태생이며, 그 시기가 정해져 있지 않으니, 물고기 중 특별한 예이다. 수컷은 몸 밖에 두 개의 생식기가 있고, 암컷은 배에 두 개의 태보가 있다. 태보 안에 각각 4~5개의 태를 만들며, 만들어진 태가 출산을 맡는다. 새끼 사어는 가슴 아래에 하나의 알을 품고 있는데, 크기가 수세미만 하다. 알이 작아지면 출산한다. 이 알은 사람의 배꼽에 해당한다. 그러므로 새끼 사어 배 속에 있는 것은 알의 즙액이다.……
>
> 진장기가 말하기를, 사어 껍데기 위에 까칠까칠한 모래 감촉이 있으니 사포처럼 나무의 면을 문질러 다듬는 데 뛰어나다고 했다. …… 사어 새끼는 모두 태생이며 어미 배 속에서 들락날락한다.
>
> 심회원이 남월지에 말하기를, …… 길이는 10척 정도이다. 배에는 두 개의 동굴이 있어서 (여기에) 물을 담아 새끼를 기른다. 한 배에 새끼 세 마리를 담는다. 새끼들은 아침에 어미 입에서 나왔다가 저녁에 다시 뱃속으로 들어간다.……"
>
> [凡魚之卵生者/범어지란생자 無牝牡之交/무빈모지교 而牡者先瀉其白液/이모자선사기백액 牝者産卵于液/빈자산란우액 以化成其子/이화성기자 獨鯊者胎生/독사자태생 而胎無定時/이태무정시 水蟲之特例也/수충지특례야 牡者外有二腎/모자외유이신 牝者腹有二胞/빈자복유이포 胞中各成四五胎/포중각성사오태 胎成而産句/태성이산귀 兒鯊胸下/아사흉하 各抱一卵/각포일란 大如絲瓜/대여사과 卵消則産/난소즉산 卵子/난자 卽人之臍也/즉인지제야 故兒鯊腹中之物/고아사복중지물 卽卵之汁也/즉란지즙야 ……
>
> 陳藏器云/진장기운 其皮上有沙/기피상유사 堪措木如木賊/감조목여목적 …… 其子皆胎生/기자개태생 而出入於母腹/이출입어모복

沈懷遠南越志云/심회원남월지운 …… 長丈許/장장허 腹有兩洞/복유양동 貯水養子/저수양자 一腹容三子/일복용삼자 子朝從口中出/자조종구중출 暮還入腹/모환입복 ……][443][444][445]

▶ 영양 정보

무태상어에 대한 자료가 없어서, 비교적 유사할 것으로 생각되는, 같은 과(科, Family)에 속하는, 흉상어에 대해 알아보았습니다.

<흉상어(학명 *Carcharhinus plumbeus*)>

비타민	레티놀 (㎍)	티아민 (mg)	리보플라빈 (mg)	나이아신 (mg)	아스코빅산 (mg)
	5	**0.24**	0.12	2.0	0
무기질(mg)	칼슘	인	철		
	59	204	0.7		

흉상어는 100g당, 112kcal, 단백질 23.5g, 지방 1.4g으로, 고칼로리이면서 매우 고단백 저지방이군요. 특히 단백질은 이빨 다랑어(24.6g) 다음으로 높습니다. 비타민은 티아민이 많습니다. 흉상어의 불포화지방과 아미노산 성분에 대해서는 제시된 자료가 없군요.[446]

443) 정약전. 『자산어보』. 1814. 국립중앙도서관 소장본. p.16~18.

444) 이두순 역. 『신역 자산어보』. 목근동, 2016. p.48~50.

445) 정명현 역. 『자산어보 우리나라 최초의 해양생물 백과사전』. 서해문집, 2016. p.54~55.

446) 국립수산과학원. 표준수산물성분표 2018. http://www.nifs.go.kr/page?id=aq_seafood_1_01

성대(달갱이)

2012.9.8. 완도군 청산도 선상

학명	*Chelidonichthys spinosus*
분류[447]	쏨뱅이목(Scorpaeniformes) 성대과(Triglidae)
자산어보	청익어(靑翼魚)
영어	Searobin, Gurnard
일어	ホウボウ(호우보우)

손암(巽庵) 정약전 선생께서는

"푸른 날개 물고기"

라는 의미의 이름으로 설명하셨지요.

아주 예쁜 초록색 날개(?)를 가진 물고기인데요. 가을에 서해에서 주꾸미를 잡다 보면, 한두 마리씩 올라오기도 합니다. 영어 이름에서, robin은 '울새 또는 개똥지빠귀'라는 예쁜 새를 뜻하니, searobin은 '바다의 울새' 또는 '바다의 개똥지빠귀'라는 아기자기한 의미가 있군요.

447) 국립수산과학원 수산생명자원 정보센터 https://www.nifs.go.kr/frcenter/intro/?_p=intro_species

손암(巽庵) 선생께서는

"성대는 옆구리에 부채처럼 큰 날개가 있는데, 접었다 폈다 할 수 있으며 매우 푸르고 선명하다."

라고 기술하셨습니다.

산란기는 4~6월입니다. 부화 후 1년이면 13cm, 2년이면 20cm, 3년이면 25cm, 4년이면 29cm, 5년이면 31cm, 7년이면 35cm이며, 최대 40cm입니다.[448)]

성대과 어류에는 가시달갱이, 꼬마달재, 단익달강어, 달강어, 밑달갱이, 밑성대, 성대, 쌍뿔달재, 꼬마달재, 황성대, 히메성대 등이 있습니다.[449)]

달갱이는 회, 조림 등으로 요리한다는데요. 2016년 5월 20~22일에 경주 화백 컨벤션센터에서 대한가정의학회 봄 학회가 열렸지요. 저녁 무렵에 1년 차 전공의 정암(頂岩) 장영위님과 감포 앞 해변에 나가서, 지렁이 미끼를 사용하여, 잠시 원투 낚시를 했습니다. 성대가 우리를 반겨주더군요.

회를 떠서 먹어보니 담백하고 엄청 맛있습니다. 손암(巽庵) 선생께서도

"성대는 맛이 달다."

라고, 말씀하셨더군요.

448) 국립수산과학원 수산생명자원 정보센터 https://www.nifs.go.kr/frcenter/intro/?_p=intro_species

449) doopedia https://www.doopedia.co.kr/

2016.5.21. 감포 해변. 달갱이. 전공의 3년 차 정암(頂岩) 장영위님 동행.

▶ 자산어보 내용

『자산어보』에는 성대를 <청익어(青翼魚)>로 설명하고 있습니다. 청익(青翼)이 '푸른 날개'라는 뜻이니, <푸른 날개 물고기>라는 의미이군요.

> "청익어(속명 승대어僧帶魚)는 큰 것이 2척 정도이다. 목이 매우 크고, 모두 뼈로 되어있는 머리에는 살이 없다. 몸이 둥글다. 입 주위에 두 개의 수염이 있는데, 매우 진한 푸른색이다. 등은 붉다. 옆구리에 날개가 있는데, 부채처럼 크고 접었다 폈다 할 수 있으며, 색은 푸르고 아주 선명하다. 맛이 달다."
>
> [青翼魚/청익어 俗名僧帶魚/속명승대어 大者二尺許/대자이척허 頸甚大/경심대 而皆骨顱無肉/이개골로무육 體圓/체원 口旁有二鬚/구방유이수 極青/극청 背赤/배적 脅旁有翼/협방유익 大如扇可卷舒/대여선가권서 色青極鮮明/색청극선명 味甘/미감][450][451][452]

450) 정약전. 『자산어보』. 1814. 국립중앙도서관 소장본. p.35.

451) 이두순 역. 『신역 자산어보』. 목근통, 2016. p.110~111.

452) 정명현 역. 『자산어보 우리나라 최초의 해양생물 백과사전』. 서해문집, 2016. p.79.

▶ 영양 정보

구분										
비타민		레티놀 (㎍)	티아민 (mg)	리보플라빈 (mg)	나이아신 (mg)	아스코빅산 (mg)				
		10	0.07	0.14	**5.0**	0				
아미노산 (mg)	필수	이소류신	류신	라이신	메티오닌	페닐알라닌	트레오닌	트립토판	발린	히스티딘
		949	**1614**	**1698**	424	**863**	**877**	**372**	**1009**	**571**
	기타	아르기닌	티로신	시스테인	글리신	프롤린	알라닌	아스파르트산	글루탐산	세린
		1193	**678**	101	456	**617**	**1171**	**2129**	**2923**	**816**
무기질 (mg)		칼슘	인	철						
		22	**275**	0.6						

성대는 100g당, 94kcal, 단백질 19.8g, 지방 2.1g으로, 약간 고칼로리 고단백이면서 지방도 비교적 풍부한 편입니다. 불포화지방의 비율은 72.9%로 높고, 불포화지방 함량은 1.53g으로 높은 편입니다. 비타민은 나이아신이 많은 편이군요.

필수아미노산은 메티오닌을 제외한 모든 항목이 높습니다. 특히 트립토판은 꽃게알(475mg), 참돔(409mg)에 이어 3위입니다. 기타 아미노산은 시스테인과 글리신을 제외한 모든 항목이 높군요. 무기질은 인이 높은 편입니다. 셀레늄은 0.93㎍으로, 꽃게 내장(2.54㎍), 미꾸라지(1.82㎍), 꽃게(1.07㎍)에 이어 붕장어와 함께 공동 4위입니다.[453]

453) 국립수산과학원. 표준수산물성분표 2018. http://www.nifs.go.kr/page?id=aq_seafood_1_01

수조기

2015.7.10. 충남 서천 호해스타호 선상

학명	*Nibea albiflora*
분류[454]	농어목(Perciformes) 민어과(Sciaenidae)
자산어보	반애(盤厓)
영어	White flower croaker
일어	コイチ(코이치)

손암(巽庵) 정약전 선생께서는, 수조기를

"반애"

라는 특이한 이름으로 설명하시며

"머리에 돌이 두 개 들어있는 물고기이다."

라고, '돌머리 물고기'라는 의미의, <석수어(石首魚)>로 분류하셨지요. 석수어에 대해서는, <보구치> 편을 참조해주시기 바랍니다.

학명에 나오는, *albiflora*라는 종명(種名, species)이 이쁩니다. 'Albi(흰색)' + 'Flora(꽃의 여신)'로, '백색 꽃의 여신'이라는 의미가 있군요. 결혼식장에서 다소곳이 꽃을 손에 들고 서 있는, 하얀 드레

454) 국립수산과학원 수산생명자원 정보센터 https://www.nifs.go.kr/frcenter/intro/?_p=intro_species

스의 아름다운 신부를 연상하게 하는군요. White flower croaker 즉 '흰 꽃 조기'라는 의미의, 예쁜 영어 이름을 가졌습니다.

여름에 서해안 선상에서 백조기(보구치)를 잡다 보면, 수조기가 한두 마리씩 올라오곤 합니다. 수조기는 백조기보다 몸집이 크고, 등에 까만점이 이어져 있습니다. 조기의 종류에 대해서는 <보구치> 편을 참조해주시기 바랍니다.

산란기는 5~8월입니다. 부화 후 1년이면 15~17cm, 2년이면 23~24cm, 3년이면 31cm, 4년이면 35cm입니다. 최대 40cm입니다. 가을에 제주도 근처 남쪽으로 내려가 월동하고, 봄에 북쪽으로 이동합니다.[455]

손암(巽庵) 선생께서 수조기의 맛에 관해 설명하신 내용은 없더군요. 신선한 수조기를 찌개로 끓여도 보고, 백조기처럼 <물간>을 해서 구워도 보았는데요. 살이 매우 부드럽고 맛있습니다. 물고기를, 소금으로 <물간>을 하는 방법에 대해서는 <보구치> 편을 참조해주시기 바랍니다.

▶ 자산어보 내용

『자산어보』에는 <석수어(石首魚)>라는 큰 항목의 <추수어(蹭水魚)> 부분에서, 수조기를 <반애(盤厓)>로 설명하고 있습니다. 반(盤)은 '쟁반'을 뜻하고 애(厓)는 '언덕'을 뜻하는 글자인데요. 반애(盤厓)

455) 국립수산과학원 수산생명자원 정보센터 https://www.nifs.go.kr/frcenter/intro/?_p=intro_species

의 의미를 잘 모르겠군요. <추수어(蹢水魚)>의 의미에 대해서는 <보구치> 편을 참조해주시기 바랍니다.

> "약간 작은 것은 속칭 반애(盤厓)라고 부른다. 머리가 약간 뾰족하고, 몸은 옅은 흰색이다."
>
> [稍小者/초소자 俗呼盤厓/속호반애 頭稍尖/두초첨 色微白/색미백][456][457][458]

▶ **영양 정보**

아미노산(mg)										
	필수	이소류신	류신	라이신	메티오닌	페닐알라닌	트레오닌	트립토판	발린	히스티딘
		816	1390	**1596**	**617**	**746**	**780**	198	**884**	346
	기타	아르기닌	티로신	시스테인	글리신	프롤린	알라닌	아스파르트산	글루탐산	세린
		1022	495	**195**	**808**	515	1002	1390	**2883**	**662**

수조기는 100g당, 단백질 17.7g, 지방이 4.4g으로, 약간 저단백이면서 매우 고지방이군요. 불포화지방의 비율은 67.6%이며, 불포화지방 함량은 2.97g으로 매우 높습니다. 타우린 함량이 272mg입니다. 필수아미노산은 라이신, 메티오닌, 페닐알라닌, 트레오닌, 발린이 높은 편입니다. 기타 아미노산은 시스테인, 글리신, 글루탐산, 세린이 높은 편입니다. 비타민과 무기질에 대한 정보는 없군요.[459]

456) 정약전. 『자산어보』. 1814. 국립중앙도서관 소장본. p.6~7.

457) 이두순 역. 『신역 자산어보』. 목근통, 2016. p.12~13.

458) 정명현 역. 『자산어보 우리나라 최초의 해양생물 백과사전』. 서해문집, 2016. p.40~42.

459) 국립수산과학원. 표준수산물성분표 2018. http://www.nifs.go.kr/page?id=aq_seafood_1_01

숭어

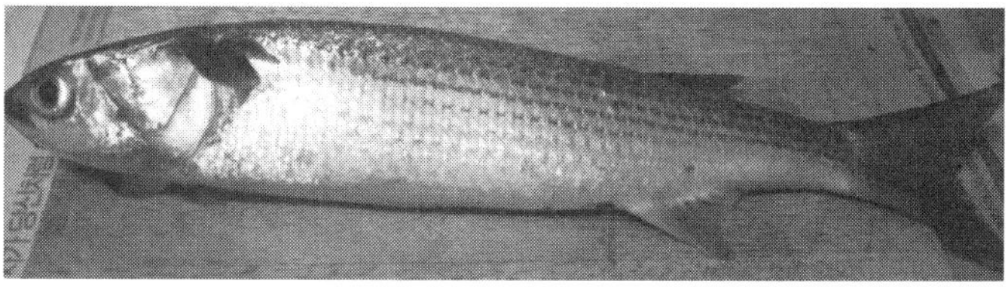

2012.10.28. 천수만 만길호 좌대. 참숭어

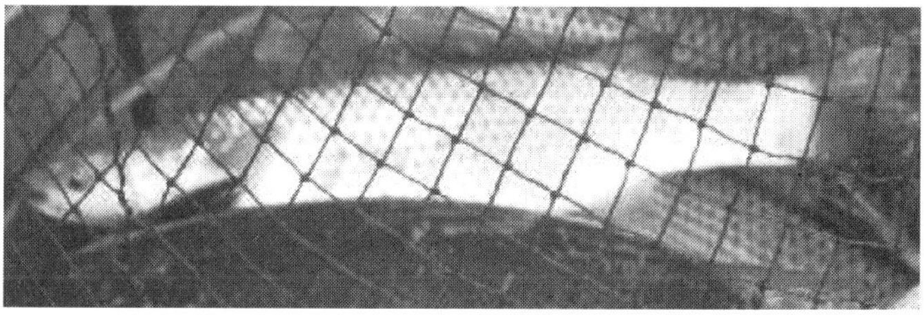

2011.7.16. 천수만 만길호 좌대. 가숭어

학명	*Mugil cephalus(숭어)* *Chelon haematocheilus(가숭어)*
분류[460]	숭어목(Mugiliformes) 숭어과(Mugilidae)
자산어보	치어(鯔魚)/숭어 가치어(假鯔魚)/가숭어
영어	Common mullet(숭어) Striped mullet(가숭어)
일어	ボラ(보라, 숭어) メナダ(메나다, 가숭어)

손암(巽庵) 정약전 선생께서는, 숭어와 가숭어를

"치어, 가치어"

460) 국립수산과학원 수산생명자원 정보센터 https://www.nifs.go.kr/frcenter/intro/?_p=intro_species

라는 이름으로 설명하셨지요.

흔히 숭어라고 하면 참숭어와 가숭어라고 하는 두 종류를 떠올리는데요. 국립수산과학원의 자료와 『자산어보』의 참숭어, 가숭어에 관한 설명 내용이 서로 반대로 되어있고, 남해안과 서해안 주민들이 참숭어와 가숭어의 이름을 서로 반대로 부르고 있더군요. 숭어의 이름에 대해서도, 정리 작업이 필요한 것 같습니다.

이 책에서는, 국립수산과학원의 자료의 이름을 기준으로, 내용을 써봅니다.

참숭어는 산란기가 10~2월입니다. 산란기에 따뜻한 남쪽 해역으로 내려가는 회유성입니다. 부화 후 1년이면 25cm, 2년이면 30cm이며, 최대 120cm입니다.[461] 회유성이기 때문에 서해안에서는 큰 덩치만 잡히고, 양식이 되지 않습니다. 서해안에서는 주로 6월~10월 사이에 잡힙니다.

가숭어는 정착성이기 때문에, 서해안에서는 작은 것도 잡히지요. 산란기는 2~3월입니다. 최대 75cm입니다. 강 하구에서 생활하기도 합니다.[462] 가숭어는 정착성이기 때문에, 양식이 됩니다.

밀물에, 그러니까 바닷물이 육지 쪽으로 들어올 때, 커다란 크기의 물고기들이 수면 위로 뛰어오르기도 하는데요. 대부분 숭어입니

461) 국립수산과학원 수산생명자원 정보센터 https://www.nifs.go.kr/frcenter/intro/?_p=intro_species

462) 국립수산과학원 수산생명자원 정보센터 https://www.nifs.go.kr/frcenter/intro/?_p=intro_species

다. 손암(巽庵) 선생께서도

"숭어는 헤엄을 잘 치고, 잘 뛰어오른다."

라고 설명하셨지요.

저는 참숭어와 가숭어를 구별할 때, 눈동자와 꼬리지느러미를 봅니다.

눈 한가운데의 검은 부분을 동공(pupil)이라고 하지요. 동공 주위에, 참숭어는 노란 테가 없는 반면에, 가숭어는 노란 테가 있습니다.[463] 진료실에서 환자를 진찰할 때, 눈이 노란색이면 황달이 있다고 하는데요. 가숭어는 황달이 있는 것일까요? 가숭어 눈의 노란 부분은 홍채(iris)이고, 황달이 있어서 눈이 노랗게 되는 부분은 공막(sclera)입니다. 해부학적으로 서로 다른 구조물이지요.

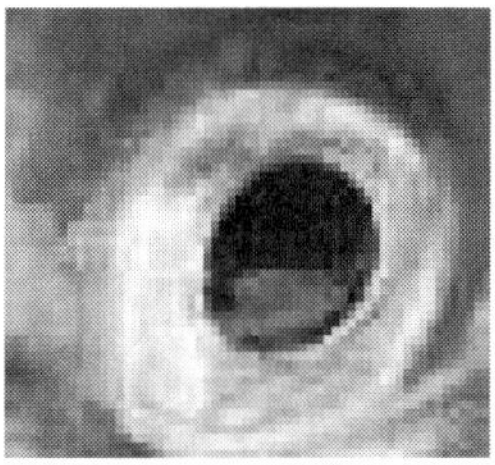

2020.7.25. 천수만 만길호 좌대. 가숭어 동공 주위의 노란색 홍채

낚시하다 보면, 가끔 불투명한 흰 막으로 눈이 뒤덮인 숭어가 보이기도 하지요. 저는 처음에 이런 숭어를 보고

'이상하다. 눈이 먼 숭어가 있다니…. 병이 든 것인가?'

463) 국립수산과학원 수산생명자원 정보센터 https://www.nifs.go.kr/frcenter/intro/?_p=intro_species

라고 생각하기도 했지요.

천수만의 만길호 좌대 사장님께서

"가숭어는 눈이 멀지 않는데, 참숭어는 계절에 따라 눈이 먼다."

라고 가르쳐주시더군요. 참숭어의 눈을 덮고 있는 외부의 막이 있는데요. 눈꺼풀이라고 할 수도 있겠습니다. 겨울에는 이것이 불투명한 흰색인데요. 구멍이 없이, 완전히 숭어의 눈을 덮고 있어서, 숭어가 앞을 보지 못합니다. 숭어가 봄에 눈을 뜨려고 하는 시기에는 수면 가까이 올라옵니다. 이때는, 숭어가 눈을 뜨지 못하여 미끼를 잘 물지 않기 때문에, 훌치기 낚시를 합니다. 훌치기 숭어낚시는 미끼가 없이 바늘만으로 하는데요. 숭어 떼가 수면 가까이에서 헤엄쳐 가고 있는 앞부분에 채비를 던져서 힘차게 당기면 숭어가, 못 보고 가다가, 걸리게 됩니다.

여름에는 참숭어의 눈을 덮고 있는 외부의 막이 완전히 투명한 상태로 됩니다. 또한, 막 중앙에 위아래로 길쭉한 타원형의 구멍이 생깁니다. 숭어가 눈을 뜬 것이지요. 완전하게 눈을 뜬 숭어는 다시 바닥으로 내려갑니다. 이때는 미끼를 사용해서 숭어낚시를 하지요.

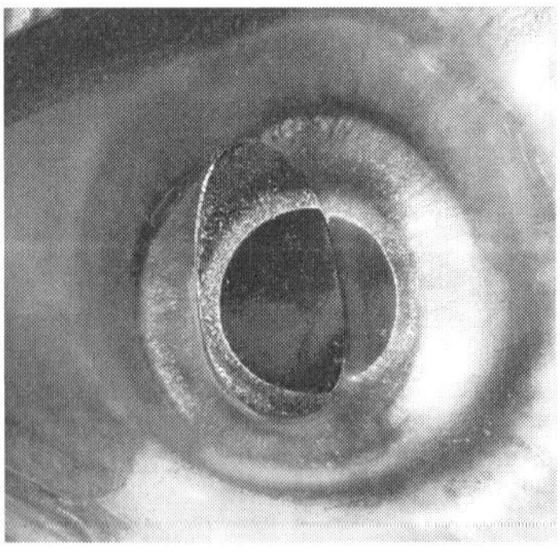

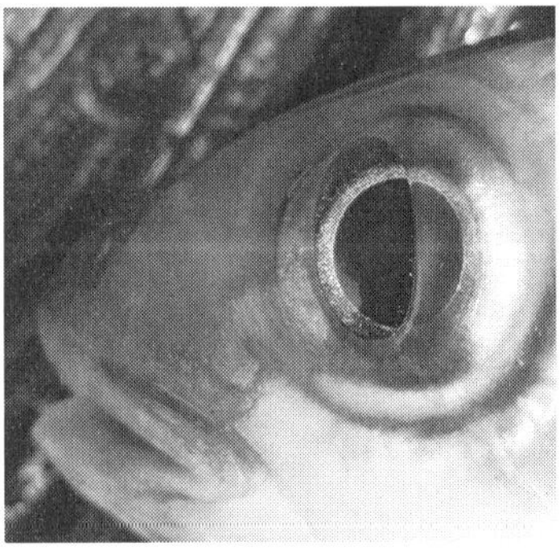

2020.7.4. 천수만 만길호 좌대. 완전하게 눈을 뜬 참숭어.
여름이라서 눈 외부의 막이 투명해지고 위아래로 길쭉한 타원형의 구멍이 뚫려있다.

또한, 꼬리지느러미가, 참숭어는 가운데가 움푹 들어간 'V'자 모양으로 제비 꼬리처럼 날렵한 모양이지만, 가숭어는 밋밋한 모양을 하고 있지요.

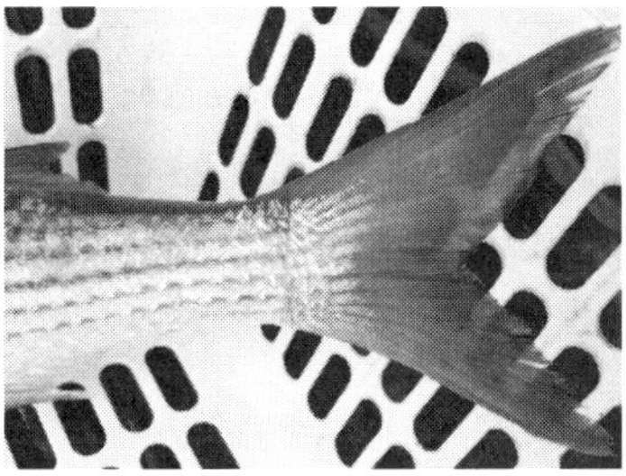

2020.7.4. 천수만 만길호 좌대. 제비 꼬리처럼 날렵한 참숭어 꼬리지느러미

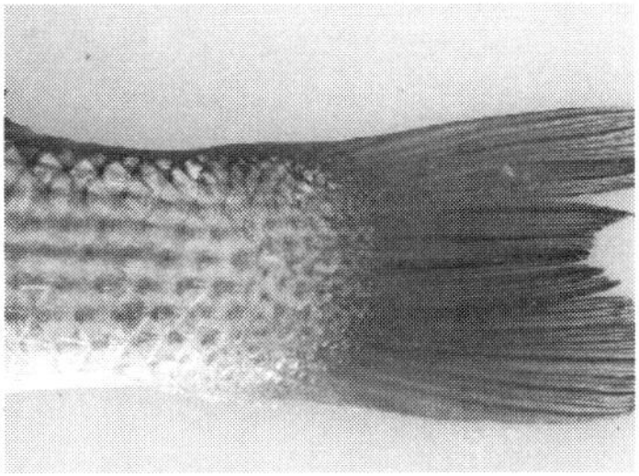

2020.7.25. 천수만 만길호 좌대. 밋밋한 가숭어 꼬리지느러미

그런데 서해안 지역에서는 제가 위에서 설명한 것과 반대로 참숭어와 가숭어를 부릅니다. 서해안에서는 제가 설명한 참숭어를 보리숭어, 개숭어, 언구, 가숭어라고 부릅니다. 그리고 제가 설명한 가숭어를 참숭어, 모찌, 동아라고 부르더군요.

손암(巽庵) 선생께서는

"눈이 노란 숭어의 맛이 물고기 중에 제일 좋다."

라고까지 말씀하셨지요. 제가 숭어회를 먹어보니, 둘 다 맛있더군요. 모양은, 가숭어에게는 좀 미안한 마음이지만, 새까만 눈동자의 참숭어가 훨씬 더 예쁜 것 같았습니다. 물론, 가숭어도 예쁩니다.

숭어낚시는 미끼 없이 바늘만으로 하는 훌치기낚시 또는 새우 미끼를 쓰는 찌낚시 등의 방법이 있는데요. 서해안의 천수만 좌대에서는, 특이하게, 민물의 잉어 릴낚시와 똑같게 하더군요. 주먹 정도의 크기로 떡밥을 뭉쳐서 민물용 잉어 바늘에 달아서 바닥에 내립니다. 그러면 바닥에 있던 커다란 참숭어와 가숭어들이 몰려 나오지요.

2011.7.16. 천수만 만길호 좌대.
가숭어와 참숭어.
한동희님과
작은아들 수한 동행.

2012.6.9. 오후. 부여군 장암리 금천수로 민물 숭어.
한동희님과 시까끼 낚시.
꼬리는 날렵한 참숭어 모양인데,
눈동자는 노란 테가 있는 가숭어 모양임. 교배종?

2014.9.9. 천수만 만길호 좌대. 한동희님 잡은 참숭어로 만든 회와 초밥.

<졸업할 때, 호를 숭어로 지어줄게!>

2011년인가요? 순환기내과의 성인환 교수님께서 어느 주말에 충남 예산에서 열리는 순환기 학회에 좌장으로 가시게 되었는데요. 혼자 가시기가 심심했는지

"학회장소가 바다와 가까우니, 함께 가서 하루 놀고 오자."

고 하시더군요. 11기 전공의 수암(秀岩) 김창기님을 데리고 같이 갔습니다.

낮에 성인환 교수님이 학회에 참가하는 동안, 김창기님과 나는 천수만 만길호 좌대에서 숭어를 잡기로 했습니다. 저녁에 숙소에서 성인환 교수님과 함께 먹을 회와 안줏거리를 마련하기 위해서였지요.

수암(秀岩) 김창기님과 둘이 좌대에 자리를 잡고 앉아 숭어낚시를 시작하면서

"작은 물고기가 물었을 때는 낚싯대를 들어서 물고기를 물 밖으로 꺼내도 되지만, 참숭어가 걸리면 낚싯대를 절대 들면 안 된다. 참숭어는 크고 무거워서, 수면 위로 들어 올리면 낚싯줄이 끊어져 버린다. 그냥 버티고 있다가 꼭 뜰채로 건져내야 한다."

라고 미리 계속 교육을 했지요. 김창기님은

"설마 그렇게 큰 숭어가 나오겠느냐?"

고 의아해했지요.

작은 물고기들을 몇 마리 잡은 후에, 드디어 큰 참숭어가 수암(秀岩) 김창기님의 낚싯대에 걸렸습니다. 나는 옆에서

"들면 안 돼, 들면 안 돼, 들면 안 돼…!"

라고 소리쳤지요. 하지만 우리의 김창기님은, 수면 위에 떠 오른 커다란 참숭어의 덩치를 눈으로 직접 보고는 너무나 흥분한 나머지, 그만 낚싯대를 하늘로 번쩍 치켜들고 말았습니다.

그 순간, 낚싯줄은 뚝 끊어졌고, 참숭어는 우리에게 멋진 몸매와 얼굴만 보여주고 유유히 바닷속으로 사라져버렸지요. 우리는 아쉬워하며 허탈한 표정으로 서로 마주 볼 수밖에 없었습니다.

저녁에 성인환 교수님과 만나기로 한 예산의 숙소에 들어가, 작

은 물고기들로 회와 안줏거리를 만들어 먹으며, 낮에 큰 숭어를 놓친 일로 이야기꽃을 피웠습니다. 나는 웃으며 김창기님에게

"졸업할 때 호를 숭어라고 지어줄게!"

라고 말했지요.

숭어를 한문으로 어떻게 표현하나 싶어서 찾아보니, 빼어날 수(秀) 자를 써서 수어(秀魚)라고 하더군요. 수(秀) 자의 의미도 좋고, 숭어에 대한 추억을 담아서, 김창기님이 졸업할 때, 호를 수암(秀岩)으로 지어서 선물했습니다.

2017.7.10. 천수만 만길호 좌대. 한동희님 숭어!

2017.8.15. 만길호 좌대. 유재권 벗님 숭어!

2017.8.15. 숭어 입질 오자 긴장하는 유재권 벗님. 집에서 뜬 숭어회

2018.6.6. 만길호 좌대. 참숭어

▶ 자산어보 내용

『자산어보』에는, 숭어를 <치어(鯔魚)>로, 가숭어를 <가치어(假鯔魚)>로 설명하고 있는데요. 치(鯔)는 '숭어 치' 자이지요. 그런데, 눈에 관해 설명한 내용을 보니, 숭어와 가숭어에 대한 설명이 국립수산과학원 설명과는 반대로 되어있습니다.

> "치어(숭어)는 몇 종이 있다. 치어는 속명이 수어(秀魚)이다. 큰 것은 길이가 5~6척이다. 몸이 둥글고 검으며, 눈은 작고 노랗다. 머리는 평평하고, 배는 희다. 의심이 많은 성질이며, 민첩하게 위험을 피한다. 또한, 헤엄을 잘 치고 잘 뛰어오르며, 사람 그림자만 보아도 바로 달아난다. 물이 탁하지 않으면 낚싯바늘을 물지 않는다. 물이 맑으면 그물이 열 발자국 멀리 떨어져 있어도 그 기미를 알아차리며, 비록 그물에 들어갔어도 도망쳐나갈 수 있다. 그물이 뒤에 있으면, 물 밖으로 나와 진흙에 엎드려 있을지언정, 물속으로 가려고 하지 않는다. 그물에 걸렸을 때, 진흙에 엎드려 온몸을 흙에 파묻고 눈으로만 동정을 살핀다. 맛이 달고 진하며 두터워서 물고기 중에 제일이다. 잡는 시기는 일정하지 않으나, 3~4월에 산란하므로 이 시기에 그물로 많이 잡는다. 흐린 물이 아니면 잡을 수 없다. 그렇기에 흑산 바다에도 간혹 이 물고기가 있기는 하지만, 잡을 수 없다.
> 작은 것은 속칭 등기리(登其里)라고 하고, 가장 어린 것은 속칭 모치(毛峙)라고 부르는데, 모당(毛當) 또는 모장(毛將)이라고도 한다.
> 가치어(가숭어)는 속명이 사릉(斯陵)이다. 모양은 진치(참숭어)와 같다. 다만 머리가 조금 크다. 눈이 검고 크며, 더욱 민첩하다. 흑산에서 나는 것은 단지 이 종류뿐이다. 어린 가치어를 몽어(夢魚)라고 한다."
> [鯔魚有數種/치어유수종 鯔魚/치어 俗名秀魚/속명수어 大者長五六尺/대자장오륙척 體圓而黑/체원이흑 目小而黃/목소이황 頭扁腹白/두편복백 性多疑/성다의 而敏於避禍/이민어피화 又善游善躍/우선유선약 見人影輒跳避/견인영첩도피 水不至濁/수부지탁 未嘗含釣/미상함조 水清則網在十步/수청즉망재십보 已能色擧/이능색거 雖入

網中/수입망중 亦能跳出/역능도출 網在於後/망재어후 則寧出岸而伏於泥/칙녕출안이복어니 不肯向水也/불긍향수야 罥於網/견어망其伏於泥也/기복어니야 全身埋土/전신매토 而惟以一目蚵(伺)動靜/이유이일목가(사)동정[464] 味甘而醲厚/미감이농후 爲魚族第一/위어족제일 漁無定時/어무정시 而三四月産卵/이삼사월산란 故此時網捕者多/고차시망포자다 非鹵濁水/비로탁수 不可襲取/불가습취 故黑山海中亦或有之/고흑산해중역혹유지 所不可得/소불가득

其小者/기소자 俗呼登其里/속호등기리 最幼者/최유자 俗呼毛峙/속호모치 亦呼毛當/역호모당 又呼毛將/우호모장

假鯔魚/가치어 俗名斯陵/속명사릉 狀同眞鯔/상동진치 但頭稍大/단두초대 目黑而大/목흑이대 尤驍捷/우효첩 黑山所産只此種/흑산소산지차종 其幼者/기유자 名夢魚/명몽어][465][466][467]

▶ 영양 정보

<table>
<tr><td colspan="2" rowspan="2">비타민</td><td></td><td>레티놀
(㎍)</td><td>티아민
(mg)</td><td>리보
플라빈
(mg)</td><td>나이
아신
(mg)</td><td>아스코
빅산
(mg)</td><td></td><td></td><td></td><td></td></tr>
<tr><td>참숭어</td><td>9</td><td>0.1</td><td>0.14</td><td>3.7</td><td>0</td><td></td><td></td><td></td><td></td></tr>
<tr><td rowspan="6">아미
노산
(mg)</td><td rowspan="3">필
수</td><td></td><td>이소
류신</td><td>류신</td><td>라이신</td><td>메티
오닌</td><td>페닐
알라닌</td><td>트레
오닌</td><td>트립
토판</td><td>발린</td><td>히스
티딘</td></tr>
<tr><td>참숭어</td><td>935</td><td>1640</td><td>1780</td><td>590</td><td>824</td><td>840</td><td>237</td><td>1005</td><td>618</td></tr>
<tr><td>가숭어</td><td>928</td><td>1643</td><td>1643</td><td>480</td><td>875</td><td>874</td><td>370</td><td>983</td><td>594</td></tr>
<tr><td rowspan="3">기
타</td><td></td><td>아르
기닌</td><td>티로신</td><td>시스
테인</td><td>글리신</td><td>프롤린</td><td>알라닌</td><td>아스파
르트산</td><td>글루
탐산</td><td>세린</td></tr>
<tr><td>참숭어</td><td>1104</td><td>666</td><td>208</td><td>952</td><td>537</td><td>1091</td><td>1471</td><td>3042</td><td>691</td></tr>
<tr><td>가숭어</td><td>1146</td><td>662</td><td>101</td><td>469</td><td>665</td><td>1187</td><td>2087</td><td>2911</td><td>771</td></tr>
</table>

464) 국립중앙도서관 소장본에는 가(蚵)로, 다른 본에는 사(伺)로 되어있기도 하다.

465) 정약전. 『자산어보』. 1814. 국립중앙도서관 소장본. p.7~8.

466) 이두순 역. 『신역 자산어보』. 목근통, 2016. p.16~19.

467) 정명현 역. 『자산어보 우리나라 최초의 해양생물 백과사전』. 서해문집, 2016. p.42~43.

무기질 (mg)		칼슘	인	철
	참숭어	42	217	1.0

참숭어는 100g당, 107kcal, 단백질 20.0g, 지방 2.0g으로, 고칼로리 고단백이면서 약간 저지방이군요. 불포화지방의 비율은 71.3%로 높은 편이고, 불포화지방 함량은 1.43g으로 약간 적은 편입니다. 타우린이 253mg이군요. 트립토판을 제외한 모든 필수아미노산이 많습니다. 기타 아미노산은 티로신, 시스테인, 글리신, 알라닌, 글루탐산, 세린이 높은 편이군요. 베타인류는 글리신 베타인류 19.7mg, 호마린 1.0mg입니다.[468)]

가숭어는 100g당, 단백질 18.5g, 지방이 8.0g으로, 고단백이면서 매우 고지방입니다. 참숭어에 비해 단백질이 약간 적고 지방이 많군요. 불포화지방의 비율은 참숭어보다 약간 낮은 68.8%이며, 불포화지방 함량은 5.5g으로 매우 높고 참숭어보다 훨씬 더 많습니다. 필수아미노산은 모든 항목이 높습니다. 기타 아미노산은 시스테인과 글리신을 제외한 모든 항목이 높은 편이군요. 가숭어의 비타민과 무기질에 대한 자료는 없군요.[469)]

468) 국립수산과학원. 표준수산물성분표 2018. http://www.nifs.go.kr/page?id=aq_seafood_1_01

469) 국립수산과학원. 표준수산물성분표 2018. http://www.nifs.go.kr/page?id=aq_seafood_1_01

쏨뱅이

2017.1.1. 완도 먼바다 선상

학명	*Sebastiscus marmoratus*
분류[470)]	쏨뱅이목(Scorpaeniformes) 양볼락과(Scorpaenidae)
자산어보	정어(頳魚)
영어	Mabled rockfish
일어	カサゴ(카사고)

손암(巽庵) 정약전 선생께서는

"붉은 물고기"

라는 의미의 이름으로 설명하셨지요.

영어 이름이 mabled rockfish 즉 '대리석 볼락'이라는 의미로, 약간 특이한데요. 몸의 무늬 모양이 대리석 무늬와 유사한가 봅니다.

산란기는 10~3월입니다. 난태생으로, 3.2~4.2mm 크기의 새끼를 낳습니다. 부화 1년이면 7cm, 2년이면 14cm, 4년이면 암컷은 23cm

470) 국립수산과학원 수산생명자원 정보센터 https://www.nifs.go.kr/frcenter/intro/?_p=intro_species

수컷은 21cm, 6년이면 24cm이며, 30cm까지 성장합니다. 겨울에는 깊은 곳으로, 봄에는 얕은 곳으로 이동합니다.[471]

완도 먼바다에서 열기 선상낚시를 하다 보면, 쏨뱅이가 자주 올라오더군요. 회, 구이, 매운탕 어느 것으로 요리해도 맛있다는 물고기입니다. 손암(巽庵) 선생께서는

"맛이 우럭(조피볼락)과 비슷하다."

라고 설명하셨더군요.

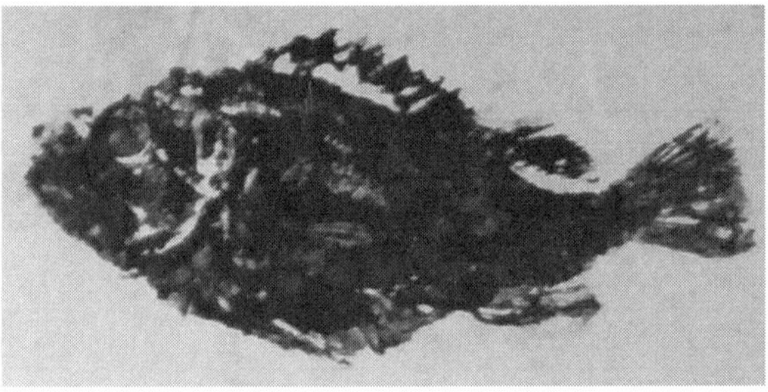

2010.1.9. 완도 먼바다 선상. 어탁.

▶ **자산어보 내용**

『자산어보』에는 쏨뱅이를 <정어(赬魚)>로 설명하고 있습니다. 정(赬)이라는 글자가 '붉다'는 뜻이니, <붉은 물고기>라는 의미이군요.

"정어(속명 북제귀北諸歸)는 모양이 검어(우럭)와 비슷하다. 눈이 더 크고 튀어나왔다. 붉은색이다. 맛 역시 검어와 비슷한데 엷다."

[赬魚/정어 俗名北諸歸/속명북제귀 狀類黔魚/상류검어 目尤

471) 국립수산과학원 수산생명자원 정보센터 https://www.nifs.go.kr/frcenter/intro/?_p=intro_species

大而突/목우대이돌 色赤/색적 味亦似黔魚而薄/미역사검어이박][472][473][474]

▶ 영양 정보

비타민	레티놀 (㎍)	티아민 (mg)	리보플라빈 (mg)	나이아신 (mg)	아스코빅산 (mg)
	6	0.1	0.09	3.5	0
무기질(mg)	칼슘	인	철		
	44	220	0.6		

쏨뱅이는 100g당, 90kcal, 단백질 19.9g, 지방이 0.6g으로, 약간 저칼로리 고단백 저지방의 물고기이군요. 불포화지방의 비율은 76.3%로 매우 높고, 불포화지방 함량은 0.46g으로 매우 적습니다. 아미노산에 대한 자료는 없군요.[475]

472) 정약전. 『자산어보』. 1814. 국립중앙도서관 소장본. p.28.

473) 이두순 역. 『신역 자산어보』. 목근통, 2016. p.82~83.

474) 정명현 역. 『자산어보 우리나라 최초의 해양생물 백과사전』. 서해문집, 2016. p.70.

475) 국립수산과학원. 표준수산물성분표 2018. http://www.nifs.go.kr/page?id=aq_seafood_1_01

●

아니사키스(고래회충)

2020.6.20. 갈치 배 속. 왼쪽에 실처럼 보이는 아니사키스.

학명	*Anisakis simplex*
문	선형동물(Nematoda)
강	쌍선충류(Secernentea)
분류[476]	회충목(Ascaridida) 고래회충과(Anisakidae)
자산어보	없음
영어	Anisakis
일어	アニサキス(아니사끼스)

바다 생선에서, 물고기 종류를 불문하고, 흔히 볼 수 있는 기생충입니다. 고래회충 또는 고래선충이라고 하지요. 여름 갈치에도 많습니다. 위의 그림에서 보는 것처럼, 잡아 온 갈치를 손질하려고 배를 갈라 보면, 항문 구멍 근처의 내장에 하얀 기생충들이 실타래처럼 다닥다닥 붙어서 꿈틀거리더군요.

물고기가 죽으면, 내장에 있던 기생충이, 물고기 살 속을 파고 들어갑니다. 신선하지 않은 생선을 회로 뜬 경우에도 볼 수 있지요.

476) doopedia https://www.doopedia.co.kr/

고래회충과의 유충은, 60℃로 가열하거나, 영하 20℃에서 3일간 냉동시키면 죽습니다. 또한, 통상적인 급속냉동에도 죽습니다. 그러나 소금에 절이거나 차갑게 훈제를 한다고 해서 죽지는 않습니다.[477)]

강릉아산병원에 근무할 때였는데요. 생선회를 먹은 후, 속이 미식거리고 배가 아프다는 분들이 종종 병원에 오셨습니다. 위내시경 검사를 해보니, 아니사키스 기생충들이 위의 살을 파고 들어가서 위벽에 붙어있더군요. 이 기생충에 감염된 경우를 아니사키스증(anisakiasis) 또는 고래회충증이라고 합니다. 현재까지 약물치료는 없습니다. 치료 방법은 내시경으로 기생충을 제거해주는 것이지요.

▶ 자산어보 내용

『자산어보』에 고래회충에 관해 언급된 내용은 없습니다.

477) 대한내과학회 편. 해리슨 내과학 번역판, 18판. 도서출판 MIP, 2013. p.1711.

양태(장대)

2012.8.11. 서천 홍원항 호해스타호 선상

학명	*Platycephalus indicus*
분류[478]	쏨뱅이목(Scorpaeniformes) 양태과(Platycephalidae)
자산어보	회익어(灰翼魚)
영어	Indian flathead
일어	コチ(고찌)

손암(巽庵) 정약전 선생께서는
"잿빛 날개를 가진 물고기"
라는 의미의 이름으로 설명하셨지요.

산란기는 5~7월입니다. 부화 후 1년이면 13cm, 2년이면 23cm, 3년이면 32cm, 4년이면 39cm, 5년이면 45cm, 7년이면 54cm에 이릅니다. 가을에 남쪽으로 이동하여 소흑산도 부근에서 월동하고, 봄에 다시 북상합니다.[479]

478) 국립수산과학원 수산생명자원 정보센터 https://www.nifs.go.kr/frcenter/intro/?_p=intro_species

479) 국립수산과학원 수산생명자원 정보센터 https://www.nifs.go.kr/frcenter/intro/?_p=intro_species

표준어가 양태이고, 방언으로 장대라고도 부르지요. 손암(巽庵) 선생께서는

"머리가 납작한 물고기이다."

라고 하셨지요. 학명에 나오는 Platycephalus라는 속명(屬名, genus)도, 'platy-(편평한)' + 'cephalus(머리)'의 합성어로, 머리가 편평하다는 의미입니다. Flathead(납작 머리)라는 영어 이름에도, 머리가 납작하다는 의미가 들어 있습니다. 학명에 나오는 indicus라는 종명(種名, species)은, '인도의 기러기'라는 뜻이더군요.

잡아 올리면 배 위에서 좌우로 크게 요동을 칩니다. 이때 주의하지 않으면, 양쪽 아가미 끝에 있는 날카로운 가시에 찔리기 쉽더군요. 저는 어쩌다가 왼쪽 발목을 두 방 찔려서 한 시간 동안 호해스타호 선실에 누워 고생한 적이 있습니다.

손암(巽庵) 선생께서 양태의 맛에 관해 설명하신 내용은 없더군요. 제가 매운탕으로 끓여보니 살이 텁텁해서 제 입맛에는 안 맞고, 회를 떠서 먹어보니 새로운 맛이고 식감이 아주 좋습니다.

▶ 자산어보 내용

『자산어보』에는 양태를 <회익어(灰翼魚)>로 설명하고 있습니다. 회(灰)라는 글자는 '재', '석회', '회색' 등을 뜻하고, 익(翼) 자는 '날개'라는 뜻이지요. <잿빛 날개 물고기>라는 의미이군요.

"회익어(속명 장대어將帶魚)는 크기가 1척 남짓이다. 모양은 청익어(성대)와 유사하며, 머리가 약간 납작하고 길다. 뼈 역시 그와 같다. 황흑색이다. 날개는 약간 작고, 몸과 같은 색이다."

[灰翼魚/회익어 俗名將帶魚/속명장대어 大一尺餘/대일척여 狀類青

翼魚/상류청익어 頭稍匾而長/두초편이장 其骨亦如之/기골역여지 色黃黑/색황흑 翼稍小/익초소 而與體同色/이여체동색][480][481][482]

▶ 영양 정보

구분										
비타민		레티놀(㎍)	티아민(mg)	리보플라빈(mg)	나이아신(mg)	아스코빅산(mg)				
		18	0.01	0.13	3.4	1.0				
아미노산(mg)	필수	이소류신	류신	라이신	메티오닌	페닐알라닌	트레오닌	트립토판	발린	히스티딘
		986	1614	2014	684	859	906	181	1031	452
	기타	아르기닌	티로신	시스테인	글리신	프롤린	알라닌	아스파르트산	글루탐산	세린
		1134	717	230	888	684	1166	2044	3187	770
무기질(mg)		칼슘	인	철						
		101	271	0.6						

양태는 100g당, 87kcal, 단백질 20.0g, 지방 0.2g으로, 저칼로리 고단백이면서 저지방인 물고기이군요. 불포화지방의 비율은 55.3%이고, 불포화지방 함량은 0.11g으로 매우 적은 편입니다. 타우린이 247mg이군요. 비타민은 아스코빅산이 높습니다. 필수아미노산은 트립토판과 히스티딘을 제외한 모든 항목이 많은 편입니다. 기타 아미노산은 모든 항목이 높습니다. 무기질은 칼슘과 인이 많습니다.[483]

480) 정약전. 『자산어보』. 1814. 국립중앙도서관 소장본. p.35.

481) 이두순 역 『신역 자산어보』. 목근통, 2016. p.111 112.

482) 정명현 역. 『자산어보 우리나라 최초의 해양생물 백과사전』. 서해문집, 2016. p.79.

483) 국립수산과학원. 표준수산물성분표 2018. http://www.nifs.go.kr/page?id=aq_seafood_1_01

오징어

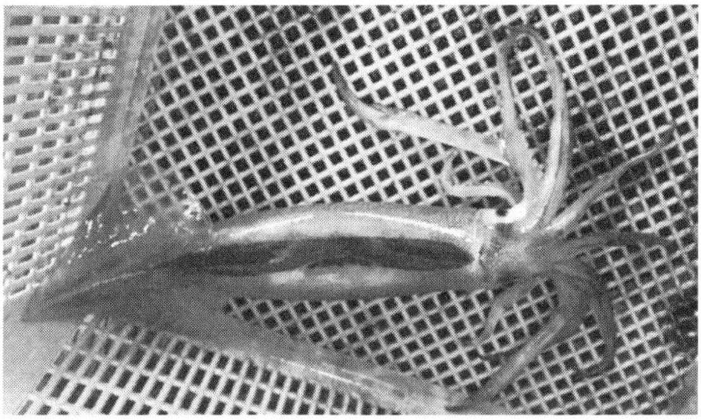

2018.7.21. 통영 들물낚시 먼바다 선상

학명	*Todarodes pacificus(살오징어)*
문	연체동물(Mollusca)
강	두족류(Cephalopoda)
분류[484]	살오징어목(Teuthoidea) 빨간오징어과(Ommastrephidae)
자산어보	유어(鰇魚)
영어	Cuttlefish, squid, common squid
일어	イカ(이까)

손암(巽庵) 정약전 선생께서는

"유어"

라는 이름으로 설명하셨습니다.

오징어는 볶음, 튀김, 국, 젓갈 등 어느 것으로 요리해도 좋지요. 오징어를 요리할 때,

"껍데기를 벗기지 말고 그대로 해야 맛이 더 있다."

484) 국립수산과학원 수산생명자원 정보센터 https://www.nifs.go.kr/frcenter/intro/?_p=intro_species

라고, 인물회 황성진 총무님께서 가르쳐주시더군요. 오징어 회를 뜰 때만 껍데기를 벗기랍니다. 황 총무님은 고향이 동해안이지요.

산란기는 1~3월, 6~11월입니다. 산란 후 대부분 사망합니다. 부화 후 6개월은 매월 3~4cm씩 성장하고 그 후 매월 2cm씩 성장합니다. 부화 후 1년이면 외투장 24~27cm에 이릅니다.[485)]

4월~5월(근해채낚기어업과 연안복합어업은 4월)은 오징어 금어기인데요. 정치망어업은 제외입니다. 오징어 '외투장'의 길이가 12cm 이하는 방생해야 합니다. 단, 오징어 어획량 중 해당 크기가 20% 미만이면 예외입니다.[486)] '외투장'을 측정하는 방법에 대해서는, 수산자원 관리법에 아래 그림처럼 자세하게 설명되어 있습니다.

[오징어류]

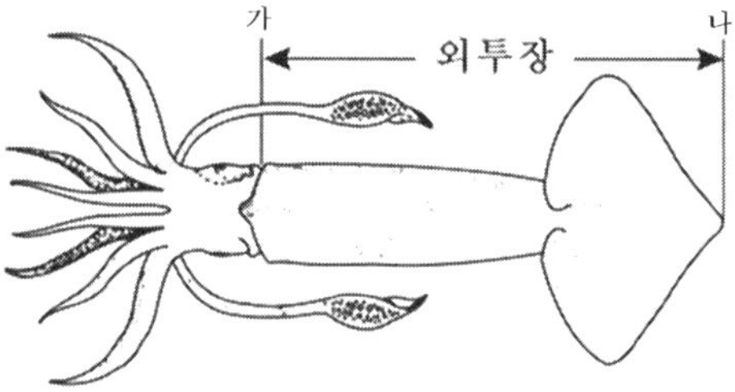

저는 매년 겨울마다 한두 번씩 남해안의 오징어를 잡으러 가는데요. 남해안에서는 오징어를 잡을 수 있는 기간이 아주 짧더군요. 11월 말부터 오징어 소식을 계속 기다리다가

---

485) 국립수산과학원 수산생명자원 정보센터 https://www.nifs.go.kr/frcenter/intro/?_p=intro_species

486) 수산자원관리법. 국가법령정보센터. http://www.law.go.kr/

"오징어가 나온다."

라는 소식이 들리면, 그날이나 그다음 날 바로 가야 합니다. 저처럼 직장 생활을 하는 사람은, 오징어의 출현 소식을 듣고도 주말을 기다렸다가 늦게 내려갈 수밖에 없는데요. 별로 못 잡고 꽝 치고 오기 일쑤이지요.

2015.10.3.
통영 들물낚시 먼바다 오징어. 사부님 동행.

2016.5.8.
한동희님 만든 오징어 순대

2016.12.24.
들물낚시 먼바다 오징어. 사부님 동행.

2018.7.21.
들물낚시 민바다. 이대한님 동행.

 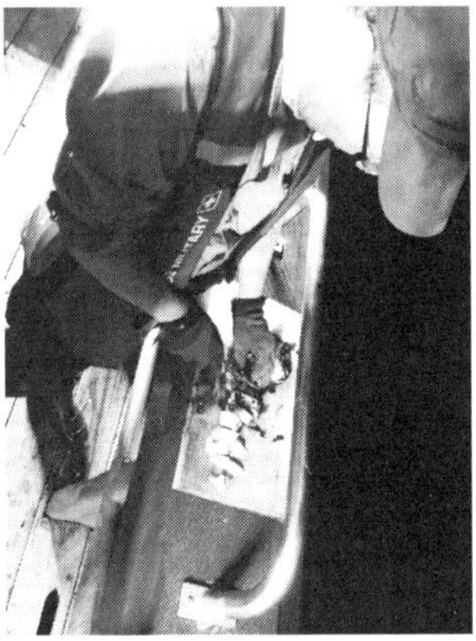

2018.7.21. 한치 잡으러 갔는데 오징어! 배에서 데쳐서 안주로.

▶ 자산어보 내용

『자산어보』에는 오징어를 <유어(鰇魚)>로 설명하고 있습니다. 유(鰇)는 '오징어 유' 자이군요.

"유어(고록어高祿魚라는 이름을 그대로 따른다)는 큰 것의 길이가 1척 정도이다. 모양은 오적어(갑오징어)와 유사하다. 몸이 더 길고 좁다. 등에 판이 없고 뼈가 있다. 뼈는 종이처럼 얇으며, 이것이 등골이다. 붉은색인데, 약간 검은 색이 있다. 맛은 달고 엷다. 나주 북쪽에 매우 많으며, 3~4월에 잡아 젓갈을 담는다. 흑산도에도 있다."

[鰇魚/유어 仍名高祿魚/잉명고록어 大者長一尺許/대자장일척허 狀類烏賊/상류오적 體益長而狹/체익장이협 背無板而有骨/배무판이유골 骨薄如紙/골박여지 以爲之脊/이위지척 色赤微有墨/색적미유묵 味甘而薄/미감이박 羅州以北甚繁/나주이북심번 三四月取以

爲醢/삼사월취이위해 黑山亦有之/흑산역유지][487][488][489]

▶ 영양 정보

			이소류신	류신	라이신	메티오닌	페닐알라닌	트레오닌	트립토판	발린	히스티딘
아미노산 (mg)	필수	수컷	**853**	1294	1362	87	723	725	**304**	794	**756**
		암컷	**832**	1267	1320	161	668	727	**324**	794	**861**
	기타		아르기닌	티로신	시스테인	글리신	프롤린	알라닌	아스파르트산	글루탐산	세린
		수컷	**1194**	268	76	477	**1117**	**1069**	1472	2459	563
		암컷	**1191**	256	50	503	**747**	**1052**	1577	2343	611
무기질 (mg)			칼슘	인	철						
			25	**253**	**1.6**						

오징어는 100g당, 72kcal, 단백질 15.7g, 지방 1.5g으로, 저칼로리 저단백 저지방의 물고기이군요. 불포화지방의 비율은 70.0%이며, 불포화지방 함량은 1.05g으로 적은 편입니다. 필수아미노산 중에, 이소류신, 트립토판, 히스티딘이 많군요. 기타 아미노산은 아르기닌, 프롤린, 알라닌이 많습니다. 특히 수컷 오징어의 프롤린은 꽃게알(1,297mg) 다음으로 높습니다. 무기질 중에 인과 철이 많습니다. 셀레늄은 0.28㎍입니다. 비타민에 대해서는 제시된 자료가 없습니다.[490]

487) 정약전. 『자산어보』. 1814. 국립중앙도서관 소장본, p.56.

488) 이두순 역. 『신역 자산어보』. 목근통, 2016. p.180~181.

489) 정명현 역. 『자산어보 우리나라 최초의 해양생물 백과사진』. 시해분십, 2016. p.105~106.

490) 국립수산과학원. 표준수산물성분표 2018. http://www.nifs.go.kr/page?id=aq_seafood_1_01

타우린은 358.1mg으로 높습니다.[491] 두족류의 타우린 함량 비교에 대해서는 <주꾸미> 편을 참고해주시기 바랍니다.

오징어는 특이하게 베타인류가 매우 높은데요. 글리신 베타인은 773.9mg으로, 대하(776.7mg) 다음으로 높습니다. 호마린은 151.5mg으로, 이 책에 언급한 수산물 중에 가장 높습니다(아래 표 참조).[492]

<호마린 함량> 100g 기준

순위	물고기	mg
1	오징어	151.5
2	대문어	148.6
3	꽃게	128.9
4	대하	101.3
5	낙지	101.1

호마린이 필수 영양소가 아니라서, 하루 섭취 기준량은 정해진 것이 없군요.[493] 글리신 베타인과 호마린 등의 베타인 종류는 메틸기를 제공함으로써 건강에 큰 도움을 주지요. <민물새우> 편을 참조해주시기 바랍니다.

491) 김을상, 김중섭, 문현경. 시판우유와 육류·해산물 중 타우린 함량. 한국식품영양과학회지 1999; 28: 16-21.

492) 국립수산과학원. 표준수산물성분표 2018. http://www.nifs.go.kr/page?id=aq_seafood_1_01

493) 보건복지부·한국영양학회. 2015 한국인 영양소 섭취 기준.

용치놀래기

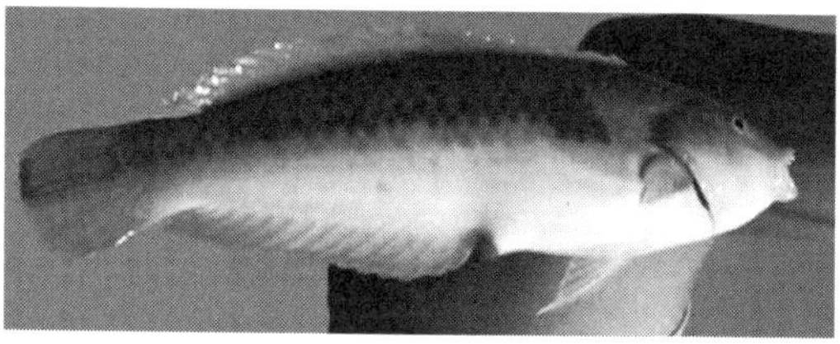

2012.9.8. 완도군 청산도 내만 선상.

학명	*Halichoeres poecilopterus*
분류[494]	농어목(Perciformes) 놀래기과(Labridae)
자산어보	없음
영어	Multicolor-fin rainbow fish
일어	キュウセン(큐우센)

이름에 '용치(龍齒, dragon teeth)'라는 말이 붙은 것을 보니, 이빨에 특징이 있는가 봅니다. 아래·위턱에 2~4개의 송곳니가 있고, 위턱 중앙의 송곳니가 가장 큽니다.[495]

수컷은 몸집이 크고 초록색 계통이지만, 암컷은 몸집이 작고 붉은색이지요. 색상이 매우 화려합니다. 그래서 그런지, 영어로는 multicolor-fin rainbow fish 즉, '다색상-지느러미 무지개 물고기'라는 이름으로 부르는군요.

494) 국립수산과학원 수산생명자원 정보센터 https://www.nifs.go.kr/frcenter/intro/?_p=intro_species

495) 국립수산과학원 수산생명자원 정보센터 https://www.nifs.go.kr/frcenter/intro/?_p=intro_species

산란기는 늦은 봄입니다. 최대 35cm까지 성장합니다.[496]

놀래기과에는, 구름놀래기, 기지개놀래기, 긴턱놀래기, 두억시니놀래기, 미리내놀래기, 비자놀래기, 사랑놀래기, 어렝놀래기(어랭이), 옥두놀래기, 용치놀래기, 장미옥두놀래기, 황놀래기, 흉기흑점놀래기 등 여러 종류가 있군요. 그 외에도, 가면놀래기, 기생빗놀래기, 흑줄놀래기, 흰꼬리놀래기 등은 계통분류가 확정되지 않은 채, 놀래기라는 이름을 달고 있더군요.[497]

20여 년 전 여름에, 가족과 함께 욕지도의 고래등 펜션이라는 곳에서 이틀 동안 묵으며, 숙소 주변의 갯바위에서 찌낚시를 한 적이 있는데요. 용치놀래기가 아주 많이 잡히더군요. 구이 등으로 요리해 보니, 살이 매우 부드러운 물고기였습니다.

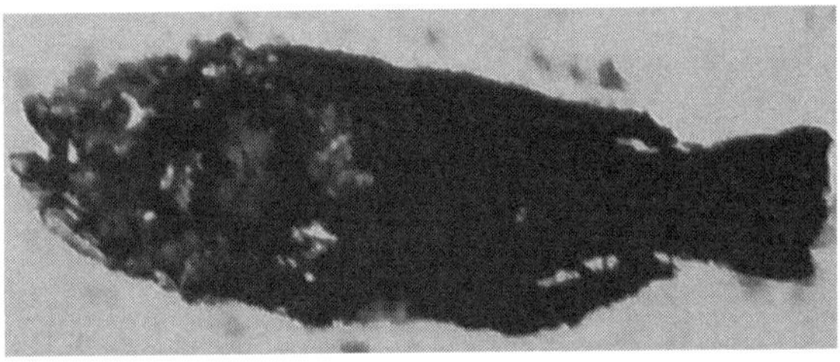

2010.1.9. 완도 먼바다 선상. 어탁.

496) 국립수산과학원 수산생명자원 정보센터 https://www.nifs.go.kr/frcenter/intro/?_p=intro_species

497) 국립수산과학원 수산생명자원 정보센터 https://www.nifs.go.kr/frcenter/intro/?_p=intro_species

▶ 자산어보 내용

『자산어보』에 용치놀래기에 관한 설명은 없습니다.

▶ 영양 정보

구분										
비타민		레티놀 (μg)	티아민 (mg)	리보플라빈 (mg)	나이아신 (mg)	아스코빅산 (mg)				
		8	0.12	0.15	3.3	**1.0**				
아미노산 (mg)	필수	이소류신	류신	라이신	메티오닌	페닐알라닌	트레오닌	트립토판	발린	히스티딘
		817	**1407**	**1735**	**531**	700	**770**	164	**877**	363
	기타	아르기닌	티로신	시스테인	글리신	프롤린	알라닌	아스파르트산	글루탐산	세린
		997	**598**	**177**	**708**	568	978	**1728**	**2809**	643
무기질 (mg)		칼슘	인	철						
		37	**245**	**2.6**						

용치놀래기는 100g당, 85kcal, 단백질 19.3g, 지방 0.2g으로, 저칼로리 고단백 저지방의 물고기이군요. 불포화지방의 비율은 57.9%이며, 불포화지방 함량은 0.12g으로 매우 적습니다. 타우린이 289mg이군요. 비타민은 아스코빅산이 높습니다.

필수아미노산은 류신, 라이신, 메티오닌, 트레오닌, 발린이 높은 편입니다. 기타 아미노산은 티로신, 시스테인, 글리신, 아스파르트산, 글루탐산이 높군요. 무기질은 인과 철이 비교적 많은 편입니다.[498]

---

498) 국립수산과학원. 표준수산물성분표 2018. http://www.nifs.go.kr/page?id=aq_seafood_1_01

잉어

2014.4.8. 충북 옥천군 안남면 독락정.

학명	*Cyprinus carpio*
분류[499]	잉어목(Cypriniformes) 잉어과(Cyprinidae)
자산어보	없음
영어	Common carp
일어	コイ(코이)

국립수산과학원 자료에 잉어의 학명은 있는데, 계통분류에 관한 자료가 없더군요. 다른 곳에서 계통분류를 알 수 있었습니다.

산란기는 5~6월입니다. 부화 후 3년이면 30cm가 됩니다.[500] 붕어와 비슷하지만, 몸이 길고, 입에 수염이 있지요.

2014년 4월 8일 오후에 병원에서 근무하고 있는데, 사부님께서

"잉어 잡아놓았으니, 퇴근할 때 독락정에 들러서 가져가라."

고 전화를 주시더군요.

499) doopedia. https://www.doopedia.co.kr/

500) doopedia. https://www.doopedia.co.kr/

퇴근하면서 충북 옥천군에 있는 독락정에 달려갔더니, 커다란 잉어를 주시면서

"삶아서, 며늘아기 먹이라."

라고 하셨습니다. 집에 가져온 잉어를 푹 고아서, 그 물에 닭을 삶았지요. 백숙으로 해서, 온 식구가 둘러앉아 같이 먹었습니다.

저는 집에서 잉어 용봉탕을 만들 때, 잉어의 내장만 제거합니다. 붕어와 달리 잉어는 비늘을 제거하지 않아도 되더군요. 찜통에 참기름을 약간 두르고, 잉어를 넣습니다. 그리고 잉어 비늘이 녹을 정도로 약간 볶은(?) 다음에, 물을 붓고 푹 고아냅니다. 잉어의 건더기를 건져내고, 그 물에 닭을 삶아서 백숙으로 만들지요.

▶ 자산어보 내용

『자산어보』에 잉어에 관한 설명은 없습니다.

▶ 영양 정보

비타민	레티놀 (㎍)	티아민 (mg)	리보플라빈 (mg)	나이아신 (mg)	아스코빅산 (mg)
	11	0.35	0.12	3.3	1.0

아미노산 (mg)										
필수	이소류신	류신	라이신	메티오닌	페닐알라닌	트레오닌	트립토판	발린	히스티딘
	962	1674	1879	748	861	797	212	1056	405
기타	아르기닌	티로신	시스테인	글리신	프롤린	알라닌	아스파르트산	글루탐산	세린
	1472	750	241	883	625	1199	1912	2910	639

무기질 (mg)	칼슘	인	철
	50	225	1.4

잉어는 100g당, 113kcal, 단백질 19.9g, 지방 4.0g으로, 고칼로리 고단백 고지방의 물고기이군요. 불포화지방 비율은 75.6%이며, 불포화지방 함량은 3.02g으로 매우 높습니다. 타우린이 285mg입니다. 비타민은 티아민과 아스코빅산이 높은데요. 특히 티아민은 뱀장어와 달고기알(0.66mg) 다음으로 높습니다.

필수아미노산은 트립토판과 히스티딘을 제외한 모든 항목이 많은데요. 특히 메티오닌이 이 책에 제시한 물고기 중에 가장 높습니다(아래 표 참조). 기타 아미노산은 세린을 제외한 모든 항목이 높군요. 무기질은 철이 많습니다. 셀레늄은 0.21㎍입니다.[501)]

<메티오닌 함량> 100g 기준

순위	물고기	mg
1	잉어	748
2	가물치	730
3	참가자미	718
4	양태	684
5	감성돔	650

한국 성인의 <메티오닌+시스테인> 하루 섭취 기준량은 남성 1,200~1,300mg, 여성 1,000~1,100mg이군요.[502)] 메티오닌은 황을 공급하고, 간 및 동맥 내 지방 축적을 방지하며 혈류를 개선하고, 콜린 합성의 원료가 된다고 합니다.[503)]

501) 국립수산과학원. 표준수산물성분표 2018. http://www.nifs.go.kr/page?id=aq_seafood_1_01

502) 보건복지부·한국영양학회. 2015 한국인 영양소 섭취 기준.

503) 김갑성 외. 일차진료 아카데미 정맥영양주사요법, Master IVNT 3.0, 2019, 일차진료아카데미 출판사. p.520.

자라

2014.6.8. 전북 무주군 앞섬 마을

학명	*Trionyx sinensis*
문	척삭동물(Chordata)
강	파충류(Reptilia)
분류[504]	거북목(Testudines) 자라과(Trionychidae)
자산어보	수귀(水龜)/남생이
영어	Soft-shelled turtle
일어	スッポン(슷폰)

손암(巽庵) 정약전 선생께서, 민물 자라에 대해 직접 설명하신 내용은 없고, 민물 남생이를

"수귀"

라는 이름으로 설명하셨더군요.

국립수산과학원 자료에 자라의 학명은 있는데 계통분류에 관한 내용은 없었습니다. 다른 곳에서 자라의 계통분류를 알 수 있었습니다.

504) doopedia. https://www.doopedia.co.kr/

2014년 봄에, 무주 앞섬 마을의 개울에서, 한동희님과 시까끼 낚시채비[505]로 빠가사리(동자개)를 잡다가, 우연히 토종 자라를 만날 수 있었는데요. 등딱지가 딱딱하지 않고 말랑말랑하더군요. 그래서 영어로는 soft-shelled turtle 즉, '부드러운 등껍데기 거북'이라고 부르는 모양입니다.

머리에 무늬도 없고, 돼지코에 주둥이가 튀어나온, 정말 소박하고 귀여운 모습이었습니다. 사진 촬영 후 물속에 넣어주니, 고개를 쭉 빼며 헤엄쳐 가는 모습도 정말 웃음을 자아내도록 이쁘더군요.

산란기는 5~7월이며, 물가의 흙에 구멍을 파고 산란합니다.[506]

토종 민물 거북이인 자라와 남생이(학명 *Mauremys reevesii*)는 멸종 위기의 보호종이지요. 특히 남생이는 천연기념물 제453호로 지정된 보호종입니다.[507] 천연기념물로 지정된 어종에 대해서는 <동자개> 편을 참조해주시기 바랍니다. 자라는 등딱지가 물렁물렁하고 무늬가 없는 반면에, 남생이는 등딱지가 단단하지요.

흔히 애완용으로 사서 기르는 붉은귀거북은, 눈 뒤에 있는 붉은색 무늬가 특징이지요. 붉은귀거북(*Trachemys*)-속(屬, genus)에 해당하는 모든 종(種, species)은 생태교란 외래종으로 지정되어 있습니

505) 시까끼 낚시채비에 대해서는, <사부님, 사부님, 울 사부님…> 편을 참고해주시기 바랍니다.

506) doopedia. https://www.doopedia.co.kr/

507) 문화재청 국가문화유산포털. 문화유산 검색. 유형 분류. 자연유산. http://www.heritage.go.kr/heri/cul/culDivView5.do?tabGubun=5&pageNo=1_1_4_0

다.[508]

우리가 보호해야 할 자라와 남생이인지, 아니면 생태교란종으로 관리해야 할 붉은귀거북인지를 잘 구분해야겠습니다. 생태교란종으로 지정된 생물들과 그 관리 법률에 대해서는 <배스> 편을 참고해주시기 바랍니다.

▶ 자산어보 내용

『자산어보』에는 민물 남생이를 <수귀(水龜)>로, 바다거북을 <해귀(海龜)>로 설명하고 있습니다. 귀(龜)는 '거북 귀' 자이지요.

> "해귀(바다거북)는 수귀(민물 남생이)와 비슷한 모양이다. 배와 등에 대모(瑇瑁, 바다거북의 일종)와 같은 무늬가 있다. 때로 수면에 떠오르기도 한다. 성질이 아주 느리고 느긋해서, 사람이 가까이 다가와도 놀라지 않는다. 등에 굴 껍데기가 들러붙었다가 조각조각 떨어져 나간다. 굴은 단단한 물체를 만나면 반드시 그 껍질을 붙인다. 이것이 혹 대모일 수도 있는데, 현지 풍속으로는 재앙을 일으킬까 두려워, 보고서도 잡지 않으니 아깝다."
>
> [海龜/해귀 狀類水龜/상류수귀 腹背有瑇瑁之紋/복배유대모지문 時或浮出水面/시혹부출수면 性甚遲緩/성심지완 近人而不驚/근인이불경 背有牡蠣之甲/배유모려지갑 片片剝落/편편박락 牡蠣遇堅硬之物/모려우견경지물 必貼其甲/필첩기갑 此或是瑇瑁/차혹시대모 而土風畏其成災/이토풍외기성재 見而不收/견이불수 惜哉/석

---

508) 국가법령정보센터. http://www.law.go.kr/행정규칙/생태계교란생물지정고시. 시행 2020.3.30. 환경부 고시 제2020-61호.

재][509][510][511]

▶ **영양 정보**

자라에 대해서는 국립수산과학원 수산물성분표에 지방 관련 수치만 제시되어 있군요. 자라는 100g당 지방이 1.5g인데, 불포화지방 비율이 74%로 높고, 불포화지방 함량은 1.11g으로 적은 편입니다.[512]

509) 정약전. 『자산어보』. 1814. 국립중앙도서관 소장본, p.76.

510) 이두수 역 『신역 자산어보』. 목근통, 2016. p.237~238.

511) 정명현 역. 『자산어보 우리나라 최초의 해양생물 백과사전』. 서해문집, 2016. p.128.

512) 국립수산과학원. 표준수산물성분표 2018. http://www.nifs.go.kr/page?id=aq_seafood_1_01

●

자리돔

2012.5.27. 제주도 서귀포 KAL호텔 앞 갯바위.

학명	*Chromis notatus*
분류[513)]	농어목(Perciformes) 자리돔과(Pomacentridae)
자산어보	없음
영어	Pearl-spot chromis
일어	スズメダイ(스즈네다이)

'자리돔'이라는 이름이 참 정겨운데요. 유혹에 흔들려 이리저리 오가지 않고, 자신에게 주어진 한 자리를 단단히 꿋꿋하게 지킨다는 의미인가요? 일어 이름의 '스즈네다이(スズメダイ)'는, '스즈네(スズメ, 참새)' + '다이(ダイ, 돔)'의 합성어로, '참새 돔'이라는 아기자기한 의미가 있군요. '펄 스팟 크로미스(Pearl-spot chromis)'라는 영어 이름도, '진주 반점의 색'이라는 예쁜 의미입니다. 참새처럼 작고 예쁜 물고기입니다.

제주도 지역에서 '자리돔 물회'로 유명한 물고기이지요. 산란기

513) 국립수산과학원 수산생명자원 정보센터 https://www.nifs.go.kr/frcenter/intro/?_p=intro_species

는 6~7월입니다. 최대 20cm까지 성장합니다.[514)]

2012년 5월 24~27일에 제주도에서 아시아 태평양 가정의학회가 열렸지요. 학회 기간에 계속 시간이 나지 않아 낚시를 못 했는데요. 그냥 대전으로 올라오기가 너무 아쉬웠습니다. 학회 마지막 날 아침 제주도를 떠나기 직전에, 한동희님과 숙소인 서귀포 KAL 호텔 앞 해변의 검은 바위에 잠깐 나갔지요.

자리돔 낚시를 했는데요. 제주도 낚시점에서 자리돔 채비를 문의하니, 민물의 피라미낚시와 유사한 카드 채비를 추천하더군요. 자리돔 카드 채비에 새우 미끼를 썼습니다. 1시간 동안 한동희님 혼자 자리돔 20여 마리를 잡았습니다! 새우 밑밥 한 주걱을 던지면 자리돔들이 새까맣게 몰려오더군요.

자리돔 회 맛이 궁금해서, 제가 제주도 숙소에서 직접 회를 만들어보았습니다. 뼈가 있는 채로도 회를 썰어보고, 뼈를 발라낸 후에 회를 떠서 맛을 비교해보니, 두 가지 모두 맛있더군요.

2012.5.27. 제주 서귀포 KAL 호텔 앞 검은 바위. 자리돔 회. 한동희님 동행.

514) 국립수산과학원 수산생명자원 정보센터 https://www.nifs.go.kr/frcenter/intro/?_p=intro_species

▶ 자산어보 내용

『자산어보』에 자리돔에 관한 설명은 없습니다.

▶ 영양 정보

비타민	레티놀 (μg)	티아민 (mg)	리보플라빈 (mg)	나이아신 (mg)	아스코빅산 (mg)
	21	**0.13**	0.15	3.7	**1.0**
무기질(mg)	칼슘	인	철		
	56	**244**	0.7		

자리돔은 100g당, 88kcal, 단백질 19.5g, 지방 0.4g으로, 저칼로리 고단백 저지방의 물고기이군요. 불포화지방의 비율은 60.8%이며, 불포화지방 함량은 0.24g으로 매우 적습니다. 비타민은 레티놀, 티아민, 아스코빅산이 많은 편입니다. 무기질은 인이 많은 편입니다. 아미노산에 대해 제시된 자료는 없군요.[515)]

515) 국립수산과학원. 표준수산물성분표 2018. http://www.nifs.go.kr/page?id=aq_seafood_1_01

●

전갱이

2009.6.13. 통영 들물낚시 좌대.

학명	*Trachurus japonicus*
분류[516)]	농어목(Perciformes) 전갱이과(Carangidae)
자산어보	가벽어(假碧魚)
영어	Japanese jack mackerel,[517)] horse mackerel[518)]
일어	アジ(아지)

손암(巽庵) 정약전 선생께서는

"고등어를 닮은 물고기"

라는 의미의 이름으로 설명하셨습니다.

전갱이의 영어 이름에도, 고등어를 의미하는 'mackerel(메커롤)'이라는 단어를 사용하는군요. 그러나, 고등어와 전갱이는, 서

516) 국립수산과학원 수산생명자원 정보센터 https://www.nifs.go.kr/frcenter/intro/?_p=intro_species

517) 국립수산과학원 수산생명자원 정보센터 https://www.nifs.go.kr/frcenter/intro/?_p=intro_species

518) 네이버 영어사전.

로 다른 과(科, Family)에 소속되어 있습니다. 전갱이는 전갱이과(Carangidae)에, 고등어는 고등어과(Scombridae)에 속하지요.

산란기는 4~7월입니다. 부화 후 1년이면 17cm, 2년이면 23cm, 3년이면 27cm, 4년이면 30cm이며, 최대 40cm까지 성장합니다.[519)]

전갱이 낚시는 끌어 올릴 때 정말 손맛이 좋습니다. 힘이 얼마나 좋은지 감성돔보다도 재미있습니다. 'Horse mackerel(말 고등어)'이라는 영어 이름에서도, '말'이라는 동물의 강한 힘이 느껴지는 것 같군요.

흔히 부산 지역에서, 축 늘어져 보이는 사람에게

"왜 그렇게 매가리가 없나?"

라고 하는 표현이 있는데, 아마도 힘 좋은 전갱이와도 관련이 있을 것 같군요. 부산 지역에서는 전갱이를 매가리 또는 메가리라고 부르기도 하지요. '맥(脈)'이라는 말은 '기운' 또는 '힘'을 뜻하는 명사입니다.[520)]

전갱이는 입술이 약해서, 세게 챔질하거나 너무 빨리 릴을 감으면 떨어져 버립니다. 처음에 들물낚시 정지연 사모님께 전갱이 낚시를 배웠는데요. 전갱이 전용 편대 채비를 하여 바닥에 봉돌을 내린 후에, 릴을 서너 바퀴 감아올린 위치에서, 입질을 기다립니다. 새우미끼를 주로 쓰는데,

519) 국립수산과학원 수산생명자원 정보센터 https://www.nifs.go.kr/frcenter/intro/?_p=intro_species

520) 네이버 국어사전.

"눈이 떨어진 새우를 미끼로 달면 절대 물지 않는다."

고 가르쳐주시더군요.

회, 구이, 조림 등 다양하게 먹을 수 있고, 좌대 낚시 한 번 가면 많은 마릿수가 잡히기 때문에 가계에 보탬이 많이 되는 생활 낚시 어종이지요. 맛도 좋습니다. 손암(巽庵) 선생께서는

"전갱이의 맛이 고등어보다 낫다."

라고까지 말씀하셨습니다.

2009.6.13. 통영 들물낚시 좌대. 큰아들 지한 동행. 조황 전갱이 100마리 이상!

▶ **자산어보 내용**

『자산어보』에는 <벽문어(碧紋魚)>라는 큰 항목 속에, 고등어를 <벽문어(碧紋魚)>로, 방어를 <해벽어(海碧魚)>로, 전갱이를 <가벽어(假碧魚)>로 설명하고 있는데요. 가(假)에 '가짜'라는 뜻이 있으니, 전갱이는 <고등어(또는 방어) 닮은 물고기>라는 의미이군요.

"가벽어(속명 가고도어假古刀魚)는 몸이 조금 작다. 색은 더욱 엷고, 입이 작으며, 입술이 얇다. 꼬리 옆에 잔가시가 줄지어 있는데, 날개에 이르러 그친다. 맛이 달고 진하여 벽문어(고등어)보다 낫다."

[假碧魚/가벽어 俗名假古刀魚/속명가고도어 體稍小/체초소 色尤淡/색우담 口小/구소 脣薄/순박 尾旁有細刺成行/미방유세자성행 至

翼而止/지익이지 味甘醲/미감농 勝於碧紋/승어벽문][521][522][523]

▶ 영양 정보

비타민	레티놀(㎍)	티아민(mg)	리보플라빈(mg)	나이아신(mg)	아스코빅산(mg)
	3	0.13	0.1	6.1	1.0

아미노산(mg)										
	필수	이소류신	류신	라이신	메티오닌	페닐알라닌	트레오닌	트립토판	발린	히스티딘
		853	1491	1684	564	811	834	210	958	800
	기타	아르기닌	티로신	시스테인	글리신	프롤린	알라닌	아스파르트산	글루탐산	세린
		1053	608	195	903	627	1029	1378	2769	673

무기질(mg)	칼슘	인	철
	29	187	1.2

전갱이는 100g당, 99kcal, 단백질 18.6g, 지방 8.3g으로, 약간 고칼로리 고단백이면서 매우 고지방이군요. 불포화지방의 비율은 69.2%이며, 불포화지방 함량은 5.74g으로 매우 높습니다. 타우린이 144mg이군요. 비타민은 티아민, 나이아신, 아스코빅산이 높은 편입니다. 필수아미노산은 트립토판을 제외한 모든 항목이 높습니다. 기타 아미노산은 아르기닌과 아스파르트산을 제외한 모든 항목이 높군요.[524]

521) 정약전. 『자산어보』. 1814. 국립중앙도서관 소장본. p.14.

522) 이두순 역. 『신역 자산어보』. 목근통, 2016. p.38~39.

523) 정명현 역. 『자산어보 우리나라 최초의 해양생물 백과사전』. 서해문집, 2016. p.51

524) 국립수산과학원. 표준수산물성분표 2018. http://www.nifs.go.kr/page?id=aq_seafood_1_01

전갱이는 4대 등 푸른 생선 중 하나이지요. 흰 살 생선이 고단백이라면, 등 푸른 생선은 고지방이고 대개 붉은 살 생선입니다. 등 푸른 생선에는 심장혈관 건강에 도움이 되는 불포화 지방산 함량이 높지요. 불포화지방에 관한 설명과 등 푸른 생선의 불포화지방 함량 비교에 대해서는 <고등어> 편을, 이 책에 제시한 물고기들의 불포화지방 함량 1~5순위에 대해서는 <뱀장어> 편을 참고해주시기 바랍니다.

●

전어

2020.8.17. 서해안 천수만 만길호 좌대.

학명	*Konosirus punctatus*
분류[525]	청어목(Clupeiformes) 청어과(Clupeidae)
자산어보	전어(箭魚)
영어	gizzard shad[526]
일어	コノシロ(고노시로)

손암(巽庵) 정약전 선생께서는

"화살 물고기"

라는 의미의 이름으로 설명하셨지요. 전어의 모양이 화살처럼 생겼다고 생각하셨나 봅니다. 영어 이름으로는, gizzard shad 즉 '모래 청어'라는 의미이군요.

산란기는 3~8월입니다. 부화 후 1년이면 11cm, 2년이면 16cm, 3년이면 18cm, 4년이면 20cm이며, 최대 26cm까지 성장합니다. 최대 수명은 7년입니다.[527] 5월 1일부터 7월 15일까지는 전어 금어기인데

525) 국립수산과학원 수산생명자원 정보센터 https://www.nifs.go.kr/frcenter/intro/?_p=intro_species

526) 네이버 영어사전.

527) 국립수산과학원 수산생명자원 정보센터 https://www.nifs.go.kr/frcenter/intro/?_p=intro_

요. 강원도 및 경상북도는 제외입니다.[528)]

전어에 대해

"봄 도다리! 가을 전어!"

"전어 굽는 냄새에 집 나간 며느리도 돌아온다."

등의 표현들이 있는데요. 지방이 오른 가을 전어는 회와 구이 모두 맛있지요. 손암(巽庵) 선생께서도

"전어는 기름지고 맛이 달다."

라고 말씀하셨습니다.

전어 낚시는, 미끼를 달지 않아도, 카드 채비만으로도 가능하더군요. 천수만 만길호 좌대에서는, 카드 채비를 수면으로부터 2~4m의 깊이에 넣고, 채비를 아래위로 흔들어주라고 가르쳐주셨습니다. 가르쳐주신 대로 했더니, 여러 마리가 한꺼번에 물려 올라오더군요.

2020.8.17. 천수만 만길호 좌대. 전어회. 한동희님 동행.

▶ **자산어보 내용**

『자산어보』에는 전어를 <전어(箭魚)>로 설명하고 있는데요. 전

species

528) 수산자원관리법. 국가법령정보센터. http://www.law.go.kr/

(箭) 자에 '화살'이라는 뜻이 있으니, 전어는 <화살 물고기>라는 의미이군요.

> "전어는 속명을 그대로 따른다. 큰 것은 1척 정도이다. 몸이 높고 좁다. 청흑색이다. 기름이 많으며 맛이 달고 두텁다. 흑산도에도 간혹 있는데, 육지 가까이에서 나는 것만은 못하다."
> [箭魚/전어 仍俗名/잉속명 大者一尺許/대자일척허 體高而狹/체고이협 色靑黑/색청흑 多膏味甘厚/다고미감후 黑山或有之/흑산혹유지 不如近陸之産/불여근륙지산][529][530][531]

▶ 영양 정보

비타민	레티놀(μg)	티아민(mg)	리보플라빈(mg)	나이아신(mg)	아스코빅산(mg)
	0	0.02	0.29	6.1	0

아미노산(mg)									
필수	이소류신	류신	라이신	메티오닌	페닐알라닌	트레오닌	트립토판	발린	히스티딘
	837	1446	1617	600	723	752	214	963	506
기타	아르기닌	티로신	시스테인	글리신	프롤린	알라닌	아스파르트산	글루탐산	세린
	1033	603	213	898	554	1021	1391	2895	564

무기질(mg)	칼슘	인	철
	141	311	1.2

전어는 100g당, 107kcal, 단백질 19.2g, 지방 2.7g으로, 고칼로리 고단백이면서 고지방이군요. 불포화지방의 비율은 45.5%이며, 불포화지방 함량은 1.23g으로 낮은 편입니다. 타우린이 213mg이나 되는

529) 정약전. 『자산어보』. 1814. 국립중앙도서관 소장본. p.38.

530) 이두순 역. 『신역 자산어보』. 목근통, 2016. p.121~122.

531) 정명현 역. 『자산어보 우리나라 최초의 해양생물 백과사전』. 서해문집, 2016. p.83.

군요. 비타민은 리보플라빈과 나이아신이 매우 높습니다.

필수아미노산은 페닐알라닌과 트립토판을 제외한 모든 항목이 높습니다. 기타 아미노산은 티로신, 시스테인, 글리신, 글루탐산이 높군요. 무기질은 칼슘과 인이 높습니다. 베타인류는 글리신 베타인 13.7mg, 호마린 1.5mg입니다.[532]

532) 국립수산과학원. 표준수산물성분표 2018. http://www.nifs.go.kr/page?id=aq_seafood_1_01

조피볼락(우럭)

2017.1.1. 완도 먼바다 선상.

학명	*Sebastes schlegeli*
분류[533)]	쏨뱅이목(Scorpaeniformes) 양볼락과(Scorpaenidae)
자산어보	검어(黔魚)
영어	Korean rockfish
일어	クロソイ(쿠로소이)

손암(巽庵) 정약전 선생께서는

"검은 물고기"

라는 의미의 이름으로 설명하셨습니다. Korean rockfish라는 영어 이름은, '한국 볼락'이라는 의미이군요.

우럭은 볼락의 한 종류입니다. 저는 '우럭'이라고 계속 불러왔는데, 조피볼락이 표준어이군요. 우럭은 방언이지요.

533) 국립수산과학원 수산생명자원 정보센터 https://www.nifs.go.kr/frcenter/intro/?_p=intro_species

산란기는 4~6월이며, 난태생입니다. 부화 후 1년이면 20cm, 2년이면 33cm, 3년이면 40cm가 됩니다. 겨울에 남하하고 봄이 되면 북상합니다.[534] 23cm 이하는 방생해야 합니다.[535]

매운탕, 구이, 회로 많이 드시는 물고기입니다. 손암(巽庵) 선생께서는

"우럭의 맛이 농어와 비슷하다."

라고 말씀하셨지요. 저는 신선한 우럭을 내장까지 넣어서, 얼큰하게 끓인 매운탕이 가장 좋은 것 같더군요.

20여 년 전에 흉부외과 나명훈 교수님과 같이 갔던, 서해안 만리포의 우럭 선상낚시가 기억나는데요. 배 위의 조사님들이 모두 지렁이 또는 오징어를 미끼로 사용하여 낚시하는데, 나명훈 교수님은 홀로 미끼를 쓰지 않고 루어낚시를 하셨지요. 당시 루어낚시를 잘 모르던 선장님 왈,

"그걸로 우럭을 잡으면 내 손에 장을 지진다."

라고 했습니다. 그런데 나명훈 교수님이 개의치 않고, 루어낚시로 보라는 듯이 아주 큰 우럭을 잡아내는 바람에 선장님이

"어라, 그걸로도 나오네."

라며 머쓱해졌지요.

충남대병원 가정의학과에서 개최하는, 2004년 향암 바다낚시대회 때였는데요. 소아과학교실의 이재호 교수님께서 합류하셨습니다.

534) 국립수산과학원 수산생명자원 정보센터 https://www.nifs.go.kr/frcenter/intro/?_p=intro_species

535) 수산자원관리법. 국가법령정보센터. http://www.law.go.kr/

언제나 그랬듯이, 다들 바다낚시가 처음이라서 물고기가 입질하는 것을 제대로 느끼지 못했습니다.

한참 동안 입질이 없자, 전공의 1년 차 정암(正岩) 김성민님이 미끼를 갈아주려고 채비를 열심히 걷어 올렸지요. 그런데, 채비를 다 걷어 올리니, 세상에나! 엄청나게 큰 우럭(조피볼락)이 물려있었습니다.

그렇게 큰 우럭이 물렸는데도 입질을 전혀 알아채지 못한, 1년 차 정암(正岩) 김성민님 왈,

"어, 물렸네!"

라며 행복해했지요.

이 모습을 옆에서 가만히 보고 계시던 이재호 교수님께서 어이없어하시며,

"그렇게 큰 우럭이 물었는데 그것을 몰랐어? 완전 초보구먼!"

하시어 낚시에 동행한 사람들이 모두 함께 웃음바다에 빠졌지요.

우럭 크기로는 그날 가장 큰 우럭을 잡아서 멋진 프로 낚시꾼이었는데….

"어, 물렸네!"

한 마디로 졸지에 체면을 구긴 우리의 정암(正岩) 김성민님! 그 말만 안 했으면 완전무결한 1등이었을 텐데요….

2008.6.6. 향암 바다낚시대회.
안면도 좌대. 전공의 1년 차
일암(一岩) 김민영님 왕 우럭!

2009.6.6. 향암 바다낚시대회.
안면도 좌대. 전공의 1년 차 겸암(謙岩)
김지영님 왕 우럭!

2010.5.15. 사부님과 먼바다 선상 우럭낚시 첫 출조. 통영.
사부님께서 먼바다 우럭 낚싯대 하사. 김영간님, 박부춘님 동행.

2010.11.27. 충남 보령화력발전소. 2시간 동안 우럭 30~40마리.
물 반 고기 반! 회 떠서 와인 한 잔씩! 한동희님, 이강준님 동행.

2011.6.5. 향암 바다낚시대회.
안면도 좌대. 전공의 1년 차 장암(場岩) 안재범님 우럭!
등따기[536]로 손질하여 소금 뿌려서 반건조한 우럭.

2011.6.5. 향암 바다낚시대회.
안면도 좌대.
청암(靑岩) 정진규 교수님 아들 지원님 우럭!

2017.6.6. 향암 바다낚시대회. 안면도.
전공의 1년 차 성암(誠岩) 이채진님
우럭 쌍걸이!

536) 생선의 등에 칼을 넣어 물고기 몸을 양쪽으로 펼친 후, 내장을 제거하는 손질 방법.

▶ 자산어보 내용

『자산어보』에는 조피볼락(우럭)을 <검어(黔魚)>로 설명하고 있습니다. 검(黔) 자가 '검다'는 뜻이니, <검은 물고기>라는 의미이군요.

> "검어(속명 검처귀黔處歸)는 모양이 강항어(참돔)와 비슷하다. 큰 것은 3척 정도이다. 머리가 크고, 입이 크며, 눈이 크다. 몸이 둥글고, 비늘은 잘며, 등이 검다. 등 지느러미와 옆 지느러미가 매우 강하며, 맛은 노어(농어)와 유사하고, 껍데기와 살이 약간 단단하다. 사계절 내내 있다.
> 조금 작은 것(속명 등덕어登德魚)은 색이 검고, 붉은 띠가 있다. 맛은 검어보다 엷다.
> 더 작은 것(속명 응자어應者魚)은 자흑색이고, 맛이 엷다. 항상 돌 틈에 살고, 먼 곳에 다닐 수 없다.
> 대부분의 검어 종류는 모두 돌 틈에 있다."
> [黔魚/검어 俗名黔處歸/속명검처귀 狀類强項魚/상류강항어 大者三尺許/대자삼척허 頭大/두대 口大/구대 目大/목대 體圓/체원 鱗細/인세 背黑/배흑 鰭鬣剛甚/기렵강심 味似鱸魚/미사로어 肌肉稍硬/기육초경 四時皆有/사시개유
> 稍小者/초소자 俗名登德魚/속명등덕어 色黑而帶赤/색흑이대적 味薄於黔魚/미박어검어
> 尤小者/우소자 俗名應者魚/속명응자어 色紫黑/색자흑 味薄/미박 常居石間/상거석간 不能遠遊/불능원유
> 大抵黔魚之屬/대저검어지속 皆在石間/개재석간][537][538][539]

---

537) 정약전. 『자산어보』. 1814. 국립중앙도서관 소장본. p.27.

538) 이두순 역. 『신역 자산어보』. 목근통, 2016. p.79~80.

539) 정명현 역. 『자산어보 우리나라 최초의 해양생물 백과사전』. 서해문집, 2016. p.69.

▶ 영양 정보

비타민		레티놀 (㎍)	티아민 (mg)	리보플라빈 (mg)	나이아신 (mg)	아스코빅산 (mg)				
		8	0.1	0.18	2.6	1.0				
아미노산 (mg)	필수	이소류신	류신	라이신	메티오닌	페닐알라닌	트레오닌	트립토판	발린	히스티딘
		954	1612	1615	510	838	878	363	936	552
	기타	아르기닌	티로신	시스테인	글리신	프롤린	알라닌	아스파르트산	글루탐산	세린
		1160	617	48	891	609	1176	1918	2974	795
무기질 (mg)		칼슘	인	철						
		34	278	0.5						

우럭은 100g당, 121kcal, 단백질 19.0g, 지방 2.4g으로, 매우 고칼로리이면서 고단백 고지방이군요. 불포화지방의 비율은 72.1%이며, 불포화지방 함량은 1.73g으로 높은 편입니다. 비타민은 리보플라빈과 아스코빅산이 많습니다. 모든 항목의 필수아미노산이 많습니다. 기타 아미노산은 시스테인을 제외한 모든 항목이 높군요. 무기질은 인이 많은 편입니다. 셀레늄도 0.83㎍으로 높은 편입니다. 베타인류는 글리신 베타인 37.0mg, 호마린 4.0mg입니다.[540]

540) 국립수산과학원. 표준수산물성분표 2018. http://www.nifs.go.kr/page?id=aq_seafood_1_01

주꾸미

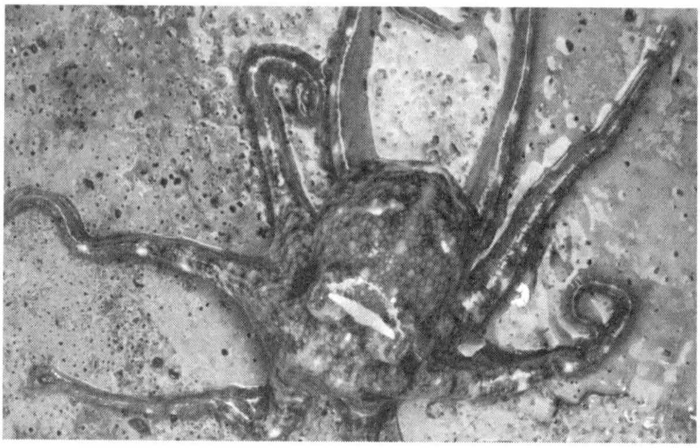

2012.10.3. 서천 홍원항 호해스타호 선상.

학명	*Amphioctopus fangsiao*
문	연체동물(Mollusca)
강	두족류(Cephalopoda)
분류[541]	팔완목(Octopoda) 문어과(Octopodidae)
자산어보	준어(蹲魚)
영어	Webfoot octopus, short arm octopus[542]
일어	イイダコ(이이다코)

손암(巽庵) 정약전 선생께서는

"쭈그리는 물고기 또는 춤추는 물고기"

라는 의미의 이름으로 설명하셨지요. 영어로는, '물갈퀴 발 문어(webfoot octopus)' 또는 '짧은 팔 문어'(short arm octopus)라는 의미의 이름이군요.

541) 국립수산과학원 수산생명자원 정보센터 https://www.nifs.go.kr/frcenter/intro/?_p=intro_species

542) 네이버 영어사전.

저는 '쭈꾸미'로 알고 다녔는데, 어느 날 한동희님이

"주꾸미가 표준말이에요!"

라고 가르쳐주더군요. 확인해보니 주꾸미가 맞았습니다.

문어과의 물고기에는 문어, 낙지, 주꾸미 등이 있지요. 이들은 다리(poda=다리)가 8개(octo=여덟)입니다. 그래서 'Octopoda'라는 목명(目名, order)과 'Octopodidae'라는 과명(科名, family)을 사용하지요. 이에 비해, 오징어 종류는 다리가 10개입니다.

국립수산과학원 자료에는 산란기가 12~2월로 되어있는데요.[543)] 맞는 것인지 모르겠습니다. 서해안에서는 봄 주꾸미 속에 알이 가득 들어 있거든요. 지역마다 산란기가 약간 다를 수도 있겠습니다. 5월 11일부터 8월까지 주꾸미 금어기입니다.[544)]

홍원항의 호해스타호 장세열 선장님께서

"주꾸미는 대부분 1년 살이다."

라고 설명해주시더군요. 봄에 알에서 부화하여, 다음 해의 봄에, 소라 껍데기에 들어가서 알을 낳은 후 사망한답니다.

2009년 11월에 박형식 사부님을 만났습니다. 1년 정도 낚시를 가르쳐주시던 사부님께서, 2010년 가을에

"아주 재미있는 생활 낚시이다."

라며 주꾸미 낚시를 추천하시더군요. 주꾸미라는 물고기를 모

---

543) 국립수산과학원 수산생명자원 정보센터 https://www.nifs.go.kr/frcenter/intro/?_p=intro_species

544) 수산자원관리법. 국가법령정보센터 http://www.law.go.kr/LSW/main.html

르고 있던 내가, 2010년에 처음으로 주꾸미 낚시를 해보게 된 것이지요. 이후 해마다 가을이면 사부님과 열심히, 주말에 주꾸미 낚시를 떠나곤 했습니다.

손암(巽庵) 선생께서 주꾸미의 맛에 관해 설명하신 내용은 없는데요. 제가 맛을 비교해보니, 오징어나 문어보다 주꾸미가 맛과 식감이 훨씬 좋습니다.

청양고추 1~2개, 대파, 양파를 썰어 넣고 물을 끓이며 요리하는 주꾸미 샤부샤부는 간단하면서도 정말 맛있지요. 우리 집에서는 주로 주꾸미볶음으로 많이 요리합니다. 그 외 주꾸미 파전, 주꾸미 젓갈 등으로도 만들어 먹습니다. 냉동고에 넣어두었다가, 라면 끓일 때 몇 마리씩 넣어 끓이기도 하고요. 집에서 김장할 때 주꾸미를 같이 넣어서 김치를 담그면 그 맛 또한 일품입니다.

어부들은 봄에, 소라 껍데기에 알을 낳으러 들어간 주꾸미들을 잡아서, 주꾸미 축제를 하지요. 봄에 알에서 부화한 주꾸미는 가을에 낚시로 잡힙니다. 어떤 분들은, 알을 품은 봄 주꾸미를 보고

"하얀 쌀밥이 들어 있다."

라며 좋아하기도 하지만, 저는 가을 주꾸미가 훨씬 더 부드럽고 맛이 있더군요.

그런데, 문제는, 이 맛있고 예쁜 주꾸미가 해마다 점차 조황이 줄어든다는 점입니다. 10여 년 전에는 10kg 정도를 잡을 수 있었는데요. 2020년에 제가 가서 낚시해보니, 이제는 2kg 남짓입니다. 호해스타호 장 선장님과 함께 원인을 탐구해보았습니다. 바닷속의 주꾸미 개체 수가 똑같다면, 주꾸미를 잡는 사람이 10배 이상 늘어났으니

당연한 결과이더군요. 혹시라도 주꾸미 개체 수가 적어지는 상황이라면, 정확한 원인 분석을 통해 주꾸미를 보호하는 대책이 필요할 수도 있겠습니다.

2011.10.3. 홍원항 호해스타호 선상.
주꾸미 잡아 즐거워하는 한동희님. 한동희님의 주꾸미볶음은 맛이 일품!

2012.10.6. 오천 앞바다.
사부님, 이순덕님, 조창호님 동행.
부여 신신낚시 사장님이 점심에 반들어준
주꾸미 샤부샤부! 낚시하는 중간에는
주꾸미 회까지 떠 주시더니…

2012.11.10.
홍원항 해성호. 이순덕님 동행

<지회장 이임식>

2013년 가을에, 대한가정의학회 대전지회장 임기를 마칠 무렵이었는데요. 차기 지회장이신 김응수 선생님이

"그동안 고생하셨습니다. 회장님이 평소 좋아하는 낚시로 이임식을 해드리겠습니다."

고 하며, 임원들의 단합대회를 주꾸미 낚시로 추진하셨지요.

일정과 준비사항은, 지회의 총무업무를 맡은, 현암(賢岩) 박한주 선생님이 모두 진행했는데요. 전혀 모자람이 없었었습니다. 그도 그럴 것이, 현암(賢岩) 박한주 선생님은, 2004~2007년에 충남대병원에서 가정의학과 레지던트 수련을 받을 때, 나와 함께 바다에 갔던 경험이 참으로 많았거든요.

현암(賢岩) 박한주 선생님은 활달하게 탁 트인 성격이라서, 공부를 하든, 낚시를 하든, 외국학회를 가든, 라면을 끓이든, … 무얼 해도 시원시원합니다. 전공의 수련 중에, 무슨 일을 맡겨도 어려움이나 미적미적한 부분이 전혀 없는 사람이었지요. 2006년에 레지던트 치프(chief)였을 때, 통영에서 열린 가정의학과 향암 바다낚시대회도 알차게 준비하곤 했습니다.

현암(賢岩) 박한주 선생님이, 주꾸미 배를 처음 타보는 지회 임원들을 위해, 미리 낚시점에 연락해서, 낚싯대며, 주꾸미 에기(egi)이며, 봉돌이며… 등등 모든 것을 모자람 없이 다 준비했더라고요. 에기는 다양한 무늬를 첨가한 새우 모양의 채비로 루어의 일종이지요. 임원들이 전날 홍원항 숙소에 도착해서 잠을 자고 아침에 일어나니, 세상에, 새벽에 일찍 일어나서 김밥까지 만들어서 싸 놓았더군요!

장세열 선장님의 호해스타호에 올라, 주꾸미 낚시를 했는데요. 장 선장님은 현암 박한주 선생님의 활달한 성격을 한눈에 알아보고는

"어촌계 부녀 회장감"

이라고 우스갯소리를 하여 함께 웃기도 했습니다.

2013.10.27. 홍원항 호해스타호.
김응수 신임지회장님과 지암(志岩) 윤석준님 주꾸미 쌍걸이!

2013.10.27. 장세열 선장님이 끓여준 주꾸미 라면과 김기덕님 주꾸미.

성한나님 우승!

▶ 자산어보 내용

『자산어보』에는 <장어(章魚)>라는 큰 항목 안에, 문어를 <장어(章魚)>로, 낙지를 <석거(石距)>로, 주꾸미를 <준어(蹲魚)>로 설명하고 있는데요. 장(章)이라는 글자의 의미에 대해서는 <돌문어> 편에서 살펴본 바 있습니다. 석거(石距)는, '돌 석'에 '떨어져 있을 거' 자인데, 무슨 의미인지 잘 모르겠군요. <돌과 떨어져 있는 물고기>라는 의미인가요? 준어(蹲魚)의 준(蹲) 자는 '쭈그린다.', '춤춘다.' 등의 뜻이니, 주꾸미는 <춤추는 물고기>라는 의미인가 봅니다.

> "석거(속명 낙제어絡蹄魚)는 큰 것이 4~5척이다. 모양은 장어(문어)를 닮았고, 다리가 더 길다. 머리는 둥글고 길다. 갯벌 구멍으로 들어가기를 좋아한다. 9~10월에는 뱃속에 밥알 같은 알이 있는데 먹을 만하다. 겨울에 구멍 속에서 새끼를 낳는데, 새끼가 자기 어미를 먹는다. 하얀색이다. 맛이 달고 좋으며, 회, 국, 어포로 좋다. 사람의 원기를 돋운다. 마르고 쇠약한 소에게 석거(낙지) 4~5마리를 먹이면 바로 건강해진다.
>
> 준어(속명 죽금어竹今魚)는 크기가 4~5치를 넘지 않는다. 모양이 장어(문어)와 유사하다. 다리가 짧아서, 겨우 몸길이의 반 정도이다."
>
> [石距/석거 俗名絡蹄魚/속명락제어 大者四五尺/대자사오척 狀類章魚/상류장어 而脚尤長/이각우장 頭圓而長/두원이장 好入泥穴/호입니혈 九十月/구시월 腹中有卵如飯稻粒/복중유란여반도립 可食/가식 冬則蟄穴產子/동즉칩혈산자 子食其母/자식기모 色白/색백 味甘美/미감미 宜鱠及羹腊/의회급갱석 益人元氣/익인원기 牛之瘦憊者/우지수비자 飼石距四五首/사석거사오수 則頓健/즉돈건
>
> 蹲魚/준어 俗名竹今魚/속명죽금어 大不過四五寸/대불과사오촌 狀類章魚/상류장어 但脚短/단각단 僅居一身之半/근거일신지

반][545][546][547]

▶ 영양 정보

비타민			레티놀 (㎍)	티아민 (mg)	리보플라빈 (mg)	나이아신 (mg)	아스코빅산 (mg)				
		주꾸미	0	0.03	**0.18**	1.6	0				
		낙지	0	0.03	0.06	2.1	0				
아미노산 (mg)	필수		이소류신	류신	라이신	메티오닌	페닐알라닌	트레오닌	트립토판	발린	히스티딘
		주꾸미	700	1144	1008	212	566	623	**291**	627	403
		낙지	443	784	714	32	355	453	118	416	339
	기타		아르기닌	티로신	시스테인	글리신	프롤린	알라닌	아스파르트산	글루탐산	세린
		주꾸미	**1244**	418	42	**852**	577	797	1352	2098	644
		낙지	763	276	145	6	214	776	1032	1635	464
무기질 (mg)			칼슘	인	철						
		주꾸미	19	129	**1.4**						
		낙지	20	200	0.3						

주꾸미는 100g당, 52kcal, 단백질 10.8g, 지방 0.7g으로, 매우 저칼로리 저단백이면서 저지방이군요. 불포화지방의 비율은 73.7%이며, 불포화지방 함량은 0.52g으로 매우 적은 편입니다. 비타민은 리보플라빈이 많습니다. 필수아미노산은 트립토판이 많고, 기타 아미노산은 아르기닌과 글리신이 많은 편입니다. 무기질은 철이 많습니다.[548]

545) 정약전. 『자산어보』. 1814. 국립중앙도서관 소장본, p.58~59.

546) 이두순 역. 『신역 자산어보』. 목근통, 2016. p.185~188.

547) 정명현 역. 『자산어보 우리나라 최초의 해양생물 백과사전』. 서해문집, 2016. p.109.

548) 국립수산과학원. 표준수산물성분표 2018. http://www.nifs.go.kr/page?id=aq_seafood_1_01

낙지는 100g당, 75kcal, 단백질 16.3g, 지방 0.5g으로, 저칼로리이면서 약간 저단백이고 저지방이군요. 주꾸미보다는 칼로리와 단백질이 더 많습니다. 불포화지방의 비율은 79.3%로, 이 책에 제시한 물고기 중에 가장 높군요(아래 표 참조). 불포화지방 함량은 0.4g으로 매우 적습니다. 셀레늄은 0.5㎍으로 높습니다. 베타인류는 글리신 베타인 454.8mg, 호마린 101.1mg으로, 모두 매우 높습니다.[549]

<불포화지방 비율>

순위	물고기	%
1	낙지	79.3
2	미꾸라지	78.0
3	꽃게	77.2
4	홍어	76.9
5	쏨뱅이	76.3

쓰러진 소도 일으킨다는 둥, 갯벌의 산삼이라는 둥, 두족류의 효능에 관한 이야기들이 많은데요. 혹시 두족류에 풍부한 타우린 성분과 관련이 있을까요?

국립수산과학원 수산물성분표에는 낙지의 타우린 함량이 854mg이라고 되어있을 뿐, 주꾸미나 문어 등 다른 두족류 물고기의 타우린에 대한 자료가 제시되어 있지 않더군요. 국립수산과학원 자료로는 두족류의 타우린 함량을 직접 비교할 수가 없었습니다.[550]

두족류의 타우린 함량(mg/100g)을 비교해보기 위해 국내외

549) 국립수산과학원. 표준수산물성분표 2018. http://www.nifs.go.kr/page?id=aq_seafood_1_01

550) 국립수산과학원. 표준수산물성분표 2018. http://www.nifs.go.kr/page?id=aq_seafood_1_01

논문과 문헌을 살펴보니, 주꾸미 1,306.6, 꼴뚜기 733.5, 세발낙지 573.4, 오징어 358.1, 낙지 340.2이고[551], 갑오징어 673, 문어 380이더군요.[552] 주꾸미가, 두족류 중에 가장 많은 타우린을 갖고 있습니다. 주꾸미에 이어서 꼴뚜기, 갑오징어, 세발낙지, 문어, 오징어, 낙지의 순입니다(아래 표 참조). 주꾸미의 타우린 함량은, 두족류는 물론, 이 책에 제시하는 수산물 중에 가장 높습니다(아래 표 참조).

<두족류 타우린 함량> 100g 기준

순위	물고기	mg
1	주꾸미	1306.6
2	꼴뚜기	733.5
3	갑오징어	673.0
4	세발낙지	573.4
5	문어	380.0
6	오징어	358.1
7	낙지	340.2

<타우린 함량> 100g 기준

순위	물고기	mg
1	주꾸미	1306.6
2	참조기 근육	739.0
3	꼴뚜기	733.5
4	꽃게	711.0
5	갑오징어	673.0

타우린이 필수 영양소가 아니라서, 한국인의 타우린 하루 섭취 기준량은 정해진 것이 없군요.[553] 타우린은 항산화 작용을 하고, 간 기능과 지질대사에 도움이 되는 중요한 물질입니다. 시중에서 유통되는 거의 모든 피로회복제 상품에 타우린이 들어있는 이유이지요.

551) 김을상, 김중섭, 문현경. 시판우유와 육류·해산물 중 타우린 함량. 한국식품영양과학회지 1999; 28: 16-21.

552) Schaffer SW, Lombardini JB, Huxtable RJ. Taurine 3: Cellular and Regulatory Mechanisms. Springer Science+Business Media, LLC. 1997. p.503.

553) 보건복지부·한국영양학회. 2015 한국인 영양소 섭취 기준.

쥐치

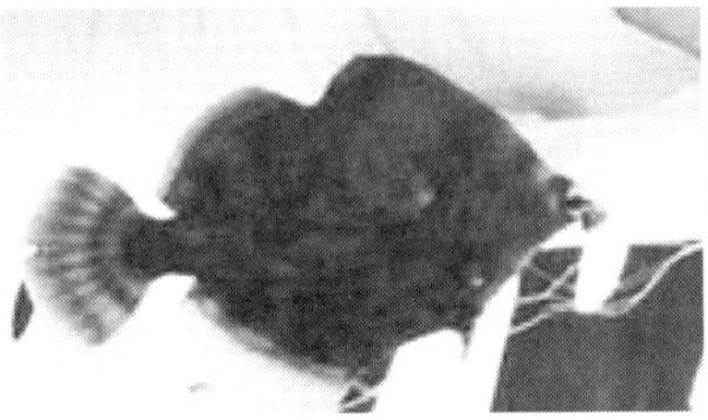 

2013.7. 거제도 탐포 해상콘도.

학명	*Stephanolepis cirrhifer*
분류[554]	복어목(Tetraodontiformes) 쥐치과(Monacanthidae)
자산어보	없음
영어	Thread-sail filefish
일어	カワハギ(카와하기)

이름이 '쥐치'인데, '쥐처럼 생긴 물고기'라는 의미인가 봅니다. 입이 쥐처럼 아주 작습니다. 고속도로 휴게소 등에서 쥐포로 널리 알려진 물고기이지요.

머리에 단단하고 뾰족한 특이한 모양의 뿔(?) 하나가 달려 있는데요. 유니콘(Unicorn)이라는 전설의 동물을 연상하게 하더군요. 이 모양을, 영어 이름에서는, '나사(thread)처럼 생긴 돛(sail)'으로 표현한 것 같습니다.

가는꼬리쥐치(학명 *Abalistes stellaris*), 날개쥐치(학명 *Aluterus scrip-*

554) 국립수산과학원 수산생명자원 정보센터 https://www.nifs.go.kr/frcenter/intro/?_p=intro_species

tus), 말쥐치(학명 *Thamnaconus modestus*), 무늬쥐치(학명 *Canthidermis maculatus*), 별쥐치(학명 *Thamnaconus hypargyreus*), 분홍꼬리쥐치(학명 *Melichthys vidua*), 분홍쥐치(학명 *Triacanthodes anomalus*), 실꼬리표문쥐치(학명 *Naso vlamingii*), 작은뿔표문쥐치(학명 *Naso annulatus*), 제왕쥐치복(학명 *Balistoides viridescens*), 쥐치(학명 *Stephanolepsis cirrhifer*), 큰뿔표문쥐치(학명 *Naso brevirostris*), 표문쥐치(학명 *Naso unicornis*), 황록쥐치(학명 *Pseudobalistes flavimarginatus*), 흑백쥐치(학명 *Cantherhines dumerilii*) 등 쥐치 종류가 많군요.

쥐치의 산란기는 5~8월입니다.[555] 말쥐치 18cm 이하는 방생해야 합니다. 그리고 말쥐치는 5~7월이 금어기인데요. 정치망어업, 연안어업 및 구획어업은 6~7월이 금어기입니다.[556] 날개쥐치의 내장에는, 복어의 독(테트로도톡신, tetrodotoxin)보다 독성이 더 강한, 펠리톡신(palytoxin)이라는 독이 있다고 하니 조심해야겠습니다.[557] 날개쥐치는 몸 전체에 푸른색 반점이 있고, 꼬리지느러미가 크고 깁니다.[558]

회를 떠보니, 가운데의 붉은 살은 마치 육고기 같은 느낌이더군요. 제가 쥐치를 손질하면서 내장을 버리는 것을, 옆에서 지켜보던 통영 어느 좌대의 사장님은

"쥐치의 간이 제일 맛있는데 왜 버리냐?"

---

555) 국립수산과학원 수산생명자원 정보센터 https://www.nifs.go.kr/frcenter/intro/?_p=intro_species

556) 수산자원관리법. 국가법령정보센터 http://www.law.go.kr/LSW/main.html

557) 중앙일보. 2012.10.31. 일본서 복이 독성 50배 '날개쥐치' 포획, 우리 바다는? https://news.joins.com/article/9752031

558) 국립수산과학원 수산생명자원 정보센터 https://www.nifs.go.kr/frcenter/intro/?_p=intro_species

고 하시더군요. 제가 잘 몰라서 그랬지요….

▶ **자산어보 내용**

『자산어보』에 쥐치에 관한 설명은 없습니다.

▶ **영양 정보**

비타민		레티놀 (㎍)	티아민 (mg)	리보플라빈 (mg)	나이아신 (mg)	아스코빅산 (mg)				
		0	0.02	0.08	3.5	0				
아미노산 (mg)	필수	이소류신	류신	라이신	메티오닌	페닐알라닌	트레오닌	트립토판	발린	히스티딘
		998	**1733**	**1718**	**643**	**816**	**803**	226	**1068**	400
	기타	아르기닌	티로신	시스테인	글리신	프롤린	알라닌	아스파르트산	글루탐산	세린
		1577	**834**	**245**	**829**	**635**	**1183**	**1879**	**3041**	**656**
무기질 (mg)		칼슘	인	철						
		56	**283**	0.4						

쥐치는 100g당, 83kcal, 단백질 19.8g, 지방 0.1g으로, 저칼로리 고단백이면서 매우 저지방인 물고기이군요. 불포화지방의 비율은 64.4%이고, 불포화지방 함량은 0.06g으로 매우 적습니다. 타우린 함량이 무려 505mg으로 높습니다. 필수아미노산은 트립토판과 히스티딘을 제외한 모든 항목이 높습니다. 기타 아미노산은 모든 항목이 높군요. 무기질은 인이 높습니다.[559)]

559) 국립수산과학원. 표준수산물성분표 2018. http://www.nifs.go.kr/page?id=aq_seafood_1_01

지렁이

홍거시

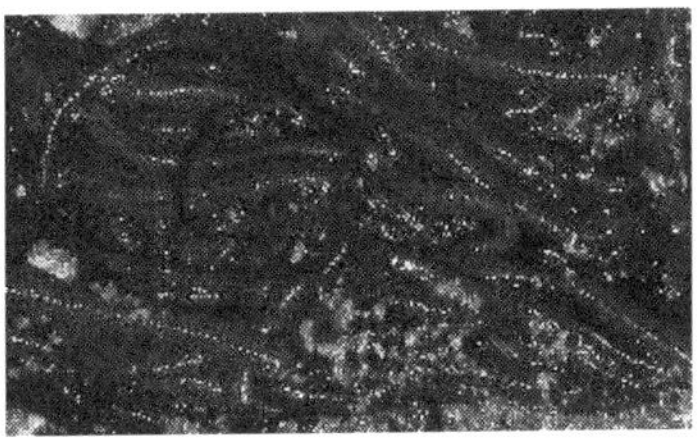

청거시

문	환형동물(Annelida)
강	지렁이류(Lumbricidae)
자산어보	해인(海蚓)/갯지렁이

갯지렁이에 대해, 손암(巽庵) 정약전 선생께서는

"해인"

이라는 이름으로 설명하시며

"이빨이 있어서 물 수도 있다. 물고기 미끼로 쓰면 아주 좋다."

라고 말씀하셨지요.

바다낚시에서 흔히 사용하는 지렁이 미끼는 몇 가지가 되더군요. 일반적으로 가장 많이 사용하는 청 갯지렁이는 청거시 또는 청개비라고도 합니다. 참 갯지렁이는 주로 홍거시 또는 혼무시라고 부르더군요. 홍거시는 청거시에 비해 엄청 굵어서, 보통 어른 손가락 굵기입니다. 주로 전라남도 지방에서, 도디리, 참돔, 감성돔 등의 낚시에 혼무시를 사용하더군요. 한편 아주 작은 지렁이인 홍개비는 벵에돔 낚시의 미끼로 주로 사용합니다.

민물낚시에서도 흔히 지렁이를 미끼로 사용하지요. 지렁이가 징

그럽기는 해도, 자연 친화적이기 때문에 아무리 맑은 물에서도 지렁이 낚시는 금하지 않는다고 하더군요. 떡밥이나 글루텐은 수질을 오염시키기 때문에 금지하는 곳이 많습니다. 민물 장어낚시에서는 아주 굵은 산(山) 지렁이를 미끼로 사용합니다.

2013년 5월 31일 금요일 저녁부터 6월 2일 일요일까지(음 4.22~24), 충북 옥천의 독락정에서 사부님과 2박 3일간 시까끼 낚시를 했습니다. 아마도 인물회의 첫 시조회(始釣會)였던 것 같군요. 사부님, 조창호님, 정태현님, 최영상님과 텐트를 치고 즐겁게 낚시했습니다. 김영간님, 박부춘님, 황성진님, 이순덕님 등은 중간에 오셔서 지원해주셨지요.

미끼를 충분히 준비한다고 했는데, 일요일 아침이 되니, 지렁이 미끼가 다 떨어졌습니다. 사부님이 정태현님에게

"가서 지렁이 좀 사 와라."

하시더군요. 정태현님이 아침 일찍 주변 가게에 갔으나 지렁이를 파는 곳이 없었다는군요. 돌아오는 길에, 어느 농가 옆에 퇴비로 쓰려고 쌓아둔 소똥 무더기를 발견했답니다. 혹시 몰라서 그 소똥 무더기를 파보니 양질의 지렁이들이 있어서 몇 마리 잡아 왔다고 하더군요.

정태현님이 사부님에게

"형, 이거 어렵게 잡아 온 거예요."

하며, 소똥 무더기에서 잡은 지렁이를 보여주었지요. 이야기를 들은 사부님께서, 정태현님과 함께 다시 그곳에 가서 맨손으로 소똥 무더기를 헤치고 지렁이를 잔뜩 잡아 오셨습니다.

잡아 온 지렁이를 미끼로 쓰다가 지렁이 미끼가 또 다 떨어져 가는데, 정태현님은 계속 지렁이 미끼를 달아서 던지더군요. 알고 보니, 정태현님이 개인적으로 지렁이를 조금 여유 있게 꼬불쳐두었나 봅니다.

사부님이

"그 지렁이 좀 달라."

고 했으나, 흔쾌히 내어주지 않더군요. 아마도 너무 어렵게 지렁이를 잡아 왔었나 봅니다. 그래도 사부님이 여러 번 애원하니, 정태현님이 지렁이 통을 사부님께 휙~ 하고 던져주었지요. 사부님 왈,

"아무리 그래도 그렇지, 네가 나한테 지렁이를 그렇게 던질 수가 있어?"

라며, 성의 없이 준다고, 정태현님에게 크게 한바탕하시는 바람에 구경하는 우리는 모두 너무나 즐거웠었지요.

이때의 조황은 빠가사리(동자개) 30여 마리, 장어 1마리, 붕어 1마리, 배스 1마리, 메기 1마리였습니다. 조창호님께서 잡으신 큰 메기는 사부님이 구이로 만들었는데, 꼭 장어구이를 먹는 것 같았지요.

▶ 자산어보 내용

『자산어보』에는 갯지렁이를 <해인(海蚓)>으로 설명하고 있습니다. '바다 해(海)', '지렁이 인(蚓)' 자이군요.

"해인은 길이가 2척 정도이다. 몸이 둥글지 않고 납작하다. 지네와 비슷하다. 가늘고 자잘한 발이 있다. 이빨이 있어서 물 수도 있다. 소금기 있는 땅의 모래와 돌 사이에서 나온다. 잡아서 물고기 미끼로 쓰면 아주 좋다."

[海蚓/해인 長二尺許/장이척허 體不圓而匾/체불원이편 似蜈蚣/사오공 有足細瑣/유족세소 有齒能咬/유치능교 產於鹵地沙石間/산어로지사석간 取作魚餌極佳/취작어이극가][560][561][562]

560) 정약전. 『자산어보』. 1814. 국립중앙도서관 소장본, p.108.

561) 이두순 역. 『신역 자산어보』. 목근통, 2016. p.348~349.

562) 정명현 역. 『자산어보 우리나라 최초의 해양생물 백과사전』. 서해문집, 2016. p.168.

징거미새우

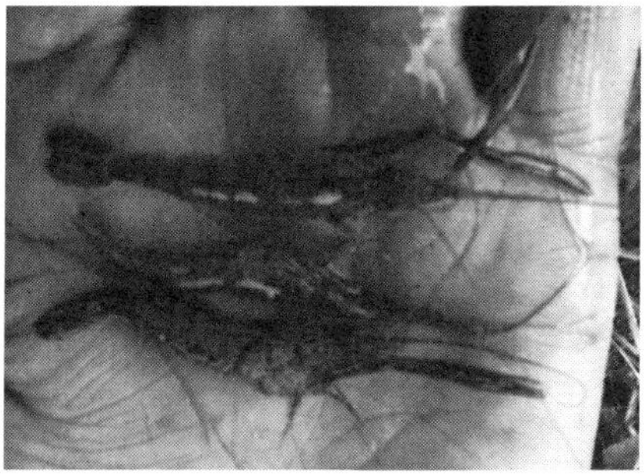

2015.12.23. 충남 청양군 농소리 저수지.

학명	*Macrobrachium koreana*
문	절지동물(Arthropoda)
강	연갑류(Malacostraca)
분류[563)]	십각목(Decapoda) 징거미새우과(Palaemonidae)
자산어보	없음
영어	Korean river prawn
일어	テナガエビ(테나가에비)

학명에 나오는 *Macrobrachium*이라는 속명(屬名, genus)은, 'macro(크다)' + 'brachium(팔)'의 합성어입니다. 학명에서 보듯, 두 번째 가슴다리가 현저하게 길지요. 징거미새우에는 두두럭징거미새우(학명 *Macrobrachium equidens*), 징거미새우(학명 *Macrobrachium nipponese*), 한국징거미새우(학명 *Macrobrachium koreana*) 등이 있습니다.[564)]

---

563) 국립수산과학원 수산생명자원 정보센터 https://www.nifs.go.kr/frcenter/intro/?_p=intro_species

564) 국립수산과학원 수산생명자원 정보센터 https://www.nifs.go.kr/frcenter/intro/?_p=intro_species

위 사진의 징거미새우는, 한쪽 다리가 더 긴 걸 보니, 한국징거미새우인 것 같군요. 한국징거미새우는 한국 특산종으로 산천계곡, 하천의 상류에 분포합니다. 바위틈이나 수초가 우거진 곳에서 살지요. 산란기는 5~8월입니다. 최대 수컷은 체장 6.1cm, 암컷은 5.2cm입니다.[565)]

두두럭징거미새우는 두 번째 가슴다리가 좌우 대칭으로 몸길이와 거의 같지요(몸길이의 약 90%). 알을 품는 시기는 5~8월입니다. 이에 비해, 징거미새우는 두 번째 가슴다리가 더 크지만, 첫 번째와 두 번째 가슴다리가 모두 크고 대칭입니다. 산란 시기는 7월에서 8월 중순입니다.[566)]

▶ 자산어보 내용

『자산어보』에 징거미새우에 관한 설명은 없습니다.

▶ 영양 정보

비타민	레티놀 (㎍)	티아민 (mg)	리보플라빈 (mg)	나이아신 (mg)	아스코빅산 (mg)
	0	0.05	0.06	2.5	**1.0**
무기질(mg)	칼슘	인	철		
	115	231	**1.8**		

565) 국립수산과학원 수산생명자원 정보센터 https://www.nifs.go.kr/frcenter/intro/?_p=intro_species

566) 국립수산과학원 수산생명자원 정보센터 https://www.nifs.go.kr/frcenter/intro/?_p=intro_species

징거미새우는 100g당, 90kcal, 단백질 18.3g, 지방이 1.4g으로, 약간 저칼로리 고단백이면서 저지방이군요. 비타민은 아스코빅산이 높습니다. 무기질은 칼슘과 철이 많습니다. 불포화지방과 아미노산에 대한 자료는 제시된 것이 없군요.[567)]

567) 국립수산과학원. 표준수산물성분표 2018. http://www.nifs.go.kr/page?id=aq_seafood_1_01

●

참돔

2015.5.23. 서천 홍원항 호해스타호.

학명	*Pagrus major*
분류[568)]	농어목(Perciformes) 도미과(Sparidae)
자산어보	강항어(强項魚)
영어	Red seabream
일어	マダイ(마다이)

손암(巽庵) 정약전 선생께서는
"목덜미가 강한 물고기"
라는 의미의 이름으로 설명하셨습니다.

'참돔'이라는 이름은, '참(진짜)' + '돔'으로, '진짜 돔'이라는 의미입니다. 마다이(マダイ)라는 일어 이름도, 마(マ, 진짜) + 다이(ダイ, 돔)의 합성어로, 같은 의미이지요. Red seabream이라는 영어 이름은, '붉은 바다 돔'이라는 의미이군요. 작은 참돔을 '상사리'라고 부르기도 하지요.

568) 국립수산과학원 수산생명자원 정보센터 https://www.nifs.go.kr/frcenter/intro/?_p=intro_species

산란기는 3~6월입니다. 부화 후 1년이면 14cm, 2년이면 19cm, 3년이면 24cm, 4년이면 28cm, 5년이면 32cm, 6년이면 36cm, 8년이면 42cm에 이릅니다. 최고 수명은 16년이더군요. 제주도 남방에서 월동하고, 봄에 북상합니다.[569] 24cm 이하는 방생해야 합니다.[570]

'바다의 여왕' 또는 '바다의 미녀'라고도 합니다. 눈을 보면, 마치 화장한 여인처럼, 예쁜 하늘색 아이섀도가 있고, 몸에는 다이아몬드 보석 같은 푸른 반점들로 장식하고 있기 때문이지요.

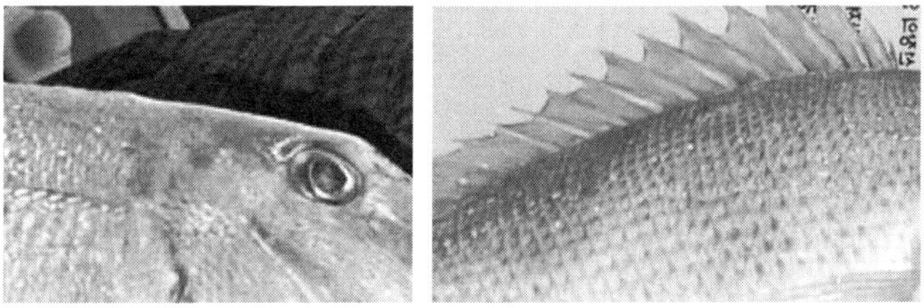

참돔의 아이섀도와 다이아몬드

참돔은 이렇게 이쁘면서도 아주 강한 물고기입니다. 손암(巽庵) 선생께서는

> "참돔은 머리와 목이 매우 단단하고 이빨이 아주 강해서, 부딪치는 물체를 모두 부수고 전복이나 소라 껍데기를 깨물며 낚싯바늘을 펴거나 부러뜨린다."

라고 말씀하셨지요.

저는 주로 참돔을 봄에 서해안에서 타이라바 채비로 잡곤 하는

569) 국립수산과학원 수산생명자원 정보센터 https://www.nifs.go.kr/frcenter/intro/?_p=intro_species

570) 수산자원관리법. 국가법령정보센터 http://www.law.go.kr/LSW/main.html

데요. 타이라바는, 작은 물고기 머리 모양의 봉돌과 물고기 꼬리처럼 생긴 가느다란 고무줄(?)들을 결합하여 사용하는 채비이더군요. 타이라바가 무슨 뜻인가 했더니, 일어의 돔이라는 뜻의 '다이(ダイ)'와 고무를 뜻하는 '라바(rubber)'의 합성어라고 하는 분도 있고,[571] 'tie(묶다)'+'rubber(고무)'의 합성어라고 설명하는 분도 있더군요. 타이라바 낚시는 인조 미끼를 사용하는 루어낚시의 일종이지요.

서해안에서는 물때에 따라, 60~80g의 타이라바 루어에 지렁이를 두세 마리씩 꿰어서 낚시하더군요. 타이라바 채비를 물속에 내려서 바닥을 찍고 살짝 들어서 옮겨주다가, 참돔 입질이 오면 챔질을 하지 말고, 참돔이 낚싯대를 쭉~ 끌고 갈 때까지 가만히 꾹 참고 있어야 합니다. 입질이 올 때, 바로 챔질하면 다 놓치지요.

그런데, 참돔이 입질할 때 낚싯대에 전해져오는 진동이 워낙 크기 때문에, 챔질하는 것을 참기가 어렵더군요. 참돔이 입질할 때, 저도 모르게 그만, 제가 챔질을 해버려서 고기를 놓치는 바람에 호해스타호 장 선장님께 몇 번 혼나기도 했습니다.

2013.6.15. 홍원항 호해스타호 타이라바 참돔 낚시.
사부님과 함께 쌍걸이. 그 사부에 그 제자!

571) 비너스마린. http://saltfishing.co.kr/salt_webzine/bbs/zboard.php?id=alchive&page=4&sn1=&divpage=1&sn=off&ss=on&sc=on&select_arrange=headnum&desc=asc&no=2

2015.3.28. 거제도 탑포 해상콘도 카고 낚시.
성인환 교수님, 박재형 교수님 동행

2018.12.15. 제주도 쇠소깍 앞
바다 선상 카고 낚시. 오세훈님,
이규섭님, 김선봉님 동행.

<피라미 바늘로 참돔 잡는 며늘아기>

2015년 2월 14일에, 큰아들, 며늘아기, 박형식 사부님과 함께 통영 삼덕 중화낚시의 내만 좌대에 들어갈 기회가 있었습니다.

큰아들과 며늘아기가 3월 1일부터 충남대학교병원에 인턴으로 근무하게 되었는데

> "힘든 인턴 근무를 시작하기 전에 바다에 가서 낚시 한번 하고 싶다."

고 하더군요.

마침 2월 14일 토요일 저녁에 충남대병원 가정의학과 신입 전공의오리엔테이션 행사가 통영의 마리나 리조트에서 예정되어있었습니다. 박형식 사부님과 나는 금요일 밤에 들물낚시 배를 타고 나가서, 행사의 요리대회에 사용할 볼락을 잡아 왔지요. 새벽 2시에 마리

나 리조트 숙소에 들어가서 눈을 잠깐 붙였다가, 토요일 오전에 시간이 나서, 넷이서 약간 늦게 좌대에 들어갔습니다.

좌대에 들어가니 많은 조사님이 이미 좋은 길목을 다 차지하고, 카고 채비로 참돔 낚시를 하고 계시더군요. 낚시 중인 조사님들에게 물어보니

"오늘은 아직 참돔이 나오지 않았다."

고 하더군요. 카고 채비에 대해서는 <감성돔> 편을 참조해주시기 바랍니다.

사부님과 나도 조사님들 틈바구니에서 카고 채비를 적당하게 던져 놓았습니다. 그날은 여유 낚시 장비가 없어서, 며늘아기와 큰아들에게는, 남은 낚싯대 한 개를 넘겨주면서

"좌대 근처에서 그냥 즐기며 둘이 놀고 있으라."

하고, 민물 피라미낚시용 카드 채비에 새우 미끼를 달아주었습니다.

그런데, 조금 있다가 며늘아기가

"아버님, 낚싯대가 바닥에 걸린 것 같아요. 빼주세요."

해서, 바라보니 초릿대가 흔들리는 모양이 바닥이 아니고 고기가 물린 것이었습니다. 초릿대는 낚싯대의 끝부분을 말하지요.

박형식 사부님이 눈을 크게 뜨고 놀라면서 총알같이 뛰어가더니

"바닥이 아니고 고기가 맞으니, 살살 감아올리라."

하며, 옆에서 도와주었지요. 그런데, 세상에 그 작은 피라미바늘에 커다란 참돔이 걸려 나오는 겁니다. 아주 가는 줄인데 용케 끊어지지 않았더군요. 꺼내 보니, 45cm가 넘는 것 같았습니다.

참돔을 잡으려고, 새벽부터 나와서 좋은 자리에서 열심히 낚시하셨으나, 참돔을 구경하지도 못한 조사님들이 모두 놀라며 어이가 없다는 표정을 지으시더군요. 주변 조사님들께 미안한 마음이 들어서,

“이거 가지고 얼른 대전에 올라가서, 친정 부모님께 회와 매운탕을 해드리라.”

고 참돔을 손질해주고 바로 철수했습니다.

2015.2.14. 통영삼덕 중화낚시 내만 좌대. 피라미바늘로 참돔 잡은 며늘아기

▶ 자산어보 내용

『자산어보』에는 참돔을 <강항어(强項魚)>로 설명하고 있습니다. ‘강할 강(强)’, ‘목덜미 항(項)’ 자이니, <강한 목 물고기>라는 의미인가 봅니다.

“강항어(속명 도미어道尾魚) 큰 것은 길이가 3~4척이다. 모양은 노어(농어)와 비슷하다. 몸이 짧고 높다. 높이가 길이의 반이다. 등이 붉고, 꼬리는 넓으며, 눈이 크다. 비늘은 면어(민어)를 닮았는데 매우 강하다. 머리와 목이 매우 단단해서, 부딪치는 물체를 모두 부순다. 이빨이 아주 강해서 전복이나 소라 껍데기를 깨물 수 있다. 낚시에 걸리면 낚싯바늘을 펴거나 부러뜨릴 수 있다. 껍데기와 살이 매

우 단단하며, 맛은 달고 진하다. 호서(충청도)와 해서(황해도)에서는 4~5월에 그물로 잡고, 흑산도에서는 4~5월에 나오기 시작하여 입동(立冬, 겨울이 시작하는 날, 양력 11월 7일경)에 사라진다."

[强項魚/강항어 俗名道尾魚/속명도미어 大者長三四尺/대자장삼사척 形似鱸/형사로 體知(短)而高/체지(단)이고[572] 高居長之半/고거장지반 背赤尾廣/배적미광 目大/목대 鱗似鮸而最剛/인사면이최강 頭項硬甚/두항경심 觸物皆碎/촉물개졸 齒最强/치최강 能齧鰉(鰒)螺之甲/능설황(복)라지갑[573] 含鉤而能伸能折/함구이능신능절 肌肉頗硬/기육파경 味甘而醲/미감이농 湖西海西/호서해서 四五月網捕/사오월망포 黑山四五月始生/흑산사오월시생 入冬絶蹤/입동절종][574][575][576]

▶ 영양 정보

비타민	레티놀 (㎍)	티아민 (mg)	리보플라빈 (mg)	나이아신 (mg)	아스코빅산 (mg)
	9	**0.26**	0.15	**4.8**	**1.0**

아미노산 (mg)										
	필수	이소류신	류신	라이신	메티오닌	페닐알라닌	트레오닌	트립토판	발린	히스티딘
		1031	**1800**	**1856**	405	**944**	**980**	**409**	**1109**	**673**
	기타	아르기닌	티로신	시스테인	글리신	프롤린	알라닌	아스파르트산	글루탐산	세린
		1302	**765**	121	486	**630**	**1289**	**2416**	**3198**	**870**

572) 국립중앙도서관 소장본이 아닌 다른 본에는 단(短)으로 되어있기도 하다.

573) 국립중앙도서관 소장본이 아닌 다른 본에는 복(鰒)으로 되어있기도 하다.

574) 정약전. 『자산어보』. 1814. 국립중앙도서관 소장본. p.10~11.

575) 이두순 역. 『신역 자산어보』. 목근통, 2016. p.24.

576) 정명현 역. 『자산어보 우리나라 최초의 해양생물 백과사전』. 서해문집, 2016. p.46.

무기질 (mg)	칼슘	인	철
	33	**270**	0.5

참돔은 100g당, 82kcal, 단백질 21.5g, 지방 0.1g으로, 저칼로리 고단백이면서 매우 저지방인 물고기이군요. 참돔의 불포화지방에 대한 정보가 없어서, 더 찾아보니, 국립수산과학원에서 8월 참돔의 지방에 관해서만, 양식 참돔은 지방이 6.5g(불포화지방 비율은 66.2%), 자연산 참돔은 지방이 4.3g(불포화지방 비율은 72.4%)으로, 별도로 제시한 자료가 있더군요. 8월 참돔의 불포화지방 함량을 계산해보니, 양식산 4.30g, 자연산 3.11g으로 매우 높습니다.

참돔의 비타민 항목은 티아민, 나이아신, 아스코빅산이 많습니다. 필수아미노산은 메티오닌을 제외한 모든 항목이 전반적으로 높은데요. 류신은 꽃게알(2,078mg), 감성돔(1,922mg)에 이어 3위입니다. 트레오닌과 트립토판은 꽃게알(트레오닌 1,248mg, 트립토판 475mg) 다음으로 2위입니다. 발린은 꽃게알(1,477mg), 감성돔(1,131mg)에 이어 3위이군요.

기타 아미노산은 시스테인과 글리신을 제외한 모든 항목이 높은데요. 세린은 꽃게알(1,306mg) 다음으로 2위이고, 아스파르트산은 등가시치(5,911mg) 다음으로 2위입니다. 무기질은 인이 높습니다. 베타인류는 글리신 베타인 33.8mg, 호마린 4.2mg, 트리고넬린 5.0mg입니다.[577)]

577) 국립수산과학원. 표준수산물성분표 2018. http://www.nifs.go.kr/page?id=aq_seafood_1_01

●

참붕어

2015.12.23. 충남 청양군 농소리 저수지.

학명	*Pseudorasbora parva*
분류[578)]	잉어목(Cypriniformes) 잉어과(Cyprinidae)
자산어보	없음
영어	False dace
일어	モツゴ(모쯔고)

토종 붕어를 참붕어로 말하는 분도 더러 있는데요. 토종 붕어와 참붕어는 서로 다른 물고기입니다. <붕어> 편을 참조해주시기 바랍니다.

피라미 크기인 참붕어는, 날렵하며 예쁜 모습인데요. 학명에 있는 '*Pseudorasbora*'라는 속명(屬名, genus)은, 'pseudo(가짜)'+'rasbora(라스보라)'의 합성어이지요. 라스보라를 닮았다는, '가짜 라스보라'라는 뜻이군요. 라스보라 속(屬, genus)에 해당하는 물고기는 잉어과의 작은 물고기들을 총칭하는데, 주로 수족관의 예쁜 물고기들이지요. 영어 이름의 'dace'는 잉어과에 속하는 황어를 지칭하니, false dace는 황어를 닮은 '가짜 황어'라는 의미이군요.

578) 국립수산과학원 수산생명자원 정보센터 https://www.nifs.go.kr/frcenter/intro/?_p=intro_species

산란기는 5~6월입니다. 참붕어는 4cm 이상이면 성숙한 개체이며, 2년이 되어도 10cm 이내로 아주 작습니다.[579)] 비늘마다 뒤쪽 가장자리에 있는 초승달 모양의 검은 무늬가 아름답지요. 대물 붕어낚시에 참붕어를 미끼로 쓰기도 합니다.

참붕어 맛이 궁금했는데요. 2020년 5월에 조카 채준병님과 충북 보은군 도원저수지에서 밤낚시 하면서, 새우망에 들어온 참붕어를 현지에서 별다른 양념 없이 라면수프만 넣고 매운탕을 끓여보았습니다. 비린 냄새가 없고, 맛도 괜찮더군요.

▶ 자산어보 내용

『자산어보』에 참붕어에 관한 설명은 없습니다.

▶ 영양 정보

비타민	레티놀 (㎍)	티아민 (mg)	리보플라빈 (mg)	나이아신 (mg)	아스코빅산 (mg)
	32	0.09	0.14	3.4	2.0
무기질(mg)	칼슘	인	철		
	983	646	2.5		

참붕어는 100g당, 118kcal, 단백질 16.4g, 지방 5.1g으로, 매우 고칼로리이면서 약간 저단백이고 매우 고지방이군요. 비타민은 레티놀과 아스코빅산이 많습니다. 특이하게, 무기질의 칼슘, 인, 철 함량

579) 국립수산과학원 수산생명자원 정보센터 https://www.nifs.go.kr/frcenter/intro/?_p=intro_species

이 모두 매우 높은데요. 특히 칼슘 함량이 이 책에 제시한 물고기 중에 가장 많습니다(아래 표 참조). 인은 긴꼬리벵에돔(2,567mg), 뱀장어 간(777mg)에 이어 3위입니다. 불포화지방과 아미노산에 대해 제시된 자료는 없습니다.[580)]

<칼슘 함량> 100g 기준

순위	물고기	mg
1	참붕어	983
2	미꾸리	736
3	멸치	496
4	긴꼬리벵에돔	328
5	홍어	305

한국 성인의 하루 칼슘 섭취 기준량은, 남성 750~800mg, 여성 700~800mg이군요.[581)] 진료실에서 골다공증 환자분들에게 칼슘 1,000mg을 하루 1알씩 처방하기도 하는데요. 딱 참붕어 100g에 해당하는군요.

580) 국립수산과학원. 표준수산물성분표 2018. http://www.nifs.go.kr/page?id=aq_seafood_1_01
581) 보건복지부·한국영양학회. 2015 한국인 영양소 섭취 기준.

●

학공치

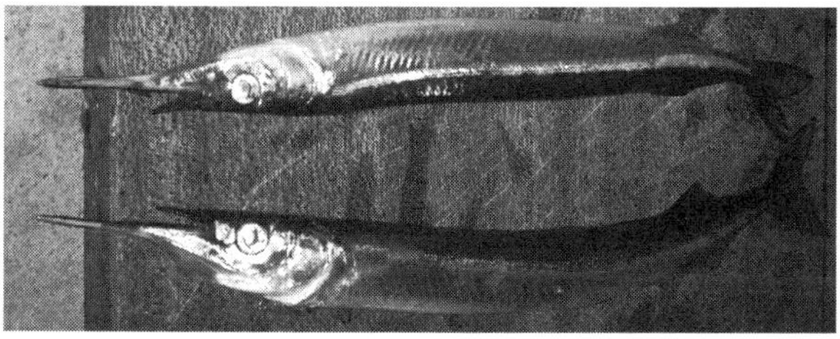

2012.9.8. 완도군 청산도 갯바위.

학명	*Hyporhamphus sajori*
분류[582)]	동갈치목(Beloniformes) 학공치과(Hemiramphidae)
자산어보	침어(鱵魚)
영어	Half beak, Horn fish
일어	サヨリ(사요리)

아래턱이 학처럼 뾰족하고 길게 튀어나온 특이한 모습입니다. 손암(巽庵) 정약전 선생께서는 학공치를

"침어"

라는 이름으로 소개하시며

"아래 부리가 의료 침처럼 가늘게 튀어나오고, 위 부리는 제비처럼 생겼다."

라고 설명하셨더군요.

영어 이름의 horn fish는 '뿔 물고기'라는 의미이고, half beak(반 부리)는 부리 두 개 중에 하나만 튀어나왔다는 의미인 것 같

582) 국립수산과학원 수산생명자원 정보센터 https://www.nifs.go.kr/frcenter/intro/?_p=intro_species

습니다.

저는 처음에 학공치가 꽁치(학명 *Cololabis saira*) 종류인 줄 알았는데요. 꽁치와는 다른 과(科, Family)에 속하는 물고기이더군요. 꽁치는 동갈치목(Beloniformes) 꽁치과(Scomberesocidae)에 속합니다. 이름도 '학꽁치'가 아니고 '학공치'입니다.

산란기는 4~7월입니다. 부화 후 1년이면 19~20cm, 2년이면 24~25cm로 성장합니다. 25cm 이상이면 성숙 개체입니다.[583)]

낚시하는 사람들은 학공치의 몸통 굵기를 기준으로, 볼펜 사이즈, 매직 사이즈, 형광등 사이즈로 분류하지요. 형광등 사이즈는 아주 큰 학공치를 말하고, 볼펜 사이즈는 아주 작은 학공치를 지칭합니다.

2012년 6월에 사부님과 함께 대구 낚시를 하러 충남 태안에 갔을 때였는데요. 태안 안흥항의 어느 낚시점 사장님께서 마침 학공치 회를 뜨려고 준비하시더군요. 학공치 회를 뜰 때 손질하는 방법을 배워보았는데요. 학공치를 직접 손질하시며 가르쳐주셨습니다.

먼저 머리를 자르고, 배를 갈라서 내장을 빼냅니다. 뱃속의 검은 막을 잘 벗겨내야 쓴맛이 없어진다고 하더군요. 내장을 손질한 다음, 학공치를 엎드려놓고, 칼등으로 학공치의 등을 두드려서 몸을 편 다음, 껍질을 벗겨냅니다. 그 후, 학공치를 뒤집어서, 가운데 큰 등뼈를

583) 국립수산과학원 수산생명자원 정보센터 https://www.nifs.go.kr/frcenter/intro/?_p=intro_species

잡아당기면 저절로 분리됩니다. 그리고 먹기 좋게 자르면 된다고 하시더군요.

충남의대 병리학 교실의 중천(中川) 송규상 교수님은 저보다 6년 위의 선배님이시지요. 송규상 교수님과는 '성사모'라는 모임에도 함께 나가고 있는데요. 이 모임은 국방과학연구소의 고현진 박사님, 강릉아산병원 순환기내과의 정상식 교수님, 충남대 병리학 교실의 송규상 교수님, 해군의 구자웅 대령님, 그리고 저까지 다섯 가족이 부부 동반으로 열 명이 20여 년 전부터 정기적으로 모이고 있습니다.

2009년 8월 초에, 이 성사모 모임에서 태안의 안흥에서 하루를 묵는 여정으로 여행을 하게 되었습니다. 안흥이 바닷가라서, 저는 미리 낚싯대를 챙겼지요. 그런데, 송교상 교수님도

"예전에 민물낚시를 했었고, 낚시를 좋아한다."

고 하시더군요. 그래서 이날 처음으로, 송규상 교수님과 둘이 바다낚시를 하게 되었습니다.

숙소에서 새벽에 일찍 일어나, 둘이 안흥 방파제 끝에 나가서 낚시하는데, 그날은 학공치가 엄청나게 몰려들더군요. 학공치 낚시는 손맛이 아주 좋습니다. 바다낚시를 처음 해보시는 송규상 교수님은 연신 학공치를 잡아 올리며

"김 교수, 바다에 꽁치가 원래 이렇게 많은 거야?"

라고 물으시면서, 학공치 손맛에 즐거워했습니다. 학공치, 학공치 하니까, 제가 처음에 그랬던 것처럼, '꽁치'인 줄 아셨던 모양입니다. 꽁치와 학공치는 다른 어종인데 말이지요.

2시간 동안 학공치 20여 마리를 잡았습니다. 아침에 숙소 마당에서 성사모 다섯 가족이, 연탄불을 피워놓고 오붓하게 둘러앉아, 학공치 구이를 맛보기까지 했지요. 학공치 손맛을 제대로 보신 송 교수님은, 이후 목포 도다리, 서천 주꾸미, 천수만 좌대, 안면도 좌대, 위도 갯바위 및 선상 등으로 자주 동행하게 되었습니다.

좌우지간 바다낚시를 처음 하는 분들과 같이 갈 때는, 무조건 손맛을 확실히 볼 수 있는 곳으로 가야 합니다. 그래야 다음 출조에 대한 동기부여가 제대로 된다는 것이 저의 깨달음이자 방침입니다.

<누가 범인인지….>

2010년 대한가정의학회 춘계학회가 4월 2~4일에 제주도에서 열렸지요. 둘째 날 새벽에 1년 차 전공의 좌암(坐岩) 권의석님과 인암(仁岩) 김어진님과 동행하여, 낚싯대를 챙겨서 숙소에서 가까운 바닷가에 걸어 나갔습니다. 숙소를 일성 콘도로 정했는데요. 숙소 바로 뒤에 있는, 아름다운 풍차가 있는, 멋진 풍경의 바위에 나갔습니다.

두 전공의가 옆에서 밑밥을 뿌려주고, 나는 새우 미끼를 끼어서 캐스팅했지요. 손맛이 좋은 학공치들이 연달아 나오는 바람에 아주 즐거웠습니다. 20~30마리를 잡아서 손질하여 숙소 냉장고에 보관했지요.

낮에 학회 일정이 끝난 후, 야채 몇 가지를 사서 숙소에 들어갔습니다. 저녁에 학공치 회무침을 만들어 안주로 내놓고, 의국원들과 모여서 숙소에서 한잔하며 밤늦게까지 이야기꽃을 피웠지요.

다음날 새벽에는 1년 차 선암(善岩) 장동민님과 평소 낚시를 좋아하는 3년 차 예암(禮岩) 최동현님이 따라나섰습니다. 그런데 이상한 일이 발생했습니다. 전날 새벽에 그렇게 많던 학공치들이 다 어디로 갔는지 한 마리도 안 보이는 겁니다.

'똑같은 시간에, 똑같은 장소인데! 어찌 이럴 수가 있는가…?'

하고 의아해하면서, 아무리 밑밥을 뿌려도 소식이 없었지요. 결국, 한 마리도 못 잡고 아쉽게 철수했습니다.

아무리 생각을 해보아도 알 수가 없었습니다. 같은 장소, 같은 시간, 같은 물때, 바람, 채비, 밑밥, 미끼… 등 모든 것이 어제와 크게 다를 게 없고 동행한 사람만 다를 뿐인데…. 궁금해서 제 나름대로 이유를 계속 탐구해보았지요.

'동행한 사람 중에 간밤에 부정 탄 사람이 있었나…. 아니면 어복이 없는 사람이 있었나…?'

'그렇다면 범인(?)이 누구지? 장동민님? 아니면 최동현님?'

'최동현님은 서천의 다사리 방파제에 같이 갔을 때도 망둑어를 꽤 많이 잡았고, 2년 전에는 통영에 같이 가서 태풍 속에서도 돌문어를 잡았었는데…'

'그렇다면 범인은…!'

2010.4.3.
제주도 일성 콘도 뒤 갯바위

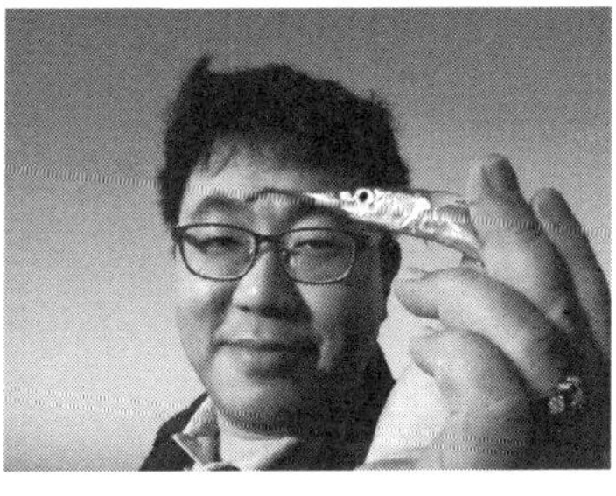

전공의 1년 차 좌암(坐岩)
권의석님과 학공치

전공의 1년 차 인암(仁岩) 김어진님과 학공치

▶ 자산어보 내용

국립중앙도서관 소장본의 『자산어보』에는 학공치를 <침어(鱵魚)>로 기록하고 있고, 또 다른 본에는 <함어(鰔魚)>로 기록되어 있기도 합니다. 침(鱵)은 '공미리(학공치) 침' 자이고, 함(鰔)은 '넙치 함' 자이군요. 내용을 보니, 아마도 국립중앙도서관 소장본의 명칭이 맞을 것 같습니다.

> "침어(속명 공치어孔峙魚)는 큰 것의 길이가 2척 정도이다. 몸이 가늘고 길어서 뱀 같다. 아래 부리가 의료 침처럼 가늘고, 길이가 3~4치이다. 위 부리는 제비와 같다. 하얀색인데 푸른 기를 띠었다. 맛은 달고 맑다. 8~9월에 포구에 들어왔다가 바로 물러간다."
>
> [鱵(鰔)魚/침(함)어[584] 俗名孔峙魚/속명공치어 大者長二尺許/대자장이척허 體細而長如蛇/체세이장여사 下觜細如醫鍼/하취세여의침 長三四寸/장삼사촌 上觜如燕/상취여연 色白帶青氣/색백대청기 味

584) 국립중앙도서관 소장본이 아닌 다른 본에는 함어(鰔魚)로 되어있기도 하다.

甘而淸/미감이청 八九月入浦旋退/팔구월입포선퇴][585][586][587]

▶ 영양 정보

아미노산 (mg)	필수	이소류신	류신	라이신	메티오닌	페닐알라닌	트레오닌	트립토판	발린	히스티딘
		904	**1499**	**1735**	**552**	**785**	**844**	203	**1028**	**695**
	기타	아르기닌	티로신	시스테인	글리신	프롤린	알라닌	아스파르트산	글루탐산	세린
		1096	**599**	**198**	**982**	**616**	**1122**	1460	**2954**	**679**
무기질 (mg)		칼슘	인	철						
		20	230	**3.5**						

학공치는 100g당, 94kcal, 단백질 19.3g, 지방 1.6g으로, 약간 고칼로리 고단백이면서 저지방이군요. 불포화지방의 비율은 73.9%이고, 불포화지방 함량은 1.18g으로 적은 편입니다. 타우린이 214mg이군요. 필수아미노산은 트립토판을 제외한 모든 항목이 높습니다. 기타 아미노산은 아르기닌과 아스파르트산을 제외한 모든 항목이 높군요. 무기질은 철이 매우 높습니다. 베타인류는 글리신 베타인 41.4mg, 호마린 3.6mg입니다. 비타민에 대해 제시된 자료는 없군요.[588]

---

585) 정약전.『자산어보』. 1814. 국립중앙도서관 소장본, p.68.

586) 이두순 역.『신역 자산어보』. 목근통, 2016. p.209~211.

587) 정명현 역.『자산어보 우리나라 최초의 해양생물 백과사전』. 서해문집, 2016. p.119~120.

588) 국립수산과학원. 표준수산물성분표 2018. http://www.nifs.go.kr/page?id=aq_seafood_1_01

한치꼴뚜기(한치)

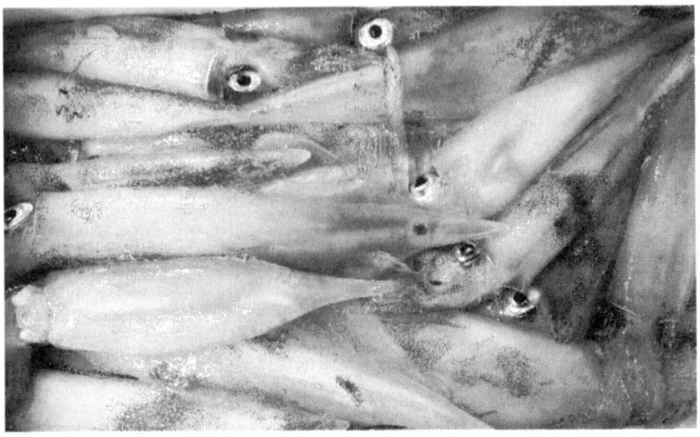

2019.7.4. 통영 들물낚시 먼바다 선상.

학명	*Loligo chinesis*
문	연체동물(Mollusca)
강	두족류(Cephalopoda)
분류[589]	살오징어목(Teuthoidea) 꼴뚜기과(Loliginidae)
자산어보	없음
영어	Mitra squid
일어	ヒラケソサキイカ(히라케소사키이카)

얼핏 생각하기에, 한치가 오징어와 비슷한 모양이라서, 저는 한치가 오징어와 같은 과(科, Family)에 속할 줄 알았는데요. 한치는 꼴뚜기-과에 속하는군요. 표준어가 한치꼴뚜기이고, 방언이 한치이군요. 한치는 오징어와 유사하지만, 다리가 현저히 짧지요. 다리가 한 치밖에 안 될 정도로 짧아서 한치라고 한다는군요. 한 치는 한 자(=척)의 10분의 1로, 약 3cm이지요. 산란에 대한 정보는 없습니다.

589) 국립수산과학원 수산생명자원 정보센터 https://www.nifs.go.kr/frcenter/intro/?_p=intro_species

일반 오징어는 지느러미가 작은데요. 오징어와 달리, 한치는 커다란 마름모꼴의 지느러미가 몸길이의 60%가 넘습니다. 한치는 8개의 다리와 두 개의 촉수가 있습니다. 오징어보다 살이 부드럽고, 값도 오징어의 거의 두 배이지요.

영어 이름이 Mitra squid(미트라 오징어)입니다. 'Mitra(미트라)'라는 단어는, '승모(僧帽)' 즉 승려의 모자를 뜻하는데요. 한치의 모양을 잘 나타낸 것 같습니다. 인체 해부학에서도, 어깨와 등 쪽에 '승모근'이라는 넓은 근육이 있는데요. 가톨릭 수사의 수사복에 달린 후드 모자를 뒤로 젖힌 모양의 근육입니다. 심장에도 좌심실과 좌심방 사이에 밸브가 있는데, 승모판(mitral valve) 또는 이첨판(bicuspid valve)이라고 부르지요.

한치 조황은 들쑥날쑥 정말 변동이 심하더군요.

"한치가 많이 나온다."

고 해서, 2020년 6월 20일에 인물회 황성진 총무님과 둘이 통영으로 내려갔는데요. 먼바다에서 밤새 선상 낚시했으나, 저는 한치 1마리, 황성진님은 2마리가 전부였습니다. 실망하고 올라왔는데, 한 달 후 또

"이번에는, 한치가 진짜 많이 나온다."

고 하더군요. 2020년 7월 21일에, 황성진님과 고등학교 후배인 송하전님과 함께 셋이서, 부랴부랴 통영으로 내려갔지요. 먼바다에서 밤새 선상 낚시했으나, 세 사람 모두 각자 한치 두 마리가 전부였습니다. 선장님 왈,

"이상하네…. 어제까지는 많이 나왔는데…."

라고 하시더군요. 아침에 허망하게 대전으로 올라오면서 황성진 총무님이 웃으며

"한치 조황은 한 치 앞을 알 수가 없어서, 한치라고 하는 모양이다."

라고 내린 결론에 크게 공감했습니다.

5~7월의 남쪽 바다에서는, 한치와 갈치가 같이 나옵니다. 그렇기에 5~6월에는 한치 낚시를 하기도 하고 갈치 낚시를 하기도 하다가, 7월에는 갈치 금어기라서 한치만 잡지요.

그런데, 2018년 6월 30일에, 제가 정신이 없어서 7월 1일로 착각을 했습니다. 갈치 금어기가 시작되는 날인 줄 알고, 한치 채비만 준비해서 대전피싱 한광희 사장님의 낚시 버스를 타고 여수로 내려갔지요. 그런데 막상 버스에 올라보니, 갈치 낚시하러 내려가는 버스였습니다. 다른 분들은 모두 갈치 채비를 가져와서 갈치를 잡는데, 저 혼자 어쩔 수 없이 한치 채비를 내려서 낚시했지요. 그런데 이날은 이상하게 밤새 갈치가 별로 안 나오고 한치만 계속 많이 나오더군요. 갈치 낚시하신 분들이 모두 꽝 쳤는데, 저만 80리터 크기의 아이스박스에 한치를 가득 채웠습니다. 대전으로 올라오면서 한광희 사장님이 웃으며

"오늘은 채비를 잘못 가져온 김 교수님이 장원이네!"

라고 하셨지요.

한치 물회는 정말 맛있더군요. 인물회 황성진 총무님께서 가르쳐준 강원도 동해안 주민들의 레시피인데요. 한치의 껍데기를 벗기고, 손질합니다. 오징어와 달리, 한치는 껍데기가 아주 쉽게 벗겨지더군요. 손질한 한치를 채를 썰 듯 가늘게 썹니다. 무, 오이, 양파도 가늘게 썰고요. 사과 또는 배를 마찬가지로 썰어서 넣습니다. 대파 뿌리 쪽의 하얀 부분도 채를 썰 듯 썰어서 넣습니다. 깻잎이나 상추 등은 개인 기호에 따라 옵션으로 조금 넣을 수 있습니다. 초고추장이

아닌, 일반 고추장을 한 숟가락 듬뿍 넣고, 매실과 식초를 넣습니다. 다진 마늘을 넣고 참깨를 뿌리고, 참기름을 몇 방울 뿌립니다. 찬물을 너무 많이 붓지 말고 자박자박할 정도로 붓습니다. 얼음을 넣어도 좋지요. 그리고 휘저어서 드시면 맛이 일품입니다.

들물낚시 먼바다 선상. 한치 잡으신 인물회 황성진님(2020.6.20.)과
서대전고 28회 송하전 후배님(2020.7.21.). 그리고 한치 물회.

▶ 자산어보 내용

『자산어보』에 한치에 관한 설명은 없습니다.

▶ 영양 정보

한치꼴뚜기에 대해서 국립수산과학원 수산물성분표에 제시된 내용이 없어서, 같은 과(科, Family)에 속하는, 꼴뚜기과의 창꼴뚜기에 관한 내용을 추가해봅니다.

<창꼴뚜기(*Loligo eduils*)>

무기질(mg)	칼슘	인	철
	22	**239**	0.9

창꼴뚜기는 100g당, 70kcal, 단백질 14.7g, 지방 0.5g으로, 매우 저칼로리 저단백 저지방이군요. 불포화지방의 비율은 60.4%이며, 불포화지방 함량은 0.3g으로 적은 편입니다. 무기질은 인이 많은 편입니다. 비타민과 아미노산에 대해 제시된 자료는 없군요.[590]

590) 국립수산과학원. 표준수산물성분표 2018. http://www.nifs.go.kr/page?id=aq_seafood_1_01

황어

2009.3.29. 동해안 영덕 갯바위

학명	*Tribolodon hakonensis*
분류[591]	잉어목(Cypriniformes) 잉어과(Cyprinidae)
자산어보	없음
영어	Sea rundace, Japanese dace
일어	ウグイ(우구이)

국립수산과학원 자료에 황어의 학명은 있는데, 계통분류에 관한 내용이 없더군요. 다른 곳에서 황어의 계통분류를 알 수 있었습니다.

산란기는 3~4월입니다. 강 하류에서 태어난 뒤 바다로 내려가 일생을 보내고, 알을 낳기 위해 강으로 돌아온다고 합니다. 해안에서는 가을에서 봄까지 잡힙니다. 겨울의 황어가 맛이 가장 좋다는군요.[592]

2009년 대한가정의학회 봄 학회가 3월 27~29일에 대구의 호텔 인터불고에서 열렸지요. 2년 차 전공의 예암(禮岩) 최동현님과 유암(裕岩) 유영일님과 함께, 학회의 마지막 날 3월 29일(음력 3.3) 새벽

591) doopedia https://www.doopedia.co.kr/

592) doopedia https://www.doopedia.co.kr/

에 대구에서 출발하여, 부푼 꿈을 안고 포항 쪽으로 열심히 달려갔습니다.

그러나 막상 영덕 해변에 도착해보니 파도가 크고 바람이 너무 불더군요. 1호 바다 릴낚싯대에 구멍찌, 새우 미끼를 채비로 사용했는데요. 그나마 다행으로 황어가 한 마리 잡혔습니다. 잡자마자 유영일님이 총알같이 근처 횟집에 가서 초고추장을 얻어 왔지요. 갯바위에서 즉석 회를 떠서 셋이 소주 1병을 즐겁게 마시며 아쉬움을 달랬습니다.

▶ 자산어보 내용

『자산어보』에 황어에 관한 설명은 없습니다.

▶ 영양 정보

구분										
비타민		레티놀(㎍)	티아민(mg)	리보플라빈(mg)	나이아신(mg)	아스코빅산(mg)				
		15	**0.26**	0.13	2.6	0				
아미노산(mg)	필수	이소류신	류신	라이신	메티오닌	페닐알라닌	트레오닌	트립토판	발린	히스티딘
		989	**1720**	**1732**	**519**	**869**	**829**	195	**1056**	384
	기타	아르기닌	티로신	시스테인	글리신	프롤린	알라닌	아스파르트산	글루탐산	세린
		1536	**819**	**216**	**911**	**699**	**1156**	**1878**	**2945**	**699**
무기질(mg)		칼슘	인	철						
		65	224	**1.5**						

황어는 100g당, 95kcal, 단백질 18.3g, 지방 1.8g으로, 약간 고칼

로리 고단백이면서 약간 저지방입니다. 불포화지방에 대한 자료는 없더군요. 타우린이 106mg입니다. 비타민은 티아민이 매우 많습니다. 필수아미노산은 트립토판과 히스티딘을 제외한 모든 항목이 높습니다. 기타 아미노산은 모든 항목이 많군요. 무기질은 칼슘과 철이 많은 편입니다.[593)]

593) 국립수산과학원. 표준수산물성분표 2018. http://www.nifs.go.kr/page?id=aq_seafood_1_01

●

황해볼락(돌볼락)

2020.4.29. 서해안 모항 방파제

학명	*Sebastes koreanus*
분류[594]	쏨뱅이목(Scorpaeniformes) 양볼락과(Scorpaenidae)
자산어보	없음
영어	Korean rockfish
일어	イシメバル(이씨메바루)

볼락 종류는 암초 지대에 주로 서식하지요. 그래서, 영어로는 볼락을 '바위 물고기(rockfish)'라고 하는가 봅니다. 영어로는, 조피볼락(우럭)과 같게, '한국 볼락'이라는 의미의 Korean rockfish라는 이름을 사용하는군요. 일어로는, 이씨(イシ, 돌) + 메바루(メバル, 볼락)로 표현할 수 있겠습니다.

우리나라의 서해안에서만 잡힙니다. 산란기는 겨울입니다. 다

594) 국립수산과학원 수산생명자원 정보센터 https://www.nifs.go.kr/frcenter/intro/?_p=intro_species

커도 15~20cm 정도입니다.[595)]

2020년 4월 29일에는 순환기 내과의 성인환 교수님, 박재형 교수님, 이재환 교수님 등과 동행하여, 서해안의 만리포에 선상낚시를 하러 갔습니다. 지인의 처가에서 묵고, 4월 30일에 선상 낚시를 했는데요. 동행한 분들이 많았는데, 모두 전날 밤늦게까지 술을 많이 마셨는지, 정작 배 위에 올라서는 고기밥을 주시느라고(?) 다들 정신없더군요. 바람이 많고 파도가 크게 쳐서 배도 많이 흔들렸습니다. 조황은 완전 꽝이었는데요. 아마도 이날이 석가탄신일이라서 더 그랬나 봅니다. 배에서 내려, 선장님이 운영하는 식당에서 우럭매운탕을 먹으며 아쉬운 마음을 달래고 철수했습니다.

전날 일행들이 숙소에서 술을 마실 때, 저는 일행 한 분과 동행하여, 숙소 근처에 있는 모항 방파제에서 지렁이 미끼를 사용하여 원투 낚시를 했지요. 이때 작은 돌볼락 한 마리가 얼굴을 보여주더군요.

▶ 자산어보 내용

『자산어보』에는 <검어(黔魚)>라는 큰 항목에, 조피볼락(우럭)을 <검어(黔魚)>로, 볼락을 <박순어(薄脣魚)>로, 불볼락(열기)을 <적박순어(赤薄脣魚)>로, 쏨뱅이를 <정어(頳魚)>로, 아귀를 <조사어(釣絲魚)>로, 미역치를 <석어(螫魚)>로 설명하고 있는데요. 돌볼락에 관한 내용은 없더군요.

595) 국립수산과학원 수산생명자원 정보센터 https://www.nifs.go.kr/frcenter/intro/?_p=intro_species

▶ **영양 정보**

황해볼락에 대해서는 국립수산과학원 수산물성분표에 제시된 내용이 없습니다.[596)]

596) 국립수산과학원. 표준수산물성분표 2018. http://www.nifs.go.kr/page?id=aq_seafood_1_01

●
히메치

2017.1.1. 완도 먼바다 선상.

학명	*Aulopus japonicus*
분류[597]	홍메치목(Aulopiformes) 홍메치과(Aulopodidae)
자산어보	없음
영어	Japanese thread-sail fish, Japanese aulopus
일어	ヒメ(히메)

완도에 열기 잡으러 가서 만난 물고기인데요. 무슨 물고기인지 몰라서, 인물회 회원님들께 물으니, 황성진 총무님께서

"히메치라는 물고기이다."

라고 알려주셨습니다.

산란기는 10~12월입니다. 수심 200m 정도의 깊은 바다의 모랫바닥에 주로 서식한다고 합니다. 보통 20cm이고, 최대 크기가 30cm입니다.[598]

597) 국립수산과학원 수산생명자원 정보센터 https://www.nifs.go.kr/frcenter/intro/?_p=intro_species

598) 국립수산과학원 수산생명자원 정보센터 https://www.nifs.go.kr/frcenter/intro/?_p=intro_

▶ **자산어보 내용**

『자산어보』에 히메치에 관한 설명은 없습니다.

▶ **영양 정보**

비타민	레티놀 (㎍)	티아민 (mg)	리보플라빈 (mg)	나이아신 (mg)	아스코빅산 (mg)
	6	**0.29**	0.14	3.1	**1.0**
무기질(mg)	칼슘	인	철		
	39	212	1.0		

히메치는 100g당, 99kcal, 단백질 20.9g, 지방 1.1g으로, 약간 고칼로리이면서 고단백 저지방이군요. 불포화지방의 비율은 68.0%이며, 불포화지방 함량은 0.75g으로 적은 편입니다. 비타민은 티아민이 매우 높고, 아스코빅산이 높습니다. 아미노산에 대해서는 제시된 자료가 없습니다.[599]

species

599) 국립수산과학원. 표준수산물성분표 2018. http://www.nifs.go.kr/page?id=aq_seafood_1_01

이 책에 제시된 물고기들의 영양 성분 함량 평균치 (100g 기준)

<일반사항>

	평균	표준편차
열량(kcal)	92.9	22.9
단백질(g)	18.0	4.1
지방(g)	2.1	2.0
불포화지방 비율(%)	69.6	5.1
불포화지방 함량(g)	1.5	1.4

<비타민>

	평균	표준편차
레티놀(μg)	21.00	52.27
티아민(mg)	0.13	0.12
리보플라빈(mg)	0.17	0.12
나이아신(mg)	3.99	2.40
아스코빅산(mg)	0.82	0.56

<아미노산(mg)>

		평균	표준편차
필수	이소류신	827.4	232.0
	류신	1402.3	383.1
	라이신	1480.5	451.3
	메디오닌	449.6	202.4
	페닐알라닌	731.9	199.9
	트레오닌	744.4	190.3
	트립토판	239.4	87.5
	발린	863.4	229.2
	히스티딘	489.3	216.4

비필수	아르기닌	1116.8	321.6
	티로신	584.9	188.1
	시스테인	154.0	111.0
	글리신	680.6	277.4
	프롤린	598.9	201.4
	알라닌	1022.1	239.9
	아스파르트산	1599.8	450.2
	글루탐산	2612.4	703.5
	세린	651.8	165.7

<무기질 및 기타>

	평균	표준편차
칼슘(mg)	61.0	80.3
인(mg)	235.2	100.3
철(mg)	1.3	1.2
글리신 베타인(mg)	108.0	160.3
호마린(mg)	36.4	56.6
타우린(mg)	343.1	253.1
셀레늄(μg)	0.45	0.54

영양 성분별 1~5순위 물고기의 함량(100g 기준)

<일반사항>

열량

순위	물고기	kcal
1	고등어	246
2	뱀장어	223
3	갈치	149
4	붕장어	135
5	이빨 다랑어	134

단백질

순위	물고기	g
1	이빨 다랑어	24.6
2	흉상어	23.5
3	부시리	22.3
4	날치	22.2
5	감성돔	21.9

지방

순위	물고기	g
1	뱀장어	17.9
2	고등어	17.8
3	붕장어	15.1
4	전갱이	8.3
5	가숭어	8.0

불포화지방 비율

순위	물고기	%
1	낙지	79.3
2	미꾸라지	78.0
3	꽃게	77.2
4	홍어	76.9
5	쏨뱅이	76.3

불포화지방 함량

순위	물고기	g
1	뱀장어	12.98
2	고등어	12.51
3	붕장어	10.80
4	전갱이	5.74
5	가숭어	5.50

<비타민>

레티놀

순위	물고기	μg
1	뱀장어 간	6000
2	뱀장어	1050
3	붕장어	360
4	미꾸리	189
5	달고기알	126

티아민

순위	물고기	mg
1	뱀장어	0.66
	달고기알	
3	잉어	0.35
4	붕어	0.31
5	히메치	0.29

리보플라빈

순위	물고기	mg
1	미꾸리	0.65
2	달고기알	0.59
3	고등어	0.50
4	뱀장어	0.48
5	가재	0.39

나이아신

순위	물고기	mg
1	달고기알	12.7
2	이빨 다랑어	10.9
3	삼치	8.9
4	멸치	8.8
5	고등어	8.3

아스코빅산

순위	물고기	mg
1	미역	18
2	다시마	14
3	뱀장어 간	10
4	미꾸리	2
	누치	

<필수아미노산>

이소류신

순위	물고기	mg
1	꽃게알	1309
2	방어	1247
3	감성돔	1098
4	참돔	1031
5	달고기	1003

류신

순위	물고기	mg
1	꽃게알	2078
2	감성돔	1922
3	참돔	1800
4	방어	1796
5	쥐치	1733

라이신

순위	물고기	mg
1	쥐노래미	2055
2	벵에돔	2041
3	매퉁이	2029
4	양태	2014
5	능성어	1962

메티오닌

순위	물고기	mg
1	잉어	748
2	가물치	730
3	참가자미	718
4	양태	684
5	감성돔	650

페닐알라닌

순위	물고기	mg
1	꽃게알	1069
2	매퉁이	1000
3	감성돔	957
4	능성어	956
5	참돔	944

트레오닌

순위	물고기	mg
1	꽃게알	1248
2	참돔	980
3	삼치	935
4	벵에돔	925
5	쥐노래미	912

트립토판

순위	물고기	mg
1	꽃게알	475
2	참돔	409
3	성대	372
4	가숭어	370
5	돌돔	367

발린

순위	물고기	mg
1	꽃게알	1447
2	감성돔	1131
3	참돔	1109
4	쥐치	1068
5	매퉁이	1067

히스티딘

순위	물고기	mg
1	방어	1281
2	고등어	1121
3	꽃게알	919
4	오징어 암컷	861
5	전갱이	800

<비 필수아미노산>

아르기닌

순위	물고기	mg
1	대하	2897
2	꽃게	1743
3	감성돔	1707
4	꽃게알	1684
5	쥐치	1577

티로신

순위	물고기	mg
1	꽃게알	1116
2	감성돔	893
3	능성어	839
4	쥐치	834
5	황어	819

시스테인

순위	물고기	mg
1	꽃게알	1128
2	메기	676
3	벵에돔	273
4	쥐치	245
5	잉어	241
	자주복	

글리신

순위	물고기	mg
1	대하	1487
2	참가자미	1051
3	꽃게	1043
4	자주복	988
5	학공치	982

프롤린

순위	물고기	mg
1	꽃게알	1297
2	오징어 수컷	1117
3	대하	1077
4	꽃게	788
5	미꾸리	779

알라닌

순위	물고기	mg
1	감성돔	1332
2	벵에돔	1304
3	꽃게알	1296
4	참돔	1289
5	능성어	1239

아스파르트산

순위	물고기	mg
1	등가시치	5911
2	참돔	2416
3	돌돔	2169
4	감성돔	2143
5	성대	2129

글루탐산

순위	물고기	mg
1	벵에돔	3424
2	감성돔	3423
3	능성어	3406
4	참조기	3393
5	쥐노래미	3326

세린

순위	물고기	mg
1	꽃게알	1306
2	참돔	870
3	삼치	832
4	성대	816
5	벵에돔	812

<무기질>

칼슘

순위	물고기	mg
1	참붕어	983
2	미꾸리	736
3	멸치	496
4	긴꼬리벵에돔	328
5	홍어	305

인

순위	물고기	mg
1	긴꼬리벵에돔	2567
2	뱀장어 간	777
3	참붕어	646
4	미꾸리	437
5	달고기알	375

철

순위	물고기	mg
1	가재	15.8
2	미꾸리	8.0
3	용가자미	4.5
4	긴꼬리벵에돔	3.8
5	멸치	3.6

<베타인류>

글리신 베타인

순위	물고기	mg
1	대하	776.7
2	오징어	773.9
3	꽃게	461.2
4	낙지	454.8
5	대문어	405.4

호마린

순위	물고기	mg
1	오징어	151.5
2	대문어	148.6
3	꽃게	128.9
4	대하	101.3
5	낙지	101.1

<타우린과 셀레늄>

타우린

순위	물고기	mg
1	주꾸미	1306.6
2	침조기 근육	739.0
3	꼴뚜기	733.5
4	꽃게	711.0
5	쇠갑오징어	673.0

셀레늄

<table>
<tr><th>순위</th><th>물고기</th><th>μg</th></tr>
<tr><td>1</td><td>꽃게 내장</td><td>2.54</td></tr>
<tr><td>2</td><td>미꾸라지</td><td>1.82</td></tr>
<tr><td>3</td><td>꽃게</td><td>1.07</td></tr>
<tr><td rowspan="2">4</td><td>성대</td><td rowspan="2">0.93</td></tr>
<tr><td>붕장어</td></tr>
</table>

물고기 성분별 한국인 영양소 권장 섭취 기준량 (19~64세 성인, 하루 기준)[600]

<일반사항>

	남	여
열량(kcal)	2,200~2600	1,800~2,100
단백질(g)	60~65	50~55
지방(g)	15~30	

<비타민>

	남	여
레티놀<비타민 A> (μg)	750~800	600~650
티아민<비타민 B1> (mg)	1.2	1.1
리보플라빈<비타민 B2> (mg)	1.5	1.2
나이아신 (mg)	16	14
아스코빅산<비타민 C> (mg)	100	

600) 보건복지부·한국영양학회. 2015 한국인 영양소 섭취 기준.

<아미노산(mg)>

	남	여
이소류신	1,200~1,300	1,000~1,100
류신	2,700~3,000	2,200~2,400
라이신	2,800~3,000	2,300~2,500
메티오닌+시스테인	1,200~1,300	1,000~1,100
페닐알라닌+티로신	3,200~3,400	2,600~2,800
트레오닌	1,100~1,400	1,000~1,300
트립토판	300	200~300
발린	1,500~1,600	1,200~1,300
히스티딘	900~1,000	700~800

※ 시스테인과 티로신은 비 필수아미노산임.

<무기질 및 기타>

	남	여
칼슘(mg)	750~800	700~800
인(mg)	700	
철(mg)	10	8~14
요오드(μg)	150	
셀레늄(μg)	60	

수산물 체장 계측 기준[601]

[어류]

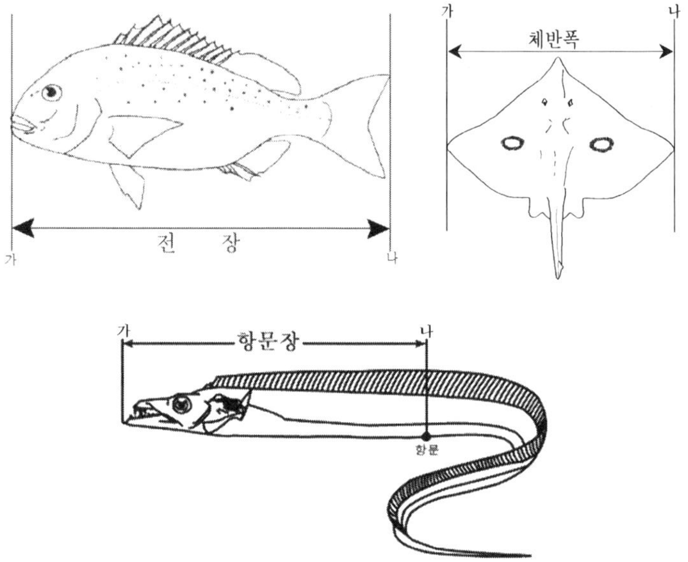

[갑각류]

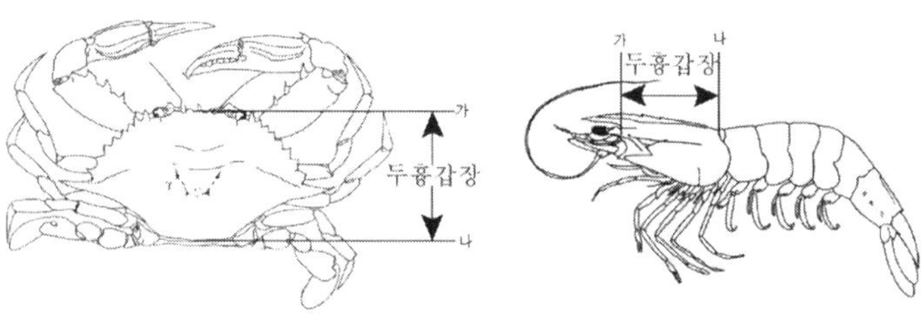

601) 수산자원관리법. 부도(개정 2016.2.3.). 국가법령정보센터 http://www.law.go.kr/LSW/main.html

[패류]

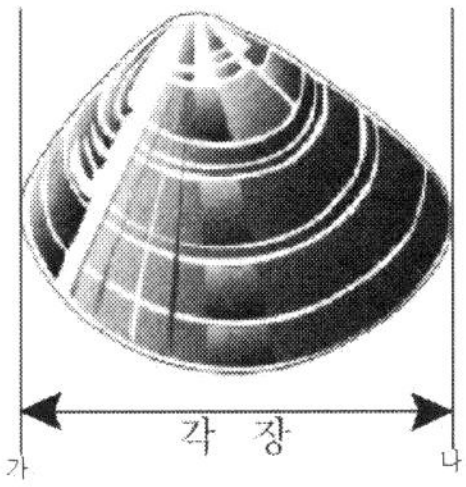

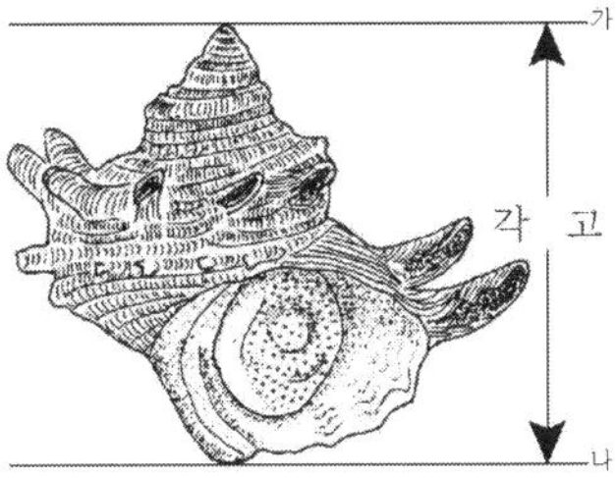

[성게]

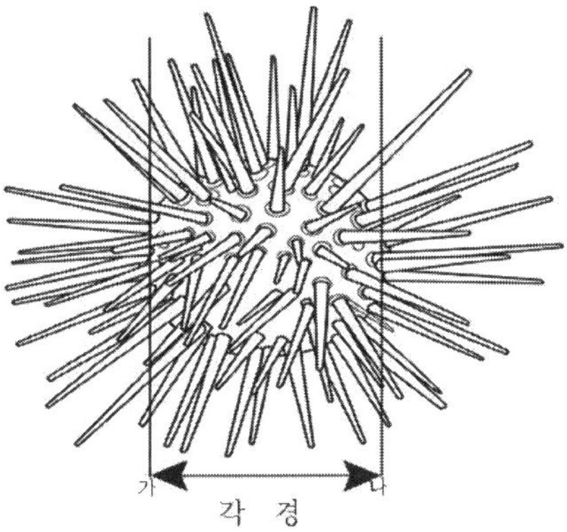

[오징어류]

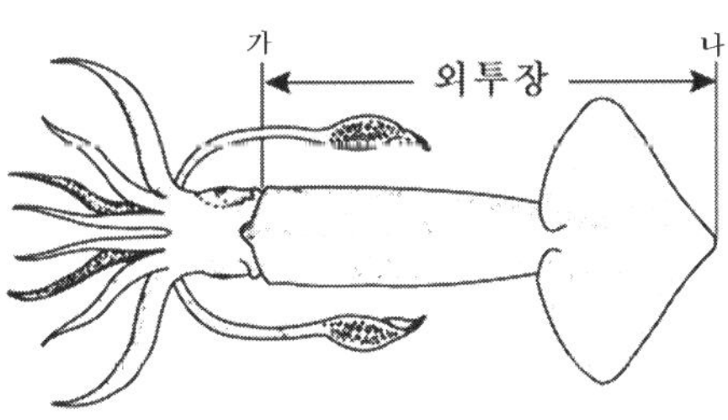

천연기념물로 지정된 어종[602]

	학명	
꼬치동자개	*Pseudobagrus brevicorpus*	천연기념물 제455호
남생이	*Mauremys reevesii*	천연기념물 제453호
미호종개	*Iksookimia choii*	천연기념물 제454호
어름치	*Hemibarbus mylodon*	천연기념물 제259호
황쏘가리	*Siniperca scherzeri(Albino type)*	천연기념물 제190호

602) 문화재청 국가문화유산포털. 자연유산. http://www.heritage.go.kr/heri/cul/culDivView5.do?tabGubun=5&pageNo=1_1_4_0

수산물 포획 금지 기준[603)][604)]

<table>
<tr><th>바다 어류</th><th colspan="2">금지 기준</th></tr>
<tr><td>도루묵</td><td colspan="2">11cm 이하</td></tr>
<tr><td>참가자미</td><td colspan="2">12cm 이하</td></tr>
<tr><td>황돔, 문치가자미, 볼락</td><td colspan="2">15cm 이하</td></tr>
<tr><td>말쥐치</td><td colspan="2">18cm 이하</td></tr>
<tr><td>쥐노래미, 감성돔, 황복</td><td colspan="2">20cm 이하</td></tr>
<tr><td>넙치</td><td colspan="2">21cm 이하</td></tr>
<tr><td>조피볼락</td><td colspan="2">23cm 이하</td></tr>
<tr><td>돌돔, 참돔</td><td colspan="2">24cm 이하</td></tr>
<tr><td>개서대</td><td colspan="2">26cm 이하</td></tr>
<tr><td>농어, 대구, 방어</td><td colspan="2">30cm 이하</td></tr>
<tr><td>민어</td><td colspan="2">33cm 이하</td></tr>
<tr><td>붕장어</td><td colspan="2">35cm 이하</td></tr>
<tr><td>갯장어, 미거지</td><td colspan="2">40cm 이하</td></tr>
<tr><td>참홍어</td><td colspan="2">체반폭 42cm 이하</td></tr>
<tr><td>갈치</td><td>항문장 18cm 이하</td><td rowspan="4">다만, 해당 물고기 어획량 중 해당 체장의 물고기를 20% 미만으로 포획하는 경우는 제외.</td></tr>
<tr><td>고등어</td><td>21cm 이하</td></tr>
<tr><td>참조기</td><td>15cm 이하</td></tr>
<tr><td>살오징어</td><td>외투장 12cm 이하</td></tr>
</table>

603) 수산자원관리법 시행령 별표 2 요약(개정 2019.1.22.). 국가법령정보센터 http://www.law.go.kr/LSW/main.html

604) 내수면어업법 시행령 별표 1 요약(개정 2017.1.10.). 국가법령정보센터 http://www.law.go.kr/LSW/main.html

기타 바다 수산물	금지 기준
마대오분자기, 오분자기	제주도산에 한정하여 각장 4cm 이하
닭새우	5cm 이하
백합	각장 5cm 이하
소라	각고 5cm 이하. 다만, 제주도·울릉도·독도산은 7cm 이하
꽃게	6.4cm 이하
전복류	각장 7cm 이하. 다만, 제주도산은 10cm 이하
털게	강원도산에 한정하여 7cm 이하
대게	9cm 이하
펄닭새우	10cm 이하
키조개	부산·울산·강원도·경상도산에 한정하여 각장 18cm 이하
대문어	400g 이하

민물 수산물	금지 기준
송어	12cm 이하
쏘가리	18cm 이하
산천어, 황복	20cm 이하
뱀장어	15cm~45cm
기수재첩	각장 1.5cm 이하(섬진강은 1.2cm 이하)
참다슬기, 곳체다슬기, 다슬기, 주름다슬기, 좀주름다슬기	각고 1.5cm 이하
참게, 동남참게	5cm 이하
말조개	각장 9cm 이하

수산물 포획 금지 기간[605)606)]

<table>
<tr><th>바다 어류</th><th colspan="2">금지 기간</th></tr>
<tr><td>문치가자미</td><td colspan="2">12~1월</td></tr>
<tr><td>대구</td><td colspan="2">3월. 다만, 부산·경남은 1월</td></tr>
<tr><td>모든 수산물</td><td colspan="2">주1), 주2)의 해역에서 4~10월</td></tr>
<tr><td>살오징어</td><td colspan="2">4월~5월(근해채낚기어업과 연안복합어업은 4월).
다만, 정치망어업으로 포획하는 경우는 제외.</td></tr>
<tr><td>전어</td><td colspan="2">5.1~7.15. 다만, 강원도·경북은 제외</td></tr>
<tr><td>주꾸미</td><td colspan="2">5.11~8.31.</td></tr>
<tr><td>말쥐치</td><td colspan="2">5~7월. 다만, 정치망어업·연안어업·구획어업은 6~7월</td></tr>
<tr><td>낙지</td><td colspan="2">6월. 다만, 시·도지사가 4~9월까지의 기간 중 1개월 이상의 기간을 정하여 고시하는 경우에는 해당 기간.</td></tr>
<tr><td>참홍어</td><td colspan="2">6.1~7.15</td></tr>
<tr><td>고등어</td><td>4~6월 기간 중 고시하는 1개월</td><td rowspan="3">다만, 해당 물고기를 총어획량의 10% 미만으로 포획하는 경우는 제외.</td></tr>
<tr><td>참조기</td><td>7월(근해자망어업 중 유자망을 사용하는 경우에는 4.22~8.10)</td></tr>
<tr><td>갈치</td><td>7월</td></tr>
<tr><td>옥돔</td><td colspan="2">7.21~8.20.</td></tr>
<tr><td>개서대</td><td colspan="2">7~8월</td></tr>
<tr><td>미거지</td><td colspan="2">강원도에 한정하여 8월</td></tr>
<tr><td>연어</td><td colspan="2">10~11월</td></tr>
<tr><td>쥐노래미</td><td colspan="2">11~12월</td></tr>
<tr><td>명태</td><td colspan="2">1~12월</td></tr>
</table>

주1) 전북 군산시 오식도동 북서쪽 끝, 옥도면 개야도 서쪽 끝과 북위36도02분 10.69초, 동경126도39분52.59초의 점을 차례대로 연결한 선 안의 해역

주2) 전북 부안군 변산면 격포리 개섬 고정, 고창군 심원면 미여도 고정과 해리면 동호리 고정을 차례대로 연결한 선 안의 해역

605) 수산자원관리법 시행령 별표 1 요약(개정 2019.1.22.). 국가법령정보센터 http://www.law.go.kr/LSW/main.html

606) 내수면어업법 시행령 별표 1 요약(개정 2017.1.10.). 국가법령정보센터 http://www.law.go.kr/LSW/main.html

바다 갑각류	금지 기간
털게	강원도에 한정하여 4~5월
꽃게	6~9월 중 해양수산부장관이 고시하는 2개월. 꽃게를 어획량의 5% 이상 포획하지 않는 외끌이대형저인망어업·쌍끌이대형저인망어업·동해구외끌이중형저인망어업·서남해구외끌이중형저인망어업·서남해구쌍끌이중형저인망어업·대형트롤어업·근해안강망어업은 제외.
대게류 (붉은 대게는 제외)	1) 6~11월. 다만, 동경131도30분 이동수역은 6~10월, 북위38도34분09.68초와 강원도 고성군 현내면 지경리 해안선의 교점, 북위38도34분09.69초와 동경128도30분06.89초의 교점, 북위38도33분09.69초와 동경128도30분06.89초의 교점, 북위38도33분09.69초와 강원도 고성군 현내면 저진리 해안선의 교점을 차례대로 연결한 선 안의 해역에서는 4.1~7.20, 10~11월. 2) 주5) 및 주6)의 해역에서 3~4월
대하	5~6월
펄닭새우	6~8월
붉은 대게	7.10~8.25. 다만, 강원도 연안자망어업은 6.1~7.10.
닭새우	7~8월

주5) 다음 좌표를 차례대로 연결한 선 안의 해역
가. 북위36도44분, 동경129도48분
나. 북위36도44분, 동경129도51분
다. 북위36도41분, 동경129도48분
라. 북위36도41분, 동경129도51분

주6) 다음 좌표를 차례대로 연결한 선 안의 해역
가. 북위36도29분, 동경129도48분
나. 북위36도29분, 동경129도51분
다. 북위36도26분, 동경129도48분
라. 북위36도26분, 동경129도51분

바다 어패류 및 기타	금지 기간
가리비	주7)의 해역에서 3~6월
코끼리조개	4~7월(강원도·경북에 한정)
감태, 검둥감태	5~7월. 다만, 제주도는 1~12월
곰피, 대황	5~7월
새조개	6.16~9.30. 다만, 부산·울산·경남·전남(무안군과 영광군은 제외)·제주도는 6~9월.
해삼	7월
백합	7.1~8.20.
소라	여수시 삼산면과 제주도(추자도는 제외)는 6~8월, 추자도는 7~9월, 울릉도·독도는 6~9월
키조개	7~8월
오분자기	7~8월(제주도에 한정)
뜸부기	8~9월
전복류	9~10월. 다만, 제주도는 10~12월
넓미역	9~11월(제주도에 한정)
톳	10~1월
도박류(진도박, 먹도박)	10~4월
개다시마	11~1월
우뭇가사리	11~4월

주7) 다음 좌표를 차례대로 연결한 선 안의 해역
가. 북위36도04분10.74초, 동경129도24분51.72초
나. 북위36도04분10.75초, 동경129도34분51.66초
다. 북위36도09분10.71초, 동경129도24분51.71초
라. 북위36도09분10.71초, 동경129도34분51.66초

민물 수산물	금지 기간
빙어	3.1~3.20.
열목어	3~4월
은어	강원도·경북 4.20~5.20, 9~10월
	기타 지역 4월, 9.15~11.15. 다만 댐 지역에서 자원을 활용하고자 할 때는 지자체장이 한시적으로 허가할 수 있다.
쏘가리	전라도·경상도 4.20~5.30. 다만, 댐·호소는 5.10~6.20.
	기타 지역 5.1~6.10. 다만, 댐·호소는 5.20~6.30.
참게·동남참게	강원도에 한정하여 8~11월. 다만, 댐은 제외.
연어	10.11~11.30,
뱀장어	10~3월. 다만, 댐·호소는 예외이며, 수산 종자로 사용되는 15cm 미만의 뱀장어는 금지 기간에도 포획할 수 있다.
다슬기	12~2월

Chapter 03

물고기가 내게 준 선물

1. 사부님, 사부님, 울 사부님…

2. 내일 배 사무장 좀 할터?

3. 퇴계 선생 도산십이곡에 응답한 대방어

03 물고기가 내게 준 선물

1. 사부님, 사부님, 울 사부님…

교수님도 낚시하세요?

2009년 11월 17일에, 나와 마음이 꼭 맞는, 낚시꾼 한 분을 만났지요. 어느 가을날, 병원장님으로부터

> "충남대학교병원 우수직원 연수 프로그램을 제주도와 안동에서 시행하는데, 연수팀 인솔 책임교수로 다녀와 달라."

는 부탁을 받았습니다. 원래는 해외 연수 프로그램이지만, 2009년에는 신종 인플루엔자가 전 세계적으로 유행하는 바람에, 해외로 가지 못하고 제주도와 안동으로 연수 장소가 정해졌다고 하더군요.

단체여행을 인솔해야 하므로 개인적인 시간을 내기가 어렵겠지

만, 혹시라도 시간이 나면 밤에라도 낚시를 해볼까 하여 1호 바다 릴 낚싯대와 구멍찌를 챙겼지요. 1호 바다 릴낚싯대는 바다에서 찌낚시를 할 때 가장 보편적으로 사용하는 낚싯대이지요.

아침 일찍 연수단 일행을 만나기 위해 출발 장소로 나갔습니다. 그런데, 연수단 중에 나이가 지긋하신 한 분이 나처럼 낚시 장비를 챙겨왔더군요. 그분이 웃으면서

"교수님도 낚시하세요?"

라고 묻길래, 내가

"혹시 몰라서 준비해봤습니다. 시간이 되면 던져보려고요."

했습니다. 그랬더니 자기도 똑같은 마음이라고 하면서,

"낚시꾼들은 어디를 가도 어쩔 수 없다."

고 하며, 인사를 나누었습니다. 간호부에 근무하시는 박형식 선생님이라고 하시더군요.

평소 낚시를 좋아하던 두 사람은

'제주도까지 가는데 그냥 갔다 올 수는 없다.'

라는 마음으로, 각자 1호 바다 릴낚싯대를 준비해간 것입니다. 너무나 반가워서 둘이서, 언제부터 낚시했느냐 주로 무엇을 잡았느냐 등등, 낚시에 대해 이런저런 이야기를 나누었지요.

예상했던 대로, 아침 6시부터 저녁까지 진행되는, 빡빡한 연수여행 일정이었습니다. 낮에는 낚시할 만한 시간적 여유가 전혀 없더군요. 게다가 저녁 식사가 끝난 뒤에는 직원들과 한잔하며 단합을 도모하는 시간까지 가져야 했습니다.

바다를 눈앞에 두고도, 낚싯대를 던지지 못하는 두 사람은 몸이

달아서

"잠을 자지 말고, 새벽에라도 나가봅시다."

라고 의기투합했습니다. 숙소로 돌아오는 길에 낚시점에 들러 새우 밑밥을 준비했지요.

첫날 밤에 KAL 호텔 숙소에서, 남들은 모두 자는데, 우리는 잠을 자지 않고 미리 구멍찌 채비를 마쳤습니다. 새벽 2시 반에 둘이 낚싯대를 들고 호텔 앞의 검은 바위로 나갔지요. 준비해 간 손전등이 없어서 호텔 복도에 장착되어있던 비상 손전등을 빼내어 잠시 빌렸습니다.

바위가 많은 지역이라, 내가 조심조심 앞서가는데, 갑자기 뒤에서

"철퍼덕!"

하는 소리가 나는 겁니다. 깜짝 놀라서 뒤돌아보니, 주변이 너무 깜깜해서, 뒤따라오던 박형식 선생님이 젖은 바위에서 미끄러져 넘어지는 바람에, 작은 물웅덩이에 빠지셨더군요. 그 추운 날에 옷이 홀딱 젖은 박형식 선생님은

"아이고, 교수님! 너무 어두워서 저는 도저히 안 되겠습니다."

고 하셨습니다.

박형식 선생님은 원래 어려서부터 한쪽 다리에 약간 장애가 있는 분이었거든요. 아무리 낚시가 좋다지만, 몸이 불편하신 분에게, 무리해서는 안 되겠기에, 할 수 없이 낚싯대를 펴보지도 못하고 눈물을 머금고 숙소로 철수했지요!

둘째 날 새벽에는, 조금 안전한 서귀포항 근처로, 둘이 택시를 타고 다시 나갔습니다. '새섬'과 연결된 다리 밑에서 낚시를 시작했

으나, 전혀 입질이 없더군요. 마지막에, 박형식 선생님이 고등어 한 마리를 걸었으나, 그나마 터트리고 돌아왔습니다. 아쉽긴 했지만, 그래도 좋더군요. 소원대로 제주 바다에 낚싯대를 담갔으니까요.

제주도의 연수를 마치고 돌아오면서, 박형식 선생님께서, 낚시를 좋아하지만 별다른 기법을 모르는 나를 보고는 안타까워하며

> "앞으로 교수님께 내가 아는 낚시의 모든 것을 알려주겠다. 우선 감성돔 찌낚시부터 시작하자,"

라고 하시더군요.

그때까지 저는 인터넷 동영상을 보고 구멍찌 바다낚시 방법을 간간이 홀로 연습하거나, 묶음 추를 이용한 원투 낚시 정도밖에 모르는 상태였거든요. 이후 나는 박형식 선생님을 사부님으로 모시고 자주 같이 출조하면서, 제대로 물고기와 낚시에 대해 배우게 되었습니다. 이렇게 사부님과의 역사적인 첫 만남이 이루어진 것이지요.

2009.11.17~20. 충남대학교병원 우수직원 세수노 연수. 박형식 사부님과의 첫 만남

예, 인간입니다!

울 사부님은 저보다 5년 위의 연배이신데요. 우리 병원 시설과에 근무하는 문제남님이 가끔 박형식 선생님의 이름을 빗대어

"형식적인 사람"

이라고 우스갯소리를 하며 놀리기도 하는데, 전혀 형식적이지 않고 소탈한 분이지요.

사부님은, 생활 속에 나눔이 녹아있는 진정한 낚시인이었습니다. 낚시 다녀오는 날에는 늘, 올라오는 차 안에서 큰 소리로

"몇 시까지 우리 집에 모이라."

고 여기저기 전화를 하여 지인들을 불러 모았지요. 그러고는 회를 떠서 먹인 후, 잡은 물고기를 손에 들려서 집에 보내곤 했습니다. 가만히 살펴보니, 한마디 불평 없이 이러한 과정을 조용하게 뒷바라지하시는 사모님도 대단한 분이시더군요.

그런데 특이하게도, 울 사부님은 전화를 걸거나 받을 때 항상

"예, 인간입니다!"

라고 시작하시더군요. 오래도록 그렇게 하다 보니, '인간 박형식' 하면 대전권, 서해안권, 남해안권의 웬만한 낚시점에서 다 알고 있는 분이셨습니다. 말하자면 '인간(人間)'이라는 호칭이, 자연스럽게 그 분의 자호(自號)가 되었습니다. 자호(自號)란, 스스로 지은 호를 말하지요.

사부님께서는, 몇 년 동안 저를 여기저기 데리고 다니면서 낚시를 가르쳐주다가, 우리 병원에서 정년을 맞이하게 되었습니다. 저는

사부님을 직장에서 더는 뵙지 못하게 되는 것이 너무나 아쉬워서, 고민했습니다.

그러다가

'사부님의 정년을 기념하는 선물로, 물고기와 관련한 모임을 하나 만들어드리자.'

라는 생각에 이르렀지요. 모임의 명칭을 무엇으로 하면 좋을까 궁리하다가

'그래, 사부님 호(號)가 <인간>이니까, '인간과 물고기'라는 뜻으로, <인물회>라는 이름의 모임을 만들어드리면 어떨까.'

라는 마음이 들었습니다.

사부님께

"평소 사부님에게 낚시를 배우며, 함께 자주 다니는 분들이 몇 명쯤 되느냐?"

고 물었더니

"많지만, 모임을 같이 할 만한, 마음에 꼭 맞는 성격의 사람들은 십여 명 정도이다."

라고 하시더군요.

2012년인가요? 사부님의 정년퇴직을 앞둔 어느 날, 이분들을 사부님 집으로 불러 모아서 저녁을 먹으며, 서로 상견례를 했습니다. 직접 만나 보니, 정말 순하고 착하고 좋은 분들이더군요. 이날 처음 뵌 분도 있고, 이미 몇 번의 동행 출조를 통해 알고 있는 분들도 있었는데요.

김영간님은 술을 전혀 못 마시고, 나처럼 뱃멀미를 심하게 하더군요. 무슨 일을 하시는지 잘 모르지만, 갈치낚시 아이스박스의 바퀴

같은 것이 고장이 났다고 하면, 가져가서 곧바로 새것처럼 고쳐다 줍니다. 유머가 많아서, 항상 주변 사람들을 웃게 만들곤 하지요.

박부춘님은 항상 나누어주기를 좋아하시더군요. 박부춘님과 같이 출조하면, 집에 와서 아이스박스를 열어보다가 깜짝 놀라곤 합니다. 내가 잡았던 것보다 물고기가 더 많아졌기 때문이지요. 올라오는 길에 물고기가 새끼를 친 것도 아닐 텐데…. 박부춘님이 몰래 물고기를 넣어주신 것이지요. 어느 날은 내 갈치낚시 가방이 변변하지 않은 것을 보고, 새 낚시 가방을 주시기도 했지요.

이순덕님은 멀미 때문에 먼바다 낚시는 못 하고, 주로 내만의 주꾸미, 광어, 참돔, 문어 낚시 등을 다니시는데요. 의욕적으로 그 비싼 먼바다 낚시 장비를 세트로 사셨다가, 한 번도 사용하지 못하고 아깝게 다시 처분했다고 하더군요. 어쩔 수 없는 개인 사정으로, 중간에 인물회를 그만두셨지만, 계속 연락하고 같이 출조도 하고 있습니다.

정태현님은 우리 병원에서 사부님과 같은 부서에서 함께 일을 하시던 분인데요. 노래 부르는 것을 좋아하십니다. 무슨 기계든, 그 기계의 구조와 작동원리를 탐구해서, 다 고칠 수 있다는 자칭 기계 박사이십니다. 말이 좀 많고, 목소리가 큰 편이지요.

조창호님은 사부님과 초등학교 이전 시절부터의 평생 친구인데요. 큰 기업체의 임원을 하시다가 정년퇴직하셨다고 사부님께서 넌지시 알려주시더군요. 멀미 때문에 먼바다는 못 가고, 민물낚시와 주꾸미 낚시를 주로 다니시지요.

최영상님은 낚시 장비며, 기법이며… 낚시와 관련된 모든 것들을 사부님처럼 아주 깔끔하게 하시더군요. 민물 낚시할 때, 잡은 물고기를 집에 가져가는 것을 못 봤습니다. 모두 다른 사람들에게 주시더군요. 뭐하러 낚시하시는지….

황성진님은 이날 처음 뵈었는데요. 차분하시고, 세심하게 회원들을 배려하면서, 인물회의 전체 살림을 운영하시지요. 고향이 동해안이라서, 낚시뿐 아니라 물고기 또는 바다와 관련하여 아는 것이 많으십니다. 최영상님처럼 깔끔한 낚시를 하시고요.

이분들이 모인 자리에서 저의 생각을 말씀드리고, 의견을 물었습니다. 모임 결성의 취지를 듣고는 다들

"좋다!"

라고 하시어, 울 사부님에게 인물회의 종신 회장을 맡으시도록 했지요.

그 후 인물회 회원들은 사부님을 모시고 정기적으로 같이 모여서, 저녁 식사를 하며 물고기와 관련한 이야기를 나누었습니다. 일년에 한두 차례씩은, 옥천 독락정, 예당 저수지, 홍원항, 마량항 등으로, 민물과 바다에 단체 출조를 나갔지요. 또한, 평소에도 사부님과 함께 삼삼오오 짝을 지어 즐겁게 자주 출조하곤 했습니다.

처음에 사부님 집에 들어가 보니, 거실에 60cm 감성돔 어탁 액자가 늠름하게 걸려있더군요. 아주 오래전에, 서천의 화력발전소 앞 방파제에서 1호 바다 릴낚싯대에 찌낚시 채비로 잡은 것이라고 설명해주셨습니다. 사부님께서는 민물과 바다를 가리지 않으셨고, 좌대, 선상, 갯바위를 가리지 않으셨지요.

사부님께서는 정년을 앞두고, 그랜드 스타렉스 차를 숙식이 가능하도록 개조하여, 퇴임 후의 낚시 전용차로 마련하셨습니다. 저는 기념으로 그 차에 TV를 달아드렸습니다. 그 차를 끌고 함께 다니면서, 사부님의 차에서, 텐트에서, 사부님과 같이 먹고 자는 것이 제게는 익숙한 즐거움이자 행복이 되었습니다.

여수, 통영, 진해, 목포, 서천, 보령, 오천, 군산, 변산, 안흥, 감포, 포항, 강릉, 고성 등 남해안, 서해안, 동해안은 물론이고, 완도, 진도, 거제도, 금오도, 한산도, 안면도 등 수많은 섬에 저를 데리고 다니며 바다낚시를 가르쳐주셨지요. 그리고 대청호, 예당 저수지, 신양, 논산, 부여, 보령, 청양 등 정말 많은 저수지와 수로에서 민물낚시를 가르쳐주셨습니다. 그러고 보니, 우리나라 영토의 구석구석을 사부님과 함께 누비고 다닌 것 같기도 하군요.

먼바다 우럭(조피볼락), 먼바다 갈치, 먼바다 열기(불볼락), 목포 내만 갈치, 서해안 주꾸미, 진해 도다리, 참돔 타이라바, 먼바다 왕 대구, 먼바다 고등어, 먼바다 오징어, 한치, 갯바위 벵에돔, 붕장어, 감성돔, 동해안 가자미, 붕어, 동자개, 민물새우, 중태기(버들치)… 사부님과 함께 만난 물고기들이 참으로 많군요.

사부님은 아끼던 낚시 도구까지 저에게 챙겨주시기도 했습니다. 제가 어종에 맞추어서 낚시 장비를 들고 다니지 않고 그냥 막무가내로 다녔는데요. 사부님과 인물회 벗님들께서, 이러한 저를 답답하게 여기고, 때때로 낚싯대, 낚시 가방, 아이스박스, 구명조끼, 소품들… 등을 선물로 주셨지요.

그러나 슬프게도, 참으로 슬프게도, 많은 추억과 행복을 안겨주셨던 울 사부님이, 2020년 1월 19일에 제 곁을 떠나 하늘로 가셨습니다.

2년 가까이 암으로 투병하시던 중에, 몸이 점차 쇠약해지면서, 하늘나라로 가셔야 함을 미리 느끼셨는가 봅니다. 2020년 1월 7일에 마지막으로 우리를 사부님 집으로 불러 모으셨지요. 그러고는, 마치 예수님께서 제자들과 마지막 만찬을 하신 것처럼, 우리에게 저녁을 먹이면서

"나는 먼저 가지만, 여러분들은 남아서 계속 착한 낚시를 해달라."

고 당부하시며, 당신이 그렇게 아끼셨던 낚시 도구들을 나누어 주셨습니다. 우리는 목이 메어 아무 말도 못 했습니다….

울 사부님(2012.10.13. 먼바다 선상낚시)과 사부님 집 거실에 걸린 60cm 감성돔 어탁!

2020.1.7. 울 사부님과 마지막 만찬.
왼쪽부터 박부춘님, 정태현님, 황성진님, 사부님, 최영상님, 김영간님, 나.

●

첫 낚시 수업과 멀미

제주도에 직원 연수를 다녀온 지 3주 만에, 사부님께서는

"감성돔 찌낚시부터 시작해야 한다."

며, 평소 다니시던 거제도 여차마을의 선장님께 예약하셨지요.

2009년 12월 12일(음력 10.26)에 사부님과 대망의, 첫 낚시 수업으로, 감성돔 선상 낚시를 출조했습니다! 그 당시 제가 가지고 있던 차가 윈스톰이라는 SUV이었는데요. 사부님과, 사부님께서 잘 아시는 어르신 한 분과 함께 셋이 대전에서 오후에 출발했습니다. 제가 운전하여 거제도 민박집에 도착했습니다. 저녁을 먹은 후, 감성돔 찌낚시를 위한 채비를 배우기 시작했습니다. 이날 저녁

"낚싯대를 깔끔하게 정리하지 않는다."

고 사부님께 엄청 혼났지요.

사부님은 낚시 장비들을 정말 아끼고 깨끗이 관리하시더군요. 사부님의 낚시 장비는, 아무리 오래되었어도, 늘 새것처럼 정갈하고 반짝반짝 빛이 났습니다.

다음날 새벽에 일어나 셋이서 작은 배를 타고 여차마을 앞바다로 나갔는데요. 날씨가 좋지 않아서 배가 많이 흔들리더군요. 멀미약을 미리 먹었음에도, 심하게 요동치는 배 위에서, 멀미 때문에 얼굴이 하얗게 변하는 나를 보고

"감성돔은 둘째치고, 사람 잡겠다."

고 사부님이 크게 걱정하시더군요.

밑밥 뿌리고 1호 바다 릴낚싯대에 구멍찌, 새우 미끼로 채비하여 낚시하던 와중에 어쩌다가 제 구멍찌가 쑥 빨려 들어갔습니다. 걷어 올리니, 예쁜 감성돔이더군요. 씨알은 그리 크지 않았지만, 사부님께 배운 대로 채비하여 잡은 첫 감성돔이라서, 매우 기뻤습니다.

그리고, 어찌 된 일인지, 감성돔을 잡자마자 제 얼굴색이 다시 돌아오고 멀미도 하지 않더군요. 이후 사부님은

"김 교수 멀미는 심리적인 것이여!"

라고, 재미 삼아 그때 일을 떠올리며 늘 이야기하셨지요.

이날은 날씨가 너무 좋지 않아서, 조황이라곤 제가 잡은 감성돔 두 마리가 전부였지요. 집에 가져와서, 사부님과 처음 출조한 기념으로, 어탁을 해보았습니다. 사부님이 가르쳐주신 대로, 어탁이라는 것을 처음 해보았는데, 그런대로 괜찮게 된 것 같기도 합니다.

2009.12.12. 거제도 여차마을 앞 선상 감성돔. 첫 어탁.

<나의 멀미>

저는 어려서부터 멀미가 너무 심해서 버스나 택시도 잘 타지 못했던 체질입니다. 1960년대 초등학교에 다니던 시절에는, 동네에서 버스가 다니는, 큰길에 나가지도 못했지요. 중고등학교에 다닐 때도, 멀미가 심해서, 수학여행은 한 번도 못 갔습니다. 멀리 가야 할 때는 늘 기차만 타고 다녔지요. 멀미 공포증까지 있습니다.

서해안에서 충남대병원 가정의학과 의국원들과 선상에서 향암 바다낚시대회를 할 때는, 귀밑에 멀미약을 붙이는 것만으로는 부족해서, 먹는 멀미약을 또 먹었습니다. 그러다 보니 정작 낚시할 때는 졸려서 낚시를 못 했던 적도 많았지요.

2010년 1월에 열기 낚시를 통해, 사부님께 먼바다 선상낚시라는 것을 처음 배웠습니다. 먼바다 선상낚시는, 항구에서 배를 타고 2~3시간 이상 나가서 낚시하는 것을 말하더군요. 그 후 2010년 9월 3일에, 제가 의욕적으로 사부님 없이 먼바다 갈치낚시를 처음 도전해 보았는데요. 큰마음을 먹고, 갈치 낚싯대를 처음으로 마련하여, 청암(青岩) 정진규 교수님과 고교 후배인 강형석님과 함께, 통영 들물낚시의 선라이즈 배를 탔습니다.

아, 죽는 줄 알았습니다. 정진규 교수님과 내가 너무 심하게 멀미했지요. 낚시를 거의 못 하고 밤새 멀미만 했습니다. 참으로 비참하더군요. 우리는 다 죽어가는데(?), 옆에서는

"와, 갈치가 나온다~~"

라며 함성을 지르고, 사진을 찍고, 갈치회를 떠서 먹고…. 먼바다이기 때문에 어디 내려달라고 할 수도 없고….

밤새 죽을 고생을 하다가, 아침에 창백한 얼굴로 배에서 둘이 내리는데

'비싼 돈 내고 이게 무슨 고생인가?'

하는 허망한 마음이 들기도 했습니다. 들물낚시 최춘식 선장님께서는 웃으시며

"그 돈이면 좋은 호텔에서 편하게 주무실 수 있는데, 왜 사서 고생을 하느냐?"

고 하시더군요. 그러고는 저의 별명을

"멀미의 달인"

이라고 지어주셨습니다.

그런데, 내 멀미의 원인이 심리적이라는 사부님의 주장이 한 번 증명된 적이 있습니다. 2012년 11월 초였지요. 그믐이 아니라서 갈치낚시 출조를 꺼리고 있었습니다. 갈치는 그믐 전후에 많이 나오기 때문입니다. 그런데, 사부님이

"요새 갈치가 많이 나온다. 빨리 가자."

고 재촉하시더군요. 통영으로 내려가는 대전 피싱 버스에 오르니, 충북 청주의 어느 직장에서 온 단체 손님 16명과 우리 일행 3명이었습니다. 상황을 보니, 단체 손님 16명은, 30대의 젊은이들로, 대부분 먼바다 갈치낚시가 처음인 것 같더군요.

제가 전날 일기 예보를 미리 확인했는데, 기상청에서 파고가 1~2m라고 예보했었지요. 나는 멀미를 많이 해서, 파고가 2m 이내로 예보될 때만 배를 탑니다. 그리고 선상낚시 좌석도, 가운데 좌석을 늘 선호합니다. 가운데 좌석의 갈치 조황이 가장 적어서 모두 싫어하지만, 배의 요동이 적어서 멀미를 덜 하기 때문이지요. 대부분의 갈치 낚싯배는 20명이 탑니다. 양쪽에 10명씩 자리가 배치되지요. 갈

치낚시에서 가장 조황이 좋은 좌석은 배 양쪽의 앞에서 1~3번입니다. 하지만, 이 좌석들은, 멀미를 많이 하는 나에게는 평생 그림의 떡이지요!

저는 먼바다 갈치낚시에 출조할 때는 늘, 멀미하지 않기 위해서 멀미약을 낮에 배 출발하기 전에 1알 복용하고, 저녁 식사 후 1알 더 복용합니다. 제가 경험해보니, 아주 적은 양의 술이 제게는 멀미약이 되기도 하더군요. 알코올이 뇌를 안정시키는 작용이 있기 때문인가 봅니다. 그리고 배를 타기 전에 섭취하는 음식의 양도 중요한 것 같았습니다. 저는 음식을 먹지 않아서 배가 너무 고파도, 음식을 많이 먹어서 배가 너무 불러도 멀미를 쉽게 하더군요.

이날도 우리 팀은, 나 때문에 조황이 좋은 좌석들을 단체팀에게 양보하고, 가운데 좌석에 앉았지요. 그런데, 낚시를 시작한 후, 1~2시간이 지났을까 하는 무렵부터 단체팀 손님들이 멀미하기 시작하더군요. 배가 많이 흔들거렸던 모양입니다. 제가 배를 둘러보니 10여 명이 보이지 않더군요. 아예 선실에 일렬로 주~욱 누워서 입원(?)한 상태였습니다!

대전 피싱 한광희 사장님과 사부님은, 멀미하는 사람들을 보고 안타까워하며

"멀미 박사 김 교수님도 멀미를 안 하는데, 이상하네…. 젊은 사람들이 비싼 돈 내고 와서 왜들 그러지?"

하기에, 나도

"글쎄요… 이 정도면 완전히 장판인데요!"

하면서 맞장구를 쳐 드렸습니다.

아침에 통영 삼덕항으로 철수하여, 밤새 멀미만 하다가 배에서 내리시는 분들을 보노라니 남다른 친밀감과 애처로움이 느껴졌습니다. 2년 전 먼바다 첫 갈치낚시에서, 멀미 때문에 낚시를 전혀 못 하고, 허망하게 내렸던 나와 정진규 교수님의 모습을 보는 듯하더군요.

그런데, 항구에 내려서 다시 확인해보니, 일기 예보와 달리 이날 파고가 3m가 넘었다고 했습니다. 어허, 내가 3m가 넘는 파고에도 멀미를 안 했다니…. 세상에 이런 일이! 너무나 신기했습니다.

실제 파고가 3m가 넘었지만, 나는 계속 2m 이내인 줄만 알고

"나는 2m 파고에는 멀미를 안 한다."

는 평소의 고정적인 관념이 그날 심리적인 효과로 나타난 것 같더군요.

갈치낚시를 마치고 대전으로 올라오면서, 울 사부님은

"거봐, 내 말이 맞지! 김 교수 뱃멀미는 심리적인 것이여…."

라며, 내 멀미의 원인이 심리적이라는 주장을 또다시 펼치셨지요.

저…, 혹시 댁에 트랙터가 있는지요?

2012년 5월 19일 충남 부여군 장암리의 금천 수로에서, 사부님께 시까끼(?) 낚시라는 민물낚시에 대해 첫 수업을 받게 되었습니다. 낮에, 이후승님과 동행하여, 부여 금천 수로에 도착하니, 인물회의 정태현님, 조창호님, 사부님이 먼저 자리를 잡고 낚시하고 계시더군요.

사부님이 말씀하시는 시까끼 낚시란, 초릿대 끝을 보는 끝 보기 낚시인데, 릴을 사용하더군요. <릴 끝보기낚시>라고 할 수 있겠습니다. 바늘이 두 개 달린 채비 끝에 12호(27g) 정도의 봉돌을 달아서 낚시하는 방법이었습니다. 바다의 원투(원거리 투척) 낚시와 유사한 방식이었지요. 지렁이를 미끼로 달고, 대낚시와는 다르게, 사부님께서

"앉아 있는 반대편의 수초 밑에 채비를 던지라."

고 하시더군요.

물고기들이 소리와 땅 진동에 예민해서, 사람이 다가가면 수초 밑에 있던 고기들이 반대편의 수초로 이동한답니다. 시까끼 낚시는 이 점을 노린다고 합니다. 대물을 잡을 확률이 높다고 하더군요. 그러나 저녁 8시까지 계속한 첫 수업의 시까끼 낚시에서 저의 조황은 완전 '꽝'이었습니다.

수업을 마치고, 저녁에 짐을 싸서, 이후승님과 나는 철수했습니다. 운전해서 집으로 오는 도중에, 금천 수로에 남아서 계속 밤낚시하던 사부님이 웃으며

"이제 붕어 나오기 시작한다."

고 무전을 쳐왔지요. 많이 약 올랐지만, 할 수 없었습니다.

2주 후, 2012년 6월 1일 충남 논산의 개태사 주변에 있는 저수지에서 시까끼 민물낚시에 다시 도전했지요. 텐트를 치고 사부님과 둘이 밤새 낚시했으나, 한 마리도 못 잡았습니다. 다음 날 아침을 먹은 후, 7시경 부여 장암리의 금천 수로로 이동했지요. 금천 수로에 가서 시까끼 낚시를 던지자마자 월척 붕어 한 수! 그러나 끌려 나오다가 수초에 걸리더군요. 낚싯대를 붙들어달라고 사부님께 맡긴 후, 양말을 벗고 펄에 들어가 수초를 제치고 살살 끌어냈지요. 거기서 빠가사리(동자개) 8마리를 추가로 잡았습니다.

그 후, 2012년 추석이었는데요. 9월 29일부터 10월 1일까지 추석 연휴에 계속 집에만 있으려니 좀이 쑤시더군요. 연휴 마지막 날 새벽에, 금년 봄에 시까끼 낚시하러 다녔던, 부여 장암리 금천 수로에 사부님과 함께 갔습니다.

해가 뜰 무렵 빠가사리, 붕어, 배스 등 낱마리로 조황이 저조했습니다. 라면 끓여서 아침을 먹은 후 사부님이

"포인트를 옮겨 보자."

하면서 자리 이동을 지시했지요. 사부님이 가자고 하는 쪽으로 차를 끌고, 차 지붕보다 키가 더 큰, 수로 주변의 갈대들을 헤쳐나가면서 포인트를 이동했습니다.

그런데, 최근에 비가 많이 와서 수로 주변의 갈대밭이 펄이 되었더군요. 당시 제 차는 4륜 윈스톰이었는데요. 이동하던 중에 차 바퀴가 갈대밭 한가운데의 펄에 빠지더니, 헛바퀴만 계속 돌고 꼼짝도 안 하더군요. 보험회사에 연락하여 긴급 견인차를 요청했지요. 견인차가 달려왔으나, 견인차 기사님이 우리가 빠진 곳의 상황을 살펴보더니,

"견인차가 2륜이기 때문에, 펄이 너무 깊어서 거기까지는 도저히 들

어갈 수 없습니다."

고 하더군요. 그러면서

"거기는 포크레인이나 트랙터로 꺼내야 합니다."

"지난주에도 어떤 차가 그곳에 빠졌는데, 그다음 날 포크레인으로 꺼냈습니다."

하고는, 그냥 가버리셨지요. 정말 난감하더군요. 그렇다고, 비싼 비용의 포크레인을 부르기도 그렇고….

할 수 없이 동네 마을에 가서, 한 집씩 차례로 방문하여, 그 집 마당을 기웃거리면서 트랙터가 있는 집을 찾기 시작했습니다. 그런데 우리 행색이 꼭 거지꼴이었지요. 사부님은 얼마 전에 다리 수술을 해서 지팡이를 짚고 계시고, 우리 옷은 펄 흙이 잔뜩 묻어서 너무나 지저분하고….

한가위 큰 명절에, 거지 같은 몰골을 질질 끌면서, 둘이서 동네 마을을 집집마다 일일이 찾아다니며

"계십니까? 저… 혹시… 댁에 트랙터가 있습니까?"

하면서, 구걸하듯이 도움을 요청했습니다.

이 장면을 사진 찍어놨어야 했는데…. 그때는 경황이 없어서 사진을 못 찍었지요. 다행히 집에서 쉬고 계시던 동네 어르신 한 분이 선뜻 커다란 트랙터를 몰고 와서 차를 빼내어 주셨습니다. 한사코 비용을 받지 않으려고 하셔서

"담뱃값이라도 하시라."

하고, 5만 원을 억지로 주머니에 넣어드렸습니다. 정말 고마우신 분입니다!

차 문제를 간신히 해결하고 나자, 사부님 왈,

"낚시하는 사람은 한 댓 번은 차가 빠지는 거여…."

라고 가르치셨지요. 차를 꺼낸 후, 다시 안전한 포인트에 자리를 잡고, 행복하게 둘이서 낚시를 계속했습니다.

2012.5.19. 부여 장암리 금천 수로. 사부님께 시까끼 낚시 처음 배움.
정태현님, 조창호님, 이후승님 동행.

2012.6.1. 부여 장암리 금천 수로. 사부님 가르쳐준 시까끼 낚시채비로
저음 올린 월척 붕어와 황 빠가사리(동자개)

2012.10.1. 부여 장암리 금천 수로. 사부님은 월척 붕어! 나는 붕어 쌍걸이!
붕어 8마리, 빠가사리(동자개) 3마리, 배스 1마리

나물 캐는 봄 처녀

'홀로 즐긴다.'

라는 의미를 가진, 독락정(獨樂亭)은 충북 옥천군 안남면의 대청호 주변에 있지요. 선비들의 이야기가 담겨 있는 곳이어서 그런지, 풍경도 좋고 제 취향에 딱 맞는 곳입니다. 독락정은 1607년(선조 40년) 독락옹(獨樂翁) 주몽득(周夢得) 선생이 건립한 정자이지요. 정자 옆에는 주나라의 왕손인 초계 주씨(草溪 周氏)의 시조 주황(周璜) 선생의 위령비가 있습니다.

봄에 이곳에 가다 오다 보면, 길가의 벚꽃과 개나리꽃이 얼마나 화창하고 이쁜지요. 사부님께서 알려주신 곳인데요. 사부님과 인물회의 추억이 많이 담긴 곳입니다.

2013년 4월에는 인물회의 정태현님과 둘이서 장어 좀 잡아보겠다고, 독락정에서 밤낚시를 하기도 했습니다. 텐트를 쳤는데, 둘이서 밤새 달달 떨기만 하고, 겨우 빠가사리(동자개) 두 마리만 잡기도 했지요. 그 후에도 여러 번, 사부님과 인물회 회원님들이 독락정에서 즐겁게 지냈었지요.

2015년의 어느 봄날에는, 사부님과 독락정에서 밤새 낚시했으나, 조황이 전혀 없었습니다. 제가 빈손으로 집에 들어가기가 조금 그래서, 주변의 냉이나 돌미나리 같은 것을 뜯기도 했지요. 이럴 때는 사부님이 나더러

"나물 캐는 봄 처녀"

라고 놀리기도 하셨습니다.

<냉이>

아내 기다리는
봄 붕어는 잡히지 않고
밤새 오들오들 떨기만 하다가
날 밝아 버리니
차마 빈손 귀가하기 미안

나물 뜯는
봄 처녀라도 되어 볼까 둘러보니
깊은 산속 물가
아무도 모르는 그 땅속에

홀로
뿌리 딱 내리고
우주 영겁 주인공으로
의젓하게 네 삶 살고 있구나.

외로운 삶
그만 청산하고 가자꾸나.
우리 집사람 몸에 들어가서
함께 지내려무나.

2015. 7. 9. 김종성 묵상 일기.[607)]

607) 김종성. 『의사가 만난 퇴계, 5판』. 2017, 궁미디어. p.272.

2014.4.8. 독락정. 정갈하게 펼쳐놓은 사부님의 시까끼 낚시채비.

2015. 봄. 독락정. 사부님과 함께 시까끼 낚시. 주변의 돌미나리.

울 사부님 생각에…

돌아가신 사부님 생각에, 요즈음 독락정을 혼자 자주 찾습니다. 독락정에서, 사부님이 생전에 만들어주신 시까끼 낚시 장비를 펼쳐 놓으니, 평소처럼 옆에서 사부님이 웃으며 다가와

"뭐하셔…?"

라고 하는 정겨운 목소리가 들리는 것 같기도 하군요.

사부님과 함께 다녔던 그곳에 조용히 앉아 있으니, 새소리, 고라니 울음소리, 산들바람, 푸른 물결이 날 반깁니다. 사부님과 만났던, 예쁜 토종 붕어와 빠가사리(동자개)도 나와서 얼굴을 보여줍니다. 블루길과 누치도 얼굴을 보이는군요. 그러면서

"늘 같이 다니던 사부님은 오늘 왜 안 왔냐?"

고 내게 묻습니다. 나는

"사부님은 이제 자연 속의 너희들 곁으로 갔노라."

라고 대답했습니다.

2018년 봄에 사부님께서 암으로 진단을 받고, 마음을 수습하기 어려워하는 모습을 보고 저도 마음이 아팠습니다. 저는 연구실에서, 사부님께서 힘을 내라고, 퇴계 선생의 도산십이곡 중 제9곡인 <그분들이 가신 길> 노래를 일렉기타로 연주하여, 묵상용으로 만들어서 카톡으로 보내드렸지요. 며칠 뒤에 병동에서 사부님을 만나니, 사부님께서

"그 노래 자꾸 들으니 마음이 안정되고 힘이 생긴다. 치료를 열심히 받기로 했노라."

하시며, 편안한 모습을 보이셔서 저도 마음이 좋았습니다.

2019년 봄에는, 아주 오래된, 이승연 씨의 <잊으리>라는 노래를 제가 일렉기타 솔로로 연주하여 사부님께 생일선물로 보내드렸습니다. 이 노래는 사부님께서 생전에 낚시 다니시면서 가장 좋아하셨던 18번 곡이었지요. 사부님께서는 제 연주를 들으시고

"정말 좋다."

고 하시며, 통영과 여수에 낚시하러 갈 때마다, 낚시 버스 안에서 이어폰을 귀에 꽂고, 두 연주곡을 계속 들으셨지요.

사부님께 선물해드렸던, 퇴계 선생의 도산십이곡 <그분들이 가신 길>과 <잊으리> 기타 연주를 독락정에서 저 혼자 듣고 오니, 저도 모르게 자꾸 눈물이 나오려고 합니다. 만물의 삶에서 만남과 헤어짐이 당연하고 자연스러운 것인 줄 알면서도, 정든 사람과의 이별에 대해, 흐르는 눈물을 주체하지 못하는 인간의 마음은 어쩔 수 없나 봅니다. 노래 제목은 <잊으리>이지만, 사부님에 대한 제 마음은 <못 잊으리>이군요.

그토록 사랑한 그 님을 보내고
어이해 나 홀로 외로워하는가
생각하면 무얼 해 만날 수 없는 님
차라리 손 모아 행복을 빌리라
이제는 모두 잊으리 그대와 나의 순간들
이제는 모두 잊으리 그날의 행복 꿈이라고
생각하면 무얼 해 만날 수 없는 님
차라리 손 모아 행복을 빌리라.[608]

608) 고향 작사, 남국인 작곡, 이승연 노래.

처음에 사부님과 민물 낚시할 때, 장인어른께서 쓰시다가 내게 물려주신 민물 낚싯대를 가지고 갔지요. 아마 50년도 더 넘었을 그 낚싯대를 사부님이 한눈에 알아보시고 웃으며

"구하기도 어려운, 이런 골동품이 어디 숨어있었느냐?"

며, 새 낚싯대를 선물해주시기도 했습니다.

10년 동안 내게 낚시 가르쳐주시고, 물고기 잡아주시고, 낚시 장비 선물해주시고, 충남대병원 가정의학과 향암 바다낚시대회에 오셔서 봉사해주시고, 신입 전공의 오리엔테이션 행사에 오셔서 봉사해주시고….

요즈음 사부님 없이 나 홀로 독락정에 앉아서 낚시하고 있노라면, 수많은 추억, 웃음, 행복을 내게 안겨주고 가신 사부님이 옆에 계신 듯합니다. 뵙고 싶은 사부님, 사부님, 울 사부님…

<대화>

내 손 잡아주는
나뭇가지가 되어

내 얼굴 어루만져주는
바람이 되어

내 눈물 씻어주는
빗물이 되어

내 눈길 바라보는
구름이 되어

내 마음 안아주는
파도가 되어
나를 반겨줍니다.

하늘 위에 당신이 있어도
언제나 당신과 이야기할 수 있습니다.

2003.7.14. 김종성 묵상 일기[609)]

2020.4.4. 독락정. 사부님께서 만들어주신 섶다리. 사부님은 없고 물고기들만….

독락정에 홀로 앉아 사부님 생각에 젖어 있던 나를 반겨준 붕어(2020.4.26.)와 빠가사리(2020.5.2.)

609) 김종성. 『의사가 만난 퇴계, 5판』. 2017, 궁미디어. p.179~180.

2. 내일 배 사무장 좀 할터?

2010년 가을에, 사부님의 추천으로 처음으로 주꾸미 낚시를 해보게 되었습니다. 대학생인 큰아들과 함께, 사부님을 따라가서, 충남 서천 홍원항의 호해스타호에 승선했지요.

새벽에 대전에서 홍원항으로 가는 길 내내, 차 안에서 문제남님과 사부님이 이구동성으로

"서해안에서 가장 배를 잘 댄다."

고 칭찬하는 분이셨습니다.

호해스타! '바다를 사모하는 별'이라는 뜻이더군요. 처음으로 이 배를 타보니, 다른 낚싯배와는 다르게, 배 이름부터 낭만적인 향기가 짙게 배어있었습니다. 장세열 선장님이 매번 작성해서 홈페이지에 올려주시는 조황 기록도 마찬가지로, 시적인 함축과 함께, 아주 간결하면서도 문학적인 울림이 있더군요.

나중에 알고 보니, 장 선장님께서는 색소폰 연주에도 조예가 깊으셨습니다. 갖고 계신 음향 장비에서 엄청난 전문 음악인의 냄새가 물씬 나더군요.

처음 주꾸미 낚시를 해보는 나에게, 장세열 선장님은

"봉돌로 바다의 바닥을 읽어야 한다."

리며 자상하게 조법을 가르쳐주셨습니다. 주꾸미 낚시는, 애사 또는 에기라고 부르는 인조 미끼 채비를 바닥에 내리고 3~4초 동안

있다가, 살짝 들어서 무거운 느낌이 있으면 그대로 들어 올리면 되더군요.

장 선장님도 옆에서 같이 주꾸미 낚시를 하는데, 얼마나 잘 잡는지 정말 감탄하지 않을 수 없었습니다. 직접 잡으신 주꾸미로, 배 위에서 손수 끓여주는 주꾸미 라면은 맛이 정말 일품이었고요!

이날 장 선장님의 지도 덕분에, 얼음이 들어갈 공간만 남겨놓고, 20리터 크기의 아이스박스에 주꾸미를 가득 채울 수 있었지요. 아이스박스를 가득 채운 큰아들과 나는

"이 정도면 정말 많이 잡았다. 이제 좀 쉬자."

하면서, 마주 보며 흡족한 웃음을 지었습니다.

그런데 장 선장님이, 앉아서 쉬고 있던 우리에게 다가와, 우리의 아이스박스를 열어보더니

"얼음 넣을 공간을 남기지 말고 꽉 채우라."

는 행복하고도 엄숙한 명령을 내리시더군요. 그러면서

"얼마큼 잡았는지 검사받고 합격해야 하선을 시킨다."

고 하셨지요. 큰아들과 나는, 하선하기 위해(?), 다시 일어나서 정신없이 주꾸미를 잡았습니다. 결국, 얼음 없이 아이스박스를 꽉 채워서 검사받고 합격했지요! 덕분에(?) 큰아들과 나는, 집에 와서 사흘간 끙끙 몸살을 앓아야 했습니다.

가을에 서해안에서 주꾸미 낚싯배를 타고 바다에 나가보면, 수백 척이 바다에 함께 쏟아져 나옵니다. 그 장면을 보고 있노라면, 마치 1592년의 임진왜란처럼, 무슨 전쟁이 난 듯합니다. 그런데, 장 선장님의 배를 타고 낚시하면, 늘 주변에 다른 낚싯배가 보이지 않더군

요. 장 선장님이 시끄러운 것을 싫어해서 배들이 없는 곳의 포인트만 찾아가기 때문이지요. 거기에 배의 엔진까지 꺼버리니, 조용해서 정말 좋았습니다.

장 선장님이 서해안의 주꾸미 생활 낚시라는 것을 처음으로 개발했다고 하시더군요. 그래서 그런지 다른 배들이, 장 선장님이 주꾸미 낚시하고 있는 곳의 배 위치를 알아내려고들 난리입니다.

사부님을 통해 알게 된 장 선장님은, 승선명부를 기준으로, 저보다 2년 위의 연배이신데요. 대기업 자동차 회사의 엔진 관련 부서에 근무하시다가 낚싯배 선장으로 전업했다고 하더군요. 성격이 좀 까다로워서, 날씨가 조금만 안 좋아도, 엔진이 조금만 이상해도 출조를 취소해버립니다. 손님들의 안전이 우선이라나…. 잔뜩 기대를 안고 예약을 해 두었다가, 갑자기 출조를 취소하는 바람에 실망할 때가 많습니다.

갈 때마다 참돔 타이라바, 광어(넙치) 다운 샷, 백조기(보구치), 갑오징어, 주꾸미 등 어종에 따른 낚시 조법을 자세히 가르쳐주셨지요. 거의 항상 박형식 사부님과 함께 호해스타호를 탔는데요. 어떤 때는 두 분이 서로

"그게 아니다. 이렇게 해야 한다."

라고 싸우시면서까지 나를 가르쳐주셨습니다. 이때부터 저의 낚시 사부님이 둘이 된 것이지요.

졸업한 제자들이 스승의 날에 선물한 와인이 집에 몇 병 있더군요. 장 선장님 배를 탈 때 한두 번 갖다 드렸더니

"고맙다."

고 하시며 받더군요. 그런데 나중에 이야기를 나누어보니, 장 선장님은 술을 전혀 못 하시더라고요.

"그럼, 그동안 드렸던 와인은 어쨌냐?"

고 하니,

"홍원에이스 낚시점의 배인선 사장님이 술을 좋아해서 드렸다."

고 하더군요. 술은 못하는데 골초였습니다. 그래서 그 후에 담배를 사다가 드렸더니,

"의사가 담배를 사다 주면 어떡하냐?"

하며 웃더군요.

그렇게 몇 년을 다니다가, 참돔 시즌이 막 시작되려고 하는 어느 해 봄날에

"내일 시간이 되면, 와서 그냥 놀고 가. 승선 비용은 내지 말고…."

라고 전화를 주시더군요.

다음날 새벽에 홍원항으로 달려가 배에 오르니, 서울 쪽에서 단합대회 차 내려오신 단체 손님 여섯 분과 무료 승객인 저까지 일곱 명이더군요. 그런데 그날은 온종일 단체 손님들에게 참돔이 한 마리도 안 걸리더군요. 저만 아주 커다란 참돔을 두 마리나 잡았지요.

미안한 마음이 들어서, 그분들에게 큰 참돔 한 마리를

"단합대회 잘하시라."

고 드렸습니다. 그랬더니, 이때의 모습을 이쁘게 보셨는지, 장 선장님은 기회만 되면

"내일 와서 배 사무장 좀 할텨?"

하면서, 전화를 주시곤 합니다.

낚싯배에서 사무장이란, 손님들의 낚시가 원활히 이루어지도록 선장을 돕는 사람이지요. 손님들의 낚싯줄이 엉켰을 때 풀어주고, 커피를 끓이고, 식사를 준비하고, 배 청소하고… 온갖 잡일을 하는 사람입니다. 장 선장님이 내게 그런 일을 시키지는 않지요. 그저 승선 비용을 내지 말고

"얼굴 보고 싶으니, 와서 즐겁게 놀다 가라."

는 말씀을 그렇게 하십니다.

장 선장님은 아끼던 낚시 도구까지 저에게 챙겨주시기도 했습니다. 어느 날 주꾸미 낚시를 하러 갔는데, 불쑥

"내가 쓰던 것인데, 주꾸미와 참돔 낚시에 쓸 만할 거예요."

라며, 낚싯대 하나를 주시더군요. 내가 주꾸미 낚시 갈 때마다 민물 릴낚시에 쓰던 낚싯대와 스피닝 릴을 들고 갔더니, 어이없고 답답하셨던 모양입니다.

아, 장 선장님께서 주신 주꾸미 전용 낚싯대와 사부님께서 사 주신 작은 베이트 릴을 결합해서 사용해보니, 정말 좋더군요. 저는 그때까지 베이트 릴이 어떻게 생긴 것인지도 잘 몰랐습니다. 그냥 다 같은 릴(reel)인 줄로만 알았지요.

스피닝(spinning) 릴

베이트(bait) 릴

사전을 찾아보니, 스피닝 릴의 스피닝(spinning)은 말 그대로 '돌리다', '회전하다'의 뜻이고, 베이트 릴의 베이트(bait)는 '미끼', '유혹', '루어' 등의 의미가 있더군요. 나중에 알고 보니, 낚싯대의 가이드 모양에 따라 사용하는 릴이 달랐습니다. 낚싯대의 가이드란, 낚싯줄이 통과하는 낚싯대의 동그란 구멍들을 말하지요. 일반적으로 가이드 구멍이 큰 낚싯대에는 스피닝 릴을, 가이드 구멍이 작은 낚싯대에는 베이트 릴을 사용하더군요.

그렇게 주꾸미 낚시를 다니다가, 어느 날은 아내와 함께 낚시하는데, 또 불쑥

"자기만 주꾸미 전용대로 낚시하고, 사모님은 민물 릴낚싯대로 하게 하면 되느냐?"

하며, 아내에게도 주꾸미 전용 낚싯대를 선물해주셨습니다. 그런데 어느 날 제가, 안면도 좌대에서 어찌하다가, 아내의 주꾸미 낚싯대를 부러뜨렸습니다. 장 선장님께서 나중에 이 일을 알고, 다시 아내에게 주꾸미 낚싯대를 또 선물해주셨지요.

언젠가는, 병원에서 근무하고 있는데, 점심 무렵에

"서천에서 대전에 올라왔다. 병원 근처에 있으니, 같이 점심이나 먹자."

고 하시더군요. 병원 앞에 있는 식당으로 나갔더니, 아이스박스 회사에서 샘플로 받았다는, 예쁜 아이스박스를 내게 주고 가셨습니다. 그러더니 최근에는, 본인이 쓰시던 민물낚시 장비를 정비해서

"쓸만할 거야."

라며, 낚시 가방까지 통째로 던져주고 가시더군요.

2018년에는 퇴계 선생의 도산십이곡을 제가 노래로 작곡하는

과정에서, 녹음 파일을 변환하는 작업을 도와주기도 하셨지요. 2019년 여름 휴가 때는 둘이서 차를 몰고, 홍원항에서 오천항까지, 해안가 도로를 오르내리며 하루를 보내기도 했습니다. 이런저런 사는 이야기를 나누면서요.

주신 베이트 릴이며, 보내주신 고구마며, 장 선장님은 늘 형님처럼 저를 챙겨주십니다. 사부님을 통해서 알게 된 장 선장님은 이제 제게, 낚시를 떠나서, 그냥 인생 형님이 되었지요. 그리고, 호해스타호는 저와 아내의 전용 낚싯배가 되었습니다.

<호해스타>

내일 올텨? 왜?
보고 싶어서….
그려, 갈게!

새벽 3시
걱정하며 흔드는
아내의 손 뒤로 하고
님 보려고
홀로 눈 비벼가며
춘장대 톨게이트 향한다.

홍원항 배 중에 작은 편인데
내 보기에 이 세상에서 제일 큰 배다.
마음 비운 선장이니.

언젠가
술 한 병 들고 가니, 술은 못 먹어!

바다에만 나오면 마음이 좋은지
온 바다 멋지게 헤엄친다.
나랑 똑같다.

형님, 별이지?
바다를 사모하는.

2016.7.31. 김종성 묵상 일기

<어느 날 보령에 가서>

행여
그리운 님 만날까
서쪽 바다 달려왔건만
서천의 님 군산 가셨네.

나는 오늘
님 못 뵈지만
저 넓은 바다
늘 님 보고 있으리.

2017.11.30. 김종성 묵상 일기

2013.9.22. 호해스타호. 주꾸미와 불가사리. 갑오징어 먹물

2013.10.19. 호해스타호. 한동희님 갑오징어와 주꾸미.

2014.5.10. 호해스타호. 참돔

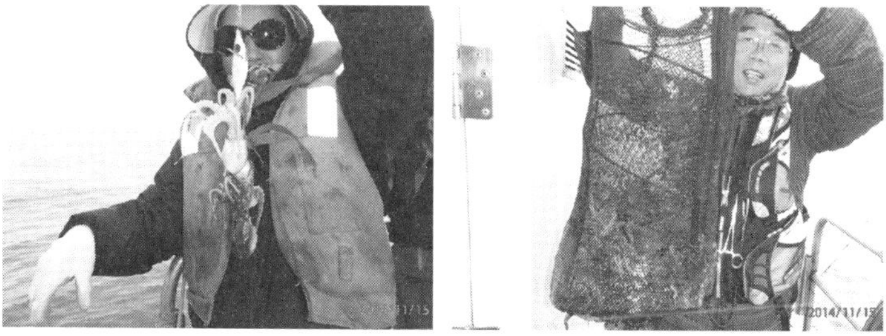

2014.11.15. 호해스타호. 한동희님 주꾸미 쌍걸이

2015.7.10. 호해스타호. 수조기와 백조기(보구치), 그리고 매퉁이

2016.7.23. 호해스타호. 참돔　　　2016.7.31. 호해스타호. 참돔

2016.9.4. 호해스타호. 주꾸미 쌍걸이

2016.9.24. 호해스타호. 출조 중인 한동희님과 주꾸미 쓰리걸이

2016.10.23. 호해스타호. 갑오징어

2017.9.9. 호해스타호.
한동희님 주꾸미

2017.10.7. 호해스타호. 한동희님 갑오징어. 주꾸미

2018.11.26. 호해스타호. 주꾸미라면

2020.5.17. 호해스타호. 참돔

3. 퇴계 선생 도산십이곡에 응답한 대방어

2000년 무렵, 다양한 바다낚시의 종류와 기법들은 모르고, 주로 방파제에만 다녔지요. 저는 가족들을 데리고 서해안, 남해안, 동해안의 여러 방파제를 돌아다녔습니다. 학업에 방해될까 봐 아이들을 자주 데려갈 수는 없었고, 대부분 아내와 함께 다녔는데요. 아내를 위해 방파제에 그늘막이나 작은 텐트를 쳐주고, 나는 그 옆에서 낚시하곤 했습니다.

그러던 중 문제가 생겼습니다. 몇 년을 잘 따라다니던 아내가 어느 날 갑자기

"지루해서 낚시 따라가기가 싫다. 혼자 다녀오면 좋겠다."

라고 하는 겁니다.

내가 낚시하는 동안 아내는 텐트에서 성경을 읽거나 낮잠을 자면서 시간을 보냈었는데요. 재미가 없었던 거지요. 그때의 나는 조황이랄 것이 거의 없었거든요. 작은 노래미나 도다리 같은 것을 한두 마리 잡거나, 아니면 한 마리도 못 잡을 때가 더 많았지요.

지루하다는 아내의 입장을 충분히 이해할 수 있었지만, 가족과 함께 자연 속에 가는 것을 좋아했던 저는, 혼자 낚시 가는 것이 싫었기에

'어떻게 하면 같이 갈 수 있을까?'

하고 고민을 했습니다.

그러다가 아내에게

"낚시 갈 때마다 3만 원의 출조 수당을 주면 어떻겠냐?"

라고 제안을 했습니다. 넉넉하지 않은 살림을 꾸려가던 아내는, 환하게 웃으며

"좋다."

라고 하며 흔쾌히 도시락을 준비해서 따라나서더군요. 어려운 현실로 인해 물질에 마음이 약해졌던 모양입니다.

그렇게 3만 원의 출조 수당을 받으며 동행하던 아내가, 1년쯤 뒤에 또

"출조 수당을 받아도 가기 싫다. 고기도 못 잡고…, 영 재미가 없다…."

라고 하는 겁니다.

저는 또 고민하다가, 심각한 출혈을 감수하고라도, 아내의 마음을 유혹하는 물질의 양을 더 늘려보기로 했습니다.

"그럼 출조 수당을 5만 원으로 올리겠다. 그 대신 낚시 갔다가 올라오는 길에 당신이 운전해 줄 수 있겠느냐?"

라고 제안했더니, 역시 물질에 눈이 어두운 아내는

"좋다!"

라고 동의했습니다.

낚시 갔다가 올라오는 길에 아내가 운전해달라는 조건을 단 것은, 바닷가에서 혹시라도 회를 뜨면 술을 한 잔 정도 마셔볼 생각에서였지요. 참고로, 아내와 나는 둘 다 술을 거의 못 마십니다. 한 잔만 마셔도 금방 얼굴이 붉어지는, 이른바 '홍익인간(紅益人間)' 체질이지요. 음주 후 얼굴이 금방 붉어지는 사람은, 알코올의 중간 대사

물인 아세트알데하이드를 분해하는, 알데하이드 탈수소효소(ALDH, aldehyde dehydrogenase)가 유전적으로 비활성인 체질이기 때문이지요. 질병이 아니고, 우성유전의 체질입니다. 우성유전이란, 부모가 가진 체질이 자녀에게 나타날 확률이 50%인 거지요.

낚시를 갈 때마다 5만 원이라는 거금의 출조 수당을 지급하는 일은 내게도 어려운 조건이었지요. 하지만 아내와 함께 바닷가에 가는 것이 즐거워서 계속 진행했습니다.

그러던 중에, 20여 년 전 포항 영일만의 긴 방파제에 갔던 날, 일이 터졌습니다. 1호 바다 릴낚싯대에 구멍찌 채비로 방파제 중간에서 낚시했는데요. 그날도 역시 입질은 없고 무료하더군요. 텐트에서 자고 있던 아내를 깨워서

"화장실 좀 다녀올 테니, 낚싯대를 붙들고 있어 달라."

고 부탁하고는 방파제 입구로 나갔지요. 그런데 멀리서 아내가 다급하게

"지한이 아빠! 지한이 아빠!"

하고 큰 소리로 나를 부르는 겁니다.

뒤돌아보니, 세상에 낚싯대가 크게 휘어져서 요동을 치고 있었습니다. 놀라서 달려가 보니, 아주 커다란 숭어가 잡혀서 수면 위에서 이리저리 날뛰고 있었지요. 내가 갈 때까지 아내는 한참 동안 그 큰 숭어의 손맛을 제대로 본 것이지요.

잔뜩 상기된 아내는, 포항에서 대전으로 올라오는 두 시간 내내

"그거 봐. 내가 당신보다 물고기 더 잘 잡지!"

하면서 의기양양하게 이야기를 했습니다. 그렇게 엄청난 손맛을

직접 온몸으로 느낀 아내는,

> "이제부터는 내가 제대로 물고기를 잡을 테니, 고기 못 잡는 당신은 옆에서 미끼 끼워주고 도와만 주라."

고 하더군요. 고기 못 잡는 저는 할 말이 없었지요. 그때까지 저는 그렇게 큰 물고기를 잡은 적이 없었거든요.

그 뒤로 아내는 출조 수당 없이 따라나서기 시작했습니다. 출조 수당 대신에 우승 상금을 걸고 같이 낚시를 하게 되었지요. 손맛과 현지의 회 맛을 본 아내는 이제는 수당이 없이도 즐겁게 동행합니다.

고기도 오히려 나보다 더 잘 잡지요. 같이 낚시해보니, 아내는 어복이 참으로 많은 것 같았습니다. 목포의 도다리, 서천의 주꾸미, 통영 좌대의 전갱이, 녹동의 고등어, 거제도의 가족 좌대, 천수만 숭어, 제주 자리돔…. 가는 곳마다 아내는 나보다 조황이 좋더군요.

결과적으로 거금의 출조 수당을 없애주고 아내를 조사님으로 만들어 준, 포항의 숭어가 내게는 큰 은인이 되었습니다.

아내는,

> "시장에서 사 온 생선과 낚시로 잡은 물고기 맛이 너무 다르다."

며 낚시로 잡은 생선을 좋아합니다. 갈치구이만 해도 사다 먹는 갈치는 퀴퀴하였지만, 잡아 온 갈치는 잡내가 없이 입에서 살살 녹는다는군요. 그뿐 아닙니다. 생선 냉동고를 따로 장만하여 잡아 온 생선을 종류별로 보관합니다.

그러더니 급기야 나에게

> "회를 제대로 뜨라."

며, 회 뜨는 칼, 내장 다듬는 칼, 숫돌을 사 주면서 회 뜨는 연습까지 시켰지요. 제가 회 뜨는 연습을 해보니, 회를 뜨는 것보다 숫돌에 칼을 잘 가는 일이 더 어렵더군요. 이제 아내는

"일식집 생선 초밥보다 당신이 만들어주는 초밥이 더 맛있다."

고 합니다.

아내는 김장할 때, 낚시로 잡은 갈치로 집에서 젓갈을 담아 사용해보더니

"김치가 아주 맛있다."

고 하면서, 갈치 젓갈을 담아두었다가 김장철에 주변 사람들에게 나누어주기까지 합니다.

2008.5.17. 울릉도 선착장.
충남대병원 가톨릭신자회 피정 중에 잠깐 전갱이 낚시 중인 한동희님.
그리고 독도 선착장.

독도에서 '독도'(강아지 이름)와 함께

2008.10.4. 속초 앞바다 한동희님.
가자미 잡는 촌로와 해돋이 보며
무슨 대화 나누시는지….

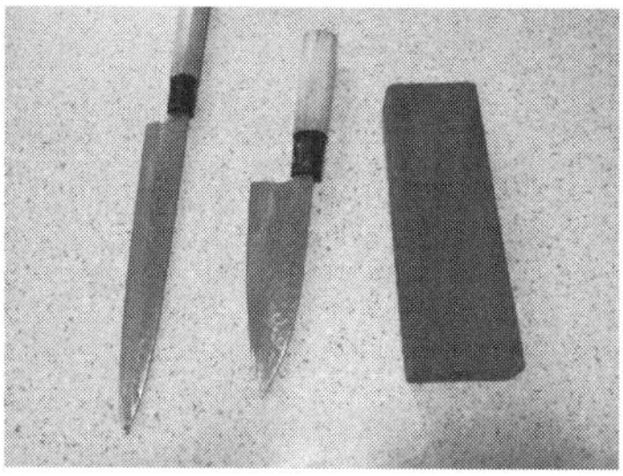

한동희님이 사다 준 회 뜨는 칼,
내장 다듬는 칼, 숫돌.

전갱이와 쥐치회. 부지런히 연습했더니,
회가 제법 모양을 내기 시작!

2009년 봄. 천수만 좌대.
한동희님 큰 숭어!

2011.4.9.
목포 도다리 선상낚시 승선하기 전.
새벽에 안개 낀 목포 항구 거니는 한동희
조사님. 송규상 교수님, 문제남님 동행.

<여보, 낚시대회 아직 끝난 거 아니지?>

식구들이 서로 대화할 수 있는 시간이 많지 않은 현대인들에게, 가족과 함께하는 낚시는 많은 대화의 기회를 제공해주는 역할을 하지요. 낚시하러 먼 거리를 차를 타고 가고 오는 와중에, 온종일 붙어 있게 되고 자연스럽게 서로 이야기를 하게 되더군요. 설령 대화하지 않고 그냥 옆에서 잠만 자더라도, 같은 시간과 공간에 함께 있는 것을 느끼는 그 자체도 중요한 대화이지요.

완도, 보길도, 마라도, 제주도, 원산도, 욕지도, 거제도, 포항 신항만 방파제, 울릉도 자리돔, 목포 야간 갈치, 천수만 숭어, 서천 주꾸미, 통영 좌대 전갱이… 등 참으로 많은 곳을 가족과 함께 다녔습니다.

아이들이 학교에 다니기 시작하면서, 아이들에게 용돈이라는 것을 주어야 할 것 같은데,

'용돈을 어떻게 줄까…?'

하고 고민했지요.

출조 수당으로 아내를 주부 조사로 만들었던 일을 떠올리며, 아이들에게 용돈을 주는 대신에 때때로 가족 낚시대회를 열어서 우승 상금을 주기 시작했습니다. 그냥 용돈을 주는 것보다 훨씬 더 재미있고 좋았지요. 2008년부터는, 입학, 졸업, 생일, 제대, 휴가 등 집안에 작은 이벤트가 있을 때마다 규모가 약간 큰 가족 낚시대회를 개최했습니다. 아이들도 재미있어하더군요.

2008년 봄에 우리 가족에게는 작은 이벤트 두 가지가 동시에 있었습니다. 큰아들이 전방 육군에서 무사히 제대하고, 작은아들이 대학에 입학했지요. 아이들과 아내는 이구동성으로

"아빠, 기념으로 뭐 해줄 거야?"

라고 묻더군요. 나는

"당연히 가족 낚시대회를 크게 한 번 해야지."

라고 대답하고, 1등 상금 20만 원 정도 규모의 낚시대회를 준비했습니다.

여기저기 장소를 물색하다가, 그동안 사용하지 않고 저축해두었

던 대한항공 마일리지를 이용하여, 멀리 마라도에 한 번 가보기로 했지요. 그동안 우리 가족이 안면도, 원산도, 완도, 보길도, 욕지도, 연화도, 노대도, 거제도, 울릉도 등 서해안, 남해안, 동해안의 섬에는 많이 다녔어도, 마라도에는 가본 적이 없었거든요. 무료 마일리지를 이용하여, 대한항공과 서귀포 KAL 호텔을 이용하는 1박 2일 일정으로 성대하게 준비했습니다.

2008년 7월 5일(음력 6.3) 청주 공항에서 첫 비행기를 타고 온 가족, 네 명이 제주도로 출발했습니다.

첫날 들어간 마라도의 갯바위에서는 1호 바다 릴낚싯대에 구멍찌, 새우 미끼로 채비했는데요. 날씨가 좋지 않아서 바람이 많이 불었고, 조과도 저조했습니다. 다른 사람들이 이렇다 할 조과가 없는 와중에, 작은아들 수한이가 마라도의 긴꼬리벵에돔 한 마리를 잡더군요. 그러고는

"1등 상금은 떼놓은 당상!"

이라고 천하태평으로 여유를 부렸습니다.

마라도에서, 그 유명한, '마라도 자장면'을 점심으로 사서 먹고, 오후에 서귀포 KAL 호텔로 돌아왔습니다. 숙소에서 저녁을 먹고는, 낮에 물고기를 잡지 못한 아내가 기죽은 목소리로

"여보, 아직 낚시대회가 끝난 것은 아니지?"

라고 묻더군요. 나는

"당연하지. 내일 새벽도 있는데…."

라고 아내에게 희망을 주었습니다.

새벽 4시가 되자, 금전에 약한 아내가 나를 깨우면서

"여보, 옆방의 아이들이 일어나기 전에 우리끼리 얼른 낚시 시작합시다."

하며 재촉하더군요.

아이들 몰래 둘이서 KAL 호텔 숙소에서 나와, 새벽 4시 반에 서귀포항에 도착했습니다. 자리를 잡고 낚싯대를 펼친 후 막 낚시를 시작하려고 하는데,

"통통통통…"

시끄러운 엔진소리를 내며 밤 조업을 마친 갈치 어선이 우리 앞으로 들어오더군요.

그러더니, 그 배의 선장님이 마이크로

"어이 거기 두 사람, 배 좀 묶어주세요."

하며, 팔뚝보다 더 굵은 밧줄을 우리에게 던졌습니다. 아내와 나는 들기도 힘든 그 무거운 밧줄을 낑낑대며 끌고 가서 선착장의 커다란 쇠말뚝에 묶었습니다.

그리고 다시 낚시하려는데, 이어서

"통통통통…"

거리며 갈치 어선들이 줄지어 들어오더군요. 그리고는 역시 이 배 저 배의 선장님들이 이구동성으로

"어이 거기 두 사람, 배 좀 묶어주세요."

하며 무거운 밧줄을 계속 던져댔습니다.

아내와 나는

"오늘 낚시하기는 다 틀렸다."

고 하며, 배들을 부두의 지지대에 묶느라고 땀을 뻘뻘 흘렸지요.

여기저기 배들을 묶어주느라고 아쉽게도 낚시를 할 수가 없었습니다.

그런데 배들을 다 묶어주고 나니, 어느 선장님이

"수고하셨습니다. 갈치 가져가세요."

하며, 그 비싼 제주 은갈치가 가득 담긴, 커다란 상자 하나를 안겨주는 겁니다. 갈치가 풍년으로 모두 만선을 했다고 하더군요.

갈치를 박스로 받아든 아내는 환한 웃음을 지으며

"이제 내가 1등 아닌가요?"

라고 하더군요. 나중에 늦게 일어난 아이들과

"낚시 가서 받아온 갈치도 조황으로 칠 것인가?"

에 대한 열띤 논쟁이 벌어졌습니다. 결국, 뜨거운 논란을 뒤로하고 아내는, 아들들의 부러움과 가자미 시선 속에, 제주 은갈치 한 박스와 거금 20만 원을 상금으로 챙겼습니다. 1등 한동희님, 2등 김수한, 3등 김지한으로 결정되었지요.

대전으로 올라오면서, 나중에 아이들이 커서 결혼을 하더라도, 지금처럼

"매년 가족 낚시대회를 열자."

고 두 아들 및 아내와 약속을 했습니다.

2008.7.5. 서귀포 성당에서 토요일 미사.
성당 역사가 아주 오래됨. 100년?

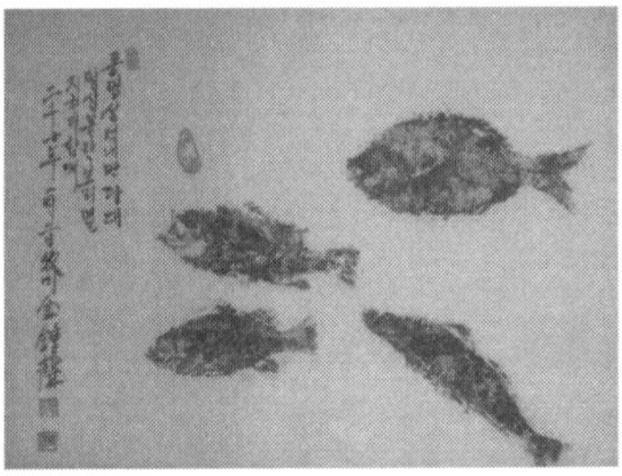

2010.1.2. 큰아들과 신년 출조. 통영 삼덕
중화낚시 내만 좌대. 망상어, 볼락, 보리멸

2010.11.13. 통영 노대도 좌대.
큰아들 의전원 원서 내고 발표 기다릴 때.

2011.2. 들물낚시 먼바다 선상 열기 가족 낚시대회. 큰아들 의전원 합격 및 작은아들 해군제대 기념. 한동희님과 지한은 멀미. 1등 수한, 2등 지한, 3등 한동희님.

2011.8.21. 한동희님과 큰아들 지한과 함께 연화도 좌대에서 1박. 고등어 30~40마리.

2012.8.6.~7. 거제도 탑포 해상콘도 가족 낚시대회. 전갱이와 쥐치 대전에 가져와서, 예비 며느리 이사미님 초대하여 저녁 식사. 1등 수한, 2등 지한, 3등 한동희님.

<나도 한 번만 낚싯대 담가볼까?>

2013년은 우리 가족에게 참으로 뜻깊은 일이 있었지요. 1월 27일에 큰아들이 결혼해서 며늘아기를 맞았기 때문입니다. 2013년 여름의 가족 낚시대회에는 며늘아기까지 다섯 명이 참여하게 되었습니다.

며늘아기가 처음 출조하는 것이기 때문에, 최대한 즐겁고 불편하지 않도록 아내와 계획했지요. 서로 시간을 맞추다 보니 뜨거운 여름에 가야 하는 일정이라서, 에어컨까지 시설이 완비되고 손맛을 볼 수 있게끔 거제도 탑포 해상콘도를 택했습니다.

대개 처음에 낚시하러 가서 고생만 잔뜩 하다가 오면, 그 후에는 낚시 가지 않으려고 하거든요. 그래서 저는 항상 처음 낚시하는 분들을 데리고 갈 때는, 잘 잡히지 않는 감성돔이나 참돔과 같은 물고기 종류를 선택하지 않습니다. 손맛 좋고 자주 잡히는 고등어, 전갱이 등을 택해서 데리고 가곤 하지요. 그래야 그다음부터 초보 조사님들이

"또 낚시 가자."

고 먼저 졸라대거든요.

그리고, 이번에 며늘아기가 1등을 해야, 다음에도 대회가 무난히 계속될 수 있을 것 같았습니다. 그래서 출발하기 전에 미리 아내에게

"이번에 며늘아기가 1등을 하도록 만들어야 한다."

"당신은 어복이 너무 많은 사람이니, 일절 낚시하지 마라."

"나도 낚시 안 하고 도와주기만 할 것이다."

라고, 단단히 다짐을 주었지요.

며늘아기를 1등으로 만들자는 저의 제안에, 어복 많은 아내도

"그럼, 나는 이번에 가서 낚시는 안 하고, 음식만 열심히 만들겠다."

라고 하며, 흔쾌히 동의했습니다.

그렇게 며늘아기를 조사님으로 만들자는 원대한 계획과 음모(?)를 품고, 탑포 해상콘도에 도착하여 짐을 풀었지요. 그리고 약속대로 아내는 낚싯대를 잡지 않고, 음식만 만들었습니다. 예상한 대로 며늘아기는 망상어, 볼락 등을 열심히 잡으면서

"아버님, 이거 몇 cm인지 측정해 주세요."

"이거 무슨 물고기예요?"

하면서, 신나게 잡더군요. 다행히 며늘아기가 약 20cm 정도 되는 가장 큰 물고기를 잡아서 강력한 우승 후보가 되어가고 있었습니다.

그날 관찰해보니, 며늘아기도 아내 못지않게 어복이 많은 것 같더군요. 카드 채비로 여러 마리를 한꺼번에 잡기도 하고, 낚시 자체를 즐기는 것 같았습니다. 낚시터에 데리고 가서 표출하는 행동을 보면, 낚시 체질인지 아닌지 금방 알 수 있는데요. 며늘아기도 낚시 체질이었습니다.

그런데 어복 많고, 고기도 잘 잡는 한동희님이 너무나 무료했던 모양입니다. 저녁때

"나도 잠깐 한 번만 낚싯대 담가볼까?"

하면서 낚싯대를 들더군요. 아, 그런데 채비를 바다에 넣자마자 아주 커다란 물고기가 잡혀 나오는 겁니다. 아내는 나를 쳐다보며 너무나 미안하다는 표정을 짓더군요. 어쩔 수 없었습니다. 어복이 워낙 많은 사람이니….

결국, 1등은 한동희님이 차지하고, 며늘아기는 아쉽지만 2등을 차지했습니다. 그러나 다행히 며늘아기도 낚시에 단단히 재미를 느꼈는지

"다음에 또 가자."

고 하더군요. 가만 보니, 며늘아기도 한동희님 못지않게 어복이 많더군요!

손녀 해연이도 집에서 장난감으로 낚시 놀이를 곧잘 하더니, 2020년 봄의 가족 낚시대회에 처음 참가하여 직접 릴을 돌리기 시작합니다. 이제 세 돌이 지났으니, 한동희님, 며늘아기 이사미님과 함께 우리 집 여성 조사님들의 활약이 어디까지 펼쳐질지 모르겠군요.

2013.7. 거제도 탑포 해상콘도 들어가는 길

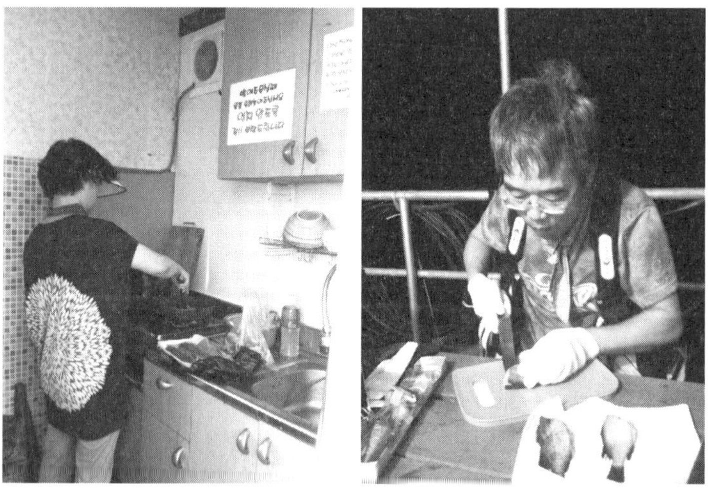

2013.7. 거제도 탑포 해상콘도 가족 낚시대회. 아내와 나는 음식 준비

2013.7. 거제도 탑포 해상콘도. 큰아들 쥐치, 며늘아기 볼락

2014.4.5. 천수만 방파제 가족 낚시대회.
조황 꽝! 방파제에서 고부가 무슨 대화를 나누시는지

2014.4.5. 천수만 방파제. 큰아들 지한과 며늘아기 이사미님

2017.1.1. 작은아들 수한과 신년 출조. 완도 먼바다 열기(불볼락).
가운데 수한이 잡은 왕 우럭(조피볼락)

2017.2. 서천 다사리 방파제.
수한 동행. 조황 꽝!

2019.7.12. 천수만 만길호 좌대.
한동희님 동행.

2020.6.6. 충북 보은군 도원지 가족 낚시대회.
처음 참가하여 열심히 릴을 감는 세 돌 지난 손녀 해연!

2020.6.6. 보은군 도원지에서 손녀 해연

2020.6.6. 보은군 도원지에서 메기, 붕어, 빠가사리와 인사하는 손녀 해연

<결혼기념일 축하해준 물고기들>

●

25주년/들물낚시와 뱇어준 2009년 통영 전갱이

2008년 7월 무렵에, 전공의 1년 차 예암(禮岩) 최동현님과 태풍 속에서 만난 돌문어의 즐거운 추억을 만들어 준 곳이 통영의 들물낚

시입니다. 저는 남해안 바다 좌대를 이날 처음 접했지요. 남해안의 좌대는, 서해안 좌대들보다, 어종이나 풍경 등 여러 가지가 제 취향에 더 맞는 것 같더군요.

그 후 저는 아들, 아내, 지인들을 데리고 자주 들물낚시를 찾게 되었습니다. 그 당시 들물낚시는 통영 내만, 연화도, 욕지도 주변의 좌대들과 연계하여 전갱이 위주의 좌대 낚시를 하고 있었는데요. 늘 사모님이 함께 승선하시어, 같이 좌대 낚시도 하시고, 점심때 일반 판매 도시락이 아닌, 갓 지은 밥을 제공하셨습니다.

전갱이 좌대 낚시는, 통영에서 배를 타고 대략 1시간 이내 거리의 좌대들에서 이루어졌는데요. 낭창낭창한 낚싯대로 편대채비에 새우 미끼를 써서 주로 했는데, 감성돔보다도 손맛이 더 좋은 것 같았습니다. 편대채비는 철사 등의 금속을 이용하여 목줄을 연결하는 채비이지요. 우럭, 전갱이, 도다리 등 어종에 따라 편대의 모양이 다르더군요.

2009년 5월에 한동희님과 전라남도 고흥의 녹동 방파제에 가서 고도리(작은 고등어) 90여 마리를 잡은 것이 그때까지 우리 가족 조황의 최고 마릿수 기록이었는데요. 2009년 6월에 큰아들과 같이 들물낚시의 전갱이 좌대 낚시에 가서 그 기록을 깨고 100여 마리를 훌쩍 넘길 만큼 조황도 좋았습니다. 그런 날은 정신이 없을 정도로 즐거웠지요.

결혼 25주년인 2009년 7월 28일이 다가오고 있었습니다. 아내가

"25주년 기념으로 뭐 할 거예요?"

하기에

"25주년 기념 출조를 해야지!"

하며 들물낚시에 예약을 했습니다. 병원에는 휴가를 냈지요. 통영으로 1박 2일 일정을 잡고 둘이서 떠났습니다.

통영 산양에 도착하여, 평소 낚시 갈 때 자주 다니는 수봉 식당에서 저녁 식사를 했습니다. 수봉 식당은 아주 작은 식당인데, 사모님 손맛이 기가 막히고 아주 정갈하게 음식이 나오지요. 저녁을 먹고 들물낚시 근처에서 민박했습니다.

아침에 일어나, 예약한 들물낚시에 가니, 최춘식 선장님께서 웃으시며

"결혼 25주년 기념일에 우리 집에 오셔서 감사합니다. 교수님 부부를 위해 오늘은 특별히 무료로 풀 서비스입니다."

라고 하시면서 선비와 낚시 경비를 받지 않으시더군요. 전혀 예상하지 못한 상황이었습니다. 그 말을 듣고 너무나 감사했습니다.

그런데 이게 웬일입니까? 배에 오르고 보니, 그 큰 배에 우리 부부와 선장님 부부뿐이었습니다. 정지연 사모님께

"왜 손님이 없습니까?"

하고 물으니,

"일부러 다른 손님을 받지 않았다."

고 하시더군요. 세상에…. 입이 다물어지지 않았습니다.

한 시간 거리의 욕지도라는 섬에 도착하자 최 선장님은

"비록 낚싯배이지만 요트로 생각하시고 즐겁게 노십시오!"

라고 하셨습니다. 그렇게 큰 배를 온종일 내어주시고, 도시락까

지 준비해주시고, 기념사진까지 촬영해주며 경비를 받지 않으시더군요. 커다란 독배를 무료로 이용하다니….

게다가 들물낚시 정지연 사모님께서는, 결혼 25주년 기념을 위한, 축하 샴페인까지 준비해주셨습니다. 너무나 감사해서 무어라 드릴 말씀이 없었습니다! 바다의 전갱이들도 우리를 환영하며, 가계에 보탬이 되라고, 온종일 떼거리로 몰려와서 정신이 하나도 없을 정도로 엄청 많이 잡혔지요.

대전으로 돌아오는 차 안에서 아내는

"나는 결혼을 참 잘했어. 당신을 만나는 바람에 커다란 배를 전세 내서 놀아도 보고…."

라고 만족해했지요. 대전에 올라와 인낚 홈페이지에 감사 편지를 올려드렸습니다.

평생 잊지 못할 아름다운 추억을 만들어주신, 그렇게 전갱이로 맺어진 내 사랑 들물낚시는 지금까지 이어지고 있지요. 이제는 전갱이 좌대 낚시를 하지 않으시고, 아주 큰 배를 두 척이나 마련하시어 갈치, 열기, 오징어, 한치 등 먼바다로 다니십니다.

2019년에는 강연과 공연으로 내가 너무 바빠서, 들물낚시에 자주 못 내려갔지요. 그랬더니, 어느 날 최 선장님과 사모님께서, 금방 잡은 한치와 고등어를 손질하셔서

"맛이라도 보시라."

고 대전으로 부쳐주기까지 하셨습니다.

세상에, 얼마나 맛있던지요! 아내와 함께 먹으면서, 한동안 들물

낚시 이야기로 꽃을 피웠습니다. 최 선장님과 사모님의 정성이 담겨서 더 맛있었나 봅니다. 최 선장님과 사모님께, 소중한 추억을 간직한 채, 늘 감사하는 마음으로 따라다닙니다.

2009.7.28. 들물낚시 정지연 사모님께서 홈페이지에 띄워주신 기념사진.

2009.7.28. 들물낚시 욕지도 좌대. 결혼 25주년을 축하하는 전갱이들

●

30주년/바다낚시 잡지에 실리게 한 2014년 천수만 숭어

2014년에 결혼 30주년이 다가오자 아내가 웃으며

"30주년에는 뭐 하지?"

하고 묻더군요. 저는 25주년 기념 출조 때의 행복했던 기억을 떠올리면서

"또 한 번 기념 출조를 할까…?"

하고 대답했습니다.

무슨 피치 못할 사연이 있었기에, 우리 부부는 하필이면 7월 28일 그 뜨거운 한여름에 결혼했을까요? 낚시하기에는 너무나 더운 시기입니다. 제가 아무리 물고기와 낚시를 좋아하지만, 뙤약볕에서 사랑하는 아내를 고생시키고 싶지는 않더군요. 온종일 하는 선상 낚시는 남성들 틈바구니에서 여성들이 화장실을 이용하기에 좀 불편한 측면도 있어서, 고민이 되었습니다.

그때 떠오른 장소가 서해안 천수만의 만길호 좌대였습니다.

만길호 좌대를 알게 된 것은 2009년 봄이었지요. 비가 오는 어느 날이었는데요. 우리병원 시설과에 근무하는 문제남님이

"비 오는 날에도 낚시할 수 있는 곳이 있다."

고 하더군요. 문제남님과 부부 동반하여, 함께 처음으로 천수만의 만길호 좌대에 출조했습니다. 비가 오는 날이라서 그런지, 손님이 아무도 없고 우리 넷만 낚시했지요. 그때 봄 숭어회를 처음 먹어보았는데 아주 맛있더군요.

그 이후로 한동희님은

"회 중에 숭어회가 가장 맛있다!"

고 늘 이야기를 했었지요.

그 후 만길호 좌대에 몇 번 더 가보았는데, 그늘막도 있었고 무

엇보다도 좌대를 운영하는 3형제분이 너무나 성의껏 잘해주시더군요. 낚싯대도 그냥 다 빌려주고, 고기 손질까지 다 해주시니, 아무것도 준비하지 않아도 되는 곳이었지요. 심지어 점심 식사도 식당에서 배달할 수 있었습니다. 그냥 맨몸으로 가도 되더군요. 대전에서 거리도 가깝고요.

결혼 30주년 기념일에 천수만 당암포의 만길호 좌대에 도착하여, 아내와 둘이서 숭어낚시를 시작했습니다. 그런데, 이상한 일이 발생했습니다. 30주년 기념일에 아내의 낚싯대에는 큰 숭어가 계속 올라오는데, 제 낚싯대에는 아무 소식이 없는 겁니다….

아내가 커다란 참숭어를 낚싯대에 걸어서 올릴 때마다 큰 소리로

"여보, 뜰채!"

하고 소리치면, 제가 총알같이 뜰채를 들고 달려가 건졌습니다. 그날 아내는 엄청나게 큰 참숭어를 네 마리나 잡아서 잔뜩 상기되었지만, 저는 한 마리도 잡지 못했지요. 나중에 한 마리를 걸기는 했었는데, 그나마도 수면 위로 거의 다 건져 올리는 듯하다가, 얼굴만 확인하고 아쉽게 놓쳐버리고 말았습니다.

오전 내내 물고기도 못 잡고, 뜰채만 들고 씩씩거리며 뛰어다니는 저의 모습이 우스꽝스러웠던 모양입니다. 맞은 편에 앉았던 분들이

"아저씨는 오늘 뭐 하러 왔대요?"

라고 놀려대며 웃기도 했습니다. 나는

"글쎄 말입니다…. 오늘 저는 <뜰채 맨>인가 봐요!"

라고 대답하면서도 아주 즐거웠지요.

약간 코믹한 우리의 모습을 맞은 편에서 재미있게 지켜보던 분

중에, 한 분이 월간 바다낚시 잡지의 취재기자였나 봅니다. 우리 옆으로 와서, 부부가 같이 온 사연을 묻더군요. 결혼 30주년 기념 이벤트로 온 것을 알고는

"월간 바다낚시 잡지에 사진과 함께 이야기를 싣고 싶다."

고 했습니다.

2014.7.28. 천수만 당암포 만길호 좌대. 아내가 잡은 숭어

월간 바다낚시 잡지 2014년 9월호 258페이지에 실린 사진과 결혼 30주년 사연

그래서 인터뷰에 응하게 되었지요. 뜻하지 않게 우리 부부의 결혼 30주년 기념 출조 사진들이

"평소 함께 바다낚시 출조를 다닌다는 김종성·한동희씨 부부는 결혼 30주년이던 7월 28일 태안 당암포구를 찾아 숭어낚시를 즐겼다. 함께 낚시를 다니니 부부애가 절로 돈독해진다고 한다."

등의 사연과 함께, 2014년 9월호의 월간 바다낚시 잡지에 실리는 큰 선물까지 받게 되었습니다!

●

35주년/퇴계 선생의 도산십이곡에 응답한 2019년 제주 방어

2019년은 결혼 35주년이자 제 환갑을 맞는 해였습니다. 아들과 며늘아기가

"환갑과 결혼 35주년을 기념하는 부부 여행을 가면 어떻겠냐?"

하면서 유럽에 다녀올 것을 제안하더군요.

사십 대까지는 여행하는 것이 재미있어서, 국제 학술회의가 열릴 때마다 유럽이고 미국이고 아내와 함께 열심히 다녔지만, 오십을 넘어서면서 장거리를 비행한다는 것이 여러 가지로 불편해서 자꾸 꺼려지더군요.

아이들에게

"요즈음 강연 일정도 많고 해서, 해외여행은 다녀오기가 좀 그렇다."

라고 하니, 아들과 며늘아기가 서운했는지

"그리면 여행 대신에 기타라도 선물하셨나."

라며, 제가 젊어서 한때 그렇게 선망했던, 예쁜 깁슨 기타를 선물해주었습니다.

최근에 제가 퇴계 선생과 관련한 책을 저술하다가, 퇴계 선생께서 1565년에 한글로 가사(도산십이곡)를 쓰시고, 후세 선비에게

> "국민들이 마음공부를 할 수 있도록, 온화하고 부드러운 노래로 만들어 선물해달라."

고, 간절하게 부탁하신 내용을 발견했습니다.

> "이 (한글) 가사를 지은 것은 무엇 때문인가 …… 온유돈후한 내용의 노래가 적어 안타깝다. …… 속된 마음의 찌꺼기를 씻어버리고, 느낌이 일어나 마음이 화락해져서, 노래하는 자와 듣는 자가, 서로 유익함이 있을 것이라 본다. …… 훗날에 열람해 보는 자의 취사선택을 기다릴 뿐이다. …… 도산 노인이 쓴다."[610)]
>
> [老人之作此/노인지작차 何爲也哉/하위야재 …… 惜/석 … 少溫柔敦厚之實也/소온유돈후지실야 …… 庶幾可以蕩滌鄙吝/서기가이탕척비린 感發融通/감발융통 而歌者與聽者/이가자여청자 不能無交有益焉/불능무교유익언 …… 又以待他日覽者之去取云爾/우이대타일람자지거취운이 …… 山老書/산로서][611)]

그래서 2018년 초에, 저의 온정성을 들여, 퇴계 선생의 도산십이곡을 노래로 작곡했지요. 그 후 KBS TV[612)][613)]와 MBC TV[614)] 등 여기저기에 불려가서 강연과 함께 이 노래를 연주해드리기 시작했는데, 아들과 며늘아기가

---

610) 도산서원 참공부 모임. 『도산잡영(陶山雜詠)』. 예인, 2017. p.97-99.

611) 퇴계. 『정본퇴계전서: 시(定本退溪全書: 詩) 15』. 서울: 퇴계학연구원, 2007. p.297.

612) KBS 1TV. 2018.9.26. [거북이 늬우스]. 「노래하는 거북이 의사 김종성」

613) KBS 1TV. 2018.9.29. [KBS 네트워크특선. 동네 특종 카메라] 「퇴계 이황 선생님이 500년 전에 쓴 가사로 500년 만에 만들어진 노래

614) 대전 MBC TV. 2019. 7. 30. [생방송 아침이 좋다 <초대석> '명품 인간'을 만드는 퇴계 선생의 가르침].

"좋은 기타로 즐겁게 연주 많이 하시라."

고 하면서 기타를 선물한 것입니다.

그러나저러나 결혼 35주년이 문제였습니다. 아내에게 어떤 이벤트라도 해야 할 것 같은데, 이즈음 제가 영 시간이 되지를 않았지요. 제 환갑생일인 4월 15일(음력 3.11.)조차, 안동 도산서원에서 주최하는 <퇴계 선생 마지막 귀향길 450주년 행사>에서 공연이 예정되어 있고, 많은 곳에서 강연을 요청하는 바람에 통 짬이 나지를 않는 겁니다.

그러던 차에, 마침 제주도교육청에서

"월요일인 3월 25일에 직원들에게 강연해달라."

는 요청이 들어왔습니다. 저는 잘됐다 싶어서, 아내에게

"토요일에 같이 내려가서, 일요일에 결혼 35주년 기념 출조를 하고, 월요일에 강연하고 올라오면 어떻겠냐?"

라고, 상의했습니다.

아내와 결혼 35주년 기념 제주도 출조 계획에 대한 상의를 마친 후, 제주도의 김공순 옹에게 연락해보았습니다. 김공순 옹은, 3달 전인 2018년 12월에, 친구들과 부시리 낚시를 하면서 처음 알게 된 분인데요. 제주도 쇠소깍에서 펜션과 감귤농장을 운영하면서 작은 배를 가지고 있었지요. 김공순 옹 왈,

"지금은 제주도 바다가 낚시 철이 아니라서 조황이 좋지 않다. 낚시는 어렵다."

고 하더군요.

약간 실망스러웠지만, 제가 워낙 시간을 낼 수 없으니, 토요일에

내려가서 일요일에 낚시하는 일정을 그냥 강행하기로 했습니다.

아내와 함께 청주 공항으로 가면서,

"우리에게는 큰 행사이니, 그냥 낚시하는 것보다, 우승 상금을 걸고 하는 것이 더 재미있지 않겠냐?"

고 이야기를 나누었지요.

내가 더 큰 것을 잡으면 아내가 내게 오만 원의 상금을 주고, 아내가 더 큰 것을 잡으면 내가 아내에게 그 열 배인 오십만 원의 상금을 주는 것으로 제안했습니다. 결혼 35주년을 맞도록 고생한 아내에게 뭐라도 챙겨주고 싶었지요. 아내가 활짝 웃으며

"좋다!"

라고 하더군요.

토요일에 제주도의 쇠소깍 숙소에 도착해보니, 바람이 많이 불고 비도 내리면서 날씨가 영 안 좋더군요. 일요일 아침에 배를 타고 나가면서, 김공순 옹이

"아무래도 오늘은 날씨도 좋지 않고, 물고기가 안 나올 것 같다. 그냥 앞바다에서 바람이나 쐬고 들어오자."

라고 했지요.

그런데 김공순 옹의 예상은 완전히 빗나갔습니다. 혹시나 해서, 지난겨울에 친구들과 부시리 낚시할 때 집어용 음악으로 효과가 좋았던, 퇴계 선생의 도산십이곡 중 제9곡인 <그분들이 가신 길> 묵상 연주곡을 미리 틀었습니다. 그리고 채비에 새우 미끼를 달아서 물속에 내리자마자, 아내가 대삼치와 부시리들을 연달아 잡아내는 겁니다.

아내가 대여섯 마리를 잡을 때까지 저는 한 마리도 못 잡고, 결혼 30주년 기념 출조 때처럼 또 '뜰채 맨' 역할을 했지요. 아내는 신이 나서

"내가 이겼지요?"

하면서, 활짝 웃으며 손을 펴서 오십 만원 신호를 제게 보내기도 했습니다. 아내는 올라온 물고기들을 사진을 찍어, 두 아들과 며늘아기, 그리고 손녀에게 카톡으로 보내면서, 할머니 대 할아버지의 결혼 35주년 기념 출조의 조황 상황을, 실시간으로 중계했지요.

저 역시, 물고기는 못 잡았지만, 즐거운 마음이었습니다. 아내가 큰 물고기들을 많이 잡아서 우승하게 되면, 적은 돈이지만 아내에게 줄 수 있게 될 테니까요.

2019.3.24. 제주도 쇠소깍 앞바다 선상.
대삼치와 부시리를 계속 잡아내며 즐거워하는 한동희님

우승사인 보내는 월하(樾下) 한동희님

저는 입질 없는 제 낚싯대를 하염없이 바라보다가, 조금 무료한 것 같아서 도산십이곡의 <그분들이 가신 길> 묵상 연주곡을 다시 틀었지요. 그런데 이게 뭔 일인지요? 노래가 채 끝나기도 전에, 갑자기 제 낚싯대가 춤을 추는 겁니다. 대형 카고 찌낚시 채비로 60~70m 정도 흘러간 지점에서 입질이 왔습니다. 대형 카고 찌낚시 방법에 대해서는 <부시리> 편을 참조해주시기 바랍니다.

거기서부터 배까지 물고기를 끌어당기는데, 너무 어렵더군요. 한참 씨름을 하여 배 가까이 끌어오긴 했는데, 아, 글쎄, 물고기가 너무 커서 뜰채에 들어가지를 않는 겁니다. 어찌어찌해서 간신히 뜰채에 물고기를 넣어서 들어 올리니, 이번에는 물고기가 너무 무거워서 뜰채가 부러져 버리더군요. 그래도 다행히 놓치지 않고, 그렇게 1시간 정도의 사투를 벌인 끝에, 물고기를 배 위로 올릴 수 있었습니다.

그동안 말로만 들었던, 1m도 넘는 대방어를, 제 손으로 처음 잡은 것이지요. 김공순 옹도 신기해하면서

"저렇게 큰 대방어는 내 평생 처음 본다."

"지금 방어 철이 아닌데…."

라며 도저히 이해할 수 없다는 표정을 지었지요.

철이 아닌데도 그렇게 큰 대방어가 나온 것은, 퇴계 선생의 도산십이곡 노래의 집어 효과 때문이 아니었을까요? 대학자 퇴계 선생께서 지으신 노래이니, 산천초목과 물고기가 응답하는 것이지요. 아마도 이 노래의 주파수가 물고기들과 맞는가 봅니다.

『서경(書經)』이라는 고전에서, 기(夔)가 순임금에게

"제가 돌로 된 악기를 두드려 연주하니, 온갖 짐승들이 춤을 춥니다."

[予擊石拊石/여격석부석 百獸率舞/백수솔무][615]

라고 했던 내용이 떠오르더군요.

2019.3.24. 퇴계 선생의 도산십이곡에 응답한 제주 대방어!

615) 『서경(書經)』『우서(虞書)』, 순전(舜典).

저는 기분이 너무 좋아서, 아내에게 우승 상금을 주었습니다. 이제 저는 낚시 갈 때마다, 밑밥은 못 챙겨도 퇴계 선생의 도산십이곡 노래는 꼭 챙겨갑니다. 집어용으로 말이지요. 집어용이기도 하지만, 낚시하면서 조용히 이 노래를 들으면 제 마음이 참으로 평온해지고 삶에 대한 힘이 생기더군요.

지내시다가 혹여 마음공부를 하고 싶거나 무료하실 때, 유튜브에 <그분들이 가신 길> 또는 <퇴계 가신 길>로 검색하여, 다양한 버전의 도산십이곡 노래를 들어보셔도 좋을 것 같습니다.

<그분들이 가신 길/도산십이곡 제9곡>

고인도 날 몯 보고 나도 고인 몯 뵈
고인를 몯 봐도 녀던 길 알퓌 잇니
녀던 길 알퓌 잇거든 아니 녀고 엇뎔고[616]

옛사람도 날 못 보고 나도 옛사람 뵙지 못해.
옛사람 뵙지 못해도 가시던 길 앞에 있네.
가시던 길 앞에 있으니 아니 가고 어쩌겠나.[617]

Someone you never met me before.
Someone I never met you before.
Though we never met ever before,
what lies ahead is their way.
As the way lies ahead,

616) 퇴계. 『정본퇴계전서: 시(定本退溪全書: 詩) 15』. 서울: 퇴계학연구원, 2007. p.296.
617) 도산서원 참공부 모임. 『도산잡영』. 예인, 2017. p.96.

with a favor I will follow them.[618)]

노래 듣기

The Way They've Gone
그분들이 가신 길/제9곡

제9곡 일렉기타 묵상

제9곡 라이브

"휴대폰의 <QR코드 리더>를 그림에 대시면 음악 나옵니다!"

도산십이곡 1-12곡 가사교육용

618) 김종성. 『음흡은 사람의 마음에서 생겨나는 것이며 악樂은 마음의 움직임이다』 충남대학교출판문화원, 2019. p.85~86.

References

참고문헌

참고문헌

국가법령정보센터. 생물다양성 보전 및 이용에 관한 법률. http://www.law.go.kr/lsInfoP.do?lsiSeq=152015#0000

국가법령정보센터. 수산자원관리법 시행령. http://www.law.go.kr/LSW/main.html

국가법령정보센터. 내수면어업법 시행령. http://www.law.go.kr/LSW/main.html

국립수산과학원. 수산생명자원 정보센터. https://www.nifs.go.kr/frcenter/intro/?_p=intro_species

국립수산과학원. 표준수산물성분표 2018. http://www.nifs.go.kr/page?id=aq_seafood_1_01

국제신문. 2018.4.26.

김갑성 외. 『일차진료 아카데미 정맥영양주사요법, Master IVNT 3.0』. 2019, 일차진료아카데미 출판사.

김을상, 김중섭, 문현경. 시판 우유와 육류·해산물 중 타우린 함량. 한국식품영양과학회지 1999; 28: 16-21.

김종성. 『의사가 만난 퇴계, 5판』. 2017, 궁미디어.

김종성. 『마음이 편하지 않을 때는 한 걸음 걸어라』. 2018, 충남대학교출판문화원.

김종성. 『음音은 사람의 마음에서 생겨나는 것이며 악樂은 마음의 움직임이다』. 충남대학교출판문화원, 2019.

나무위키. https://namu.wiki/w/%EB%B6%88%EA%B0%80%EC%82%AC%EB%A6%AC

낚시광장. http://fish.darakwon.co.kr/materials/materials_view.asp?b_no=1501&re_page=%2Fmaterials%2Fichthyology.asp%3FGotoPage%3D2%26menu%3D0801

네이버 사전.

네이버 지식백과.

『논어(論語)』. 학이(學而)편

옹야(雍也) 편

술이편

위정편.

농촌진흥청 국립농업과학원. 제9개정판 국가표준식품성분표 II. 2017.

대교학습백과. http://dlegongbuwarac.edupia.com/xmlPrint.aspx?did=24425

대한내과학회 편. 『해리슨 내과학 번역판, 18판』. 도서출판 MIP, 2013.

도산서원 참공부 모임. 『도산잡영』. 예인, 2017.

문화재청 국가문화유산포털. 자연유산. http://www.heritage.go.kr/heri/cul/culDivView5.do?tabGubun=5&pageNo=1_1_4_0

물반고기반. https://www.moolban.com/talk/view/14511

바다낚시. 2014년 9월호.

보건복지부·한국영양학회. 2015 한국인 영양소 섭취 기준.

부산일보. 2011.5.30.

브런쥐's 바다낚시여행. https://fishingtrip.tistory.com/5

비너스마린. http://saltfishing.co.kr/salt_webzine/bbs/zboard.php?id=alchive&page=4&sn1=&divpage=1&sn=off&ss=on&sc=on&select_arrange=headnum&desc=asc&no=2

『서경(書經)』. 「우서(虞書)」, 순전(舜典).

『성경』. 마태복음 17장 24~27절.

요한복음 21장 5~11절.

창세기 3장 19절.

『시경(詩經)』. 대아(大雅) 편, 한록(旱麓).

식품의약안전처. <산후조리할 때 미역국은 하루 2번이면 충분해요> 식약처 보도자료 2020.3.2.

어부 요한의 바다사랑 이야기. http://blog.daum.net/johns1004/98

유튜브. 도산십이곡/그분들이 가신 길.

유튜브. 목포 MBC. 바다의 메기 등가시치(고랑치, 꼬랑치).

위키백과. http://ko.wikipedia.org/wiki/

이두순 역. 『신역 자산어보』. 목근통, 2016.

입질의 추억. https://slds2.tistory.com/

제주테크노파크 생물종다양성연구소. http://jbridb.jejutp.or.kr/biofind/getbio/biodtl.do?biosp_id=190

정명현 역. 『자산어보 우리나라 최초의 해양생물 백과사전』. 서해문집, 2016.

정약전. 『자산어보』. 1814. 국립중앙도서관 소장본.

중앙일보. 1991.5.22. https://news.joins.com/article/2565277

중앙일보. 1998.8.13. '보리멸' 이름 유래·낚는 법 궁금. https://news.joins.com/article/3684377

중앙일보. 2012.10.31. 일본서 복어 독성 50배 '날개쥐치' 포획, 우리 바다는? https://news.joins.com/article/9752031

『중용(中庸)』. 제12장.

중원신문. 2018.5.7. 배스·블루길 잡았다 놓아주면 징역·벌금형. http://www.joongwonnews.com/news/articleView.html?idxno=4659

충북인뉴스. 2018.2.8. http://www.cbinews.co.kr/news/articleView.html?idxno=121074

퇴계. 『정본퇴계전서: 시 15』. 서울: 퇴계학연구원, 2007. p.293~297.

한국민속대백과사전. http://folkency.nfm.go.kr/kr/topic/detail/5534

한국민족문화대백과사전. http://encykorea.aks.ac.kr/Contents/Item/E0022496

Doopedia. https://www.doopedia.co.kr/

Hall JE(의학계열교수 32인 공역). 『Guyton and Hall Textbook of Medical physiology(역제:의학생리학), 12th edition』. 범문에듀케이션, 2012.

Jin B, Li Y, Robertson KD. DNA Methylation: Superior or Subordinate in the Epigenetic Hierarchy? Genes Cancer 2011; 2(6): 607617.

KBS 1TV. 2018.9.26. 거북이 늬우스. 「노래하는 거북이 의사 김종성」

KBS 1TV. 2018.9.29. KBS 네트워크특선. 동네 특종 카메라. 「퇴계 이황 선생님이 500년 전에 쓴 가사로 500년 만에 만들어진 노래」

MBC TV(대전). 2019. 7. 30. 생방송 아침이 좋다. <초대석> '명품 인간'을 만드는 퇴계 선생의 가르침.

Schaffer SW, Lombardini JB, Huxtable RJ. 『Taurine 3: Cellular and Regulatory Mechanisms』. Springer Science+Business Media, LLC. 1997. p.503.

Teas J, Pino S, Critchley A, Braverman LE. Variability of Iodine Content in Common Commercially Available Edible Seaweeds. Thyroid 2004; 14(10):836-41.

YHR's Blog. https://illos.tistory.com/265

index

찾아보기

찾아보기